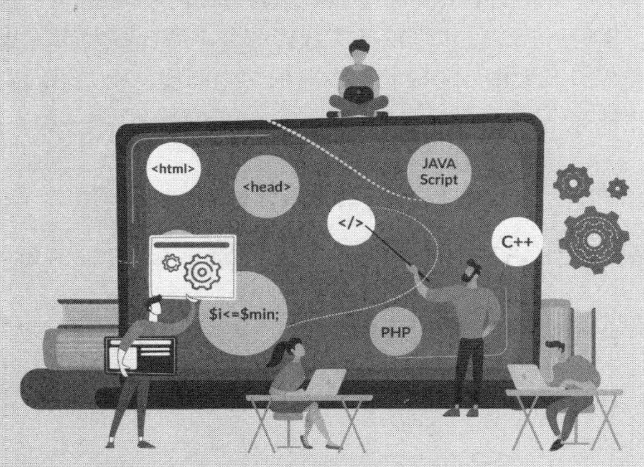

网站全栈开发指南

HTML + CSS + JavaScript + PHP

曹化宇 编著

清華大學出版社
北 京

内 容 简 介

本书是一线程序员多年开发经验的结晶。它深入浅出地讲解 Web 开发所需的 HTML、CSS、JavaScript、PHP 和数据库等基础内容，帮助读者快速进入 Web 项目开发，在项目中灵活应用各种开发技术和方法。

本书共 23 章。第 1 章讨论在 Windows 系统中创建网站的开发和测试环境。第 2~10 章主要讨论 PHP 开发的相关内容，如 PHP 编程的基本概念、数据处理、运算过程、函数、PHP 代码管理、格式设置、操作文件系统等。第 11 和 12 章主要讨论 MariaDB 的应用。第 13 章介绍 PHP 中使用 GD 模块处理图形图像。第 14 和 15 章介绍开发 PHP 网站时需要的一些常用资源以及使用第三方资源 PHPMailer 处理邮件。第 16 章介绍 HTML 和 CSS 的应用。第 17 章讨论 JavaScript 开发基础。第 18~22 章主要讨论表单、正则表达式、服务器与客户端之间的数据交换、文件上传，以及通过 JavaScript 操作高德地图等综合应用。第 23 章介绍 PHP 8 的安装和应用，并讨论 PHP 8 编程语言方面的新变化。

本书内容安排合理，架构清晰，注重理论与实践相结合，适合广大从事 Web 项目开发的人员、对 Web 项目开发感兴趣的爱好者及大中专院校相关专业的学生阅读。相关培训院校及高校的老师亦可将本书作为教材使用。

图书在版编目 (CIP) 数据

网站全栈开发指南：HTML+CSS+JavaScript+PHP/ 曹化宇编著. —北京：清华大学出版社，2021.7
ISBN 978-7-302-58355-4

Ⅰ. ①网… Ⅱ. ①曹… Ⅲ. ①超文本标记语言—程序设计②网页制作工具③ JAVA 语言—程序设计④ PHP 语言—程序设计 Ⅳ. ① TP312.8 ② TP393.092.2

中国版本图书馆 CIP 数据核字 (2021) 第 113871 号

责任编辑：秦 健
封面设计：杨玉兰
责任校对：徐俊伟
责任印制：丛怀宇

出版发行：清华大学出版社
网　址：http://www.tup.com.cn，http://www.wqbook.com
地　址：北京清华大学学研大厦 A 座　**邮　编：**100084
社 总 机：010-62770175　**邮　购：**010-83470235
投稿与读者服务：010-62776969，c-service@tup.tsinghua.edu.cn
质 量 反 馈：010-62772015，zhiliang@tup.tsinghua.edu.cn
印 装 者：三河市天利华印刷装订有限公司
经　销：全国新华书店
开　本：185mm×260mm　**印　张：**28.5　**字　数：**697 千字
版　次：2021 年 9 月第 1 版　**印　次：**2021 年 9 月第 1 次印刷
定　价：99.00 元

产品编号：091268-01

Preface 前　　言

网络为我们打开了一扇神奇的大门，通过一个个网站，可以畅游世界并获取无尽的资源。那么，这些网站都是怎么实现的呢？本书将和读者一起探索！

本书内容

网站相关的开发技术有很多，相信读者也会有一些了解，本书则涉及了五种基本的开发技术，包括 HTML、CSS、JavaScript、PHP 和数据库。

学习网站开发时，能够自己动手创建基础代码，并在各种环境下通过不同的浏览器进行测试是非常有帮助的。本书第 1 章介绍如何在 Windows 系统中创建网站的开发和测试环境，包括 PHP 的配置、如何使用 IIS 或 Apache HTTP Server 运行 PHP 网站，以及 MariaDB 数据库的安装和配置等。

网站服务器端开发技术，通常也称为“动态页面技术”，常用的有 PHP、ASP.NET、JSP 等。本书使用 PHP 进行服务器端的开发工作，这是一款开源的开发和运行环境，有大量功能强大的内置模块和第三方开发资源。

第 2 章介绍了如何在页面中添加 PHP 代码，以及 PHP 编程的基本概念，如语句、函数、变量、常量、注释等。

第 3 章介绍了 PHP 中的数据处理。应用型软件中最基本的功能就是对数据的处理，而 PHP 中的数据处理是非常灵活的，该章介绍了 PHP 中的基本数据类型、数据的运算、字符串操作等内容，并讨论了如何使用数学模块进行数据计算和统计工作。

第 4 章介绍了 PHP 中的比较运算、?: 运算符、条件语句、switch 语句、循环语句，以及错误控制和代码终止等内容。

第 5 章介绍了 PHP 中代码封装的基本形式——函数，包括如何定义和调用函数、函数的参数、函数的动态操作等。

第 6 章介绍了另一种代码封装形式——面向对象编程（Object Oriented Programming，OOP），包括类与对象的基本概念，如何定义类和对象、如何使用类和对象的各种成员，以及魔术方法、继承、抽象类的应用等。此外，还讨论了接口类型、对象序列化和动态操作等内容。

第 7 章介绍了如何有效地管理 PHP 代码，包括如何通过命名空间组织代码、代码文件的自动载入机制等。

第 8 章介绍了 PHP 编程中一个强大的工具——数组。包括数组的定义和基本应用、如何在数组和变量之间转换、如何分割和组合、如何排序和计算，以及多维数组的应用等。

第 9 章讨论了在 PHP 中如何操作日期和时间信息、时区设置和格式化等内容，并分别通过函数和面向对象资源进行操作。

第 10 章介绍了 PHP 中如何操作文件系统，如磁盘、目录和文件的操作，讨论了文件权限、信息获取、读写文件、临时文件，以及 Zip 压缩文件的操作等。

第 11 和 12 章讨论了 MariaDB 的应用，包括数据库、表、记录操作、索引、数据查询、连接、联合、视图、触发器等一系列操作，并讨论了如何在 PHP 项目中访问数据库，以及如何使用数据库帮助开发者更有效地管理和维护项目数据。

第 13 章介绍 PHP 中使用 GD 模块处理图形图像，包括如何创建图像、保存和发送图像，以及图形的绘制、旋转、翻转等操作。

第 14 章介绍了开发 PHP 网站时需要的一些常用资源，如通过 $_SERVER 数组获取客户端和服务器的信息，通过 $_SESSION 数组保存会话数据，通过 $_GET、$_POST 和 $_REQUEST 数组获取客户端提交的数据，通过 header() 函数发送报文头等操作。

第 15 章介绍如何使用第三方资源 PHPMailer 进行邮件的发送，方便在 Web 应用中实现系统邮件发送等功能。

通过浏览器的查看源代码功能可以看到，一方面，页面在客户端呈现的代码主要包括 HTML 和 CSS，这也是静态网页的基本构建技术。而浏览器中执行的另一种代码是 JavaScript 脚本，用于在客户端执行应用逻辑，通过它可以实现很多功能，如操作页面元素、通过 Ajax 在后台与服务器交流等。另一方面，将一些逻辑代码放在客户端执行，可以有效地分担服务器和网络传输压力，对提高网站的整体性能是有帮助的。

第 16 章介绍了 HTML 和 CSS 的应用。作为前端开发的核心，HTML 和 CSS 可以将获取的资源以多种形式呈现给用户，其中，HTML 定义了页面的结构和内容，CSS 定义了页面的布局方式和元素的样式。该章会介绍 HTML 和 CSS 的应用基础，包括布局和定位、文本和段落、链接、图片、列表、表格等内容，并讨论了 HTML5 和 CSS3 标准中的一些新变化。

第 17 章讨论了 JavaScript 开发基础，包括数据处理、流程控制、函数、面向对象编程、数组、字符串、编码、日期和时间、数学计算、计时器，以及 Ajax、DOM、客户端数据存储等内容。

以上章节讨论了 HTML、CSS、JavaScript、PHP、MariaDB 等技术的基础应用，接下来的章节会讨论这些技术的综合应用，这些都是在网站开发中常用的功能和模块。

第 18 章介绍了表单（form）的处理，包括如何定义 HTML 表单和其中的数据字段、如何在服务器端使用 PHP 处理表单提交的数据，并对常用的服务器端和客户端代码进行封装。

第 19 章介绍了正则表达式的应用。首先介绍了模式的定义，然后讨论了 PHP 和 JavaScript 中如何通过正则表达式更加高效地处理文本内容，并对常用的模式进行封装。

第 20 章介绍了服务器和客户端之间交换数据的常用格式，包括 Excel、CSV、XML 和 JSON 数据的处理。

第 21 章讨论了文件上传的相关操作，包括文件上传表单的创建，以及如何处理上传文件、如何同时上传多个文件、如何管理上传文件等。

第 22 章讨论了如何通过 JavaScript 操作高德地图，如添加标记、地图控件、距离测量工具等内容。

第 23 章介绍了 PHP 8 的安装和应用，并讨论了 PHP 8 编程语言方面的新变化，包括命名参数、在构造函数中声明属性、空值安全运算符、联合类型、match 表达式等。

此外，由于篇幅所限，书稿中的一些内容会在扩展阅读中提供，主要包括：

- 开发资源的封装，如 tMariaDb 类、tExcel 类、tMail 类、表单操作代码封装等。
- 使用 BOM（浏览器对象模型）操作浏览器，包括如何动态创建和关闭浏览器窗口、处理浏览操作、获取浏览器信息、获取屏幕信息等。
- HTML5 中新增的 canvas 元素的应用，如何通过 JavaScript 编程实现客户端的图形图像绘制操作。
- 用户模块的实现，包含注册、登录、修改密码、重置密码、上传图像、退出登录等功能，并演示了数据库、验证码、系统邮件等一系列技术的综合应用。
- 创建树状视图组件，并通过树状视图和其他技术的综合应用实现用户权限的管理功能。
- 实现数据搜索和分页浏览功能。
- 一个完整的项目——快速问卷调查与数据统计。该项目综合演示了数据库、表单数据处理等功能，并介绍了基本的统计方法，以及它们在数据库和 PHP 中的实现，最后通过水平条形图显示统计结果。

关于扩展阅读的内容，可以扫描二维码获取。

本书特点

- 全方位讨论 Web 开发技术。本书内容构成的主要思路是，如何从基础代码一步步实现 Web 项目，并结合客户端和服务器技术特点，全面把握 Web 项目开发。其中包括 Web 开发的基础技术，如 HTML、CSS、JavaScript、动态页面技术（PHP）和数据库，结合这些技术的综合应用，进一步讨论了如何灵活、高效地实现 Web 项目。
- 实用性强。本书包含了 HTML、CSS、JavaScript、PHP 及数据库等内容，囊括标准的代码、各种功能的实现，多角度讨论了 Web 技术的综合应用，其中包含大量的实践代码，这些代码可以在项目中直接使用，也可以根据需要修改使用。更重要的是，对于应用功能不同实现方法的讨论更能引起我们的思考，为迎接更多的挑战做好准备。

读者对象

本书面向所有需要了解 Web 全栈开发的朋友，无论是网站开发的初学者，还是从事 Web 项目的开发者，都能从中了解到 HTML5、CSS3、JavaScript、PHP 等技术为 Web 项目开发带来的新变化。

如何使用本书

本书涉及 HTML、CSS、JavaScript、PHP、MariaDB 数据库等一系列 Web 开发相关技术，学习过程中，可以按顺序一步步深入，全面掌握各种技术特点，实践和工作中，也可以按技术与功能分类快速参考相关主题。

勘误和支持

由于作者水平有限，书中难免会出现一些错误，而读者的批评、指正，则是我们共同进步的强大动力。读者可以就书中的错误和建议与作者或编辑交流，也可以在作者的个人网站（http://caohuayu.com）找到已有问题的勘误和说明。

关于源代码，可以扫描二维码获取。

致谢

感谢清华大学出版社编辑老师耐心的交流和指导，本书才能顺利与读者见面。感谢家人对我的支持和理解，你们为我创造了一个温馨的生活和工作环境，让我有更多的时间来写作。

谨以此书献给热爱软件开发的朋友，以及支持我的每一个人！

曹化宇

2021 年 3 月

Contents 目录

第 1 章 准备工作

PHP（Pre Hypertext Preprocessor，超文本预处理器）是一种跨平台开源脚本语言，同时也是一种流行的 Web 服务器开发技术。PHP 代码可以很方便地嵌入 HTML 页面，并通过大量的内置和第三方模块实现各种功能，如文件处理、数据库操作、图形图像处理、邮件发送、Excel 文档处理等。

本章将介绍 PHP 网站开发与测试环境的搭建，以及 MariaDB 数据库的安装与配置。

1.1 PHP 开发与测试环境

虽然 PHP 网站大多数会运行在 Linux 系统中，但本书介绍的是 PHP 网站所需要的代码实现，为便于写作和测试，书中的示例会在 Windows 环境中完成，这些代码可以直接或稍作修改后在 Linux 环境下运行。

本节介绍如何在 Windows 系统下搭建 PHP 网站的开发与测试环境。

1.1.1 获取 PHP

首先，可以从 php.net 网站下载需要的 PHP 版本，如果使用 IIS（Internet Information Services，互联网信息服务）和 FastCGI 方式运行 PHP，需要下载无线程安全的版本，PHP 7.4.10 的文件名为 php-7.4.10-nts-Win32-vc15-x64.zip（64 位系统），本书示例解压路径为 d:\php7nts 目录，如果解压在不同的目录，配置参数时注意使用正确的路径。

如果需要使用 Apache HTTP Server 作为 Web 服务器，需要下载线程安全版本，PHP 7.4.10 的文件名为 php-7.4.10-Win32-vc15-x64.zip（64 位系统），本书示例解压路径为 d:\php7ts 目录。

Windows 系统下的 PHP 配置文件为 php.ini。在 PHP 目录中包含两个配置文件模板，分别是 php.ini-development 和 php.ini-production 文件。开发和测试工作中，可以将 php.ini-development 文件复制一份，重新命名为 php.ini。配置文件中，以分号（;）开始的内容都是注释，如果需要启用参数，需要删除分号。

首先是扩展资源的路径，在 php.ini 文件中找到 extension_dir 参数，确保删除了以下代码前的分号。

```
extension_dir ="ext"
```

此参数设置了 Windows 系统下默认的扩展模块存放路径，除了使用相对路径，还可以使用绝对路径，如下面的代码。

```
extension_dir="d:/php7ts/ext/"
```

默认情况下，扩展资源位于 PHP 目录下的 ext 目录中，本书需要的扩展模块包括：

- gd2，绘图功能。请注意，在 PHP 8 中，此模块更名为 gd。

- mbstring，处理多字节文本。
- mysqli，MySQL 和 MariaDB 等数据库操作。
- openssl，OpenSSL 支持。

在 php.ini 文件中找到相应的 extension 参数，例如，需要启用 mbstring 模块就要删除 "extension=mbstring" 前面的分号（;）。

此外，通过命令行执行 PHP 代码时，可以使用 php.exe 命令。首先，创建 d:\test.php 文件，并使用“记事本”应用程序打开，修改内容如下。

```
<?php
echo "Hello PHP";
?>
```

通过 cmd.exe 打开命令行窗口，按顺序执行如下命令。

```
d:
cd php7nts
php d:\test.php
```

执行成功时，可以在命令行窗口中看到输出“Hello PHP”字样。

1.1.2 IIS 和 FastCGI

Windows 系统中，PHP 网站可以通过 FastCGI 方式在 IIS 中运行。在 Windows 7 或 Windows 10 系统中通过“控制面板”打开“程序和功能”，并在“启动或关闭 Windows 功能”中修改 Windows 组件，见图 1-1，需要启用 Internet Information Services → “万维网服务”→“应用程序开发功能”→ CGI 等功能。

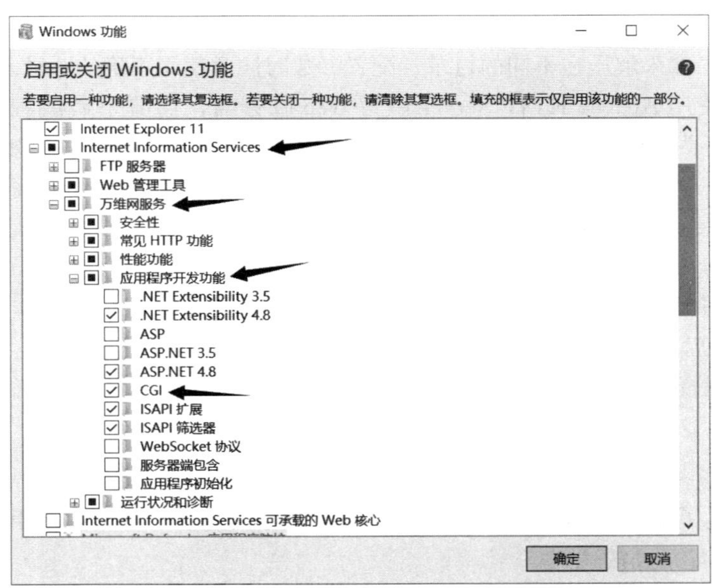

图 1-1

接下来，通过运行 inetmgr.exe 打开 IIS 管理器。这里可以新建一个网站，并指定网站的端口为 10001，路径为 PHP 网站的测试路径，如本书使用的 d:\chy\cpl\site，见图 1-2。

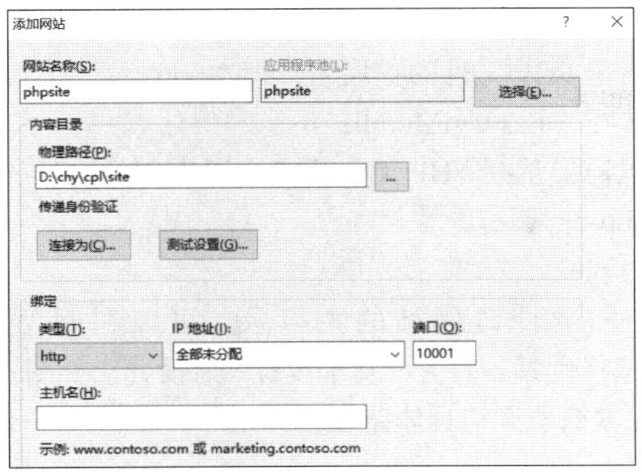

图 1-2

创建网站后，打开网站的“处理程序映射”，在右上角选择“添加模块映射”，见图 1-3。

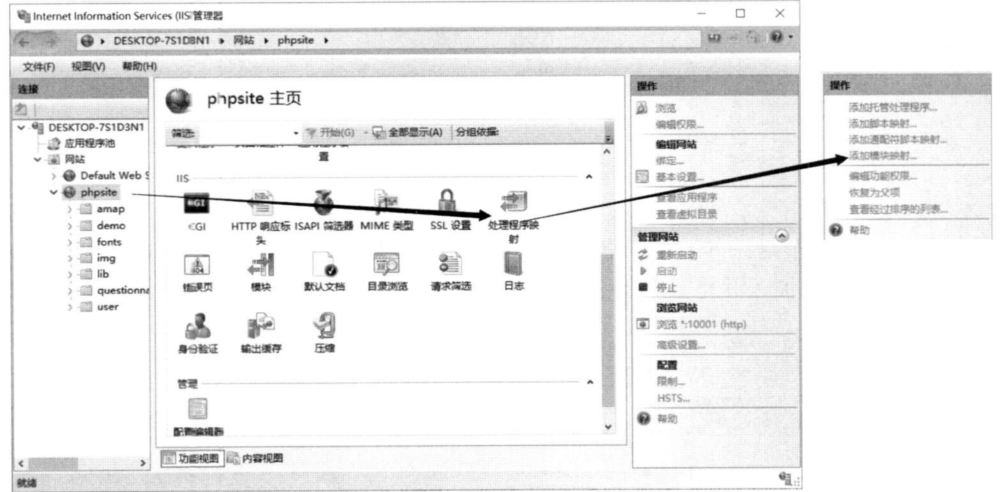

图 1-3

接下来参考图 1-4 中的参数进行设置。

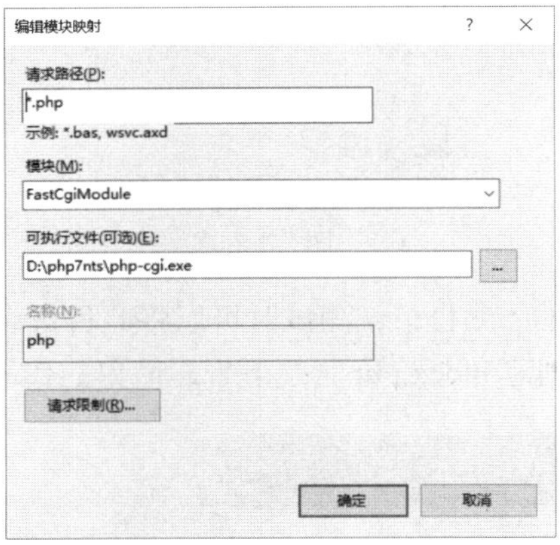

编辑模块映射

请求路径(P):
*.php
示例: *.bas, wsvc.axd

模块(M):
FastCgiModule

可执行文件(可选)(E):
D:\php7nts\php-cgi.exe

名称(N):
php

请求限制(R)...

确定　取消

图 1-4

这里设置的参数主要如下。

- 请求路径：这里指定 PHP 文件的扩展名，即 *.php。
- 模块：在列表中选择“FastCgiModule”。
- 可执行文件：这里需要选择 PHP 无线程安全版本中的 php-cgi.exe 文件，如本书示例中的 D:\php7nts\php-cgi.exe。
- 名称：这里指定为 php。

网站创建后，如果需要修改网站的主目录，可以在网站的“Internet Information Services(IIS) 管理器”中选择网站，打开“基本设置”后设置。如图 1-5 所示，在“编辑网站”对话框的“物理路径”文本框中调整具体路径。

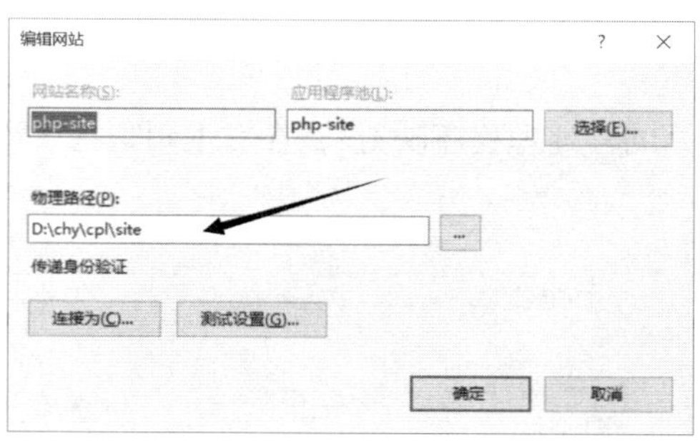

图 1-5

IIS 网站配置的最后一步，打开网站设置中的“默认文档”，确认其中包含 index.php 文件，如果没有可以添加，并将其移动到列表的第一位，见图 1-6。

图 1-6

本书网站位于源代码中的 site 目录，测试时可以将此目录设置为网站路径，也可以创建自己的网站目录，并在其中创建 index.php。接下来，简单的代码测试会通过此文件完成。

1.1.3 Apache

开源的江湖上，有 Linux+Apache+PHP+MySQL（简称 LAPM）黄金组合的传说，所以，了解一下 Apache 的应用是很有必要的。如果使用 Apache HTTP Server 环境运行 PHP 网站，需要下载 PHP 的线程安全版本，文件名类似 php-7.4.10-Win32-vc15-x64.zip，本书解压的位置是 d:\php7ts，请注意配置其中的 php.ini 文件。

本书以 Apache 2.4 为例，可以在 http://httpd.apache.org/download.cgi 下载所需要的文件，64 位版本文件名为 httpd-2.4.46-o111h-x64-vc15.zip，下载后将文件解压到 d:\Apache24 目录。

解压后的 Apache 资源中，conf 目录包含一些配置文件，这里重点关注 httpd.conf 文件。该文件可以使用“记事本”应用程序进行编辑，下面是一些常用的配置项。

- Define SRVROOT "d:/Apache24"，设置 Apache 的主目录。
- Listen 10002，设置侦听的端口，这里指定为 10002。
- ServerName localhost:10002，指定访问服务名称。
- DocumentRoot "d:/chy/cpl/site" 和 <Directory "d:/chy/cpl/site" >，指定 PHP 网站的根目录路径等相关参数。
- DirectoryIndex index.php index.html，指定网站中的默认页面文档。

下面的配置用于支持 PHP 7，可以将这些内容添加到 httpd.conf 文件的最后。

```
LoadModule php7_module d:/php7ts/php7apache2_4.dll
AddType application/x-httpd-php .php .html .htm
PHPIniDir "d:/php7ts/"
```

此外，httpd.conf 配置文件中以 # 符号开始的是注释内容。

Apache 配置完成后，需要安装和启动 Apache 服务，可以使用 bin 目录中的 httpd.exe 命令和 -k 参数执行一系列操作，如：

- install，将 Apache 安装为 Windows 系统服务。
- uninstall，卸载 Apache 服务。
- start，启动 Apache 服务。
- restart，重启 Apache 服务。
- stop，停止 Apache 服务。

以管理员方式启动 cmd.exe，然后进入 d:\apache24\bin 目录，下面的命令会将 Apache 安装为 Windows 系统服务。

```
d:\apache24\bin>httpd -k install
```

然后，通过下面的代码启动 Apache 服务。

```
d:\apache24\bin>httpd -k start
```

开发和测试过程中，也可以同时运行多个 PHP 网站，例如，在 IIS 中运行 PHP 7 网站，在 Apache 中运行 PHP 8 网站，网站的目录可以设置为相同的路径，这样就可以观察代码在不同 PHP 版本下的运行效果。

1.2　开发工具

实际上，本书的代码编辑工作只需要一个文本编辑器就可以了，当然，如果支持语法高亮更好。Notepad++ 就是一款不错的文本编辑器，下面简单了解一下它的使用方法。

首先，可以从 https://notepad-plus-plus.org/ 获取 Notepad++ 的最新版本，下载后按提示安装即可。如果下载的是 zip 压缩包，解压后可直接使用。

启动 Notepad++，如果界面显示的是英文，可以通过菜单 Settings → Preferences 打开偏好设置窗口，在 Localization 列表中选择语言，如“中文简体”。

通过菜单项“文件”→“打开文件夹作为工作区”打开网站所在的根目录，见图 1-7。

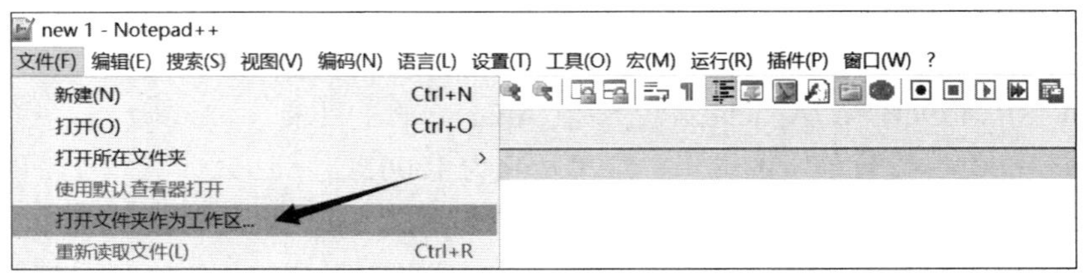

图 1-7

默认情况下，Notepad++ 可以根据文件的扩展名判断文件类型，并使用不同的颜色显示关键字等内容。使用过程中，也可以切换代码文件的语言类型，通过菜单项“语言”选择相应的编程语言类型；对于 PHP，可以通过菜单“语言”→ P → PHP 选择。对于新建的文件，在保存之后就可以识别文件类型，例如，PHP 代码保存为 .php 文件后就会自动识别并高亮显示关键字等内容。

1.3 安装 MariaDB 数据库

MariaDB 是 MySQL 数据库的一个重要分支，本书主要以 MariaDB 数据库为例，但绝大部分操作同样适用于 MySQL 数据库。

MariaDB 数据库的网站为 https://mariadb.org/，可以从这里下载与操作系统相对应的版本，如 64 位 Windows 系统，下载的文件类似 mariadb-10.5.5-winx64.zip。本书示例中，会将下载的 zip 文件解压到 d:\mariadb10 目录。

如果需要简化安装过程，也可以直接下载安装文件，如 mariadb-10.4.14-winx64.msi。请注意，如果使用 Windows 7 操作系统，需要下载 10.4 版本。

安装过程中，需要注意几个配置项，见图 1-8。

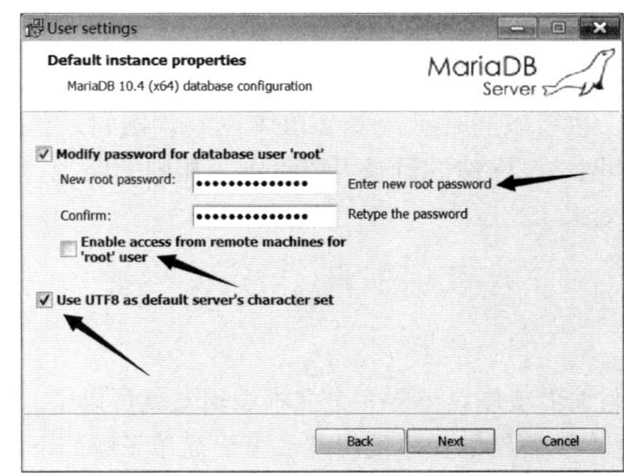

图 1-8

这里，第一个选项是 root 用户的密码，本书使用 DEV_Test123456，在连接数据库时注意使用正确的密码。第二个选项，是否允许 root 用户远程登录，如果只是在本机学习和测试，可以不选择。第三个选项是在 MariaDB 服务器中默认使用 UTF-8 字符集。设置完成后，单击 Next 按钮继续，见图 1-9。

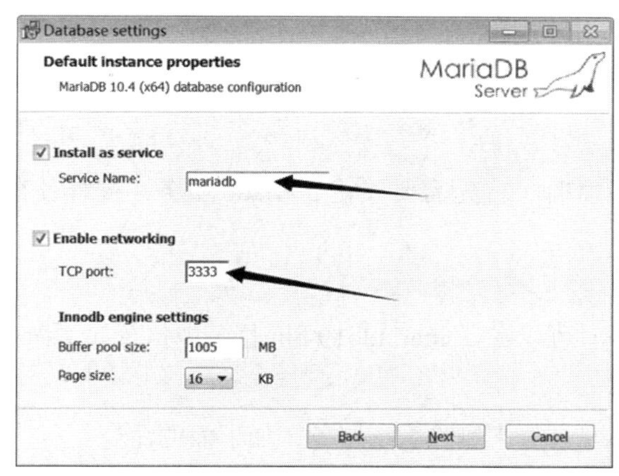

图　1-9

这里，MariaDB 数据库的系统服务名为 mariadb。请注意，本书测试环境中，TCP 端口修改为 3333，避免与 MySQL 数据库默认的 3306 端口冲突。最后，按提示完成安装。

1.3.1　安装和卸载 MariaDB 服务

接下来介绍在 Windows 10 中如何通过命令行安装和配置 MariaDB 数据库。首先，下载的压缩文件中没有包含 data 目录，需要通过初始化操作创建。

通过管理员身份执行 cmd.exe 命令，并通过如下命令进入 bin 目录。

```
d:
cd mariadb10\bin
```

在 bin 目录中执行下面的命令，对 MariaDB 数据库进行初始化操作。

```
mariadb-install-db
```

接下来，通过下面的命令将 MariaDB 安装为 Windows 系统服务。

```
mysqld --install mariadb
```

默认情况下，服务名为 MySQL，这里指定服务名为 mariadb，使用不同的服务名，可以在一台计算机中安装多个版本的 MySQL 或 MariaDB 数据库。

除了不同的服务名，还需要区分服务的端口，MySQL 数据库服务的默认端口为 3306，本书示例中，可以通过 d:\mariadb10\data\my.ini 文件修改 MariaDB 配置参数。下面就是本书使用的配置内容。

```
[mysqld]
datadir=D:/mariadb10/data
port=3333
character_set_server=utf8
character_set_client=utf8
```

```
[client]
plugin-dir=D:/mariadb10/lib/plugin
```

这里将 mariadb 服务的端口设置为 3333，连接数据库时，需要设置正确的服务器地址和端口。此外，这里还将 MariaDB 数据库服务器端和客户端字符集设置为 utf-8，这样就可以有效地传递汉字等多字节文本信息。

最后，启动数据库服务，如下面的命令。

```
net start mariadb
```

卸载 MariaDB 服务器时，首先需要停止 mariadb 服务，同样使用管理员身份运行 cmd.exe，然后执行如下命令。

```
net stop mariadb
```

卸载 MariaDB 服务时可以在 d:\mariadb10\bin 目录中执行如下命令。

```
mysqld --remove
```

也可以通过 Windows 命令来删除系统服务，如下面的命令。

```
sc delete mariadb
```

1.3.2 修改 root 用户密码

修改 MariaDB 数据库用户的登录密码，可以使用 bin 目录中的 mysqladmin 工具，在命令行环境中执行如下命令。

```
mysqladmin -u root -p -P 3333 password
```

执行命令后，根据提示输入旧的密码（默认为空），然后输入两次新的密码，操作无误后就会修改 root 用户的密码。这里使用的参数如下：

- -u，小写字母 u，指定登录的用户名。
- -p，小写字母 p，登录时需要输入密码。
- -P，大写字母 P，指定数据库服务的端口。不使用此参数时，默认端口为 3306，如果改变了数据库服务的端口，就需要在登录时指定正确的端口。
- password，执行修改密码操作。

修改密码后请牢记，本书示例中，连接数据库时应指定为实际的登录密码。

此外，远程登录 MariaDB 服务器时，还需要使用 -h 参数指定服务器地址，如下面的代码就是使用 root 用户登录本机的 MariaDB 服务。

```
mysql -h 127.0.0.1 -P 3333 -u root -p
```

本例包含了登录数据库的主要信息，包括服务器地址、服务端口号、用户名和密码，其中，服务器地址指定的是本机（127.0.0.1）。

1.3.3 命令行操作界面

操作 MariaDB 数据时，可以使用 mysql 命令启动客户端命令行工具，如下面的命令。

```
mysql -P 3333 -D mysql -u root -p
```

命令中的 -D 参数指定连接后的默认数据库，本例就是 mysql，见图 1-10。

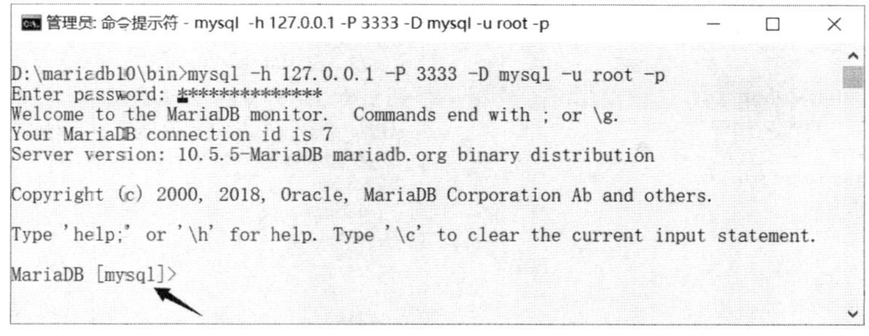

图　1-10

退出客户端命令行环境时，可以使用 quit 命令。

1.3.4　使用 HeidiSQL

Windows 下操作 MariaDB 数据库，使用图形化工具是一个不错的选择，如 HeidiSQL，下载网址为 www.heidisql.com。通过安装包安装 MariaDB 数据库时，其中包含了 HeidiSQL，可以根据需要选择安装，也可以从 HeidiSQL 网站获取最新的版本。

打开 HeidiSQL，可以创建新的数据库连接，并保存连接信息，见图 1-11。

图　1-11

这里，需要注意 MariaDB 数据库服务器的连接信息，主要包括：

- 主机名 /IP。指定 MariaDB 数据库服务器的计算机名或 IP 地址。图 1-11 中的 127.0.0.1 指本机。
- 用户。登录数据库的用户名。
- 密码。登录密码。
- 端口。数据库服务端口，3306 为默认端口，本书中，MariaDB 数据库服务端口使用了 3333。

正确连接 MariaDB 数据库后，主界面见图 1-12。后续内容中会介绍在此环境下操作 MariaDB 数据库。

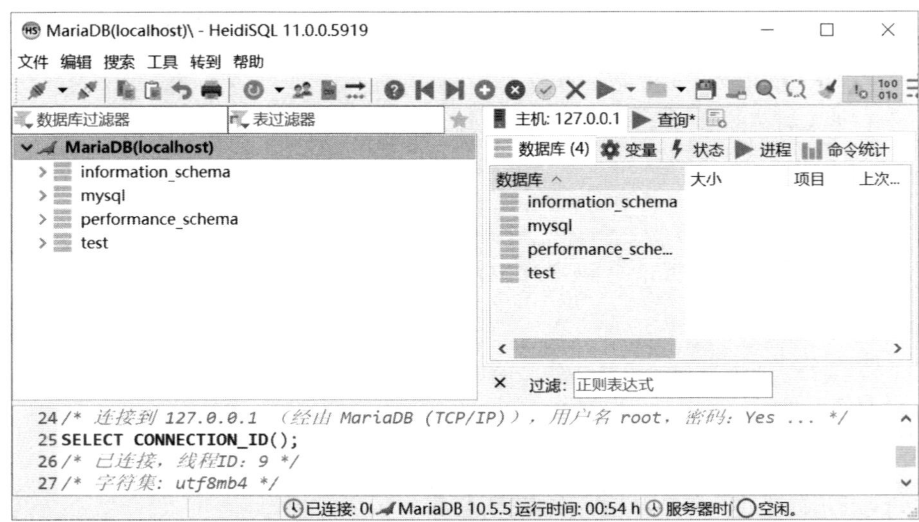

图 1-12

这里，我们已经在 Windows 系统下创建了 PHP 网站和 MariaDB 数据库的测试环境。第 2 章将开始学习服务器端 PHP 开发的基础知识。

第 2 章　PHP 开发基础

PHP 代码文件一般以 .php 为扩展名，作为文本文件，可以使用自己喜欢的文本编辑器进行编辑。本章将介绍如何编写 PHP 代码，并了解变量、常量和注释的应用。

2.1　页面中添加 PHP 代码

页面文件中，PHP 和 HTML 等代码可以混合编写，而 PHP 代码应该定义在 <?php 和 ?> 之间。例如修改网站根目录下 index.php 文件的代码如下。

```
<?php
phpinfo();
?>
```

页面会显示 PHP 环境的配置信息，按照本书 IIS 网站的配置，在浏览器中可以通过以下地址访问网站：

- http://127.0.0.1:10001/
- http://127.0.0.1:10001/index.php
- http://localhost:10001/
- http://localhost:10001/index.php

如果 PHP 及 IIS 配置正确，会看到如图 2-1 所示的页面。

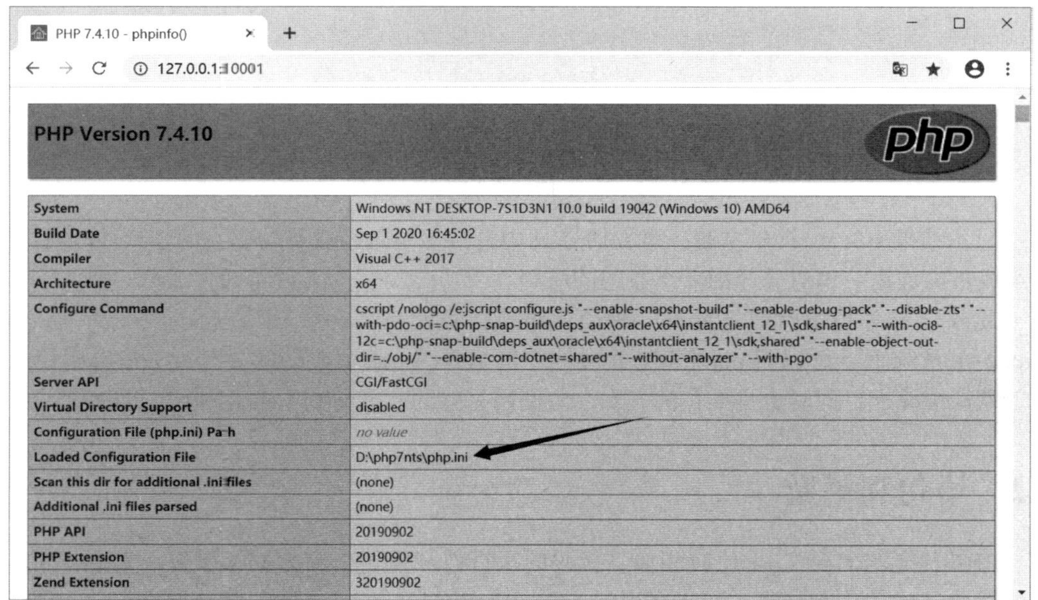

System	Windows NT DESKTOP-7S1D3N1 10.0 build 19042 (Windows 10) AMD64
Build Date	Sep 1 2020 16:45:02
Compiler	Visual C++ 2017
Architecture	x64
Configure Command	cscript /nologo /e:jscript configure.js "--enable-snapshot-build" "--enable-debug-pack" "--disable-zts" "--with-pdo-oci=c:\php-snap-build\deps_aux\oracle\x64\instantclient_12_1\sdk,shared" "--with-oci8-12c=c:\php-snap-build\deps_aux\oracle\x64\instantclient_12_1\sdk,shared" "--enable-object-out-dir=../obj/" "--enable-com-dotnet=shared" "--without-analyzer" "--with-pgo"
Server API	CGI/FastCGI
Virtual Directory Support	disabled
Configuration File (php.ini) Path	no value
Loaded Configuration File	D:\php7nts\php.ini
Scan this dir for additional .ini files	(none)
Additional .ini files parsed	(none)
PHP API	20190902
PHP Extension	20190902
Zend Extension	320190902

图　2-1

请注意图 2-1 中箭头所指的位置，这是当前 PHP 环境使用的配置文件的路径（Loaded Configuration File），需要改变 PHP 环境参数时，应修改此文件并重启 PHP 网站，必要时可能还需要重启计算机，然后才会应用新的配置参数。

需要在页面中输出文本内容时，可以使用 print 或 echo 语句，它们的区别在于，print 语句只使用一个参数，echo 语句可以使用一个或逗号分隔的多个参数，如下面的代码。

```
<?php
echo "aaa","bbb","ccc","<br>";
print "ddd";
?>
```

代码执行结果见图 2-2，其中的
 是 HTML 中的换行标记。

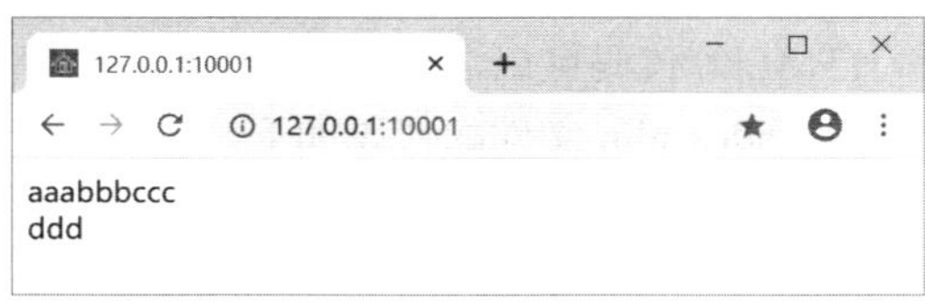

图 2-2

另一个显示信息的常用语句是 print_r 语句结构，它适合于显示对象的信息。如下面的代码使用 print_r 语句显示一个数组的成员。

```
<?php
$arr = range(1,3);
print_r($arr);
?>
```

代码执行结果见图 2-3。

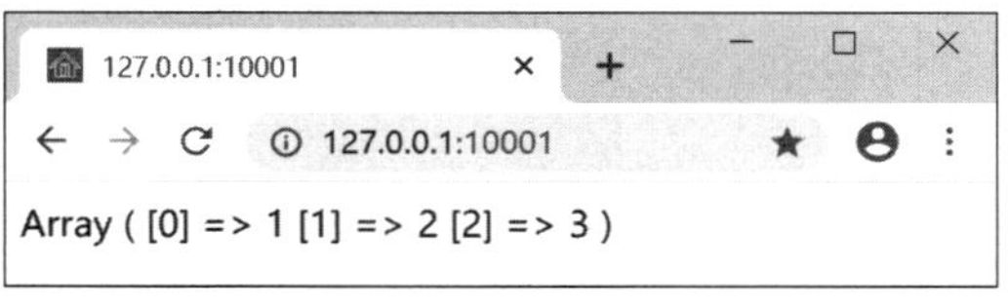

图 2-3

显示结果中，=> 符号左侧一对方括号 [] 中的数据是数组成员的索引值，=> 符号右侧是数组成员的数据。稍后会详细介绍数组的应用。

此外，定义 PHP 代码还允许一种简化格式，也就是将 PHP 代码定义在 <? 和 ?> 之间。Windows 系统下，可以将 php.ini 配置文件中的 short_open_tag 参数设置为 1 来启用简化格式。默认情况下，同时也是推荐的方式，应使用完整的 <?php 和 ?> 标记定义 PHP 代码。

2.2 语句和函数

PHP 代码与 C 或 C++ 比较相似，代码的执行以“语句”作为基本单位，其中，简单的语句以分号（;）作为结束，而复合语句（语句块、语句结构）使用一对花括号定义，即代码定义在 { 和 } 之间，其中可能包含一条或多条简单语句，也可能包含其他的复合语句。

给变量赋值就是一条简单语句，如下面的代码就是将整数 10 赋予 $x 变量。

```
$x = 10;
```

if 语句结构就是复合语句，如下面的代码用于判断一个数值是否为偶数。

```
$x = 10;
if($x % 2 == 0) {
   echo "{$x} 是偶数 ";
} else {
   echo "{$x} 不是偶数 ";
}
```

代码中，首先将 $x 变量赋值为整数 10，然后判断 $x 的值是否为偶数，可以修改 $x 变量的值来观察代码执行结果。

PHP 文件中，除了主流程代码，很多功能代码会进行封装。封装的基本形式有两种，一种是函数（function），另一种是类（class）。

PHP 已经内置了大量的函数，并提供大量的扩展资源，下面了解函数的基本应用，稍后还会有更多关于代码组织、管理和应用的内容。

函数的组成要素包括：

- 函数名，即函数的名称。
- 参数列表，参数列表定义在函数名后的一对圆括号中，用于向函数内部传递数据。
- 返回值类型，PHP 函数的返回值是比较灵活的，函数可以根据需要返回不同类型的数据，或者没有返回数据。
- 函数体，即函数的执行部分，执行代码定义在一对花括号中；如果有返回值，在函数体中使用 return 语句返回。

下面的代码定义了一个简单的 add() 函数，其功能是返回两个数值相加的结果，其中，两个数据分别由参数 $a 和 $b 带入函数。

```
<?php
// 定义函数
function add($a,$b)
{
   return $a+$b;
}
// 调用函数
echo add(10,99);
echo "<br>";
echo add(1.2,4.9);
?>
```

代码执行结果见图 2-4。

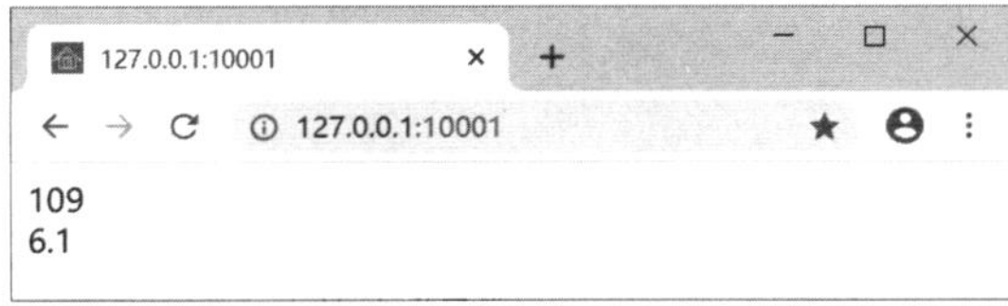

图　2-4

本例使用 function 关键字定义函数，其中可以看到函数应用的一些要素，如：

- 函数名为 add。
- 函数包括两个参数，即 $a 和 $b。
- 函数主体中，使用 return 语句返回 $a 和 $b 相加的结果。
- 这里并没有定义函数的返回值类型，那么它是混合型（mixed）。

代码中调用了两次 add() 函数，分别计算了两个整数和两个浮点数的和，这也体现了 PHP 中数据和函数应用的灵活性。

2.3 变量

变量是指在代码执行过程中，可以根据需要随时改变其数据的标识，在 PHP 中，变量名使用 $ 符号开始，第二个字符必须为字母或下画线，然后可以使用字母、下画线和数字的组合。

PHP 中，变量在使用前并不需要声明，而是在需要的地方直接赋值后使用，如下面的代码。

```
<?php
$x = 10;
echo $x;
?>
```

执行代码会显示数字 10。可以看到，使用变量时，并没有指定数据类型，这和 C、C++、Java、C# 等编程语言有很大的区别。不过，PHP 中的变量还是包含了数据及其类型信息的，可以使用 var_dump() 函数来查看，其功能是同时显示参数的数据类型和值，如下面的代码。

```
<?php
$x = 10;
var_dump($x);
?>
```

代码执行结果见图 2-5，说明 $x 变量的数据是 10，其类型是整数（int）。

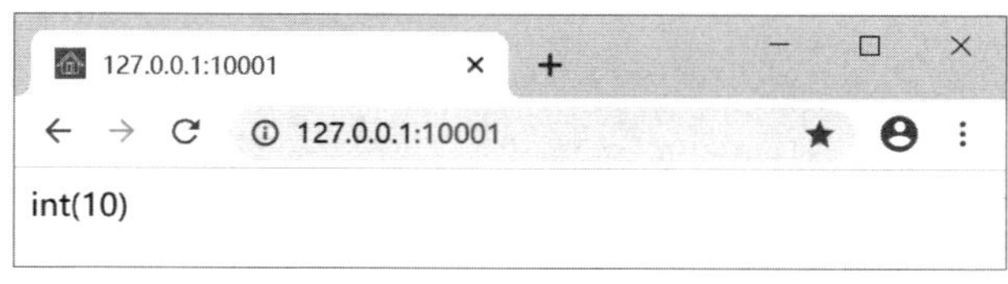

图 2-5

2.4 常量

常量是指定义时赋值，但在代码执行过程不能改变其数据的标识。PHP 中，可以使用 define() 函数定义常量，函数定义如下。

```
define(string $name, mixed $value[, bool $case_insensitive = false]) : bool
```

其中，

- $name 参数使用字符串指定常量名称，可以使用一对双引号或一对单引号定义，如 "MAX_SIZE"。习惯上，常量名称会使用大写字母，单词之间使用下画线（_）连接的形式。
- $value 参数指定常量的值，使用混合类型（mixed），可以指定不同类型的数据。不过，建议常量还是使用基本的数据类型，如数值、字符串、布尔类型等。
- $case_insensitive 参数指定是否忽略常量名中字母的大小写，默认为 false，即常量名区分字母的大小写。请注意，在 PHP 8 中不再允许此参数设置为 true，也就是说，未来的 PHP 常量名将严格区分字母的大小写，例如，Max_Size 和 MAX_SIZE 表示不同的常量。

读取常量的数据时，可以使用 constant() 函数，其定义如下。

```
constant(string $name) : mixed
```

constant() 函数只需要一个参数，即常量名。下面的代码演示了如何定义常量并读取它的数据。

```
<?php
define("MAX_SIZE",255);
echo constant('MAX_SIZE");
?>
```

页面会显示 255。此外，也可以直接使用常量名调用，如下面的代码同样会显示 255。

```
<?php
define("MAX_SIZE",255);
echo MAX_SIZE;
?>
```

判断一个常量是否已经定义，可以使用 defined() 函数，其定义如下。

```
defined(string $name) : bool
```

参数 $name 指一个常量名，如果常量已定义，函数将返回 true，否则返回 false。下面的代码演示了 defined() 函数的使用。

```
<?php
define("MAX_SIZE",255);
var_dump(defined("MAX_SIZE"));
echo "<br>";
var_dump(defined("MAX_BUFFER"));
?>
```

代码执行结果见图 2-6。

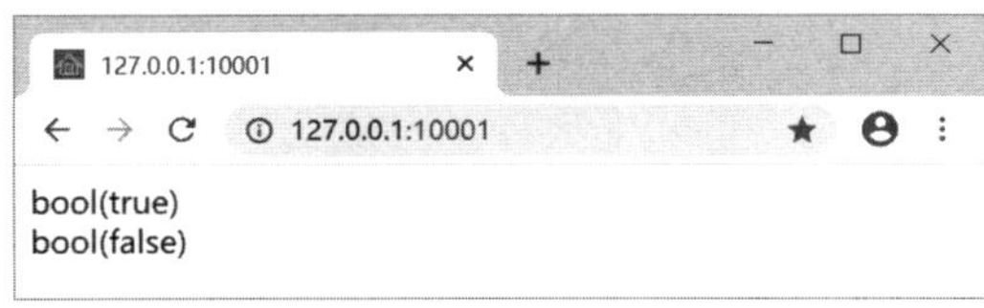

图　2-6

第一个输出，由于已经定义了常量 MAX_SIZE，所以 defined() 函数返回 true ；第二个输出，由于没有定义常量 MAX_BUFFER，则返回 false。

true 和 false 是布尔类型（bool）数据，直接显示它们的值时需要注意，true 会显示 1，而 false 会显示为空，在页面中看不到内容，所以，对于布尔类型的值，可以使用 var_dump() 函数显示。

2.5 注释

注释是在代码中的说明性内容，它们并不是可执行代码，但可以对代码添加必要的说明，帮助开发人员和维护人员更有效地理解代码的功能。

PHP 代码中可以使用三种风格的注释，分别是：

- 使用 // 开始的行注释。
- 使用 # 开始的脚本风格的行注释。
- 使用包含在 /* 和 */ 之间的块注释。

下面的内容演示了不同注释风格的应用。

```
<?php
// 定义两个数据
$x = 10; // 数据 1
$y = 99; # 数据 2
/*
运算结果
*/
// 加法运算结果
echo "$x + $y = ",$x+$y,"<br>";
# 乘法运算结果
echo "$x * $y = ",$x*$y;
?>
```

代码执行结果见图 2-7。

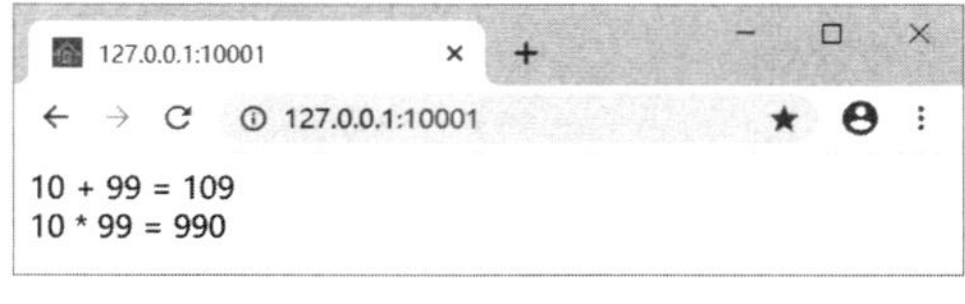

图 2-7

第 3 章将介绍 PHP 中的基本数据类型，以及它们的运算和类型转换等操作。

第 3 章　数据类型及操作

软件开发中，数据处理是最基础的工作，本章将介绍 PHP 中支持的基本数据类型，以及它们的运算特点、类型判断和转换，数据处理的常用资源等内容。

3.1　整数

PHP 中可以处理有符号整数，包括负整数、零和正整数。整数的处理范围与 long 类型（C 语言类型）相同。32 位平台中，整数的处理范围是 -2 147 483 648 ~ +2 147 483 647，即 -2^{32} ~ $+2^{32}-1$；64 位平台中，整数的处理范围是 -9 223 372 036 854 775 808 ~ +9 223 372 036 854 775 807，即 -2^{64} ~ $+2^{64}-1$。

在 PHP 中，数字字面量除了常用的十进制，还可以使用其他进制的整数，如：

- 十六进制，使用 0x 开始的数值表示十六进制数，如 0x1F 表示十进制的 31。
- 八进制，数字 0 开始的数值表示八进制数，如 011 表示十进制的 9。
- 二进制，使用 0b 开始的数值表示二进制数，如 0b1111 表示十进制的 15。

下面的代码演示了不同进制数值的字面量。

```
<?php
echo 15,"<br>";
echo 0x1F,"<br>";
echo 011,"<br>";
echo 0b1111;
?>
```

代码执行结果见图 3-1，所有数字都以对应的十进制数输出。

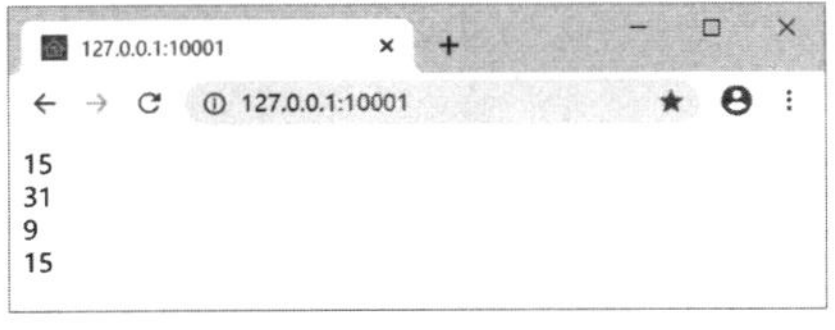

图　3-1

PHP 中的算术运算包括：

- 加法运算，使用 + 运算符。
- 减法运算，使用 - 运算符。
- 乘法运算，使用 * 运算符。
- 除法运算，使用 / 运算符。如果不能整除，会返回包含小数部分的结果（浮点数）。
- 模运算，又称为取余数运算。使用 % 运算符，用于计算整数相除的余数，如果运算数不是整数，则自动转换为整数后计算。
- ** 运算符，求某数的次方，如 2**3 的结果为 8。这是 PHP 5.6 新增的运算符。

下面的代码演示了这些算术运算的应用。

```
<?php
$x = 5;
$y = 3;
echo "$x + $y = ",$x+$y,"<br>";
echo "$x - $y = ",$x-$y,"<br>";
echo "$x * $y = ",$x*$y,"<br>";
echo "$x / $y = ",$x/$y,"<br>";
echo "$x % $y = ",$x%$y,"<br>";
echo "$x ** $y = ",$x**$y,"<br>";
?>
```

代码执行结果见图 3-2。

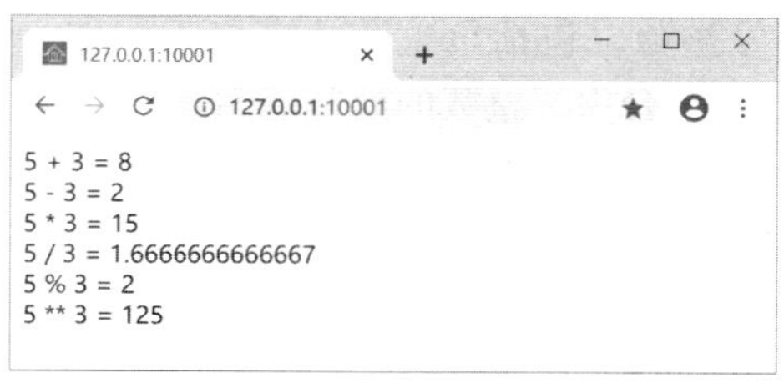

图 3-2

数值在运算过程中，可能会出现无效的结果，此时，需要关注一个特殊值，即 NaN，它表示“不是一个数值”（not a number）。判断 NaN 值时可以使用 is_nan() 函数，如 is_nan($x) 返回 true，表示 $x 不是一个数值，并且不能转换为数值。

下面的代码使用 is_nan() 函数测试字符串内容是否可以转换为数值，然后使用 intval() 函数将字符串转换为整数。

```
<?php
$s = "123";
var_dump(is_nan($s));
echo "<br>";
$x = intval($s);
var_dump($x);
?>
```

代码执行结果见图 3-3。

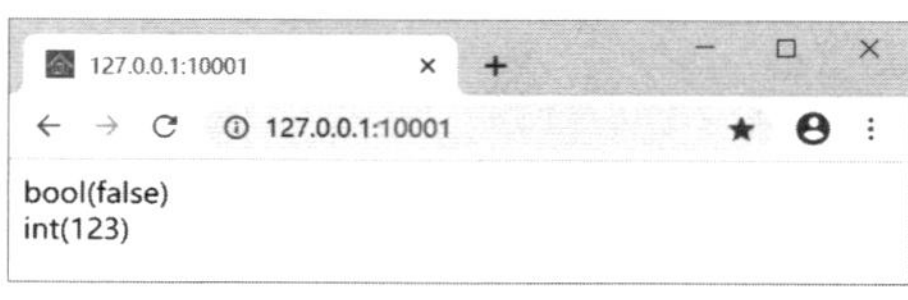

图 3-3

接下来介绍几种整数特有的操作。

3.1.1 增量与减量运算

和很多 C 风格编程语言一样，PHP 中也包括增量运算和减量运算，其原理也是相同的，下面先来看增量运算。

增量运算又分为前增量和后增量，它们的区别在于表达式的值。前增量运算时，变量会先执行加 1 操作，然后返回表达式的值，这样，表达式和变量的值都是原值加 1，如下面的代码。

```
<?php
$i = 1;
echo ++$i, "<br />" , $i;
?>
```

执行代码会显示两个 2，即表达式和变量的值都是 $i 加 1 后的结果。

后增量运算时，表达式会先返回变量的值，然后进行变量加 1 的操作，如下面的代码。

```
<?php
$i = 1;
echo $i++, "<br />" , $i;
?>
```

执行代码会显示 1 和 2，即表达式先返回 $i 变量的值 1，然后进行加 1 操作，最终 $i 变量的值是 2。

减量运算同样分为前减量运算和后减量运算，只不过它执行的是减 1 的操作，如下面的代码演示了后减量运算的应用。

```
<?php
$i = 1;
echo $i--,"<br>";
echo $i;
?>
```

执行代码会显示 1 和 0，即 $i-- 表达式会先返回 1，然后进行 $i 变量减 1 的操作。

3.1.2　位运算

位运算是对整数二进制位进行运算。PHP 中的位运算包括：

- 按位与运算，使用 & 运算符，两个二进制位上的值都是 1 时，运算结果为 1，否则为 0。
- 按位或运算，使用 | 运算符，两个二进制位上的值有一个是 1 时，运算结果为 1，两个数据都是 0 时，运算结果为 0。
- 按位取反运算，使用 ~ 运算符，1 取反得 0，0 取反得 1。
- 按位异或运算，使用 ^ 运算符，两个二进制位上的值一个为 1，另一个为 0 时，结果为 1，两个数据相同时，结果为 0。
- 位左移运算，使用 << 运算符，如 16<<2 就是将 16 的二进制位向左（高位）移动 2 位，低位补 0，相当于执行 16*2*2 的操作，可以理解为 x<<n 执行了 $x=x\times 2^n$ 运算。
- 位右移运算，使用 >> 运算符，将数据的二进制位向右（低位）移动，高位补 0。如 x>>n 执行的就是 $x=x\div 2^n$ 运算。

下面的代码显示了这些位运算的操作。

```
<?php
$x = 0b0110;
$y = 0b1010;
echo decbin(($x & $y)),"<br />";
```

```
echo decbin(($x | $y)),"<br />";
echo decbin((~$y)),"<br />";
echo decbin(($x ^ $y)),"<br />";
echo decbin(($x << 2)),"<br />";
echo decbin(($x >> 2));
?>
```

代码执行结果见图 3-4。

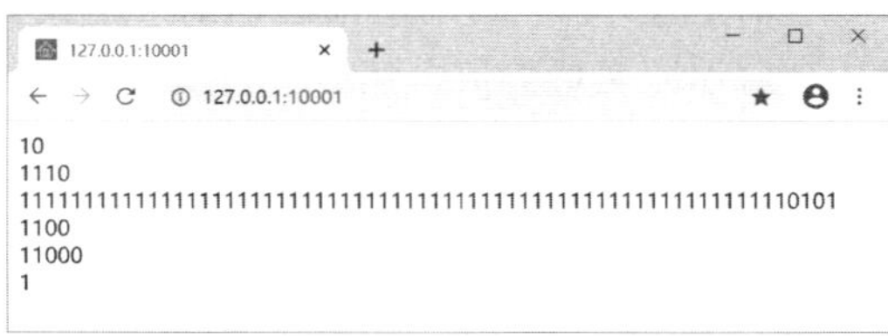

图　3-4

结果并不难理解，只是第三行按位取反的结果需要解释下，大家可以数数有几位数。64 位！暴露作者使用的平台了。在 64 位平台上，整数是 64 位的，那么 1010 前面的 60 位是 60 个 0，取反后是 60 个 1，如图 3-4 中显示的结果。

3.1.3　进制转换

需要整数不同进制的形式时，可以使用数学模块中的相关函数，如：

- base_convert() 函数，任意进制之间的转换。参数一指定需要转换的数据（字符串类型）；参数二指定源数据进制（整数类型）；参数三指定目标进制（整数类型）。函数会返回转换后的结果（字符串类型）。
- decbin() 函数，十进制数转换为二进制数。
- decoct() 函数，十进制数转换为八进制数。
- dechex() 函数，十进制数转换为十六进制数。
- bindec() 函数，二进制数转换为十进制数。
- octdec() 函数，八进制数转换为十进制数。
- hexdec() 函数，十六进制数转换为十进制数。
- bin2hex() 函数，二进制数转换为十六进制数。
- hex2bin() 函数，十六进制数转换为二进制数。

下面的代码演示了 base_convert() 函数的使用。

```
<?php
echo base_convert("f1",16,2);
?>
```

本例中，将十六进制数的 f1 转换为二进制数形式，代码执行结果见图 3-5。

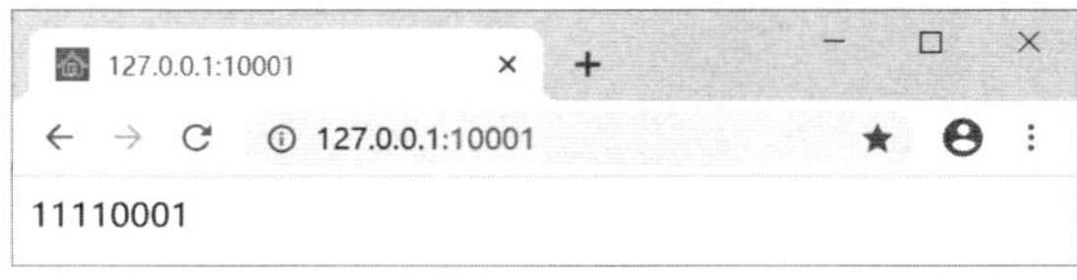

图　3-5

下面的代码演示了十进制数和十六进制数之间的转换，其中使用了 dechex() 和 hexdec() 函数。

```
<?php
echo dechex(128),"<br>";
echo hexdec("1F");
?>
```

代码执行结果见图 3-6。

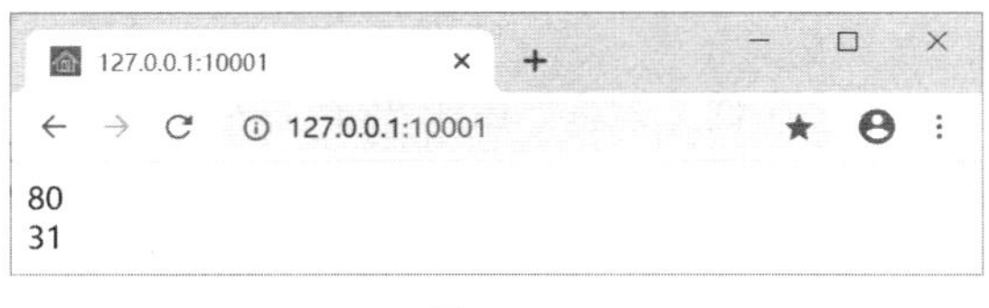

图　3-6

3.2　组合运算符

组合运算符就是将一些基本的二元运算符与赋值运算符（=）组合使用，如下面的代码。

```
<?php
$x = 10;
$x += 99;
echo $x;
?>
```

执行代码会显示 109。

本例中使用了 += 运算符，$x += 99 的含义是 $x = $x + 99。对于算术运算和位运算，都可以使用这种形式的组合运算符，如 +=、-=、*=、/=、%=、&=、|=、^=、<<=、>>=。

3.3　浮点数

浮点数（float）可以处理带有小数部分的数值。PHP 中的浮点数采用 IEEE 754 标准的双精度格式，使用 64 位存储。

浮点数同样可以进行基本的加、减、乘、除等算术运算，下面的代码演示了相关运算。

```
<?php
$x = 5.1;
$y = 2.0;
echo "$x + $y = ",$x+$y,"<br>";
echo "$x - $y = ",$x-$y,"<br>";
echo "$x * $y = ",$x*$y,"<br>";
echo "$x / $y = ",$x/$y,"<br>";
echo "$x % $y = ",$x%$y,"<br>";
echo "$x ** $y = ",$x**$y,"<br>";
?>
```

代码执行结果见图 3-7。

图 3-7

这里需要注意的是求模（求余数）运算。由于 % 运算符只能用于整数的运算，对于非整数运算数，会转换为整数后再进行计算，所以，5.1%2 的运算结果也就是 5%2 的结果 1。

此外，由于计算机直接处理浮点数的限制，需要高精度的浮点数计算时，应使用 PHP 提供的数学计算函数，下面是 BC 数学库中的一些运算函数：

- bcadd() 函数，加法运算。
- bcsub() 函数，减法运算。
- bcmul() 函数，乘法运算。
- bcdiv() 函数，除法运算。
- bcmod() 函数，取模。
- bcpow() 函数，求乘方。
- bcpowmod() 函数，乘方求模。
- bcsqrt() 函数，求平方根。

这些函数中，bcsqrt() 函数用于求平方根，它只需要一个必要的参数，其他的函数都需要两个必要的参数，其中，参数一是左操作数，参数二是右操作数。需要注意的是，这些必要参数都是字符串（string）类型，但实际应用中，直接输入数值也可以自动完成类型转换工作。

此外，bcadd()、bcsub()、bcmul()、bcdiv()、bcpow()、bcpowmod() 和 bcsqrt() 函数的最后一个参数是可选参数，用于指定计算结果中的小数位，默认是 0（只取整数部分）。

下面的代码演示了 bcadd()、bcmod() 和 bcsqrt() 函数的使用。

```
<?php
echo bcadd("1.23","0.15",2),"<br />";
echo bcmod("1.23","0.15",2),"<br />";
echo bcsqrt("9",2);
?>
```

代码执行结果见图 3-8。

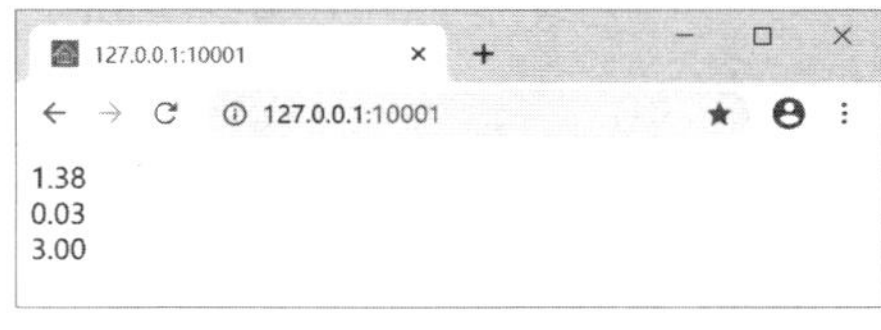

图 3-8

BC 数学库中，还可以使用 bccomp() 函数进行指定小数位的数值比较，相等时返回 0，参数一大于参数二时返回 1，参数一小于参数二时返回 -1。下面的代码演示了 bccomp()

函数的使用。

```
<?php
$x = "3.001";
$y = "3.0";
echo bccomp($x,$y,3),"<br />";
echo bccomp($x,$y,1),"<br />";
echo bccomp($y,$x,3);
?>
```

本例，第一个 bccomp() 函数比较三位小数，3.001 的值大于 3.0 的值，结果返回 1；第二个 bccomp() 函数比较 1 位小数，3.0 等于 3.0，结果返回 0；第三个 bccomp() 函数同样比较三位小数，这次将 $y 放在前面，3.0 小于 3.001，结果返回 -1。

一些 BC 数学函数可以设置一个小数位数的参数，如果在一段代码中需要大量使用这些函数，可能会有些麻烦。此时，可以使用 bcscale() 函数，它的功能是设置所有 BC 数学函数默认的小数位数。

bcscale() 函数只有一个整数参数，用于设置小数位数，如果设置成功，函数会返回 true，否则返回 false。下面的代码演示了 bcscale() 函数和运算函数的配合使用。

```
<?php
bcscale(3);
echo bcadd("1.12345","3.0056"),"<br />";
echo bcadd("1.12345","3.0056",5);
?>
```

代码运行结果会显示 4.129 和 4.12905。首先使用 bcscale() 函数设置精度为 3 位小数；第一个 bcadd() 函数中使用了两个参数，它的运算精度就是 3 位小数；第二个 bcadd() 函数中将第三个参数设置为 5，其运算结果就是 5 位小数。

3.4　类型判断和转换

PHP 代码中，数据操作有着很大的灵活性，也能够完成大部分的自动转换工作，不过，有时还是需要很精确地判断数据类型，并在需要时进行类型转换。

判断数据的类型时，可以使用一系列的 is_XXX() 函数，如：

- is_array() 函数，判断参数是否为数组类型，第 8 章会详细介绍数组的应用。
- is_bool() 函数，判断参数是否为布尔类型。
- is_float()、is_double() 和 is_real() 函数，判断参数是否为浮点数。
- is_int()、is_integer() 和 is_long() 函数，判断参数是否为整数。
- is_numeric() 函数，判断参数是否为一个数值（数字或数字字符串）。
- is_finite() 函数，判断参数是否为有限值。
- if_infinite() 函数，判断参数是否为无限值。
- is_nan() 函数，当参数是一个数值时返回 false，不是数值时返回 true。
- is_null() 函数，判断参数是否为空值（null 值）。
- is_object() 函数，判断参数是否为一个对象。
- is_resource() 函数，判断参数是否为资源类型。

- is_string() 函数，判断参数是否为字符串，如 is_string("1") 返回 true，is_string(1) 返回 false。
- is_scalar() 函数，判断参数是否为标量类型，当参数类型为 int、float、string 或 bool 类型时返回 true，否则返回 false。

PHP 中的数值包括整数和浮点数，前面已经讨论了相关的运算。实际应用中，如果需要将一些数据转换这两种类型，可以分别使用 intval() 和 floatval() 函数，它们总是会返回一个数值，转换不成功时也会返回 0。下面的代码演示了这两个函数的使用。

```
<?php
$s = "123.55";
$i = intval($s);
$f = floatval($s);
echo $i,"<br>",$f;
?>
```

执行结果会显示 123 和 123.55。可以看到，使用 intval() 函数转换为整数时，只截取整数部分，小数部分会被舍弃，并不会四舍五入。

请注意，使用 intval() 和 floatval() 函数时，会读取参数中有效的数值部分，一旦读取了非数值内容会立即停止，然后将读取的内容转换为指定类型的数值。如 intval("123a") 返回 123，而 intval("a123") 返回 0。

intval() 函数中默认执行的是十进制数的转换，也可以使用第二个参数指定转换内容的进制，如下面的代码。

```
<?php
echo intval("ff",16);
?>
```

代码执行结果显示 255。这里指定需要转换的内容是十六进制形式，本例中十六进制数 ff 会转换为十进制数的 255。

3.5 字符串

PHP 中的字符串有三种定义方式，包括双引号、单引号和定界符。其中，双引号定义的字符串比较常用，其中的一些特殊字符需要使用 \ 符号进行转义，如表 3-1。

表 3-1 PHP 字符串转义字符

转义字符	说明
\n	换行符
\r	回车符
\t	水平制表符
\"	双引号
\\	\ 符号
\0	空字符（ASCII 编码为 0 的字符）
\$	$ 符号，而不是变量标识符
\xnn	\x 开始的数值 nn 表示十六进制
\nn	nn 为八进制数

双引号字符串中，除了字符转义，还可以直接引用变量的数据，前面已有相关的应用，通过下面的代码再来看一下应用效果。

```
<?php
$x=10;
$y=99;
echo "$x + $y = ",$x+$y;
?>
```

echo 语句中，双引号定义的字符串中直接使用了 $x 和 $y 变量名，它们会自动转换为实际的数值，最终的显示结果就是 10 +99 = 109。

有时候，由于变量名和字符串内容可能会混合在一起，无法有效地区分变量名。此时，可以使用一对花括号将变量名包含起来，如下面的代码。

```
<?php
$x=10;
$y=99;
echo "{$x}+{$y}=",$x+$y;
?>
```

单引号字符串，使用一对单引号定义字符串，其中，需要转义的字符只有两个，即“\'”表示单引号（'）、“\\”表示外斜线（\）。此外，单引号字符串不能引用变量名，如 '{$x}' 定义的内容就是 {$x}，并不会转换为 $x 变量的值。

定界符字符串使用 <<< 作为起始标识，并定义一个名称，字符串的结束位置需要使用此名称。需要注意的是，结束标识必须位于独立代码行的顶格，不使用任何缩进。

定界符字符串实际上也有两种格式，分别对应双引号字符串和单引号字符串。首先介绍 heredoc 风格定界符字符串，它对应双引号字符串，如下面的代码。

```
<?php
$s=<<<STR1
<pre>
int x=10;
int y=99;
int sum=x+y;
</pre>
STR1;

echo $s;
?>
```

本例中定义的字符串标识为 STR1，字符串内容保存在 $s 变量，其中包含了一个 pre 元素，定义了三行 C 语言代码，代码执行结果见图 3-9。

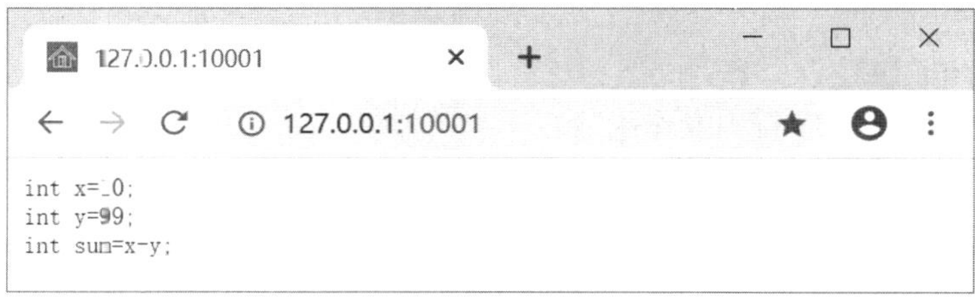

图　3-9

为了与 PHP 5.3 中新增的 nowdoc 风格定界符字符串区分，在定义 heredoc 风格的字符串时，可以在标识名中使用双引号，如下面的代码。

```
<?php
$s = <<<"STR1"
...
STR1;
echo $s;
?>
```

nowdoc 风格字符串名称需要使用一对单引号定义，其应用特点对应了单引号定义的字符串。下面的代码演示了 nowdoc 和 heredoc 风格字符串的区别。

```
<?php
$x=10;

$s1 = <<<"STR1"
{$x}
STR1;

$s2 = <<<'STR2'
{$x}
STR2;

echo $s1,"<br>",$s2;
?>
```

代码执行结果见图 3-10，其中，STR1 字符串中会将 $x 变量转换为实际的数据，而 STR2 字符串原样输出了 {$x}。

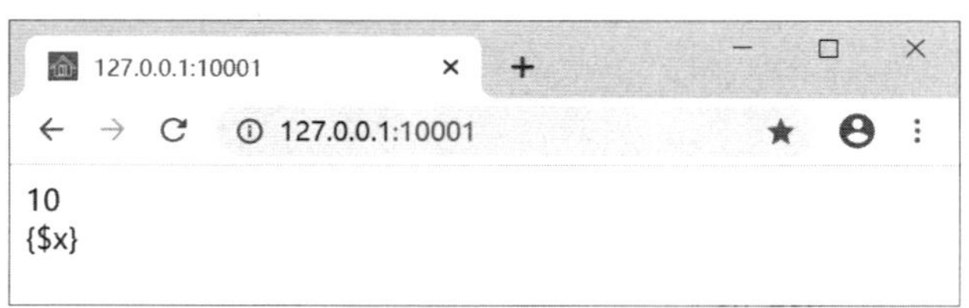

图 3-10

需要将多个内容连接到一个字符串时，可以使用圆点（.）运算符，也称为串联运算符。下面的代码演示了圆点运算符的应用。

```
<?php
$s = "abc"."123";
echo $s;
?>
```

页面会显示 abc123。

下面介绍一些常用的字符串操作函数。

chr() 函数，返回 ASCII 编码对应的字符，如 chr(65) 返回大写字母 A。

ord() 函数，返回字符的 ASCII 编码，如 ord("A") 返回 65。

trim() 函数，删除字符串开始部分和结束部分的空白字符，包括空格、制表符等不可见字符。ltrim() 函数删除字符串开始部分的空白字符。rtrim() 和 chop() 函数删除字符串结束部分的空白字符。

比较字符串内容是否相等时，可以使用 strcmp() 或 strcasecmp() 函数。它们的区别在于，strcmp() 函数按内容的二进制编码比较，strcasecmp() 函数则不区分字母大小写。两个函数都需要两个参数，当参数一和参数二内容相同时返回 0；参数一小于参数二时返回负数；参数一大于参数二时返回正数。下面的代码演示了这两个函数的使用。

```
<?php
$s1 = "Abc";
$s2 = "abc";
var_dump(strcmp($s1,$s2));
echo "<br>";
var_dump(strcasecmp($s1,$s2));
?>
```

代码执行结果见图 3-11。

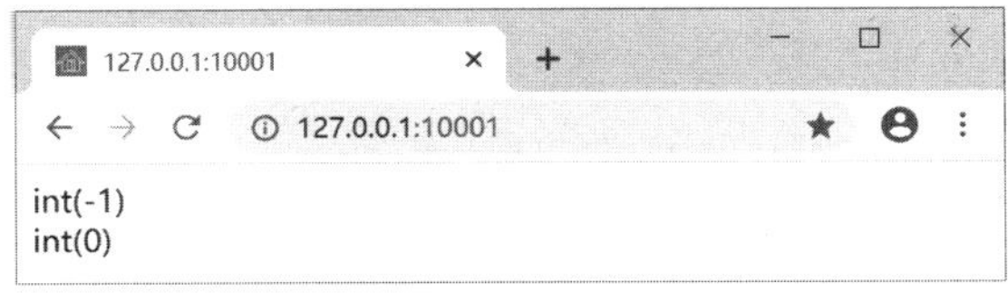

图　3-11

如果只需要比较两个字符串开始的一部分内容，可以使用 strncmp($x,$y,$z) 函数，其功能是比较 $x 和 $y 字符串的前 $z 个字符，当 $x 等于 $y 时返回 0；$x 小于当 $y 时返回负数；当 $x 大于 $y 时返回正数。如果不区分字母大小写，可以使用 strncasecmp() 函数。

strlen() 函数用于获取字符串的字符数量，但字符串包含中文等双字节字符时，它的返回值并不是所期待的值，此时，需要使用 mbstring 库中的 mb_strlen() 函数，如下面的代码展示了这两个函数的使用。

```
<?php
$s = "学习 PHP";
echo strlen($s),"<br>";
echo mb_strlen($s);
?>
```

使用 strlen() 函数时，一个汉字会按 3 个字节计算，这样两个汉字和三个字母共占用了 9 个字节。使用 mb_strlen() 函数时，可以对汉字和字符数量进行正确统计，如示例中的两个汉字和三个字母，共计 5 个字符。代码执行会显示 9 和 5。

str_shuffle() 函数将字符串中的字符随机排列，strrev() 函数则将字符串中的字符顺序反转。下面的代码演示了这两个函数的使用。

```
<?php
$s = "abcdefg";
echo str_shuffle($s);
echo "<br>";
echo strrev($s);
?>
```

代码执行结果见图 3-12。请注意，每次调用 str_shuffle() 函数的结果并不一样。

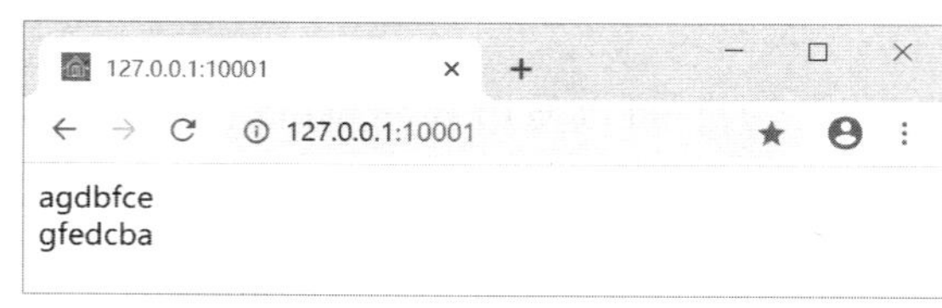

图 3-12

substr_count() 函数可以计算指定内容在字符串中出现的次数，函数定义格式如下。

```
substr_count(string $s, string $n[, int $offset = 0[, int $length]]) : int
```

函数会计算 $n 在字符串 $s 中出现的次数；参数 $offset 指定从哪个字符开始统计，0 表示第一个字符，1 表示第二个字符，以此类推；参数 $length 指定处理的字符数。如果不使用 $offset 和 $legnth 参数指定计算的范围，将搜索 $s 的全部内容。下面的代码演示了 substr_count() 函数的应用。

```
<?php
$s = "abcdefgabcdabc";
echo substr_count($s,"ab"),"<br>";
echo substr_count($s,"abc",1);
?>
```

代码执行会显示 3 和 2。

3.5.1 格式化与转换

需要将数据按指定格式输出时可以使用 sprintf() 函数，其定义如下。

```
sprintf(string $format[, mixed $...]) : string
```

其中，第一个参数 $format 为带有格式的字符串，第二个参数开始按顺序指定需要格式化的数据。在参数 $format 中指定格式时，需要使用 % 符号指定格式，如：

- %b，二进制数据。
- %c，ASCII 编码对应的字符。
- %d，有符号实数。
- %e，科学记数法，e 小写。使用大写 E 时，科学记数法中的 E 大写。
- %f 或 F，显示为浮点数。
- %g、%e 和 %f 的组合，格式较短。大写 G 表示 %E 和 %f 组合的较短格式。
- %o，八进制数据。
- %s，字符串数据。
- %u，无符号实数。
- %x，十六进制数，字母小写。
- %X，十六进制数，字母大写。
- %%，显示一个 % 符号。

下面的代码中整数将以十六进制形式显示，其中的字母大写。

```
<?php
echo sprintf("%X,%X",252,253);
?>
```

执行代码会显示 FC,FD。

str_pad() 函数可以使用指定的内容将字符串填充到指定的长度，函数定义如下。

```
    str_pad(string $input, int $pad_length[, string $pad_string = " "[, int $pad_type = STR_PAD_RIGHT]]) : string
```

函数的功能是，将 $input 使用 $pad_string 填充到 $pad_length 个字符。$pad_type 指定填充位置，默认为右填充（STR_PAD_RIGHT），使用左填充时可以设置为 STR_PAD_LEFT 值，两端填充可以使用 STR_PAD_BOTH 值。

下面的代码演示了 str_pad() 函数的使用。

```
<?php
$s = "abcd";
echo str_pad($s,8,"*"),"<br>";
echo str_pad($s,8,"*",STR_PAD_BOTH),"<br>";
echo str_pad($s,8,"*",STR_PAD_LEFT);
?>
```

代码执行结果见图 3-13。

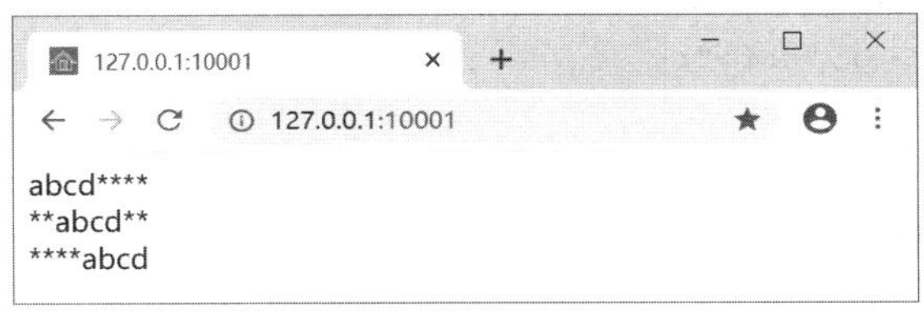

图　3-13

number_format() 函数用于格式化数字，并返回格式化之后的字符串，函数定义如下。

```
    number_format(float $number, int $decimals = 0, string $dec_point = ".", string $thousands_sep = ",") : string
```

函数会返回数字 $number 的千分位分隔符形式，参数 $decimals 指定保留的小数位，默认为 0；参数 $dec_point 指定小数分隔符，默认为圆点（.）；参数 $thousands_sep 指定千分位分隔符，默认为逗号（,）。实际应用时，此函数的参数应为 1 个、2 个或 4 个。下面的代码演示了 number_format() 函数的应用。

```
<?php
$n = 123456.789;
echo number_format($n),"<br>";
echo number_format($n,2),"<br>";
echo number_format($n,4,",",".");
?>
```

代码执行结果见图 3-14。

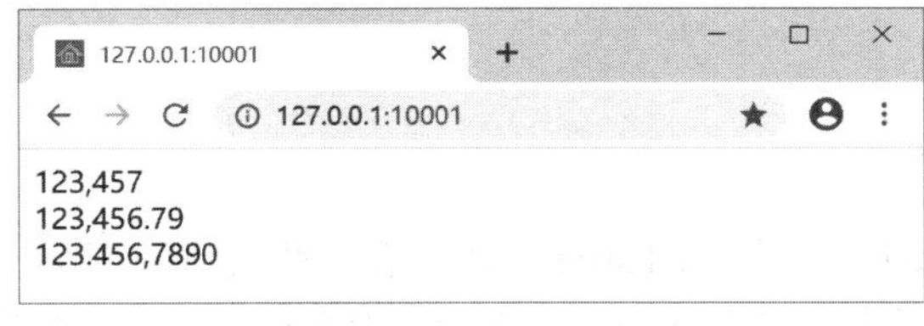

图　3-14

第一个和第二个输出使用逗号作为千分位分隔符，圆点作为小数分隔符，是中国、美国等国家和地区的习惯用法；第三个输出使用逗号为小数分隔符，圆点为千分位分隔符，这是德国的数字书写方式，此外，法国的数字也使用逗号作为小数分隔符，而千分位分隔符则使用空格。

下面是几个关于字符大小写转换的函数。

- lcfirst() 函数，字符串的首字母小写。
- ucfirst() 函数，字符串的首字母大写。
- ucwords() 函数，字符串中每个单词的首字母大写。
- strtolower() 函数，字符串中所有字母小写。
- strtoupper() 函数，字符串中所有字母大写。

下面的代码演示了这几个函数的应用。

```
<?php
$s = "I am learning PHP.";
echo lcfirst($s),"<br>";
echo ucfirst($s),"<br>";
echo ucwords($s),"<br>";
echo strtolower($s),"<br>";
echo strtoupper($s);
?>
```

代码执行结果见图 3-15。

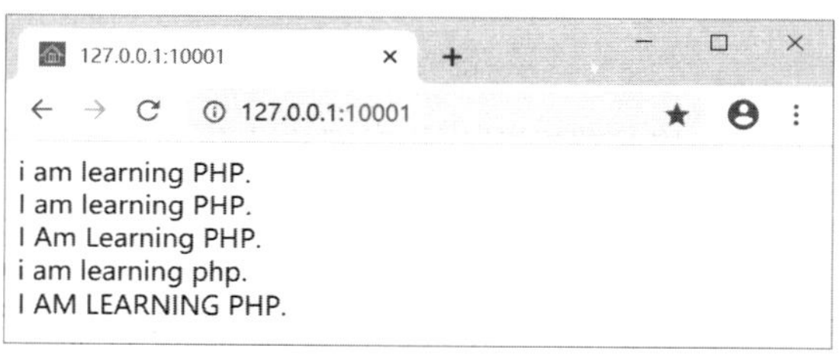

图 3-15

3.5.2 查询、截取和替换

substr() 函数用于截取字符串的一部分，函数定义如下。

```
substr(string $string, int $start[, int $length]) : string
```

函数的功能是在 $string 中从 $start 索引位置（从 0 开始的整数）截取 $length 个字符，如果达不到 $length 个字符，则返回从 $start 开始的所有内容。下面的代码演示了 substr() 函数的基本应用。

```
<?php
$s = "abcdefg";
echo substr($s,1,3);
?>
```

执行代码会显示 bcd。此外，substr() 函数还有一些灵活的用法，例如，将 $start 参数设置为负数时，可以得到字符串末尾的 n 个字符（n 为 $start 参数的绝对值）。

```
<?php
$s = "abcdefg";
echo substr($s,-3);
?>
```

执行代码会显示 efg。

如果 substr() 函数的 $length 参数为负数，截取内容不包含末尾的 n 个字符（n 为 $length 的绝对值），如下面的代码。

```
<?php
$s = "abcdefg";
echo substr($s,1,-3);
?>
```

执行代码会显示 bcd。

str_replace() 函数，用于替换字符串中的指定内容，函数定义如下。

```
    str_replace(mixed $search, mixed $replace, mixed $subject[, int &$count]) :
mixed
```

函数的功能是在 $subject 字符串中，将 $search 指定的内容替换为 $replace ；$count 为可选，用于指定替换的次数，如果不指定 $count 参数则搜索全部内容。请注意，$search 可以指定一个字符串，其中可以包含 % 通配符，也可以指定为一个包含需要替换内容的数组。

下面先来看一下简单的示例。

```
<?php
$s = "abcdefgabcdabc";
echo str_replace("abc","***",$s);
?>
```

代码中会将 $s 字符串中的所有 abc 替换为 ***，代码执行后显示“***defg***d***”。

下面的代码会将 $s 中的 b 和 d 字母替换为 * 符号。

```
<?php
$s = "abcdefgabcdabc";
echo str_replace(["b","d"],"*",$s);
?>
```

代码执行会显示“a*c*efga*c*a*c”。此外，str_ireplace() 函数与 str_replace() 函数功能相同，只是会忽略字母的大小写形式。

str_repeat(string $input, int $multiplier) 函数返回 $multiplier 个 $input 组成的字符串，如 str_repeat("*",3) 返回 "***"。

strstr() 和 strchr() 函数查找并返回字符串，忽略字母大小写时可以使用 stristr() 函数。strstr() 函数定义如下。

```
strstr(string $haystack, mixed $needle[, bool $before_needle = false]) : string
```

函数中，如果 $haystack 中包含 $needle，则返回第一次出现位置开始的所有内容；如果 $before_needle 设置为 true，则返回第一次出现位置以前的内容。下面的代码演示了 strstr() 函数的使用。

```
<?php
$s1 = "abcdefg";
```

```
$s2 = "cd";
echo strstr($s1,$s2);
echo "<br>";
echo strstr($s1,$s2,true);
?>
```

代码执行结果见图 3-16。

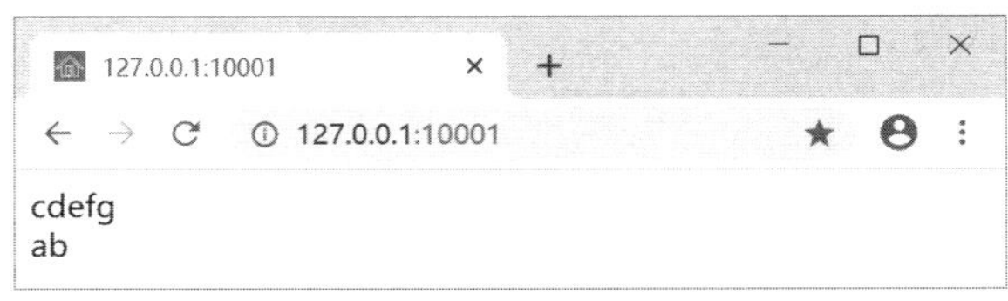

图 3-16

strrchr() 函数定义如下。

```
strrchr(string $haystack, mixed $needle) : string
```

函数的功能是在 $haystack 中查找 $needle 并返回从 $needle 最后一次出现位置开始的所有内容。下面的代码展示了 strrchr() 函数的使用。

```
<?php
$s1 = "abdefgabc";
$s2 = "ab";
echo strrchr($s1,$s2);
?>
```

执行代码会显示 abc（最后三个字符）。

strpos() 函数用于在字符串中查找内容，并返回出现的位置，函数定义如下。

```
strpos(string $haystack, mixed $needle[, int $offset = 0]) : int
```

函数的功能是在 $haystack 中查找 $needle，并返回第一次出现的索引位置（从 0 开始）。参数 $offset 为可选参数，指定开始查询的索引值，默认为 0，即从第一个字符开始查找；如果 $offset 为负数，只查询 $haystack 中的末尾的 n 个字符（n 为 $offset 的绝对值）。下面的代码演示了 strpos() 函数的使用。

```
<?php
$s1 = "abcdefgabc";
$s2 = "cde";
var_dump(strpos($s1,$s2));
echo "<br>";
var_dump(strpos($s1,$s2,-5));
?>
```

代码执行结果见图 3-17。

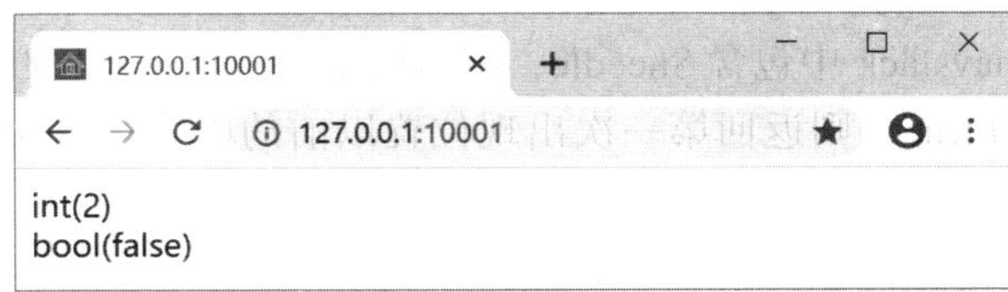

图 3-17

本例中，第一次调用 strpos() 函数时，从头开始查找 cde，它位于第 3 个字符（索引值为 2 的位置），返回结果为整数数值 2。第二次调用 strpos() 函数时，会从字符串的后 5 个字符中查询 cde，它并不存在，此时返回结果为 false。实际应用中，判断是否查询到需要的内容时，可以先使用全等运算符（===）进行判断，如下面的代码。

```
<?php
$s1 = "abcdefgabc";
$s2 = "cde";
$result = strpos($s1,$s2,-5);
if($result===false)
   echo "不包含指定的内容";
else
   echo "指定内容开始索引位置为{$result}";
?>
```

strrpos() 函数用于查询指定内容在字符串中最后一次出现的位置，它的功能与 strpos() 函数相似，只是操作的顺序相反，如果 $offset 参数指定为负数，将在字符串开始的 n 个字符中查询（n 为 $offset 的绝对值）。下面的代码演示了 strrpos() 函数的使用。

```
<?php
$s1 = "abcdefgabc";
$s2 = "ab";
var_dump(strrpos($s1,$s2));
echo "<br>";
var_dump(strrpos($s1,$s2,-5));
?>
```

代码执行结果见图 3-18。

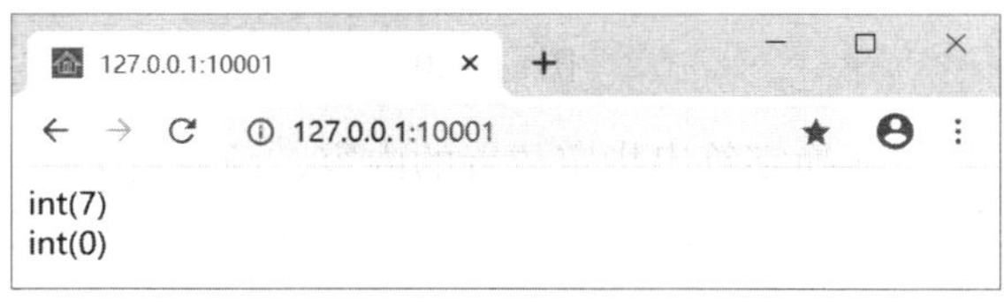

图　3-18

strpos() 和 strrpos() 函数在查询字符时会区分字母大小写，如果不需要区分字母大小写形式，可以使用 stripos() 和 strripos() 函数。

strpbrk() 函数，在字符串中查找指定的字符，并返回第一个匹配字符开始的所有内容，其定义如下。

```
strpbrk(string $haystack, string $char_list) : string
```

下面的代码演示了 strpbrk() 函数的使用。

```
<?php
$s = "I am learning PHP.";
echo strpbrk($s,"anH"),"<br>";
echo strpbrk($s,"iI");
?>
```

代码执行结果见图 3-19。

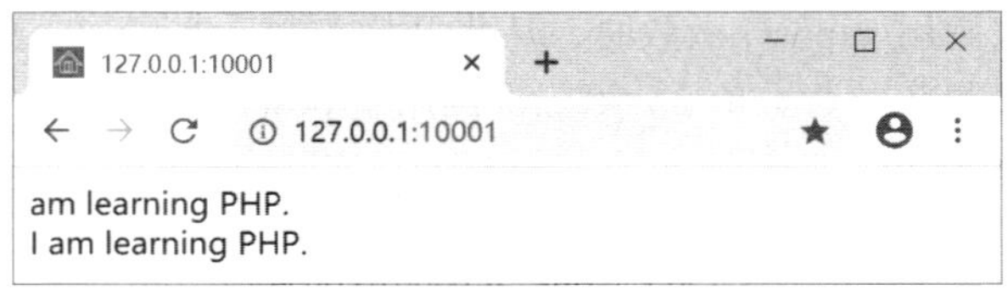

图 3-19

strpbrk() 函数只要找到 $char_list 中的任意字符就会立即返回执行结果。本例第一个输出找到了小写字母 a 后返回从第二个字符开始的所有内容；第二个输出找到大写字母 I 后返回了字符串的全部内容。

strtr() 函数，使用指定的内容替换查询内容，并返回替换后的结果，函数定义如下。

```
strtr(string $str, string $from, string $to) : string
```

函数会将 $str 中的 $from 替换为 $to，下面的代码演示了此函数的使用。

```
<?php
$s = "abcdefgabcdabef";
echo strtr($s,"ab","**");
?>
```

代码执行结果见图 3-20。

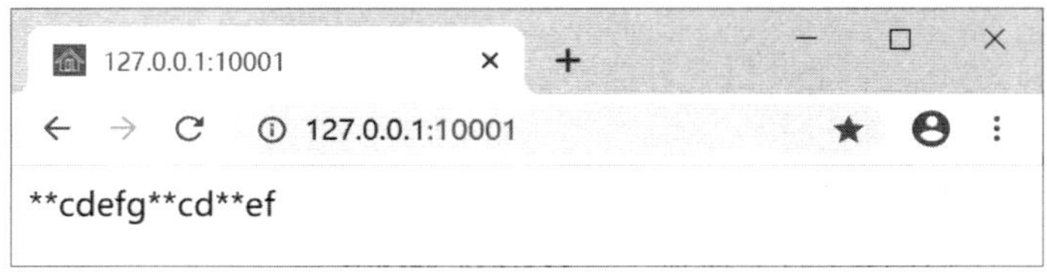

图 3-20

substr_replace() 函数，替换字符串指定位置的内容，函数定义如下。

```
substr_replace(mixed $s, mixed $r, mixed $start[, mixed $length]) : mixed
```

函数的功能是在 $s 中将 $start 开始的 $length 个字符替换为 $r，如果不指定 $length 参数，会将 $start 位置开始的全部内容替换为 $r，下面的代码演示了 substr_replace() 函数的应用。

```
<?php
$s = "abcdefg";
echo substr_replace($s,"***",2,3),"<br>";
echo substr_replace($s,"***",2);
?>
```

代码执行结果见图 3-21。

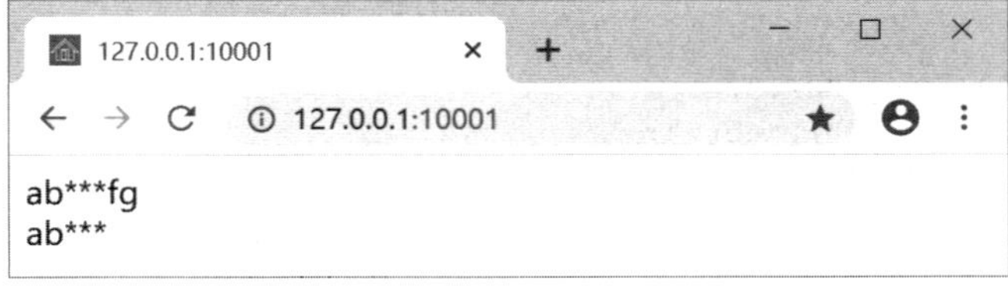

图 3-21

3.5.3 组合和分割

explode() 函数，用于分割字符串，并返回分割内容组成的数组，函数定义如下。

```
explode( string $delimiter, string $string[, int $limit] ) : array
```

函数的功能是使用 $delimiter 分割 $string 字符串，并返回分割后的数组。参数 $limit 为可选，如果不设置将完全分割 $string，如果设置了 $limit 参数，返回的数组成员数量最多是 $limit 个。下面的代码演示了 explode() 函数的使用。

```
<?php
$s = "abc,def,ghi";
$arr1 = explode(",",$s);
print_r($arr1);
echo "<br>";
$arr2 = explode(",",$s,2);
print_r($arr2);
?>
```

代码执行结果见图 3-22。

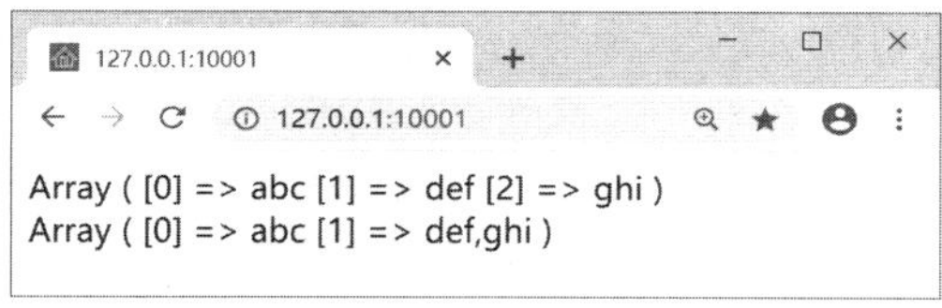

图 3-22

本例中，$arr1 包含了三个成员，包括使用逗号分割 $s 字符串的所有内容；$arr2 只包含了 2 个成员，这是由 explode() 函数的 $limit 参数确定的。稍后会详细讨论数组的应用。

join() 和 implode() 函数，将一维数组的值连接成为字符串，其中，参数一指定连接分隔符，如果不指定分隔符，将直接连接；参数二为需要连接的数组。下面的代码演示了 join() 函数的应用。

```
<?php
$arr = array("abc","def","ghi");
echo join(";",$arr),"<br>";
echo join($arr);
?>
```

代码执行结果见图 3-23。

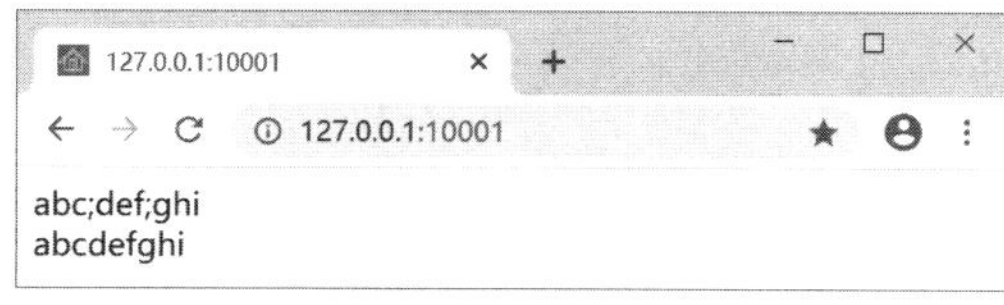

图 3-23

str_split() 函数用于按字符数量对字符串进行分组，函数定义如下。

```
str_split( string $string[, int $split_length = 1] ) : array
```

函数的功能是将 $string 分割为数组，每个成员的字符数由 $split_length 参数指定，默认为 1。如下面的代码。

```
<?php
$s = "abcdefg";
echo "<h3> 操作 1</h3>";
print_r(str_split($s));
echo "<h3> 操作 2</h3>";
print_r(str_split($s,3));
?>
```

代码执行结果见图 3-24。

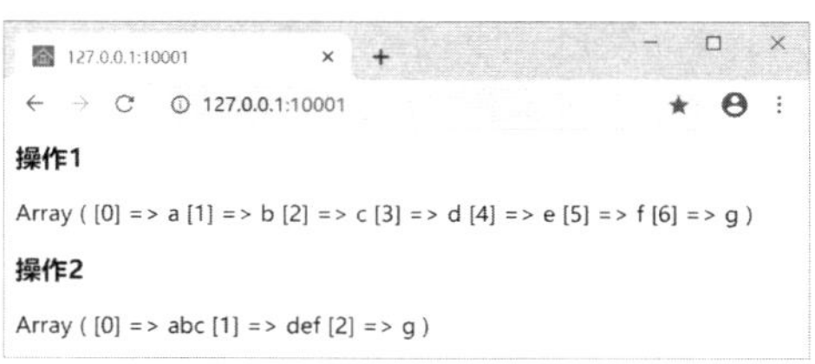

图 3-24

本例中，第一次分割操作，每个成员有一个字符，所以数组有 7 个成员；第二次分割操作，每个成员指定为 3 字符，数组有 3 个成员。应用中，如果字符总数不能被每组数量整除，最后一个成员的字符数会少于 $split_length 参数指定的数量，如上例中的第二次分割操作。

wordwrap() 函数，使用指定的内容和宽度分割字符串，函数定义如下。

```
    wordwrap(string $str[, int $width = 75[, string $break = "\n"[, bool $cut =
false]]] ) : string
```

函数的功能是将 $str 字符串进行分割，参数 $width 指定每部分期待的宽度，参数 $break 指定分割后每部分添加的内容。参数 $cut 设置为 false 时不会打断单词，如果指定为 true 则单词可能被分割。下面的代码演示了 wordwrap() 函数的应用。

```
<?php
$s = "I am learning PHP.";
echo wordwrap($s,10,"<br>");
?>
```

代码执行结果见图 3-25(a)，在浏览器中查看源代码内容见图 3-25(b)。

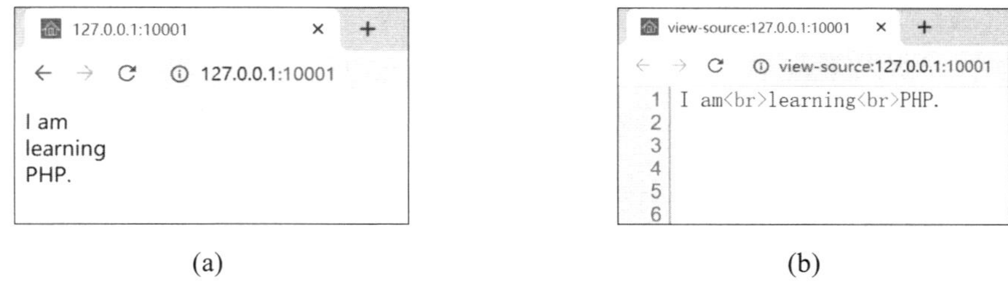

(a) (b)

图 3-25

当 wordwrap() 函数的第四个参数设置为 true 时，较长的单词可能被分割，如下面的代码。

```
<?php
$s = "I am learniiiiiiiiiiiiing PHP.";
```

```
echo wordwrap($s,10,"<br>",true);
?>
```

代码执行结果见图 3-26(a)，生成的代码见图 3-26(b)。

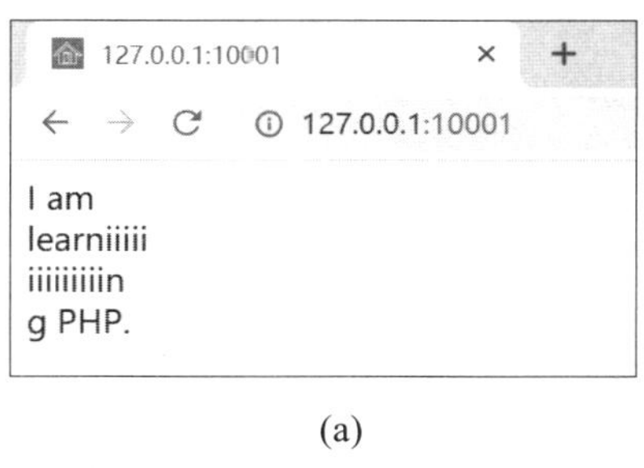

(a)

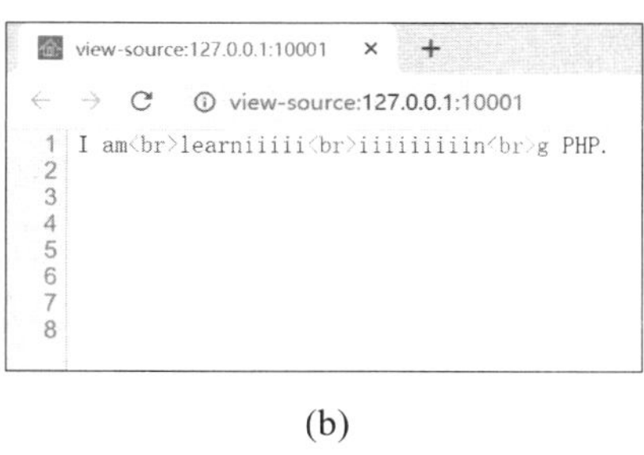

(b)

图 3-26

另一个与分割操作相关的是 chunk_split() 函数，定义如下。

```
chunk_split(string $body[, int $chunklen = 76[, string $end = "\r\n"]] ) :
string
```

此函数在将 BASE64 编码字符串转换为符合 RFC2045 标准的字符串时非常有用。其中，$body 指定源字符串，$chunklen 指定每块的字符串，$end 指定每块后添加的内容。函数会返回重新组合后的字符串。

3.5.4 生成 GUID 和 UUID

GUID（Globally Unique Identifier，全局唯一标识符）和 UUID（Universally Unique Identifier，通用唯一识别码），可以通过一定的算法获取唯一的标识，常用于给资源赋予唯一 ID 时。

下面的代码（/lib/cf/cf.php）定义了 cf_get_guid() 函数，它的功能是创建一个只包含字母和数字的 GUID 字符串，$isLower 参数指定返回字符串中的字母大小写形式，默认为小写。

```
<?php
// 生成 GUID 字符串
function cf_get_guid(bool $isLower=true) : string
{
   if($isLower)
   {
         return sprintf('%04x%04x%04x%04x%04x%04x%04x%04x',
         mt_rand(0, 65535), mt_rand(0, 65535),
         mt_rand(0, 65535), mt_rand(16384, 20479),
         mt_rand(32768, 49151), mt_rand(0, 65535),
         mt_rand(0, 65535), mt_rand(0, 65535));
   }
   else
   {
         return sprintf('%04X%04X%04X%04X%04X%04X%04X%04X',
         mt_rand(0, 65535), mt_rand(0, 65535),
         mt_rand(0, 65535), mt_rand(16384, 20479),
         mt_rand(32768, 49151), mt_rand(0, 65535),
         mt_rand(0, 65535), mt_rand(0, 65535));
```

```
    }
}
// 测试
echo cf_get_guid(),"<br>",cf_get_guid(false);
?>
```

每次执行代码显示的内容都不同，但都是一个包含小写字母的 GUID 字符串和一个包含大写字母的 GUID 字符串，见图 3-27。

图　3-27

在 /lib/cf/tStr.php 文件定义的 tStr 类中，getGuid() 静态方法封装了同样的功能，开发中，可以参考如下代码生成 GUID。

```
<?php
require_once $_SERVER["DOCUMENT_ROOT"]."/lib/cf/tStr.php";
use cf\tStr;

echo tStr::getGuid();
?>
```

关于 UUID 的生成，PHP 官方网站提供了相应的代码，这里整理了一下，并封装在 /lib/cf/cf.php 文件的 cf_get_uuid_v4() 函数中，如下面的代码。

```
function cf_get_uuid_v4() : string
{
   return sprintf('%04x%04x%04x%04x%04x%04x%04x%04x',
     mt_rand(0, 0xffff), mt_rand(0, 0xffff),
     mt_rand(0, 0xffff),
     mt_rand(0, 0x0fff) | 0x4000,
     mt_rand(0, 0x3fff) | 0x8000,
     mt_rand(0, 0xffff), mt_rand(0, 0xffff),
     mt_rand(0, 0xffff)
   );
}
```

此外，UUID 生成代码同时封装为 /lib/cf/tStr.php 文件中 tStr 类的 getUuidV4() 静态方法。

```
    // 获取 UUID
    public static function getUuidV4() : string
    {
            return sprintf('%04x%04x%04x%04x%04x%04x%04x%04x',
              mt_rand(0, 0xffff), mt_rand(0, 0xffff),
              mt_rand(0, 0xffff),
              mt_rand(0, 0x0fff) | 0x4000,
              mt_rand(0, 0x3fff) | 0x8000,
              mt_rand(0, 0xffff), mt_rand(0, 0xffff),
              mt_rand(0, 0xffff)
            );
    }
```

tStr 类中的 getUuidV4() 静态方法用于返回 v4 版本 UUID，返回结果是只包含字母和数字的 UUID 字符串，其中，字母为小写形式。开发中，可以参考如下代码生成 UUID。

```
<?php
require_once $_SERVER["DOCUMENT_ROOT"]."/lib/cf/tStr.php";
use cf\tStr;

echo tStr::getUuidV4();
?>
```

3.5.5　散列函数

hash() 函数可以实现文本的多种散列算法，函数定义如下。

```
hash(string $algo, string $data[, bool $raw_output = false]) : string
```

参数包括：

- $algo，必选参数，指定算法名称，如 "md5"、"sha256" 等。
- $data，必选参数，指定需要编码的文本内容。
- $raw_output，可选参数，默认值为 false，返回小写十六进制字符串，设置为 true 时返回原始二进制数据。

下面的代码演示了 hash() 函数的使用。

```
<?php
echo hash("sha256","123456");
?>
```

图 3-28 中显示了字符串“123456”的 SHA-256 编码内容，其中的字母使用了小写形式。

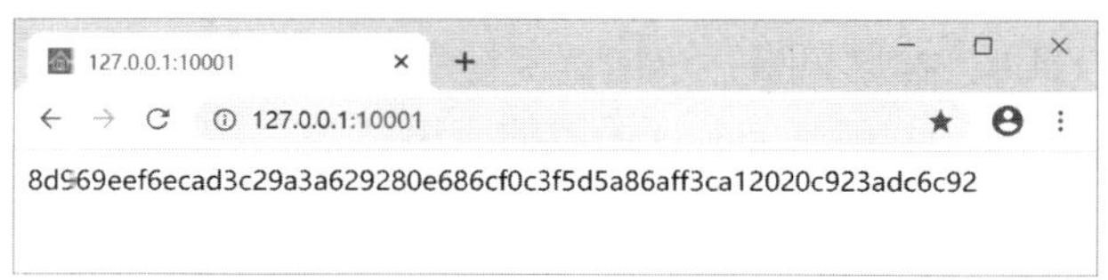

图　3-28

对于需要加密存储的内容，如密码，可以使用 hash() 函数很方便地转换为散列代码。需要注意的是，这些算法生成的结果是不可逆的，即不能还原文本的原始内容，所以只能对需要比较的内容转码后再判断是否一致。

此外，还有一些具体算法的函数，如：

- md5() 函数，返回字符串的 MD5 散列编码。
- sha1() 函数，返回字符串的 SHA-1 散列编码。

3.5.6　PHP 8 新增函数

PHP 8 中新增了一些字符串操作函数，下面分别介绍。

str_contains() 函数，用于判断一个字符串中是否包含指定的内容，定义如下。

```
str_contains(string $haystack, string $needle): bool
```

如果 $haystack 中包含 $needle，函数返回 true，否则返回 false。

str_starts_with() 函数，用于判断字符串是否以指定的内容开始，定义如下。

```
str_starts_with(string $haystack, string $needle): bool
```

当 $haystack 的内容以 $needle 开始时，函数返回 true，否则返回 false。

str_ends_with() 函数，用于判断字符串是否以指定的内容结束，定义如下。

```
str_ends_with(string $haystack, string $needle): bool
```

当 $haystack 的内容以 $needle 结束时，函数返回 true，否则返回 false。

3.6 mbstring 模块

mbstring 模块定义了一系列多字节文本操作函数，可以更方便地处理如汉字等多字节字符。使用 mbstring 扩展模块，需要在 php.ini 配置文件（Windows 系统）中找到“extension=mbstring”，并确认删除了行首的分号，保存配置文件并重启 PHP 网站。如果不能正确使用 mbstring 函数，还可以查看配置文件中的 extension_dir 参数设置的路径是否正确，或者重启计算机后进行测试。

获取 mbstring 模块的配置信息时，可以使用 mb_get_info() 函数，它会返回包含模块信息的数组。可以使用代码“print_r(mb_get_info());”查看完整的配置信息。

下面介绍 mbstring 模块中的一些常用函数。

mb_convert_case($s,$mode) 函数，对字符串 $s 中的字母进行大小写转换，参数 $mode 的值包括：

- MB_CASE_LOWER，字母小写。
- MB_CASE_UPPER，字母大写。
- MB_CASE_TITLE，标题风格，单词首字母大写。

下面的代码展示了 mb_convert_case() 函数的应用。

```
<?php
$s = "I am learning PHP.";
echo mb_convert_case($s,MB_CASE_LOWER),"<br>";
echo mb_convert_case($s,MB_CASE_UPPER),"<br>";
echo mb_convert_case($s,MB_CASE_TITLE);
?>
```

代码执行结果见图 3-29。

图 3-29

mb_strlen() 函数，前面已经介绍过，此函数可以正确地统计汉字和其他类型字符的数量，如 mb_strlen("学习 PHP") 返回 5。

mb_strtolower() 函数，将字符串中的字母转换为小写形式，并返回新的字符串。

mb_strtoupper() 函数，将字符串中的字母转换为大写形式，并返回新的字符串。

mb_strwidth() 函数，返回字符串的宽度，汉字按 2 字节计算，如 mb_strwidth("学习PHP") 返回 7。

mb_substr() 函数，截取字符串的一部分，函数定义如下。

```
mb_substr(string $str, int $start[, int $length = null
    [, string $encoding = mb_internal_encoding()]]) : string
```

函数的功能是在 $str 字符串中截取部分内容；参数 $start 指定开始截取的索引位置（0 开始）；参数 $length 指定截取的字符数量，默认为 null 值，表示截取 $start 开始的所有内容；参数 $encoding 指定文本的编码类型。下面的代码演示了 mb_substr() 函数的应用。

```
<?php
$s = "快乐学习 PHP";
echo mb_substr($s,1,2),"<br>";
echo mb_substr($s,2);
?>
```

代码执行结果见图 3-30。

图　3-30

mb_strimwidth() 函数，获取按指定宽度截断的字符串，函数定义如下。

```
mb_strimwidth(string $str, int $start, int $width[, string $trimmarker = ""[,
string $encoding = mb_internal_encoding()]] ) : string
```

函数的功能是在 $str 中从 $start 索引位置截取 $width 个字节（取完整的字符，实际截取内容可能少于此字节数）；如有截断的字符，会将 $trimmarker 添加到新字符串末尾。下面的代码演示了 mb_strimwidth() 函数的使用。

```
<?php
$s = "快乐学习 PHP";
echo mb_strimwidth($s,2,3),"<br>";
echo mb_strimwidth($s,2,4),"<br>";
echo mb_strimwidth($s,2,3,"*");
?>
```

代码执行结果见图 3-31。

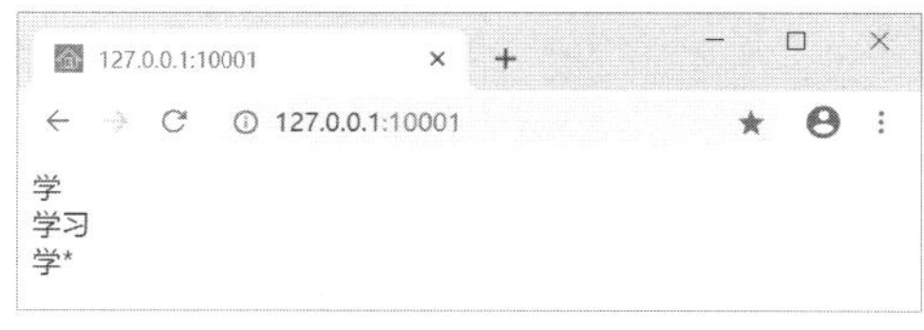

图　3-31

mb_strpos() 函数，在字符串中查找指定的内容，并返回第一次出现的索引位置，函数定义如下。

```
    mb_strpos(string $haystack, string $needle[, int $offset = 0 [, string $encoding
= mb_internal_encoding()]]) : int
```

函数的功能是在 $haystack 中查找 $needle，并返回第一次出现的位置，没有找到时返回 false；参数 $offset 设置开始查找的位置，默认从第一个字符开始（索引值为 0）。下面的代码演示了 mb_strpos() 函数的应用。

```
<?php
$s = " 快乐学习 PHP";
$result = mb_strpos($s," 学习 ");
if($result===false) echo " 没有找到 ";
else echo " 索引位置 :",$result;
?>
```

执行代码会显示“索引位置 :2”，即查询内容出现在第三个字符；可以修改 mb_strpos() 函数的第二个和第三个参数来观察输出结果。此外，mb_strpos() 函数查询字符串时会区分字母的大小写，如果忽略字母大小写，可以使用 mb_stripos() 函数。

mb_strstr() 函数，在字符串中查找指定的内容，并返回所需要的部分，函数定义如下。

```
    mb_strstr(string $haystack, string $needle[, bool $before_needle = false[,
string $encoding = mb_internal_encoding()]]) : string
```

函数的功能是，在 $haystack 中查询 $needle，如果没有找到返回 false；如果找到 $needle 会按 $before_needle 参数的设置返回内容，默认为 false，返回 $haystack 中从 $needle 开始的所有内容，如果设置为 true，则返回 $haystack 中 $needle 之前的内容（不包含 $needle）。下面的代码展示了 mb_strstr() 函数的应用。

```
<?php
$s = " 快乐学习 PHP";
$result = mb_strstr($s," 学习 ");
if($result===false) echo " 没有找到 ";
else echo $result;
echo "<br>";
$result = mb_strstr($s," 学习 ",true);
if($result===false) echo " 没有找到 ";
else echo $result;
?>
```

代码执行结果见图 3-32。

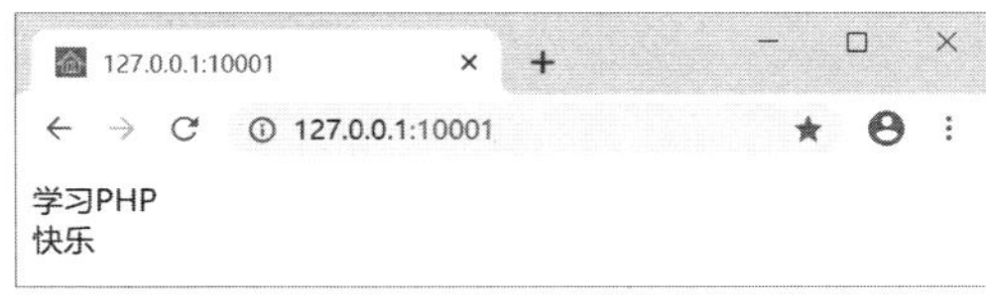

图 3-32

mb_stristr() 函数与 mb_strstr() 函数功能相同，只是不区分字母大小写。

mb_strrchr() 函数，查找指定内容在字符串中最后出现的位置，并根据需要返回相应的内容，函数定义如下。

```
    mb_strrchr(string $haystack, string $needle[, bool $part = false[, string
$encoding = mb_internal_encoding()]]) : string
```

函数的功能是，在 $haystack 中查找 $needle，如果没有找到，函数返回 false。如果找到指定的内容则根据 $part 参数设置返回内容，默认为 false，会返回 $haystack 中从 $needle 开始的所有内容，如果是 true，则返回 $haystack 中 $needle 之前的内容（不包含 $needle）。下面的代码展示了 mb_strrchr() 函数的使用。

```
<?php
$s = "快乐学习 PHP 真开心";
$result = mb_strrchr($s,"开心");
if($result===false) echo "没有找到";
else echo $result;
echo "<br>";
$result = mb_strrchr($s,"开心",true);
if($result===false) echo "没有找到";
else echo $result;
?>
```

代码执行结果见图 3-33，其中，第一个输出显示的是最后两个字符，第二个输出显示的是不包含最后两个字符的内容。

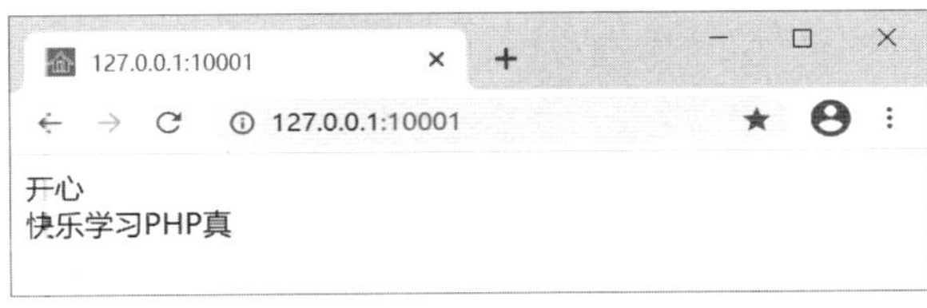

图　3-33

mb_strrichr() 函数与 mb_strrchr() 函数功能相同，只是不区分字母大小写。

mb_strrpos() 函数，查找指定内容在字符串最后出现的位置，函数定义如下。

```
mb_strrpos(string $haystack, string $needle[, int $offset = 0[, string $encoding
= mb_internal_encoding()]]) : int
```

函数的功能是，在 $haystack 中查找 $needle，并返回最后一次出现位置的索引，如果没有找到会返回 false。下面的代码演示了 mb_strrpos() 函数的应用。

```
<?php
$s = "快乐学习 PHP 真快乐";
$result = mb_strrpos($s,"快乐");
if($result===false) echo "没有找到";
else echo $result;
?>
```

执行代码会显示 8。如果查询时忽略字母大小写，可以使用 mb_strripos() 函数。

mb_substr_count($s,$n) 函数，统计 $n 在 $s 中出现的数量，如下面的代码。

```
<?php
$s = "快乐学习 PHP 真快乐";
echo mb_substr_count($s,"快乐"),"<br>";
echo mb_substr_count($s,"真快乐"),"<br>";
echo mb_substr_count($s,"非常快乐");
?>
```

执行代码会显示 2、1、0。

mb_split() 函数，将文本内容分割为数组，函数定义如下。

```
mb_split(string $pattern , string $string [, int $limit = -1 ]) : array
```

函数的功能是通过 $pattern 分割 $string 字符串，参数 $limit 指定返回数组的最大成员数量，默认为 -1，此时将分割 $string 字符中的全部内容。下面的代码演示了 mb_split() 函数的应用。

```
<?php
$s = "aaa,bbb,ccc";
$arr = mb_split(",",$s);
print_r($arr);
?>
```

代码执行结果见图 3-34。

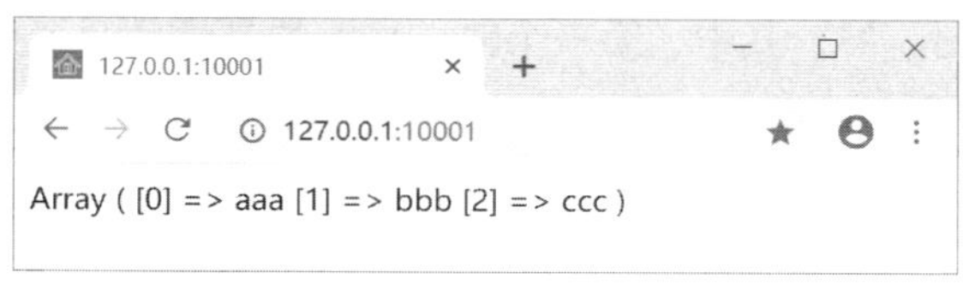

图 3-34

3.7 布尔类型

布尔（boolean）类型，也称为逻辑类型，主要用于处理“真 / 假”“是 / 非”等数据，包括真值（true）和假值（false），相关运算如下：

- 逻辑与运算，使用 and 或 && 运算符。当两个运算数都是 true 时，结果为 true，否则运算结果为 false。
- 逻辑或运算，使用 or 或 || 运算符。两个运算数中有一个为 true 时，结果为 true，两个运算数都是 false 时，运算结果为 false。
- 逻辑取反运算，使用 ! 运算符。true 取反为 false，false 取反为 true。
- 逻辑异或运算，使用 xor 运算符。两个运算数不同时结果为 true，相同时结果为 false。

下面的代码演示了这些运算的基本应用。

```
<?php
$x = true;
$y = false;
var_dump($x && $y);
echo "<br>";
var_dump($x || $y);
echo "<br>";
var_dump(!$x);
echo "<br>";
var_dump($x xor $y);
?>
```

代码执行结果见图 3-35，可以改变 $x 和 $y 变量的值来观察运算结果。

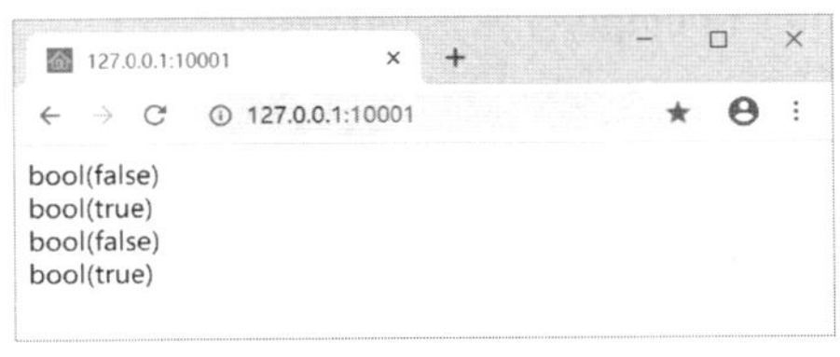

图　3-35

3.8　null 值及变量检测

PHP 中，空值表示变量（对象）没有可用的数据，此时，变量（对象）的值为 null。代码中，可以使用下面三个函数检测变量是否定义，或者是否包含可用的数据。

isset() 函数，判断变量是否已定义并且已赋值，即变量是否存在并包含可用的数据。如果变量已定义并且其值不为 null 时，返回 true；变量没有定义或其值为 null 时返回 false。此外，isset() 函数可以同时使用多个参数，当参数中的所有变量都已定义并且值都不是 null 时才返回 true，否则返回 false。下面的代码演示了 isset() 函数的使用。

```
<?php
$x = 10;
$y = null;
var_dump(isset($x));
echo "<br>";
var_dump(isset($y));
echo "<br>";
var_dump(isset($z));
echo "<br>";
var_dump(isset($x,$y));
echo "<br>";
$z = 99;
var_dump(isset($x,$z));
?>
```

代码执行结果见图 3-36。

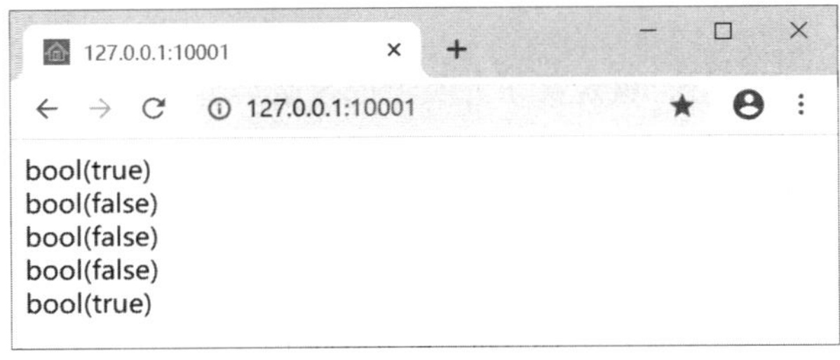

图　3-36

unset() 函数，释放一个变量。释放后的变量使用 isset() 函数判断时会返回 false。

empty() 函数，判断变量是否未定义或者值为 null，与 isset() 函数判断的结果相反。当变量没有定义或为 null 值时，empty() 函数返回 true；当变量已定义，并且不为 null 值时，

empty() 函数返回 false。

下面的代码演示了 unset() 和 empty() 函数的应用。

```
<?php
$x = 10;
var_dump(empty($x));
echo "<br>";
unset($x);
var_dump(empty($x));
?>
```

代码执行结果见图 3-37。

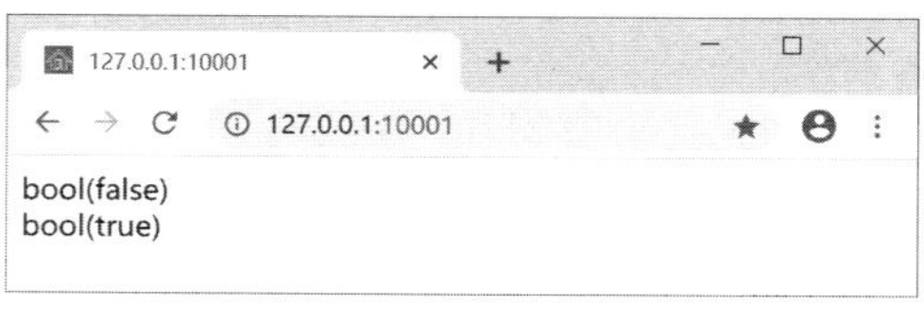

图 3-37

3.9 资源类型

资源类型通常是指不同类型的对象，如打开的数据库连接等，在 PHP 文档中显示为 resource 类型。开发时，需要根据具体的资源类型使用正确的成员（如方法和属性）进行操作，在面向对象编程中会讨论相关内容。

3.10 混合型和 void 类型

混合型（mixed）数据，在 PHP 文档中比较常见，它表示数据（如函数的参数或返回值）可能是不同的类型，例如，获取资源成功时返回对象，失败时返回 false。

void 类型在 PHP 文档中也很常见，如一个函数或方法没有返回值，就会标识为 void。

3.11 可空类型

在标准类型名前使用问号，就定义了此类型的可空类型，下面的代码演示了相关应用。

```
<?php
function fnAdd(?int $x,?int $y,...$args):?int
{
    $args = func_get_args();
    $sum=0;
    for($i=0;$i<count($args);$i++){
            if($args[$i]==null)return null;
            else $sum+=$args[$i];
    }
    return $sum;
}
var_dump(fnAdd(1,2));
```

```
echo "<br>";
var_dump(fnAdd(1,2,3));
echo "<br>";
var_dump(fnAdd(1,null,3));
?>
```

本例中，fnAdd() 函数中的前两个参数和返回值都定义为可空 int 类型，即前两个参数和返回值可以是 int 类型，也可以是 null 值。代码执行结果见图 3-38。

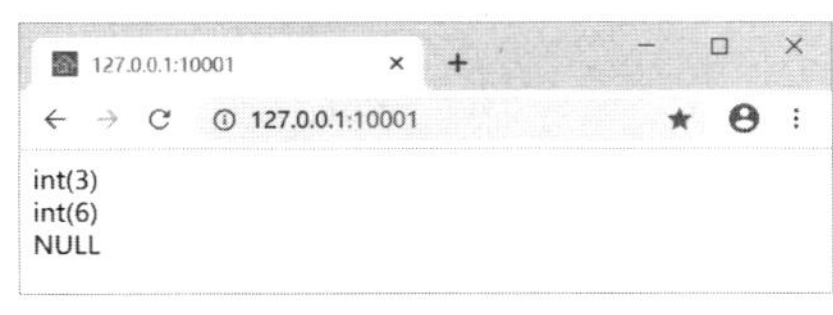

图　3-38

3.12　数学函数

前面的示例中，保留指定数量的小数位时会直接舍弃多余的数据，并没有四舍五入，实际应用中，如果需要进行四舍五入操作，可以使用 round() 函数完成。下面的代码演示了 round() 函数的使用。

```
<?php
echo round(123.1,2),"<br>";
echo round(123.456,2),"<br>";
echo round(123.451,2);
?>
```

代码执行结果见图 3-39。

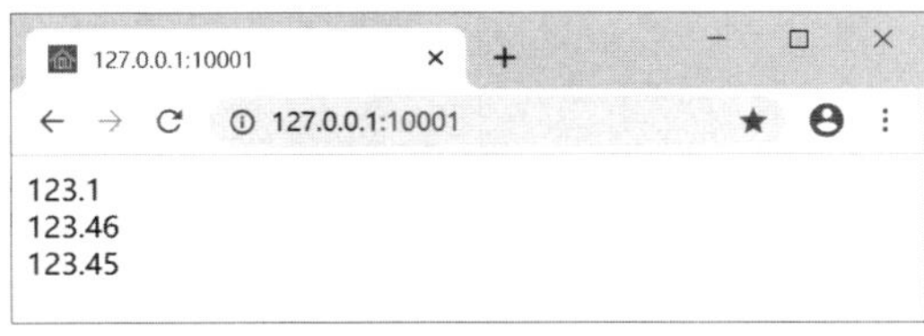

图　3-39

如果需要获取数据的整数部分，可以将 round() 函数的第二个参数设置为 0，这也是此参数的默认值，此时只会返回整数部分，小数部分四舍五入。

此外，相关操作的函数还包括：

- floor() 函数，返回小于或等于参数的最大整数。
- ceil() 函数，返回大于或等于参数的最小整数。

下面的代码演示了这两个函数的应用。

```
<?php
echo floor(11.9),"<br>";
echo floor(-11.9),"<br>";
echo ceil(11.9),"<br>";
echo ceil(-11.9);
```

```
?>
```

代码执行结果见图 3-40。

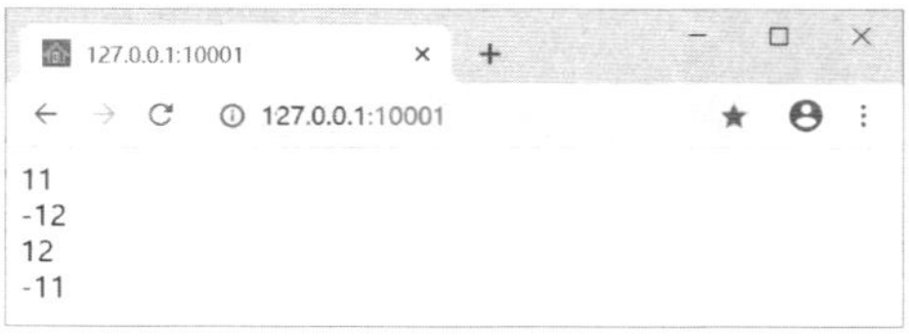

图 3-40

3.12.1 运算与统计函数

使用 % 运算符时，会得到整数相除后的余数，如果需要获取浮点数相除的余数，可以使用 fmod() 函数。下面的代码演示了 % 运算符与 fmod() 函数计算结果的不同。

```
<?php
$x = 11.9;
$y = 3.1;
echo $x % $y,"<br>";
echo fmod($x, $y);
?>
```

代码执行会显示 2 和 2.6。本例中，在使用 % 运算符时，会自动将两个运算数转换为整数后计算，计算的是 11 除以 3 的余数为 2；fmod() 函数会直接使用浮点数进行求余计算，即 11.9 中包含 3 个 3.1 以外，余数为 2.6。

intdiv() 函数，用于获取两个整数相除的结果，它会返回一个整数，如果参数不是整数会先转换为整数后进行计算，下面的代码演示了此函数与 / 运算符计算结果的区别。

```
<?php
$x = 11.9;
$y = 3.1;
echo $x / $y,"<br>";
echo intdiv($x, $y);
?>
```

代码执行结果见图 3-41。

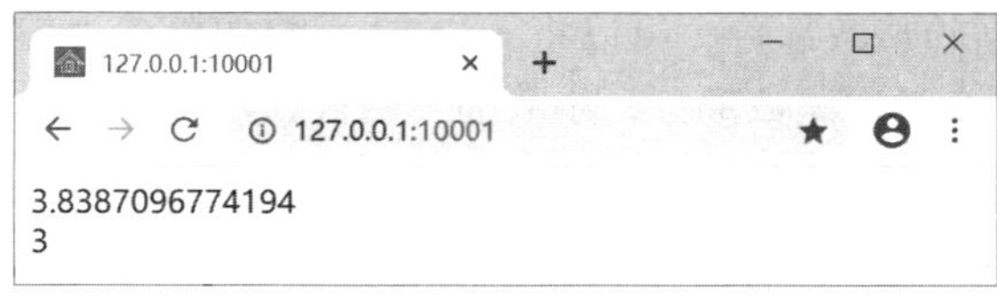

图 3-41

本例中，使用 / 运算符计算的结果为浮点数，只有在能整除时才返回整数；而 intdiv() 函数会将两个参数都转换为整数后执行除法运算，取整数商。

下面是一些常用的计算函数：

- abs() 函数，返回参数的绝对值。
- pow() 函数，如 pow(x,y) 求 x 的 y 次方。

- min() 函数，返回参数列表中的最小值。
- max() 函数，返回参数列表中的最大值。
- sqrt() 函数，求平方根，如参数为负数会返回 NaN 值。此外，如果对 $x 开 $n 次方，可以使用 pow($x,1/$n) 计算，如 pow(27,1/3) 返回 3。
- exp() 函数，计算 e 的指数。
- log() 函数，自然对数。
- log10() 函数，计算以 10 为底的对数。
- pi() 函数，返回圆周率的值。

3.12.2　三角函数

PHP 数学模块中常用的三角函数包括：

- acos() 函数，求反余弦。
- acosh() 函数，求反双曲余弦。
- asin() 函数，求反正弦。
- asinh() 函数，求反双曲正弦。
- atan() 函数，求反正切。
- atan2() 函数，求两个参数的反正切。
- atanh() 函数，求反双曲正切。
- hypot() 函数，根据直角三角形中两个直角边的长度计算其斜边长度，如 hypot(3,4) 返回 5。
- cos() 函数，求余弦。
- cosh() 函数，求双曲余弦。
- deg2rad() 函数，将角度转换为弧度，如 deg2rad(90) 返回 1.5707963267949，即 pi()/2 的值。
- rad2deg() 函数，将弧度转换为相应的角度，如 rad2deg(pi()) 返回 180。
- sin() 函数，求正弦。
- sinh() 函数，求双曲正弦。
- tan() 函数，求正切。
- tanh() 函数，求双曲正切。

3.12.3　随机数

mt_rand() 和 rand() 函数，产生一个随机整数，其中，mt_rand() 函数的执行效率更高。如果需要指定随机数的范围，可以使用两个参数，参数一为可能的最小值，参数二为可能的最大值，如下面的代码演示了 mt_rand() 函数的使用。

```
<?php
for($i = 0;$i < 10; $i++)
{
    echo mt_rand(1,9),"<br>";
}
?>
```

执行代码会随机显示 10 个 1 到 9 的整数，可以刷新页面来观察运行结果。

如果不指定随机数的范围，那么，它的范围将是 0 到 mt_getrandmax() 函数返回值之间；其中，mt_getrandmax() 函数返回的是平台所支持的最大的随机整数值。

下面的代码（/lib/cf/tRnd.php）定义了 tRnd 类，用于生成一些常用的随机字符串。

```
<?php
namespace cf;

class tRnd
{
   // 随机大写字母
   public static function getUpper(int $len=1):string
   {
          $s="";
          for($i=0;$i<$len;$i++)
                 $s.=chr(mt_rand(65,90));
          return $s;
   }
   // 随机小写字母
   public static function getLower(int $len=1):string
   {
          $s="";
          for($i=0;$i<$len;$i++)
                 $s.=chr(mt_rand(97,122));
          return $s;
   }
   // 给出随机的字母和数字混合字符串
   public static function getStr(int $len=6):string
   {
          $s="";
          for($i=0;$i<$len;$i++){
                 $tmp=mt_rand(1,3);
                 if($tmp==1)$s.=chr(mt_rand(97,122));
                 else if($tmp==2)$s.=chr(mt_rand(65,90));
                 else $s.=mt_rand(0,9);
          }
          return $s;
   }
   //
}
?>
```

可以参考如下代码生成随机字符。

```
<?php
require_once $_SERVER["DOCUMENT_ROOT"]."/lib/cf/tRnd.php";
use cf\tRnd;

echo tRnd::getUpper(),"<br>";
echo tRnd::getLower(),"<br>";
echo tRnd::getStr(8);
?>
```

执行代码会随机显示一个大写字母和一个小写字母，以及一个包含了 8 个随机字符的字符串。

第 4 章　流程控制

应用开发中，通过各种流程控制可以更加灵活、高效地执行业务逻辑。PHP 中提供了一系列的流程控制语句结构，如条件语句、switch 语句、循环语句结构等。此外，使用流程控制语句结构时，条件的判断是一项非常重要的工作。接下来，首先了解 PHP 中的比较运算。

4.1　比较运算

比较运算是控制代码流程中的重要角色，通过比较运算，以及它们之间的逻辑关系，可以灵活地判断各种条件，并执行相应的代码。PHP 中的比较运算包括：

- 等于运算，使用 == 运算符，如 $x == $y，$x 等于 $y 时返回 true，否则返回 false。等于运算符的判断规则比较宽松，只要两个数据的字符串形式相同就会返回 true。如 "10"==10 就会返回 true。还有一些特殊情况也需要注意，在 PHP 7 及更早的版本中，空字符串和 0 比较也会返回 true，即表达式 ""==0 返回 true，但在 PHP 8 中会返回 false。此外，在 PHP 7 中，表达式 123=="123a" 返回 true，但在 PHP 8 中返回 false。
- 全等运算，使用 === 运算符，如 $x===$y，当数据的类型和值都相等时返回 true，否则返回 false。如 "123"==123 返回 true，而 "123” ===123 返回 false。
- 不等运算，使用 != 或 <> 运算符，如 $x != $y。
- 不全等运算，使用 !== 运算符，如 $x !== $y。
- 小于运算，使用 < 运算符，如 $x < $y。
- 小于等于运算，使用 <= 运算符，如 $x <= $y。
- 大于运算，使用 > 运算符，如 $x > $y。
- 大于等于运算，使用 >= 运算符，如 $x >= $y。
- 组合比较运算符，使用 <=> 运算符。如 $x <=> $y，当 $x 等于 $y 时返回 0；$x 小于 $y 时返回负整数；$x 大于 $y 时返回正整数。这是 PHP 7 中新增的运算符。
- 空值结合运算，使用 ?? 运算符。如 $x ?? $y，当 $x 不为 null（空值）时返回 $x 的值，如果 $x 没有定义或者为 null 值则返回 $y 的值。这同样是 PHP 7 中新增的运算符。

大多数比较运算是很容易理解的。这里先来看等于、全等和不全等运算的应用，如下面的代码。

```
<?php
var_dump("123"==123);
var_dump("123"===123);
var_dump("123"!==123);
?>
```

代码执行结果见图 4-1。

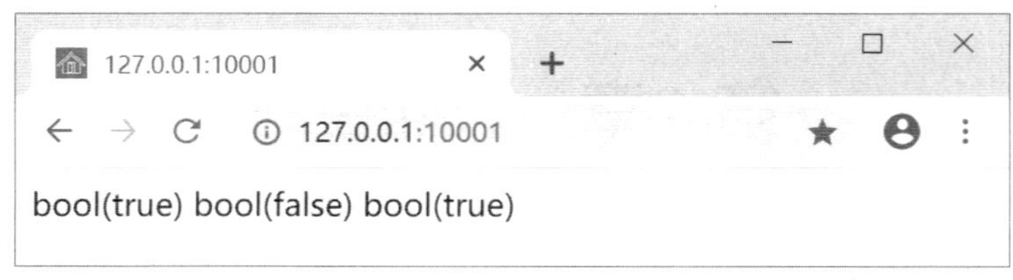

图 4-1

本例中，第一条语句使用字符串 "123" 和整数 123 比较，使用的是 == 运算符，此时会比较它的字符串形式是否相等，比较结果成立（true）。第二条语句中使用了 === 运算符，它会比较数据的类型和值，只有类型相同并且值也相同时才返回 true，否则返回 false。第三条语句使用 !== 运算符，当数据的类型和值有一个不同时就返回 true，只有类型和值都相同时才返回 false。

下面的代码演示了 <=> 运算符的使用。

```
<?php
$x = 10;
$y = 99;
$z = 99;
echo $x <=> $y , "<br>";
echo $y <=> $x , "<br>";
echo $y <=> $z , "<br>";
?>
```

代码执行结果见图 4-2。

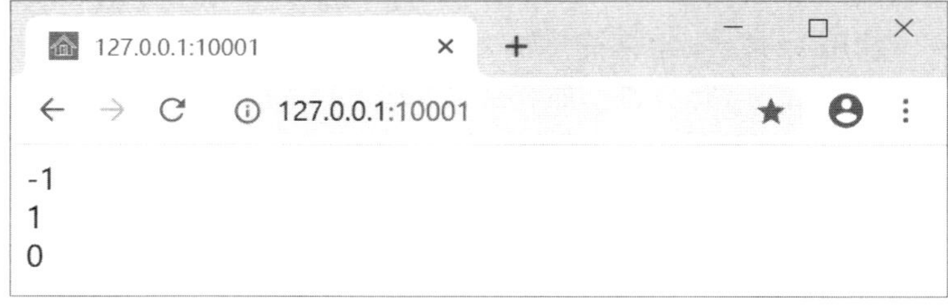

图 4-2

下面的代码演示了 ?? 运算符的使用。

```
<?php
$y = 99;
$z = null;
var_dump($x ?? $y);
echo "<br>";
var_dump($y ?? $x);
echo "<br>";
var_dump($z ?? $y);
?>
```

执行代码会显示三个 int(99)。

4.2 条件语句和 ?: 运算符

PHP 中的语法结构与 C 语言非常相似，其中，条件语句使用 if 关键字，应用结构如下。

```
if (<条件 1>)
{
    <语句块 1>
}
else if (<条件 2>)
{
    <语句块 2>
}
else
{
    <语句块 n>
}
```

在这个结构中，如果 <条件 1> 成立（true）执行 <语句块 1>；否则，如果 <条件 2> 成立执行 <语句块 2>，……如果所有条件不成立，则执行 <语句块 n>。其中，else if 语句部分可以有多个，也可以没有；而 else 语句则可有可无，但它只能在结构的最后出现，并且只能定义一次。

下面的代码演示了 if 语句的使用。其中，当语句块只有一条语句时，可以省略花括号。

```
<?php
$color = "red";
if($color == "red")
   echo "红色";
else if($color == "green")
   echo "绿色";
else if($color == "blue")
   echo "蓝色";
else
   echo "未知颜色";
?>
```

执行代码会显示“红色”，大家可以修改 $color 变量的值来观察代码执行结果。

对于比较复杂的条件，可以使用布尔运算进行组合。如下面的代码，通过复合条件来判断一个年份是否为闰年。

```
<?php
$year = 2019;
if($year%400==0 || ($year%100!=0 && $year%4==0))
   echo $year,"是闰年";
else
   echo $year,"不是闰年";
?>
```

代码执行结果见图 4-3。

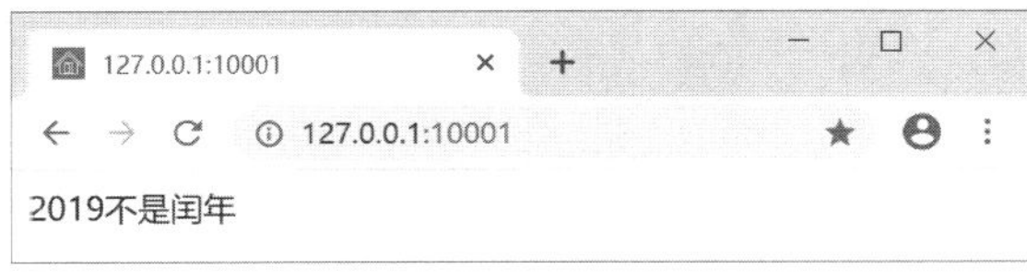

图 4-3

本例设置的条件，通过逻辑或运算符（||）判断满足两个条件中的一个时，年份就是闰年，这两个条件分别是：

- 年份能被 400 整除，即年份除以 400 的余数等于 0。
- 年份不能被 100 整除，但能被 4 整除。这里使用逻辑与运算符（&&）组合，只有两个条件都满足时才返回 true。

对于复合条件或比较复杂的表达式，建议多用小括号来指定运算顺序，而不只是通过默认的运算符优先级，一方面可以更安全，另一方面也可以让代码的逻辑关系更加直观，便于代码的阅读和理解。

关于条件判断，再了解一下 ?: 运算符。它是唯一的一个三元运算符，即需要三个运算数，应用格式如下。

```
<表达式1> ? <表达式2> : <表达式3>
```

在这个结构中，如果 <表达式 1> 的值为 true 时，返回 <表达式 2> 的值，否则返回 <表达式 3> 的值。下面的代码演示了 ?: 运算符的应用。

```
<?php
$x = 10;
echo isset($x)?$x:-1;
?>
```

执行代码会显示 10，本例与下面的 if 语句结构功能相同。

```
<?php
$x = 10;
if(isset($x))
   echo $x;
else
   echo -1;
?>
```

不过，在 PHP 7 中使用 ?? 运算符可以更简洁地实现此功能，如下面的代码。

```
<?php
$x = 10;
echo $x??-1;
?>
```

执行代码同样会显示 10，可以将 $x 变量修改为 null 值或删除，并观察运行结果。

4.3 switch 语句

switch 语句结构可以在条件相同时，对不同的结果分别执行操作，应用格式如下。

```
switch(<表达式>)
{
case <值1>:
    <语句块1>
    break;
case <值2>:
    <语句块2>
```

```
        break;
    default:
        <语句 n>
        break;
    }
```

其中，当<表达式>的值是<值 1>时执行<语句块 1>，<表达式>的值是<值 2>时执行<语句块 2>，以此类推；当没有对应的值时执行<语句块 n>。

switch 语句结构中，case 语句块可以对应和处理多个不同的值；default 语句块也可以不定义，但如果定义，它只能出现一次，用于处理 case 语句块没有处理的情况。

下面的代码演示了 switch 语句结构的使用。

```
<?php
$color = "red";
switch($color)
{
   case "red":
           echo "红色";
           break;
   case "green":
           echo "绿色";
           break;
   case "blue":
           echo "蓝色";
           break;
   default:
           echo "未知颜色";
           break;
}
?>
```

执行代码会显示“红色”，可以修改 $color 变量的值来观察执行结果。

需要注意的是，每个 case 语句块都使用 break 语句中断，否则会向下贯穿，下面的代码演示了这一特性。

```
<?php
$year = 2020;
$month = 2;
$daysInMonth = 0;
switch($month)
{
   case 1:
   case 3:
   case 5:
   case 7:
   case 8:
   case 10:
   case 12:
           $daysInMonth=31;
           break;
   case 4:
   case 6:
   case 9:
```

```
    case 11:
            $daysInMonth=30;
            break;
    case 2:
            if($year%400===0||($year%100!==0&&$year%4===0))
                    $daysInMonth = 29;
            else
                    $daysInMonth = 28;
            break;
}
echo "{$year}年{$month}月有{$daysInMonth}天";
?>
```

代码中，当 $month 变量的值是 1、3、5、7、8、10 时没有处理代码，也没有 break 语句中断，这些 case 块会向下贯穿，直到 $month 为 12 时才将 $daysInMonth 变量的值设置为 31，并使用 break 语句结束 switch 语句结构。随后的情况也是这样的，当 $month 变量的值是 4、6、9 时也会向下贯穿，直到 $month 变量为 11 时才将 $daysInMonth 变量的值设置为 30，并使用 break 语句结束 switch 语句结构。当 $month 变量等于 2 时，会根据是否为闰年来给 $daysInMonth 变量赋值。

请注意，本例并没有使用 default 语句块处理其他情况，这是有前提条件的，因为 $daysInMonth 变量的初始值已经被赋予 0，所以，如果月份数据指定不正确，它的值就是 0；对于没有初始值或默认值的情况，应使用 default 语句块处理特殊情况，避免不可预知情况造成的程序崩溃。

页面显示结果见图 4-4，可以修改 $year、$month 和 $daysInMonth 变量的值来观察运行结果。

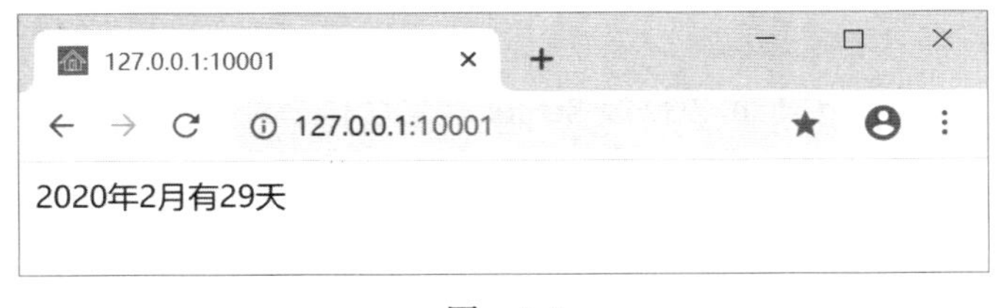

图 4-4

4.4 循环语句

循环语句，又称为迭代语句，是指在满足一定的条件下，重复执行相同代码的语句结构。PHP 中的循环语句结构包括：

- for
- foreach
- while
- do…while

在这些语句结构中，还可以使用 break 语句终止循环，或使用 continue 语句结束当前循环。

4.4.1　for 语句

for 循环语句用于已知循环执行次数的情况，例如，计算 1 到 100 的累加、通过数值索引访问数组成员等。

for 语句应用格式如下：

```
for(<循环变量初始化>；<循环结束条件>；<循环变量值改变>)
{
   <语句块>
}
```

下面是计算 1 到 100 累加的代码。

```
<?php
$sum = 0;
for($i=1; $i<=100; $i++)
{
   $sum = $sum + $i;
}
echo $sum;
?>
```

代码执行结果会显示 5050。

4.4.2　foreach 语句

foreach 适合于遍历集合，先通过两个简单的例子熟悉 foreach 语句结构的应用，在讨论数组时还会有大量的应用示例。

首先，可以使用 foreach 语句结构访问数组成员的值，如下面的代码。

```
<?php
$arr = array("Tom","Jerry",10,99.9);
foreach($arr as $e)
{
   echo $e,"<br>";
}
?>
```

foreach 关键字后的一对圆括号中，as 关键字左侧为数组对象，右侧是表示数组成员值的变量，代码执行结果见图 4-5。

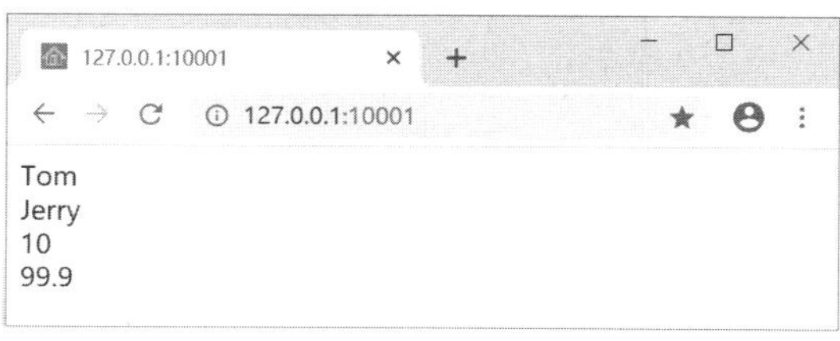

图　4-5

需要同时访问数组的键（整数索引或数据名称）和值时，在 as 关键字后使用 => 运算符，运算符左侧指定包含“键”的变量，右侧指定包含“值”的变量，如下面的代码。

```
<?php
$arr = array("earth"=>" 地球 ","mars"=>" 火星 ","jupiter"=>" 木星 ");
foreach($arr as $k=>$v)
{
    echo "{$k} : {$v}<br>";
}
?>
```

代码执行结果见图 4-6。

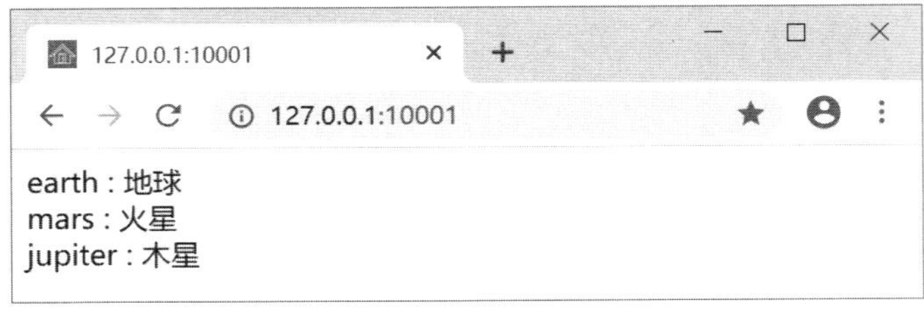

图 4-6

稍后会详细讨论数组的应用。

4.4.3 while 语句

while 语句的应用格式如下：

```
while(< 条件 >)
{
    < 语句块 >
}
```

当 < 条件 > 成立（true）时，执行 < 语句块 >，< 条件 > 不成立时结束 while 语句结构。需要注意的是，在 < 语句块 > 中应该有改变 < 条件 > 的代码，否则就会无限循环，也称为“死循环”。

下面的代码使用 while 语句结构计算 1 到 100 的和。

```
<?php
$sum = 0;
$i = 1;
while($i<=100)
{
    $sum += $i;
    $i++;
}
echo $sum;
?>
```

代码执行结果显示 5050。

4.4.4 do…while 语句

do…while 语句与 while 语句结构执行的逻辑相似，只是将判断循环条件的操作放在每次执行循环之后，格式如下。

```
do
{
   <语句块>
} while(<条件>);
```

下面的代码使用 do…while 语句结构计算 1 到 100 的和。

```
<?php
$sum = 0;
$i = 1;
do
{
   $sum += $i;
   $i++;
}while($i<=100);
echo $sum;
?>
```

4.4.5 break 语句

在 switch 语句结构中，break 语句用于中断每个 case 代码块，以免造成结构贯穿。循环语句中，break 语句用于终止循环结构。如下面的代码会判断一个正整数是否为质数。

```
<?php
$n = 19;
$isPrime = true;
$sqr = ceil(sqrt($n));
//
for($i=2;$i<=$sqr;$i++)
{
   if($n % $i == 0)
   {
          $isPrime = false;
          break;
   }
}
var_dump($isPrime);
?>
```

执行代码会显示 bool(true)，即 19 是质数，可以修改 $n 的值来观察执行结果。

本例中，使用 $isPrime 变量标识是否为质数，首先会假设为质数；在 for 语句结构中，如果数值能够被 2 至数值算术平方根之间的一个数整除，它就不是质数，此时，将 $isPrime 变量设置为 false，并使用 break 语句终止循环。

4.4.6 continue 语句

在循环语句结构中，continue 语句的功能是中止当前循环，并开始执行下一次循环（条件满足时）。

下面的代码使用 continue 语句模拟计算 1 到 100 偶数之和的功能。

```
<?php
$sum = 0;
```

```
for($i=1;$i<=100;$i++)
{
    if($i%2!=0)continue;
    $sum += $i;
}
echo $sum;
?>
```

代码执行会显示 2550。实际上，熟练掌握 for 语句后会使用更简洁的代码来完成这个功能，如下面的代码。

```
<?php
$sum = 0;
for($i=2;$i<=100;$i+=2)
{
    $sum += $i;
}
echo $sum;
?>
```

这里，只需要将 $i 的初始值指定为 2，然后每次循环后加 2 就可以得到下一个偶数，执行代码同样显示 2550。

4.5 错误控制

PHP 5 中，异常信息的基类为 Exception，而 PHP 7 中会作为错误进行捕捉，基类为 Error 类，而 Exception 和 Error 类型都实现了 Throwable 接口。

本节将介绍错误的处理，稍后学习面向对象编程、接口等相关内容。

4.5.1 try…catch 语句结构

try…catch 语句结构的基本结构如下。

```
try
{
}
catch(<异常或错误>)
{
}
finally
{
}
```

其中，try 语句块中包含了可能出错的代码，当代码执行出现问题时，可以由 catch 语句块捕捉并处理；最后，无论代码是否出错，都会执行 finally 语句块的代码。

下面的代码展示了 try…catch…finally 语句结构执行过程。

```
<?php
try
{
    echo "Try","<br>";
```

```
        throw new Exception(" 异常测试 ");
    }
    catch(Exception $err)
    {
        echo "Catch","<br>";
        echo $err->getMessage(),"<br>";
    }
    finally
    {
        echo "Finally";
    }
    ?>
```

代码执行结果见图 4-7。

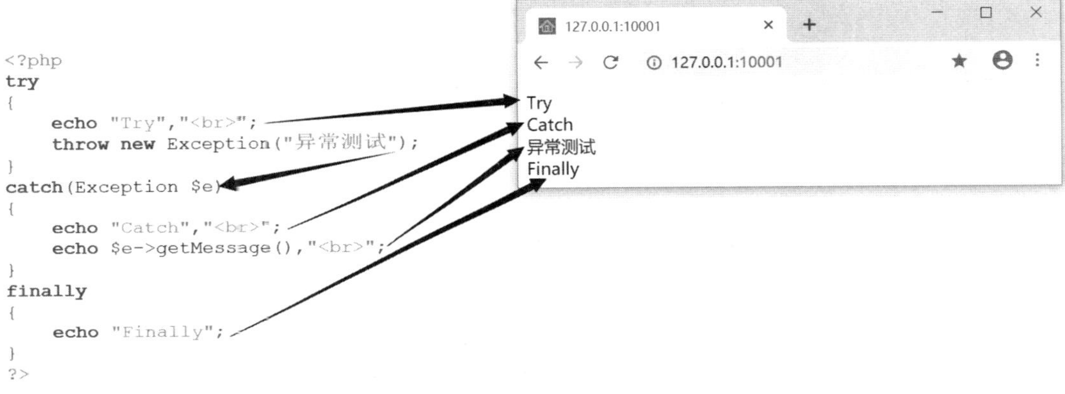

图　4-7

本例中，在 try 语句块中通过 throw 语句抛出了一个异常对象，此异常会被 catch 语句捕捉并处理。这里使用了通用的异常类型，定义为 Exception 类，常用成员包括：

- getMessage() 方法，给出异常信息。
- getPrevious() 方法，给出前一个异常对象。
- getCode() 方法，给出异常代码。
- getFile() 方法，返回发生异常的文件名。
- getLine() 方法，返回发生异常的行号。
- getTrace() 方法，返回一个包含了跟踪执行信息的数组。
- getTraceAsString() 方法，返回一个包含了跟踪执行信息的字符串。

PHP 7 中，大量的错误由 Error 及相关类型定义。下面的代码使用 Error 对象来捕捉程序中的运行错误。

```
<?php
try
{
    echo "Try","<br>";
    throw new Error(" 错误测试 ");
}
catch(Error $err)
{
```

```
    echo "Catch","<br>";
    echo $err->getMessage(),"<br>";
}
finally
{
    echo "Finally";
}
?>
```

代码执行结果见图 4-8。

图 4-8

4.5.2 throw 语句

因为 try…catch 语句结构中不能自动抛出和捕捉致命错误（Fatal Error），所以，当一些错误的出现影响代码继续执行时，需要对关键的数据进行检查，并在需要的时候使用 throw 语句抛出异常或错误，此时的异常或错误对象可以由 catch 块捕捉。

throw 语句抛出的异常或错误对象可以是具体的类型，也可以是通用的 Exception 或 Error 对象，这些异常或错误对象会由同级的 catch 语句块捕捉和处理；如果 catch 语句块中无法处理，可以选择终止代码或向上一级继续抛出异常。下面的代码会在页面中显示错误信息。

```
<?php
try
{
    echo iconv('utf-8','gbk//ignore','测试编码');
    echo "Try","<br>";
    throw new Error("错误测试");
}
catch(Error $err)
{
    throw new Error("Unknow Error");
}
finally
{
    echo "Finally";
}
?>
```

代码执行结果见图 4-9。

```php
<?php
try
{
    echo iconv('utf-8','gbk//ignore','测试编码');
    echo "Try","<br>";
    throw new Error("错误测试");
}
catch(Error $err)
{
    throw new Error("Unknow Error");
}
finally
{
    echo "Finally";
}
?>
```

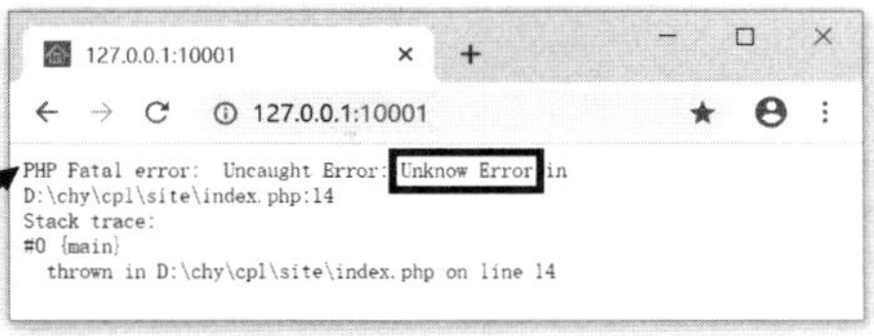

127.0.0.1:10001

```
PHP Fatal error:  Uncaught Error: Unknow Error in
D:\chy\cpl\site\index.php:14
Stack trace:
#0 {main}
  thrown in D:\chy\cpl\site\index.php on line 14
```

图　4-9

4.5.3　错误抑制

错误抑制符（@）放在可能出现错误的语句前面，当语句执行错误时，并不会抛出错误信息，而是继续执行。

使用错误抑制的主要场景包括：

- 代码可能会出错，但可以通过其他方式获取错误信息，并更加有效地处理。例如，在连接 MariaDB 数据库出现问题时，可以使用 mysqli 对象中的 connect_error 属性获取错误信息，也可以通过 connect_errno 属性获取错误代码。
- 某些语句执行错误并不影响后续代码的执行，此时可以忽略错误，让代码继续执行。

4.6　exit 和 die 语句

exit 和 die 语句结构的功能相同，都是终止代码执行，并可以显示状态码（整数）或字符串信息，如 exit(-1)、exit(" 资源打开失败，代码终止 ") 等，如果不需要传递终止信息，可直接使用 exit 语句，并不需要圆括号。

第 5 章　函数

PHP 的开发资源中已经定义了大量的函数，这些函数可以帮助开发者实现各种功能，如日期和时间的处理、字符串的处理、图形图像的处理、文件系统的处理等。项目开发中，可能需要对大量的功能代码进行封装。本章将讨论基本的封装方式——函数（function）。

本章封装的函数名称使用 cf_ 前缀，并使用小写字母形式，每个单词之间使用下画线（_）连接，如 cf_get_guid() 函数等。

5.1　定义与调用函数

实际开发中，可以将一些常用的功能封装为一个函数，方便重复使用。下面的代码（/lib/cf/cf.php）封装了 cf_is_prime() 函数，其功能是判断一个整数是否为质数。

```
<?php
// 判断一个整数是否为质数
function cf_is_prime($n)
{
    $n = intval($n);
    if($n<1) return false;
    if($n<4) return true;
    //
    $sqr = ceil(sqrt($n));
    for($i=2; $i<=$sqr; $i++)
    {
            if($n % $i == 0) return false;
    }
    return true;
}
?>
```

代码中，函数基本要素包括：

- 函数名称，这里是 cf_is_prime。
- 函数的参数，定义在函数名称后的一对圆括号中，cf_is_prime() 函数中定义了一个参数 $n，用于带入需要判断是否为质数的整数。
- 函数体，定义参数后使用 { 和 } 定义的代码块。
- 函数的返回值，在函数体中使用 return 语句返回的数据，cf_is_prime() 函数会返回 bool 类型的数据，即 true 或 false。

很多编程语言中，函数定义时都会标识参数和返回值的数据类型，在 PHP 5 或更早版本中没有相关的语法。但在 PHP 7 中，可以指定函数的参数类型和返回值类型，其中，基本数据类型可以使用如下关键字：

- int，整数类型。

- float，浮点数类型。
- bool，布尔类型。
- string，字符串类型。

下面的代码在 cf_is_prime() 函数定义中指定了参数和返回值的类型。

```
function cf_is_prime(int $n) : bool
{
   if($n<1) return false;
   if($n<4) return true;
    //
   $sqr = ceil(sqrt($n));
   for($i=2; $i<=$sqr; $i++)
   {
          if($n % $i == 0) return false;
   }
   return true;
}
```

其中，指定参数为 int 类型，在参数列表后使用冒号（:）指定函数返回值的类型，这里是 bool 类型。

下面的代码在 index.php 文件中引用 /lib/cf/cf.php 文件，并调用其中的 cf_is_prime() 函数。

```
<?php
require_once $_SERVER["DOCUMENT_ROOT"]."/lib/cf/cf.php";

var_dump(cf_is_prime(5));
var_dump(cf_is_prime(9));
?>
```

代码执行结果见图 5-1，其中，5 是质数，9 不是质数。

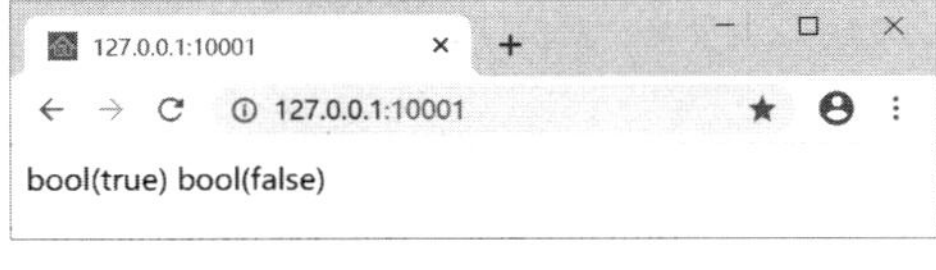

图　5-1

5.2　按引用传递参数

按引用传递参数，在 C 语言中称为按指针传递参数，当参数传递到函数内部时，实际操作的就是原变量（对象）的值。在下面的代码中，先来看一个非引用参数，也就是按值传递参数的应用。

```
<?php
function swap($x,$y)
{
   $tmp = $x;
   $x = $y;
```

```
    $y = $tmp;
}
$a = 10;
$b = 99;
echo "a={$a},b={$b}","<br>";
swap($a,$b);
echo "a={$a},b={$b}";
?>
```

其中，swap() 函数的代码看上去是在交换两个参数的值，但它们是按值传递的，在函数中操作的是 $a 和 $b 变量的副本，并不会实际修改 $a 和 $b 变量的值，也就不会实现两个变量交换数据的操作，代码执行结果见图 5-2。

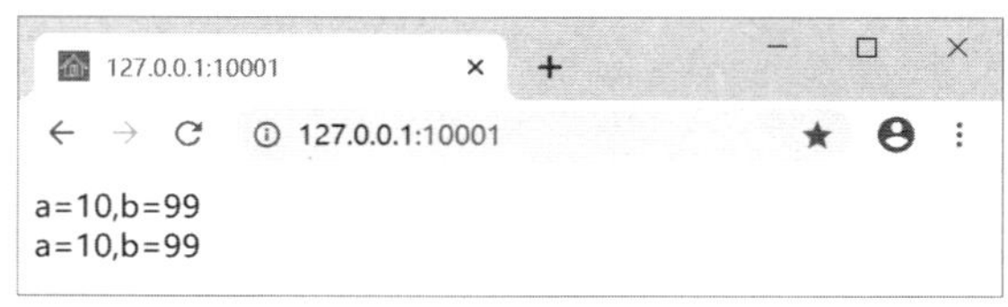

图 5-2

如果需要在函数中实际修改参数变量的值，可以将参数定义为按引用传递。下面的代码在参数变量前使用 & 符号。

```
<?php
function swap(&$x,&$y)
{
    $tmp = $x;
    $x = $y;
    $y = $tmp;
}
$a = 10;
$b = 99;
echo "a={$a},b={$b}","<br>";
swap($a,$b);
echo "a={$a},b={$b}";
?>
```

代码执行结果见图 5-3。

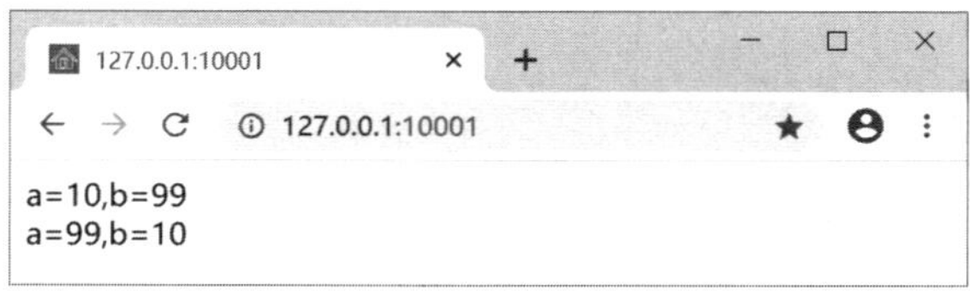

图 5-3

一些特定功能的函数，如本例的 swap() 函数中，不定义参数的数据类型是比较好的选择，这样就可以交换任何类型的数据。在一些开发环境中，如 C#、Java 等环境中，使用一个函数（方法）对多种数据类型进行相同操作时，往往需要泛型（generic）的支持，而 PHP 中数据类型应用的灵活性可以说是自带了“泛型光环”。

5.3　动态处理参数和可变长度参数

PHP 中的函数还有一个强大的特性，就是可以动态处理参数。在函数中，可以通过以下函数获取参数信息：

- func_num_args() 函数，返回带入的参数数量。
- func_get_args() 函数，返回一个数组（array），其中包含了所有带入的参数。
- func_get_arg() 函数，返回指定的参数，参数是一个从 0 开始的数值索引。

下面的代码演示了 func_get_args() 函数的使用。

```
<?php
function fnTest()
{
    foreach(func_get_args() as $k=>$v)
    {
            echo $k,"=",$v,"<br>";
    }
}
echo "* 函数调用 A*<br>";
fnTest(1,2,3);
echo "* 函数调用 B*<br>";
fnTest("a","b","c","d");
echo "* 函数调用 C*<br>";
fnTest(1,"abc");
?>
```

在 fnTest() 函数中，会显示带入的所有参数数据，代码执行结果见图 5-4。

图　5-4

下面的代码演示了 func_num_args() 和 func_get_arg() 函数的使用。

```
<?php
function fnTest()
{
    $args = func_num_args();
    for($i=0;$i<$args;$i++)
    {
            echo func_get_arg($i),"<br>";
    }
}
```

```
echo "* 函数调用 A*<br>";
fnTest(1,2,3);
echo "* 函数调用 B*<br>";
fnTest("a","b","c","d");
echo "* 函数调用 C*<br>";
fnTest(1,"abc");
?>
```

fnTest() 函数中，会根据数值索引访问带入的所有参数，代码执行结果见图 5-5。

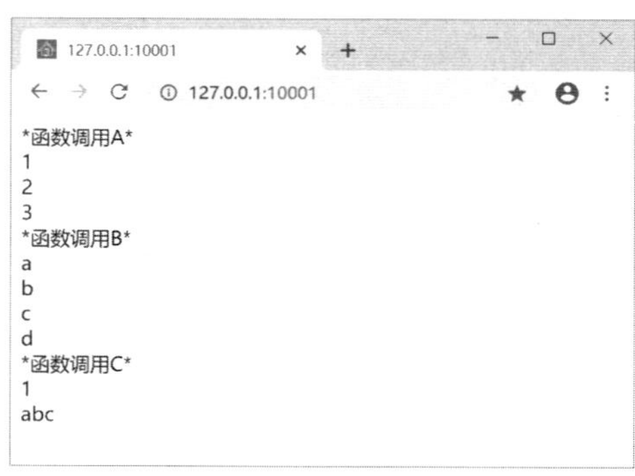

图 5-5

此外，在 PHP 中还支持可变长度参数语法，可以在函数参数列表的最后使用三个圆点（…）定义可变长度参数，它会以数组的形式将参数带入函数，如下面的代码。

```
<?php
function fn1(int $x,...$args)
{
   var_dump(func_num_args());
   echo "<br>";
   print_r($args);
}
fn1(1,2,3);
?>
```

代码执行结果见图 5-6。

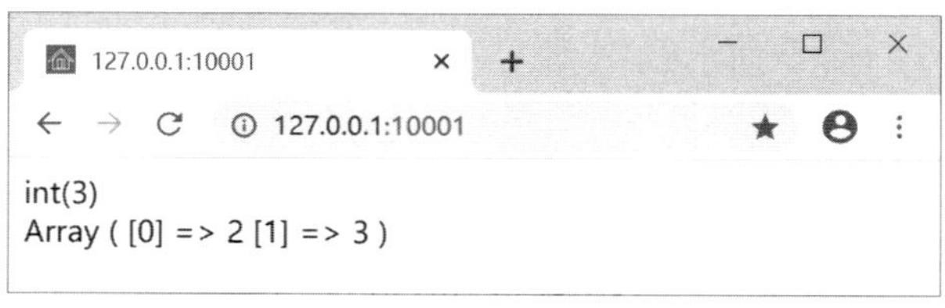

图 5-6

本例中定义的 fn1() 函数，至少需要一个参数 $x，接下来是可变长度的参数列表；函数中，首先显示了参数的总数量，然后显示了可变长参数数组的内容。如果没有指定可变长参数，在函数中会表示为一个成员数量为 0 的空数组，如下面的代码。

```
<?php
function fn1(int $x,...$args)
{
```

```
    var_dump(func_num_args());
    echo "<br>";
    print_r($args);
}
fn1(1);
?>
```

代码执行结果见图 5-7。

图　5-7

请注意，这里的 $x 变量数据需要单独读取，它并不包含在可变长参数数组中，但使用 func_get_args() 函数可以获取全部参数，如下面的代码。

```
<?php
function fn1(int $x,...$args)
{
    var_dump(func_num_args());
    echo "<br>";
    print_r(func_get_args());
}
fn1(1,2,3);
?>
```

代码执行结果见图 5-8。

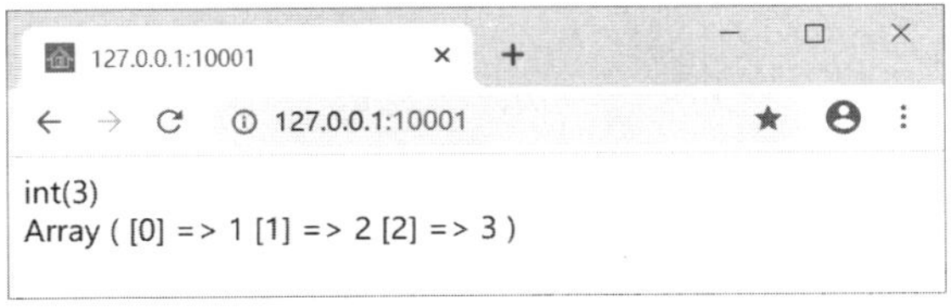

图　5-8

实际应用中，如果函数至少需要两个参数，可以使用如下格式定义。

```
function fn1(int $x,int $y,...$args)
{ }
```

如果函数可以使用 0 到多个参数，可以直接使用可变长参数，如下面的格式。

```
function fn1(...$args)
{ }
```

5.4　回调类型和动态调用函数

首先了解两个动态调用函数的函数：

- call_user_func() 函数，参数一指定调用的函数，参数二开始指定调用函数的参数。

- call_user_func_array() 函数，参数一指定调用的函数，参数二使用数组指定调用函数的参数。

回调类型，在 PHP 文档中称为 callable 类型，可以将函数作为参数进行传递。先来看下面的代码。

```
<?php
function factory_add($x,$y)
{
    return $x + $y;
}

function factory_sub($x, $y)
{
    return $x - $y;
}

echo call_user_func("factory_add",10,99);
echo "<br>";
echo call_user_func("factory_sub",10,99);
?>
```

本例中，首先定义了 factory_add() 和 factory_sub() 函数，它们都使用了两个参数，其功能分别是返回两个参数的相加或相减的结果。其次使用 call_user_func() 函数调用这两个函数，其中，参数一是字符串形式的函数名，从第二个参数开始设置实际调用函数的参数。代码执行结果见图 5-9。

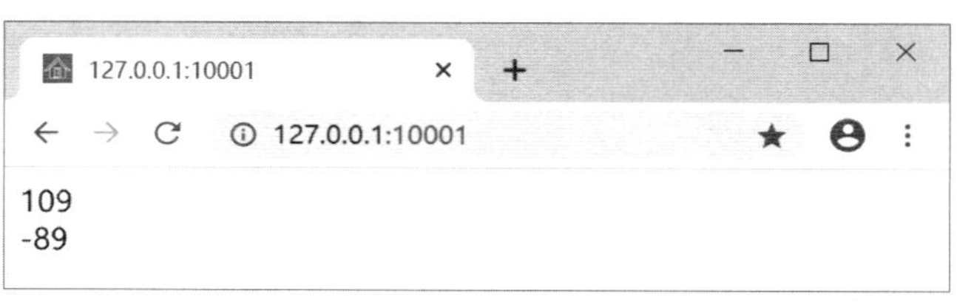

图 5-9

实际应用中，为了简化代码，对于一次性使用的回调函数，还可以直接在应用的位置定义为匿名函数，如下面的代码。

```
<?php
echo call_user_func(function($x,$y){return $x*$y;},10,99);
?>
```

本例中，匿名函数返回了两个参数的乘法运算结果，执行代码会显示 990。

此外，在调用函数前，可以使用 function_exists() 函数判断需要的函数是否存在，如代码 function_exists("factory_add")，当 factory_add() 函数存在时返回 true，否则返回 false。

5.5 静态变量

函数中的静态变量可以在代码的整个运行期内保存数据，如下面的代码。

```
<?php
```

```
function staticTest()
{
    static $counter = 0;
    echo "第",++$counter,"次调用 staticTest() 函数 <br>";
}

staticTest();
staticTest();
staticTest();
?>
```

代码执行结果见图 5-10。

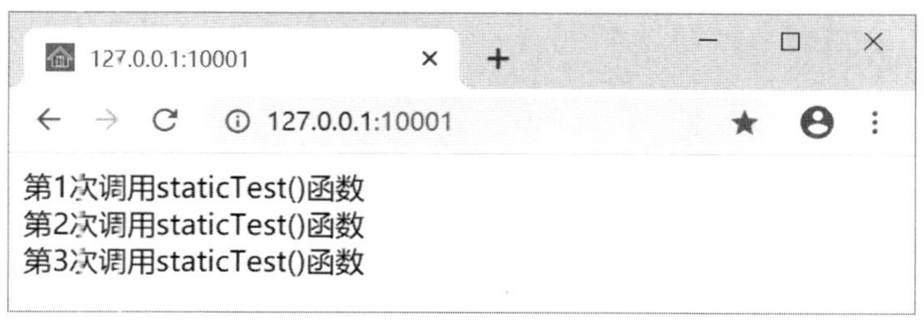

图　5-10

本例中，在函数中使用 static 关键字定义静态变量 $counter，可以看到，每次调用时，$counter 变量的值都会加 1，并可以在函数执行结束后保留最新的数据。

第 6 章　面向对象编程

面向对象编程是一种耦合度更高的代码封装方式，它可以将数据及相关操作进行封装，使操作更加直观，并可以通过继承重复使用和扩展已存在的代码，使开发工作更加灵活、高效。

本章将介绍面向对象编程在 PHP 中的实现。

6.1　类与对象

类（class）与对象（object）是面向对象编程中最基本的两个概念。类可以看作是一种复杂的数据类型，其中定义了数据（属性）和数据的操作（方法）。对象是某个类类型的变量，称为类的实例。

本书代码中，自定义的类都以小写字母 t 开头，表示这是一个类型（type），在 t 字母之后，使用单词首字母大写的形式，如 tAuto、tAutoFactory 等。

下面，首先了解如何在 PHP 中定义类和对象。

6.1.1　定义类和对象

PHP 中定义类时，需要使用 class 关键字，类的成员主要包括属性和方法，它们的访问级别包括：

- public（公共的），提供给外部代码调用的成员。
- private（私有的），只在本类中使用的成员。
- protected（受保护的），只能在本类或子类中访问的成员。6.6 节将介绍相关应用。

类的成员中，属性用来存放数据，可以使用变量定义；方法定义了数据的操作，通过函数实现。下面的代码创建了一个名为 tAuto 的类（/demo/tAuto.php）。

```
<?php
class tAuto
{
   public $model;
   public $doors;
   //
   public function drive()
   {
         echo $this->model,"行驶中...";
   }
}
?>
```

代码中定义了两个属性，分别是 $model 和 $doors，表示车辆型号和车门数量；drive() 方法会显示车辆行驶信息。请注意，定义方法时需要使用 function 关键字。此外，在 drive() 方法中通过 $this 引用了 model 属性，这里的 $this 表示类的当前实例，即当前对象。

本例中定义的三个成员都使用了 public 关键字，表示它们都是公共成员，可以在外部通过对象调用。

下面的代码在 /index.php 文件中测试 tAuto 类的使用。

```
<?php
require_once $_SERVER["DOCUMENT_ROOT"]."/demo/tAuto.php";

$auto = new tAuto();
$auto->model = "X2019";
$auto->drive();
?>
```

代码中，首先使用 require_once 语句引用 tAuto.php 文件，然后使用“ new tAuto()”语句创建一个 tAuto 类的实例，并赋值给 $auto 对象。其次将 $auto 对象的 model 属性设置为“X2019”，最后调用 $auto 对象的 drive() 方法。代码执行结果见图 6-1。

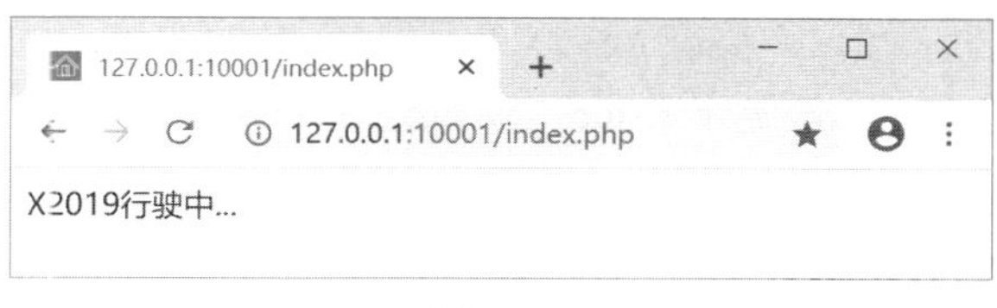

图　6-1

示例中，创建对象使用了 new 关键字，类名后的一对圆括号表示调用默认的无参数构造函数，稍后讨论。

创建对象后，通过 -> 运算符调用实例中的属性和方法。请注意，在调用属性时，对象使用 $ 符号，属性名不需要使用 $ 符号。

6.1.2　对象类型判断

判断一个对象是否为某个类的实例，可以使用 instanceof 运算符，其运算结果为 bool 类型，如下面的代码。

```
<?php
require_once $_SERVER["DOCUMENT_ROOT"]."/demo/tAuto.php";

$auto = new tAuto();
$x = 10;
var_dump($auto instanceof tAuto);
var_dump($x instanceof tAuto);
?>
```

代码执行结果见图 6-2。其中，$auto 对象是 tAuto 类的实例，但 $x 变量不是。

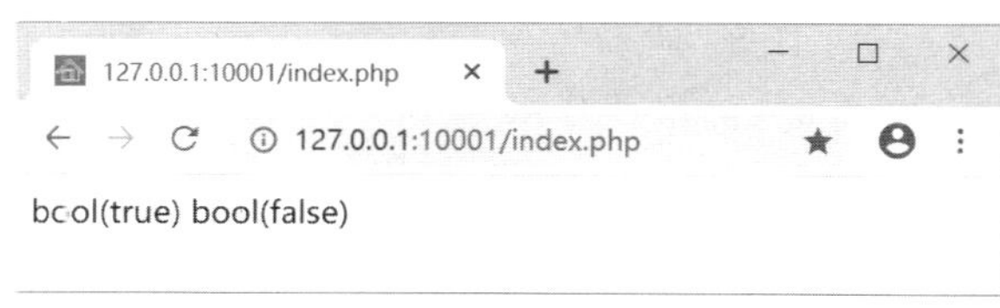

图　6-2

此外，还可以使用 get_class() 函数获取对象所属类的名称，如下面的代码。

```
<?php
require_once $_SERVER["DOCUMENT_ROOT"]."/demo/tAuto.php";

$auto = new tAuto();
echo get_class($auto);
?>
```

执行代码会显示 tAuto。

在 PHP 8 中，还可以使用 $obj::class 属性获取对象所属类的名称，如下面的代码。

```
<?php
require_once $_SERVER["DOCUMENT_ROOT"]."/demo/tAuto.php";

$auto = new tAuto();
echo $auto::class;
?>
```

在 PHP 8 环境下执行代码会显示 tAuto。

6.1.3 使用方法读写属性数据

为什么要使用方法操作属性数据呢？一个重要的原因是，可以对数据进行检查，确保设置了正确的数据，如车门的数量不能为负数，也不能太多。下面的代码（/demo/tAuto.php）将 doors 属性设置为私有的（private），然后使用方法来访问它的值。

```
<?php
class tAuto
{
    //
    public $model;
    private $doors;
    //
    public function setDoors($doors)
    {
            if($doors>=0 && $doors<=5)
                    $this->doors = $doors;
            else
                    $this->doors = 4;
    }
    public function getDoors()
    {
            return $this->doors;
    }
    //
    public function drive()
    {
            echo $this->model,"行驶中...";
    }
}
?>
```

代码中，setDoors() 方法用于设置车门数量，当参数的值为 0 到 5 时，保存到 $doors 属性中，否则设置为 4；getDoors() 方法用于返回车门数量，这里直接返回 $doors 属性值。下面的代码在 /index.php 文件中测试 getDoors() 和 setDoors() 方法的使用。

```
<?php
require_once $_SERVER["DOCUMENT_ROOT"]."/demo/tAuto.php";

$auto = new tAuto();
$auto->setDoors(10);
echo $auto->getDoors(),"<br>";
$auto->setDoors(2);
echo $auto->getDoors();
?>
```

代码执行后会显示 4 和 2。

6.2　构造函数与析构函数

创建类的实例（对象）时，需要调用构造函数进行对象的初始化工作，如果没有定义构造函数，则使用默认的无参数构造函数。

实际开发中，可以根据需要定义自己的构造函数。下面的代码在 tAuto 类中添加了一个构造函数（/demo/tAuto.php）。

```
<?php
class tAuto
{
    // 构造函数
    public function __construct($doors=4)
    {
            $this->setDoors($doors);
    }
    //
    public $model;
    private $doors;
    //
    public function setDoors($doors)
    {
            if($doors>=0 && $doors<=5)
                    $this->doors = $doors;
            else
                    $this->doors = 4;
    }
    public function getDoors()
    {
            return $this->doors;
    }
    //
    public function drive()
    {
            echo $this->model,"行驶中...";
    }
}
?>
```

在 PHP 的类中，使用 _ _construct() 函数定义类的构造函数。本例的构造函数定义了一个参数，用于指定车门数量，并指定默认为 4。下面的代码在 /index.php 文件中测试这个构造函数的使用。

```
<?php
require_once $_SERVER["DOCUMENT_ROOT"]."/demo/tAuto.php";

$auto1 = new tAuto();
echo $auto1->getDoors(),"<br>";
$auto2 = new tAuto(2);
echo $auto2->getDoors();
?>
```

代码执行后会显示 4 和 2。本例中，$auto1 对象创建时并没有指定参数，doors 属性使用默认值 4；$auto2 对象创建时指定参数为 2，doors 属性的值设置为 2。

PHP 的类中，只能定义一个构造函数，一方面，如果需要创建多个版本的对象，可以组织好 _ _construct() 方法的参数，并设置合理的默认值；另一方面，可以使用静态方法创建不同版本的对象，在软件开发中，这类静态方法称为“工厂方法”。6.3 节会介绍静态成员的相关应用。

与构造函数相对应的是析构函数，可以完成对象释放时的清理工作。在 PHP 的类中，使用 _ _destruct() 方法定义析构函数，对象释放时会自动调用，如下面的代码（/demo/tAuto.php）。

```
<?php
class tAuto
{
    // 构造函数
    public function __construct($doors=4)
    {
            $this->doors = $doors;
    }
    // 析构函数
    public function __destruct()
    {
            echo "车辆报废了...";
    }
    //
    // 其他代码...
}
?>
```

下面的代码在 /index.php 文件中进行测试。

```
<?php
require_once $_SERVER["DOCUMENT_ROOT"]."/demo/tAuto.php";

$auto = new tAuto();
?>
```

代码执行结果见图 6-3。可以看到，代码中并没有显式调用析构函数，但它的确执行了。

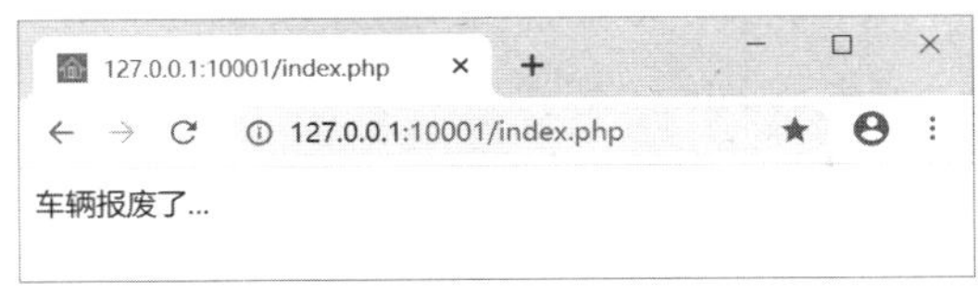

图　6-3

6.3　静态成员

在前面的内容中，在类中定义的属性和方法由类的实例（对象）调用，称为实例成员。如果在定义成员时使用了 static 关键字，定义的就是静态成员，在类的外部，静态成员通过类名直接调用。

下面的代码（/demo/tAutoFactory.php）定义一个名为 tAutoFactory 的类。

```
<?php
require_once $_SERVER["DOCUMENT_ROOT"]."/demo/tAuto.php";

class tAutoFactory
{
   public static $counter = 0;
   //
   public static function createSuv()
   {
          self::$counter++;
          return new tAuto(5);
   }
   //
   public static function createCar()
   {
          self::$counter++;
          return new tAuto(4);
   }
   //
   public static function createCoupe()
   {
          self::$counter++;
          return new tAuto(2);
   }
}
?>
```

本例定义了一个名为 tAutoFactory 的类，其中定义了一个静态属性 $counter，三个静态方法分别是 createSuv()、createCar() 和 createCoupe()，每个方法都会返回一个 tAuto 对象。这里，不同车型的默认车门数量是不同的，而且每创建一个 tAuto 对象，$counter 静态属性都会加 1，这样就可以统计创建了多少个 tAuto 对象。

静态方法中，使用 self 关键字和两个冒号（::），这里属性变量需要使用 $ 符号。

下面的代码在 /index.php 文件中测试 tAutoFactory 类的使用。

```
<?php
require_once $_SERVER["DOCUMENT_ROOT"]."/demo/tAutoFactory.php";
```

```
$suv = tAutoFactory::createSuv();
$car = tAutoFactory::createCar();
$coupe = tAutoFactory::createCoupe();
echo tAutoFactory::$counter;
?>
```

执行代码，显示 tAutoFactory::$counter 的值是 3，即创建了 3 个 tAuto 对象。

6.4 类常量

类常量是 PHP 5.3 中增加的特性，在类中，可以使用 const 关键字定义。下面的代码在 /demo/tClass1.php 中定义了 tClass1 类，并在其中定义了一个常量 size。

```
<?php
class tClass1
{
   const size = 255;
}
?>
```

下面的代码在 /index.php 页面中通过三种方式访问类常量。

```
<?php
require_once $_SERVER["DOCUMENT_ROOT"]."/demo/tClass1.php";

echo tClass1::size,"<br>";
$c1 = new tClass1();
echo $c1::size,"<br>";
echo "tClass1"::size;
?>
```

代码执行后会演示 3 个 255。本例中，访问类常量的三种方式分别包括：

- 通过“< 类名 >::< 常量 >”格式访问。
- 通过“< 对象 >::< 常量 >”格式访问。
- 通过“< 类名字符串 >::< 常量 >”格式访问。

6.5 魔术方法

在 PHP 类中，魔术方法是一些特殊功能的方法，其名称都使用两个下画线（_）作为前缀，如前面介绍的构造函数和析构函数。本节将继续介绍一些常用的魔术方法。

6.5.1 __get() 和 __set() 方法

__get() 和 __set() 方法用于处理没有显式定义的属性，其中，__get() 方法在读取无法访问的属性时调用，__set() 方法在设置无法访问的属性时调用。通过这两个方法，可以动态操作对象的属性，也就是说，对于类中没有明确定义的属性，PHP 类可以自动维护，如下面的代码。

```
<?php
require_once $_SERVER["DOCUMENT_ROOT"]."/demo/tAuto.php";

$car = new tAuto();
$car->color = "red";
echo $car->color;
?>
```

代码执行后会显示 red。本例使用了 tAuto 类的 color 属性，但在 tAuto 类中并没有定义 color 属性，这里就是 _ _get() 和 _ _set() 方法在工作。

实际开发工作中，_ _get() 和 _ _set() 方法可以让属性的使用既灵活又严格。下面的代码（/demo/tCar.php）定义了 tCar 类，其中定义了 _ _get() 和 _ _set() 方法。

```
<?php
class tCar
{
   private $arrData = array();
   //
   public function __get($name)
   {
          switch($name)
          {
                 case "doors";
                        return intval($this->arrData["doors"]);
                        break;
                 default:
               return null;
                        break;
          }
   }
   //
   public function __set($name, $value)
   {
          switch($name)
          {
                 case "doors";
                        if($value>=0 && $value<=5)
                               $this->arrData["doors"]= $value;
                        else
                               $this->arrData["doors"] = 4;
                        break;
                 default:
                        break;
          }
   }
}
?>
```

本例只处理了 doors 属性，在 _ _get() 方法中，获取其他属性的数据时会返回 null 值；在 _ _set() 方法中，设置其他属性的数据时什么也不做。

在下面的代码中测试 tCar 类的使用。

```
<?php
require_once $_SERVER["DOCUMENT_ROOT"]."/demo/tCar.php";
```

```
$car= new tCar();
$car->doors = 10;
echo $car->doors,"<br>";
$car->doors = 3;
echo $car->doors;
?>
```

代码执行后会显示 4 和 3。

对于 doors 之外的属性会出现什么情况呢？可以通过下面的代码来测试。

```
<?php
require_once $_SERVER["DOCUMENT_ROOT"]."/demo/tCar.php";

$car= new tCar();
$car->model = "X19";
var_dump($car->model);
?>
```

代码执行后会显示 NULL。tCar 类中，对属性的使用进行了限制，tCar 类的实例只能使用 doors 属性，读取其他属性值时只能获取 null 值。

在使用 _ _get() 和 _ _set() 方法操作属性时，条件可松可紧，让开发工作更加灵活、高效，可以根据项目实际情况合理应用。

6.5.2 _ _call() 和 _ _callStatic() 方法

_ _call() 方法在调用不可访问的实例方法时执行，_ _callStatic() 方法则在调用不可访问的静态方法时执行。这两个方法的参数定义相同，其中，参数一指定调用的方法名称，参数二指定一个数组，其中包含了调用方法时带入的参数。

下面的代码演示了 _ _call() 方法的应用。

```
<?php
class tTest
{
   public function __call($name,$args)
   {
           echo "调用的方法:",$name,"<br>参数:<br>";
           foreach($args as $k=>$v)
           {
                   echo "{$k}={$v}<br>";
           }
   }
}
$obj = new tTest();
$obj->m1(1,2);
echo "<br>";
$obj->m2("a","b","c");
?>
```

下面的代码演示了 _ _callStatic() 方法的应用。

```
<?php
class tTest
```

```
{
    public static function __callStatic($name,$args)
    {
            echo "调用的方法 :",$name,"<br> 参数 :<br>";
            foreach($args as $k=>$v)
            {
                    echo "{$k}={$v}<br>";
            }
    }
}
tTest::m1(1,2);
echo "<br>";
tTest::m2("a","b","c");
?>
```

6.5.3　_ _toString() 方法

在代码中需要定义对象显示的信息时，可以在类中创建 _ _toString() 方法，它将返回用于描述对象的文本内容（string 类型）。

下面的代码在 /demo/tCar.php 文件的 tCar 类中添加 _ _toString() 方法。

```
<?php
class tCar
{
    //
    public function __toString()
    {
            return __CLASS__;
    }
    // 其他代码
}
?>
```

这里使用的 _ _CLASS_ _ 前后都有两个下画线（_），这个特殊的标识会返回当前类的名称。使用 echo 语句显示 tCar 对象时，就会显示对象的类型名称，如下面的代码。

```
<?php
require_once $_SERVER["DOCUMENT_ROOT"]."/demo/tCar.php";

$car= new tCar();
echo $car;
?>
```

执行代码会显示 tCar。

6.5.4　_ _invoke() 方法

以调用函数的方式调用一个对象时，_ _invoke() 方法会被自动执行。下面的代码在 tAuto 类中添加 _ _invoke() 方法。

```
<?php
class tAuto
```

```
{
    //
    public function __invoke($model,$doors)
    {
            $this->model = $model;
            $this->doors = $doors;
    }
    // 构造函数
    public function __construct($doors=4)
    {
            $this->setDoors($doors);
    }
    // 析构函数
    //public function __destruct()
    //{
    //      echo "车辆报废了...";
    //}

    //
    public $model;
    private $doors;
// 其他代码
}
?>
```

下面的代码测试 __invoke() 方法的效果。

```
<?php
require_once $_SERVER["DOCUMENT_ROOT"]."/demo/tAuto.php";

$car= new tAuto();
$car("A33",4);
echo $car->model,"<br>";
echo $car->getDoors();
?>
```

代码执行结果见图 6-4。

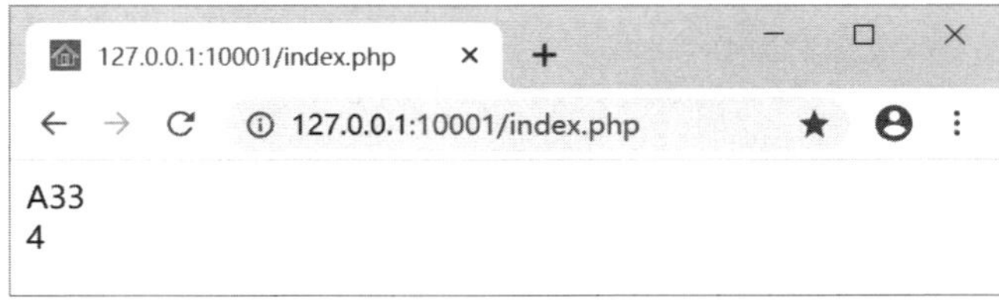

图 6-4

6.5.5 __debugInfo() 方法

先来看一个 print_r() 函数调用的示例。

```
<?php
require_once $_SERVER["DOCUMENT_ROOT"]."/demo/tAuto.php";

$car= new tAuto();
```

```
$car("A33",4);
print_r($car);
?>
```

代码执行结果见图 6-5。

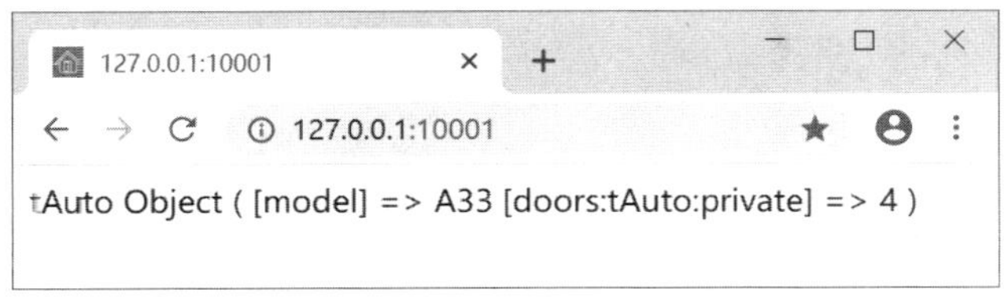

图　6-5

默认情况下，使用 print_r() 或 var_dump() 函数查看对象信息时，会显示对象的所有属性数据，包括公共的、私有的和受保护的。本例中，调用 print_r() 函数查看 tAuto 类的实例 $car 时，就显示了它的所有属性，包括私有的 doors 属性。

如果限制（或简化）对象显示的信息，可以在类中定义 _ _debugInfo() 方法，它将返回一个数组，其中包含了对象属性的名称和数据。下面的代码在 tAuto 类中添加 _ _debugInfo() 方法。

```
<?php
class tAuto
{
   public function __debugInfo()
   {
         return ["model"=>$this->model];
   }
// 其他代码
}
?>
```

再次通过 print_r() 函数查看 tCar 对象的信息，只会看到 model 属性的值，见图 6-6。

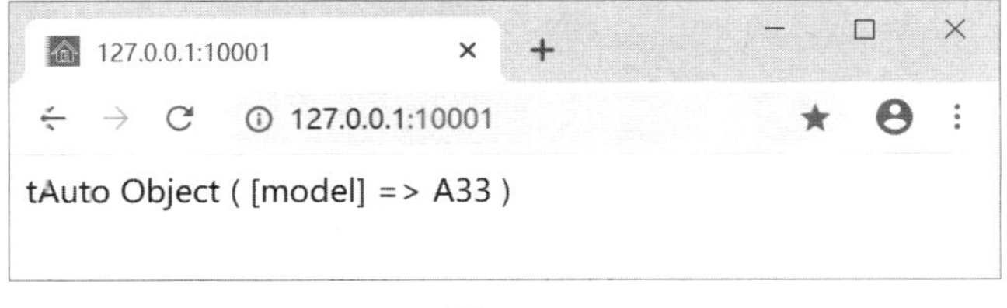

图　6-6

6.6　继承

继承是面向对象编程中非常重要的概念，也是代码重复使用、提高开发效率的重要方式。下面的代码（/demo/tC1.php）创建了一个名为 tC1 的类。

```
<?php
class tC1
{
```

```
    public $model;
    public $color;
    //
    public function m1()
    {
        echo __CLASS__,"<br>";
        echo __METHOD__;
    }
}
?>
```

本例中，在 tC1 类的 m1() 方法中使用 __CLASS__ 显示当前类名，使用 __METHOD__ 显示当前方法。在下面的代码中，先来看 tC1 类的基本应用。

```
<?php
require_once $_SERVER["DOCUMENT_ROOT"]."/demo/tC1.php";

$c1 = new tC1();
$c1->m1();
?>
```

代码执行结果见图 6-7。

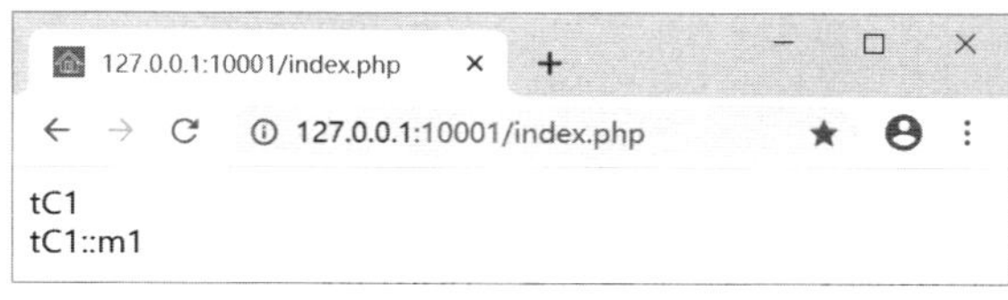

图 6-7

下面的代码在 /demo/tC2.php 文件中创建 tC2 类。

```
<?php
require_once "tC1.php";

class tC2 extends tC1
{
}
?>
```

代码中，tC2 类没有创建任何成员，但在定义时使用 extends 关键字指定它继承于 tC1 类，此时，tC2 类是 tC1 类的子类，tC1 类则是 tC2 类的父类，也称为基类或超类。

作为子类，tC2 类将可以使用 tC1 类的所有公共成员和受保护成员。下面的代码测试了 tC2 类的使用。

```
<?php
require_once $_SERVER["DOCUMENT_ROOT"]."/demo/tC2.php";

$c2 = new tC2();
$c2->m1();
?>
```

代码执行结果见图 6-8。

图 6-8

本例中，$c2 对象定义为 tC2 类的实例，但 tC2 类中并没有定义 m1() 方法，不过，tC2 类继承了 tC1 类，所以，这里实际调用了 tC1 类中的 m1() 方法。

tC2 类继承了 tC1 类的属性和方法等成员后，还可以根据需要对成员进行扩展。下面的代码就是在 tC2 类中添加 m2() 方法。

```
<?php
require_once "tC1.php";

class tC2 extends tC1
{
   public function m2()
   {
          $this->m1();
          echo "<br>";
          echo __CLASS__,"<br>";
          echo __METHOD__;
   }
}
?>
```

tC2 类的 m2() 方法中，首先调用了 m1() 方法，然后会显示当前类和方法名称。请注意 m1() 方法的调用，这里使用了 $this->m1() 语句，实际上，tC2 类中是没有 m1() 方法的，此时会自动向上调用父类中的 m1() 方法。此外，调用父类的成员，还可以使用 parent 关键字，如下面的代码。

```
<?php
require_once "tC1.php";

class tC2 extends tC1
{
   public function m2()
   {
          parent::m1();
          echo "<br>";
          echo __CLASS__,"<br>";
          echo __METHOD__;
   }
}
?>
```

下面的代码测试了 m2() 方法的使用。

```
<?php
require_once $_SERVER["DOCUMENT_ROOT"]."/demo/tC2.php";

$c2 = new tC2();
```

```
$c2->m2();
?>
```

代码执行结果见图 6-9。

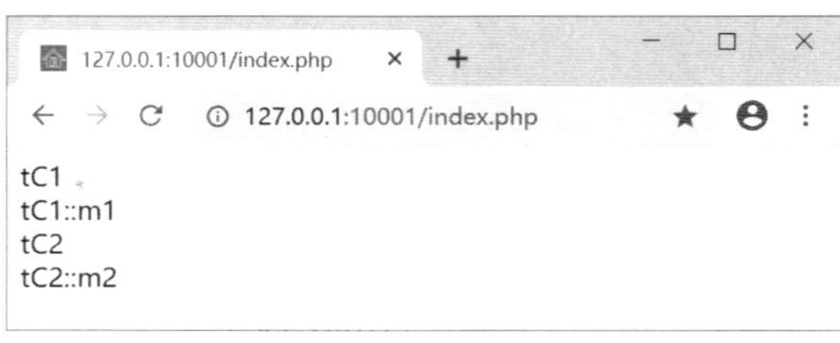

图 6-9

在继承关系中，需要注意 instanceof 运算符的操作结果。如本例中 $c2 对象是 tC2 类的实例，而 tC2 又继承于 tC1 类，那么，$c2 instanceof tC1 的运算结果也会是 true，下面的代码演示了此操作。

```
<?php
require_once $_SERVER["DOCUMENT_ROOT"]."/demo/tC2.php";

$c2 = new tC2();
var_dump($c2 instanceof tC2);
var_dump($c2 instanceof tC1);
?>
```

代码执行会显示两个 bool(true)。

最后，如果一个类不允许继承，可以在定义时使用 final 关键字，如下面的代码。

```
<?php
require_once "tC1.php";

final class tC2 extends tC1
{
   public function m2()
   {
          $this->m1();
          echo "<br>";
          echo __CLASS__,"<br>";
          echo __METHOD__;
   }
}
?>
```

此时，tC2 类就不能被继承，如果有类使用 extends 关键字继承 tC2 类，会抛出类似图 6-10 中的错误信息。

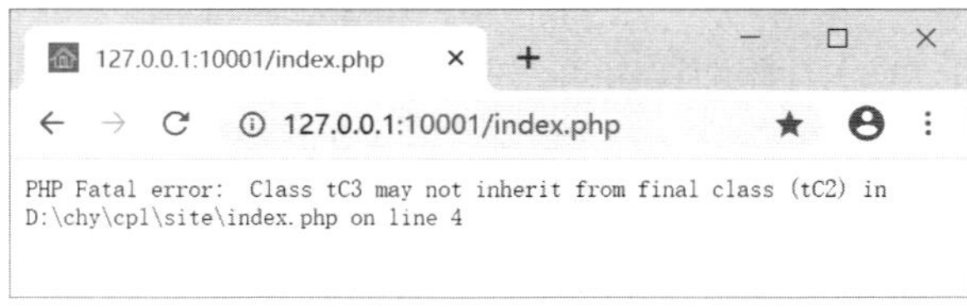

图 6-10

6.7 抽象类

抽象类是不能创建实例的类，定义时使用 abstract 关键字。如下面的代码（/demo/tUnitBase.php），这里定义的 tUnitBase 就是一个抽象类。

```
<?php
abstract class tUnitBase
{
    public $name;
    public $x;
    public $y;
}
?>
```

下面的代码（/demo/tUnitBase.php）使用 tUnit 类继承 tUnitBase 类。

```
<?php
class tUnit extends tUnitBase
{
    public function moveTo($toX,$toY)
    {
            echo "{$this->name} 从 ({$this->x},{$this->y}) 移动到 ({$toX},{$toY})";
    }
}
?>
```

接下来测试 tUnit 类的使用。

```
<?php
require_once $_SERVER["DOCUMENT_ROOT"]."/demo/tUnitBase.php";

$unit = new tUnit();
$unit->x=10;
$unit->y=99;
$unit->moveTo(101,156);
echo "<br>";
var_dump($unit instanceof tUnit);
var_dump($unit instanceof tUnitBase);
?>
```

代码执行结果见图 6-11。

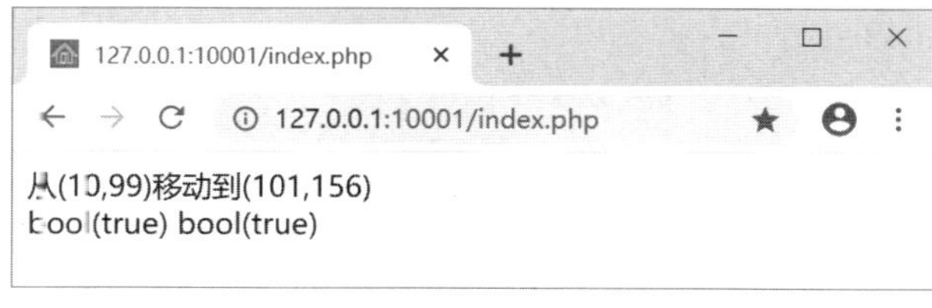

图 6-11

本例中，首先测试了 tUnit 类的使用，创建的 $unit 对象定义为 tUnit 类的实例；其次调用了 moveTo() 方法；最后使用 instanceof 运算测试 $unit 对象的类型。可以看到，它既是 tUnit 类的实例又是其父类的实例。

6.8 接口

与抽象类相比，接口是更加抽象的类型，一般来讲，接口中可以定义一系列的方法。在实现接口的类中，必须实现接口中的所有方法。下面的代码（/demo/tInterface1.php）定义了接口类型 tInterface1，其中定义了 m1() 和 m2() 方法；而 tC1 类实现了 tInterface1 接口。

```
<?php
interface tInterface1
{
   public function m1();
   public function m2();
}
//
class tC1 implements tInterface1
{
   //
   public function m1()
   {
          echo __CLASS__,"<br>",__METHOD__,"<br>";
   }
   //
   public function m2()
   {
          echo __CLASS__,"<br>",__METHOD__,"<br>";
   }
}
?>
```

下面的代码用于测试 tC1 类。

```
<?php
require_once $_SERVER["DOCUMENT_ROOT"]."/demo/tInterface1.php";

$c1 = new tC1();
$c1->m1();
$c1->m2();
//
var_dump($c1 instanceof tC1);
var_dump($c1 instanceof tInterface1);
?>
```

代码执行结果见图 6-12。

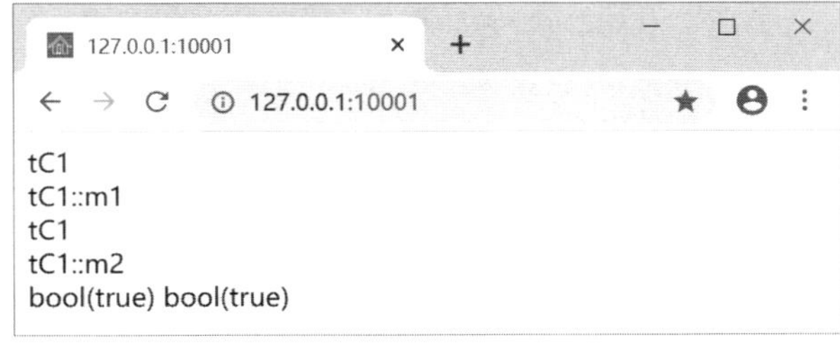

图 6-12

接口类型也可以继承，而且一个接口可以继承多个接口，一个类也可以实现多个接口。下面的代码（/demo/tInterface1.php）创建了 tInterface2 和 tInterface3 接口类型。

```
//
interface tInterface2 extends tInterface1
{
   public function m3();
}
//
interface tInterface3
{
   public function m4();
}
//
class tC1 implements tInterface2,tInterface3
{
   //
   public function m1()
   {
          echo __METHOD__,"<br>";
   }
   //
   public function m2()
   {
          echo __METHOD__,"<br>";
   }
   //
   public function m3()
   {
          echo __METHOD__,"<br>";
   }
   //
   public function m4()
   {
          echo __METHOD__,"<br>";
   }
}
```

下面的代码测试了 tC2 类的使用。

```
<?php
require_once $_SERVER["DOCUMENT_ROOT"]."/demo/tInterface1.php";

$c2 = new tC2();
$c2->m1();
$c2->m2();
$c2->m3();
$c2->m4();
?>
```

代码执行结果见图 6-13。

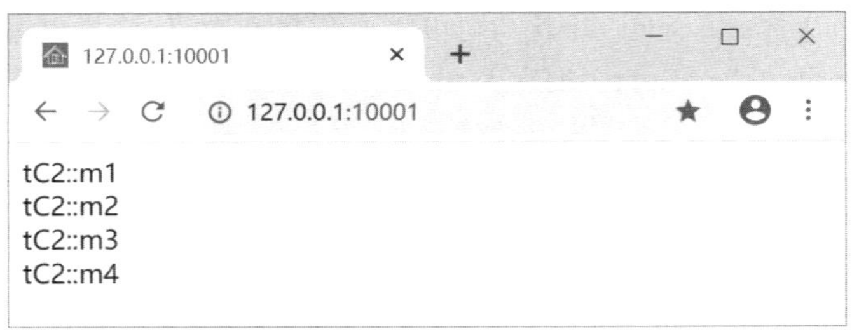

图 6-13

6.9 对象序列化

通过对象的序列化和反序列化操作，可以快速地完全复制一个对象，也可以将对象数据保存到磁盘文件或数据库中。

PHP 中，可以使用 serialize() 函数将对象序列化为一个字符串，反序列化操作时使用 unserialize() 函数。

下面的代码将通过序列化复制一个对象。

```
<?php
require_once $_SERVER["DOCUMENT_ROOT"]."/demo/tAuto.php";

$auto1 = new tAuto();
$auto1->model= "A35";
$auto1->setDoors(5);
//
$str = serialize($auto1);
$auto2 = unserialize($str);
echo $auto2->model,"<br>",$auto2->getDoors();
?>
```

代码执行后会显示 A35 和 5。

应用过程中，serialize() 函数可以将对象信息转换化为字符串格式，这样方便保存到数据库或磁盘文件；而 unserialize() 函数会将 serialize() 函数转换的字符串还原为对象。

第 10 章和第 11 章会介绍文件读写和数据库的应用。

6.10 动态操作

使用一个类之前，可以使用 class_exists() 函数判断此类是否存在，函数定义如下。

```
class_exists(string $class_name[, bool $autoload = true]) : bool
```

其中，$class_name 指定类的名称；$autoload 指定是否自动载入类文件，默认为 true。如果类型可用，函数返回 true，否则返回 false。

判断接口类型是否定义时，可以使用 interface_exists() 函数，定义如下。

```
interface_exists(string $interface_name[, bool $autoload = true]) : bool
```

判断类或对象中是否定义了某个方法时，可以使用 method_exists() 函数，定义如下。

```
method_exists(mixed $object, string $method_name) : bool
```

其中，$object 参数指定类名称或对象；$method_name 参数指定方法名。当方法在类或对象中可用时，函数返回 true，否则返回 false。

在 5.4 节介绍函数的动态调用时使用了 call_user_func() 和 call_user_func_array() 函数，通过它们还可以动态地调用对象中的方法，此时，函数的第一个参数使用一个数组，包括调用的对象和方法。下面的代码演示了相关操作。

```
<?php
interface ITest
{
    function m1($x,$y);
    function m2($x,$y,$z);
}
//
class tC1 implements ITest
{
    public function m1($x,$y){
            echo "tC1::m1({$x},{$y})<br>";
    }
    public function m2($x,$y,$z){
            echo "tC1::m2({$x},{$y},{$z})<br>";
    }
}
//
class tC2 implements ITest
{
    public function m1($x,$y){
            echo "tC2::m1({$x},{$y})<br>";
    }
    public function m2($x,$y,$z){
            echo "tC2::m2({$x},{$y},{$z})<br>";
    }
}
//
class tTest
{
    public $visitor;
    //
    public function __construct(ITest $visitor){
            $this->visitor=$visitor;
    }
    //
    public function __call($name,$args)
    {
            $methods=array("m1","m2");
            if(in_array($name,$methods))
                    call_user_func_array(array($this->visitor,$name),$args);
            else
                    echo "真的干不了这活儿哦";
    }
}
//
$obj = new tTest(new tC1());
```

```
    $obj->m1(1,2);
    $obj->m2("a","b","c");
    echo "<br>";
    $obj->visitor = new tC2();
    $obj->m1(3,4);
    $obj->m2("x","y","z");
    $obj->m3();
    ?>
```

代码执行结果见图 6-14。

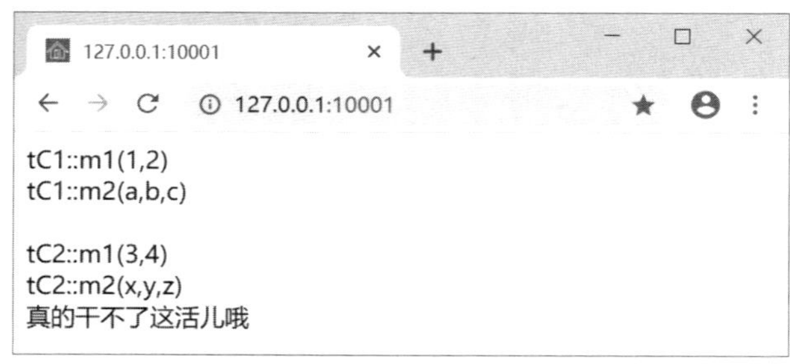

图 6-14

实际上，本例实现了设计模式中的“访问者模式”（Visitor Pattern），其功能是，在不改变组件结构的情况下可以修改组件的具体实现。本例的主要类型是 tTest 类，它包含了一个 ITest 接口类型的属性 visitor，而 ITest 接口中包含了 m1() 和 m2() 方法。

在 tTest 类中，通过 _ _call() 方法动态执行调用对象方法，当调用的方法名是 m1 或 m2 时，分别调用 visitor 对象（ITest 接口类型）中的 m1() 和 m2() 方法；当调用的方法名不是 m1 和 m2 时，显示一条提示信息。这里，支持的方法名使用数组 $methods 定义，然后使用 in_array() 函数判断调用的方法是否在数组中。

代码中，首先创建了 tTest 类的实例 $obj 对象，通过构造函数将 visitor 属性设置为 tC1 类的实例，并调用了 m1() 和 m2() 方法；然后，将 $obj 对象的 visitor 属性修改为 tC2 类的实例，并调用了 m1()、m2() 和 m3() 方法。

本例在不修改 tTest 类的代码的情况下，通过修改 visitor 属性的实例类型，实现了不同版本的 m1() 和 m2() 方法。实际上，只要是实现了 ITest 接口的类的实例，都可以作为 tTest 对象的 visitor 属性值，从而实现更多版本的 m1() 和 m2() 方法。

第 7 章　代码文件引用与命名空间

函数和面向对象编程是代码封装和代码复用的基本形式，但是，当项目中的代码和资源逐渐多起来以后，如何合理地组织它们就是一个不得不考虑的问题了。本章将介绍如何使用命名空间（namespace）对代码进行逻辑管理，以及如何更高效地引用 PHP 代码文件。

7.1　引用代码文件

前面的示例中已多次使用 require_once 语句，它的功能是在页面中引用外部代码文件，并保证在页面中只引用一次，相关的语句还包括：

- require，直接引用外部文件，但可能会重复引用相同的文件。使用 require 和 require_once 语句时，如果外部文件中的代码出现运行错误时会停止执行，并抛出错误信息。
- include 和 include_once 语句，功能与 require 和 require_once 语句相似，只是处理运行错误的方式不同。使用 include 和 include_once 语句时，当外部文件的代码出现运行错误时会产生警告，但代码会继续执行。

在 php.ini 配置文件（Windows 系统）中，include_path 参数可以指定 require、require_once、include 和 include_once 语句引用文件的默认路径，如果在这四条语句中使用绝对路径引用文件，则忽略 include_path 参数。

7.2　命名空间

PHP 代码的物理存放形式是以 .php 为扩展名的文本文件，而命名空间则是开发资源的一种逻辑组织形式，可以有效区分不同开发者提供的资源。

例如，A 资源中定义了 tC1 类，B 资源中也定义了 tC1 类，在一个代码文件中同时使用 A 资源和 B 资源时，就需要区分不同的 tC1 类，此时，就可以使用命名空间分别组织 A 资源和 B 资源。

接下来创建 /demo/A.php 文件并修改内容如下。

```
<?php
namespace A;

class tC1
{
   public function m1()
   {
         echo __NAMESPACE__,"<br>";
         echo __METHOD__,"<br>";
   }
}
?>
```

创建 /demo/B.php 文件并修改内容如下。

```
<?php
namespace B;

class tC1
{
   public function m1()
   {
          echo __NAMESPACE__,"<br>";
          echo __METHOD__,"<br>";
   }
}
?>
```

A.php 和 B.php 文件中的第一行代码使用 namespace 关键字分别定义了资源所属的命名空间。下面的代码演示了如何在一个文件中使用这两个命名空间中的 tC1 类。

```
<?php
require_once $_SERVER["DOCUMENT_ROOT"]."/demo/A.php";
require_once $_SERVER["DOCUMENT_ROOT"]."/demo/B.php";

use A\tC1 as tC1A;
use B\tC1 as tC1B;

$objA = new tC1A();
$objA->m1();
echo "<br>";
$objB = new tC1B();
$objB->m1();

?>
```

代码中，首先使用 require_once 语句引用了 A.php 和 B.php 文件。然后，使用 use 语句引用 A 命名空间中的 tC1 类，并使用 as 关键字定义别名为 tC1A，引用 B 命名空间中的 tC1 类并定义别名为 tC1B。最后，分别创建 tC1A 和 tC1B 类的对象，并调用 m1() 方法，代码执行结果见图 7-1。

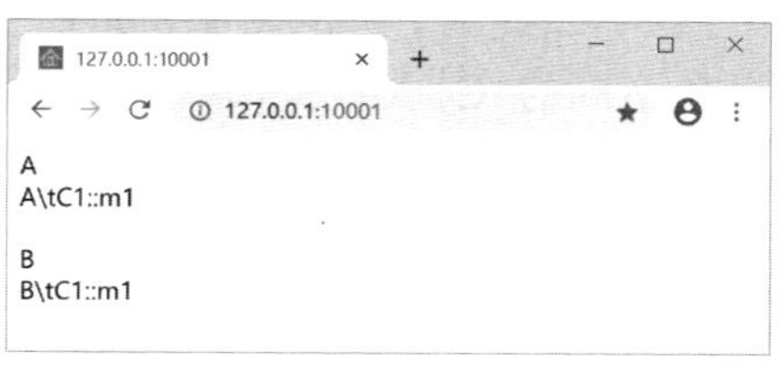

图 7-1

定义命名空间时，还可以使用多级管理。如下面的代码，在 /demo/C.php 文件中定义了一个多级命名空间，其中定义了 tC1 类。

```
<?php
namespace A\B\C;

class tC1
{
   public function m1()
```

```
    {
            echo __NAMESPACE__,"<br>";
            echo __METHOD__,"<br>";
    }
}
?>
```

使用多级命名空间下的类时，需要指定完整的命名空间路径，如下面的代码。

```
<?php
require_once $_SERVER["DOCUMENT_ROOT"]."/demo/C.php";
use A\B\C\tC1;

$c1 = new tC1();
$c1->m1();
?>
```

代码执行结果见图 7-2。

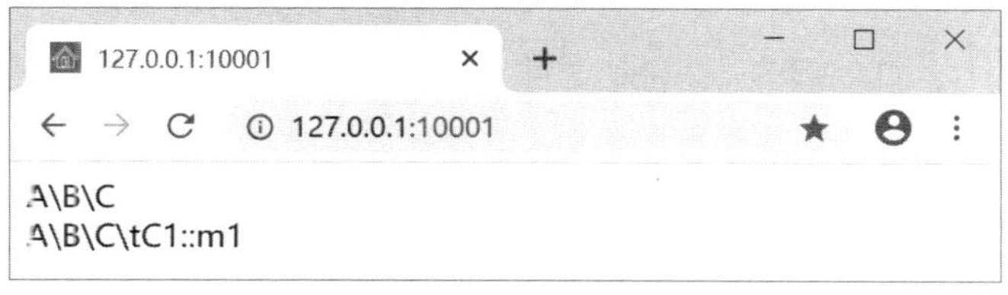

图　7-2

使用 use 语句指定命名空间和类的完整路径后，代码中可以直接使用类名，如前面的示例。如果没有使用 use 语句引用类，就需要使用类的完整路径，如下面的代码。

```
<?php
require_once $_SERVER["DOCUMENT_ROOT"]."/demo/C.php";

$c1 = new A\B\C\tC1();
$c1->m1();
?>
```

命名空间的层次表示了引用资源的路径，主要有两种形式。第一种形式，当路径的第一个字符是 \ 时，表示从网站全局环境引用命名空间，如 PHP 中的扩展模块，在封装的类中需要引用这些资源时，就可能需要指定完整的路径，如代码 “ $db=new \mysqli();” 创建了一个 mysqli 对象。

第二种形式，当路径不以 \ 符号开始时，指定了资源引用的相对路径，会从当前位置开始查找所需资源。

实际开发中，如果每个资源文件都需要单独引用，其效率是非常低的。不过，PHP 提供了自动引用代码文件的机制，下面分别了解。

7.3　_ _autoload() 函数（PHP 7.2.0 弃用）

早期 PHP 版本中使用类文件自动加载的机制是，将自定义的类放在同名的 .php 文件中。然后，在一个 .php 文件中定义 _ _autoload() 函数，其中定义了如何引用类代码文件。页面中，需要引用定义了 _ _autoload() 函数的文件，使用某个类时，会根据 _ _autoload() 函数中定义的逻辑自动载入相应的代码文件。

请注意，在 PHP 7.2 及更新的版本中，_ _autoload() 函数已被弃用，如果是开发或维护早期 PHP 项目，可以使用 _ _autoload() 函数，但在 PHP 5.1 及更新的版本中，应使用稍后介绍的 spl_autoload_register() 函数。

下面的代码在 /demo/cf1.php 文件中定义了 _ _autoload() 函数。

```
<?php
// 自动载入类
function __autoload($classname)
{
   require_once $_SERVER["DOCUMENT_ROOT"]."/demo/{$classname}.php";
}
?>
```

这里指定会自动引用网站 /demo 目录中的类代码文件，如 tC1 类就是引用 /demo/tC1.php 文件。

在下面的代码中，首先载入 cf1.php 文件，然后可以在 /demo 目录中自动寻找相应的代码文件。

```
<?php
require_once $_SERVER["DOCUMENT_ROOT"]."/demo/cf1.php";

$c1 = new tC1();
$c1->m1();
?>
```

再次提醒，此代码只能在使用 PHP 7.2 以前的版本开发的程序中工作。

7.4 spl_autoload_register() 函数

spl_autoload_register() 函数用于替代 _ _autoload() 函数，功能是注册自动载入文件的函数。spl_autoload_register() 函数的定义如下：

```
    spl_autoload_register([ callable $autoload_function [, bool $throw = true [,
bool $prepend = false ]]]) : bool
```

其中，

- $autoload_function，定义一个回调函数，其中定义了资源的载入规则。
- $throw，回调函数无法注册时是否抛出错误，默认值为 true。
- $prepend，设置为 true 时，将新注册的回调函数放到资源载入规则队列首位，默认为 false，将回调函数放在载入规则队列末尾。当注册多个函数时，可以通过此参数指定它们的调用顺序。

下面的代码在 /demo/cf.php 文件中调用了 spl_autoload_register() 函数，其中注册的函数同样指定在网站 /demo 目录中查找代码文件。

```
<?php
spl_autoload_register(function($classname){
   require_once $_SERVER["DOCUMENT_ROOT"]."/demo/{$classname}.php";
```

```
});
?>
```

接下来在 /index.php 测试此函数的功能。

```
<?php
require_once $_SERVER["DOCUMENT_ROOT"]."/demo/cf.php";

$c1 = new tC1();
$c1->m1();
?>
```

代码中，首先引用了 /demo/cf.php，当代码中使用 tC1 类时，同样会自动引用 /demo/tC1.php 文件。

使用 spl_autoload_register() 函数时，也可以单独定义一个函数，然后将其名称作为 spl_autoload_register() 函数的第一个参数，如下面的代码（/demo/cf2.php）。

```
<?php
//
function reg_class($classname){
    require_once $_SERVER["DOCUMENT_ROOT"]."/demo/{$classname}.php";
}
//
spl_autoload_register("reg_class");
?>
```

下面的代码同样可以自动引用 tC1 类的代码文件。

```
<?php
require_once $_SERVER["DOCUMENT_ROOT"]."/demo/cf2.php";

$c1 = new tC1();
$c1->m1();
?>
```

代码执行结果见图 7-3。

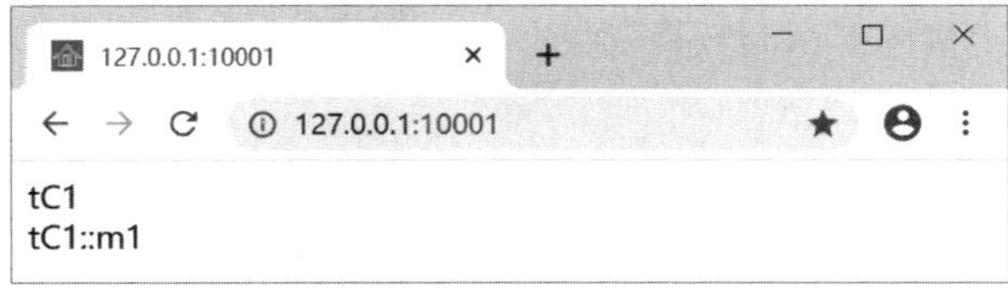

图　7-3

7.5　本书资源载入函数

本书封装的代码和第三方资源都位于网站下的 /lib 目录，其中 loader.php 文件调用了自动载入这些资源的 spl_autoload_register() 函数，代码如下。

```
<?php
spl_autoload_register(function($classname){
    require_once $_SERVER["DOCUMENT_ROOT"]."/lib/{$classname}.php";
```

```
});
?>
```

spl_autoload_register() 函数中注册的功能就是将命名空间的路径转换为代码文件的实际路径。这里约定，/lib 目录作为资源的主目录，其中，PHP 代码文件组织结构与命名空间的路径（层次）相同，如 cf 命名空间中的 tStr 类（cf\tStr），其代码文件就是 /lib/cf/tStr.php。

开发中，具体的实现与资源存放的位置有关。在自己的项目中，如果资源存放位置不同，需要对注册函数的代码进行相应的修改。

下面的代码演示了 loader.php 文件的应用。

```
<?php
require_once $_SERVER["DOCUMENT_ROOT"]."/lib/loader.php";
use cf\tStr;

echo tStr::getGuid();
?>
```

执行代码会显示一个 GUID 字符串。

7.6 全局变量

PHP 代码文件（.php）中，如果一个变量定义在函数或类等结构的外部，那么它是全局变量，不能直接在函数或类的成员中访问，如执行下面的代码就会产生错误。

```
<?php
$counter = 0;
function counterAddOne()
{
   $counter++;
}
counterAddOne();
echo $counter;
?>
```

如果需要在代码结构内部访问全局变量，需要使用 $GLOBALS 数组，如下面的代码。

```
<?php
$counter = 0;
function counterAddOne()
{
   $GLOBALS['counter']++;
}
echo $counter;
echo '<br>';
counterAddOne();
echo $counter;
?>
```

执行代码会显示 0 和 1。

如果在 A 文件中定义了某个变量，而 B 文件中引用了 A 文件，那么，在 B 文件中也可以使用这些变量。同样地，在代码结构外部，这些变量可以直接调用，但在代码结构的内部，需要使用 $GLOBALS 数组引用。

第 8 章　数组

数组（array）是 PHP 中最强大的开发工具之一，与很多编程语言不同的是，PHP 中数组的成员是“键 / 值”对应的格式，在一些开发环境中常称为 Map、Dictionary 等。

创建数组时，可以使用 array 语句结构，应用格式如下：

```
$arr = array(key1=>value1, key2=>value2, key3=>value3,...);
```

其中，数组的多个成员使用逗号分隔；每个成员由 => 运算符分为两部分，左侧是成员的名称，也称为键（key），右侧是成员的数据，也称为值（value）。

下面的代码演示了数组的定义和成员访问。

```
<?php
$planet = array('earth"=>" 地球 ","mars"=>" 火星 ");
echo $planet["earth"];
echo "<br>";
echo $planet["mars"];
?>
```

代码执行结果见图 8-1。

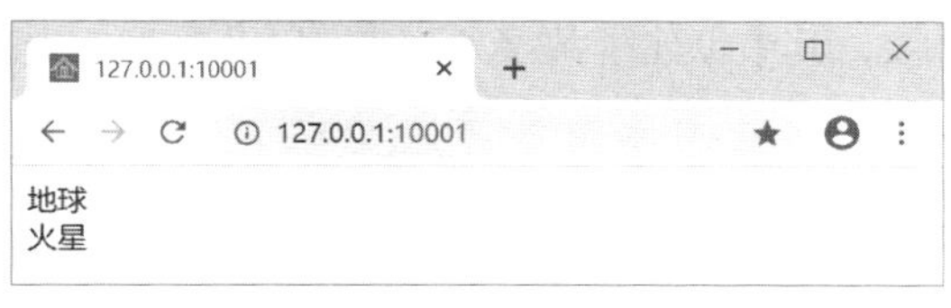

图　8-1

本例中定义了 $planet 数组，其中包含两个成员，名称（键）分别是 earth 和 mars。访问成员的数据时，需要在数组对象后的一对方括号中指定相应的名称（键）。需要注意的是，成员的名称（键）是区分字母大小写的，也就是说 Earth 和 earth 是不同的名称，表示不同的数组成员。

PHP 中的数组也可以使用简化形式，即不指定成员的名称（键），此时，成员的名称（键）会自动设置为从 0 开始的整数。下面的代码演示了此类数组的定义和成员访问。

```
<?php
$arr = array("a","b","c");
foreach($arr as $e)
{
   echo $e,"<br>";
}
?>
```

代码执行会显示 a、b、c。本例通过 foreach 语句遍历了所有的数组成员，下面的代码会通过整数索引访问数组成员。

```
<?php
$arr = array("a","b","c");
```

```
$count = count($arr);
for($i=0;$i<$count;$i++)
{
   echo $arr[$i],"<br>";
}
?>
```

代码中，首先使用 count() 函数获取数组成员的数量；然后通过 for 语句访问了索引值从 0 到成员数量减一的成员。代码执行同样会显示 a、b、c。

从 PHP 5.4 版本开始，可以直接使用一对方括号来定义数组，如下面的代码。

```
<?php
$arr = [1,1,2,3,5,8];
for($i=0; $i<6; $i++)
{
   echo $arr[$i],"<br />";
}
?>
```

生成数组的成员是连续的数据时（如整数、字母），可以使用 range() 函数，如下面的代码。

```
<?php
print_r(range(1,5));
echo "<br>";
print_r(range("a","d"));
?>
```

代码执行结果见图 8-2，其中创建了数字 1 到 5，以及字母 a 到 d 的数组。

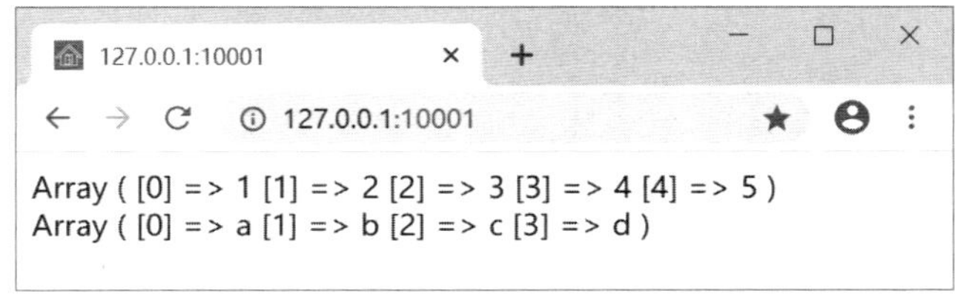

图 8-2

接下来介绍一些常用的数组操作函数。

8.1 基本操作

count() 和 sizeof() 函数，返回数组中的成员数量。

array_key_exists() 和 key_exists() 函数，判断指定的键是否存在，但在实际应用中，推荐使用 isset() 函数判断数组成员是否存在，如 isset($arr[key])。in_array() 函数判断数组中是否存在指定的值，下面的代码演示了相关的应用。

```
<?php
$arr = array("earth"=>" 地球 ","mars"=>" 火星 ","jupiter"=>" 木星 ");
var_dump(array_key_exists("earth",$arr));  // var_dump(isset($arr[ “earth” ]));
var_dump(array_key_exists("moon",$arr));   // var_dump(isset($arr["moon"]));
var_dump(in_array(" 火星 ",$arr));
```

```
var_dump(in_array("月亮",$arr));
?>
```

代码执行结果见图 8-3。

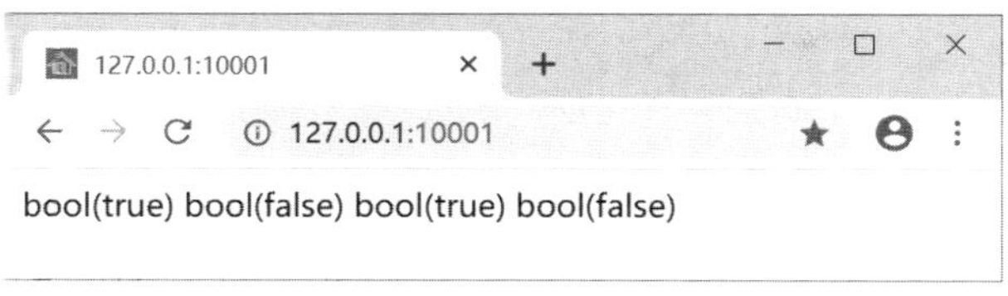

图　8-3

此外，in_array() 函数还可以使用第三个参数，默认值为 false，只判断数据的字符串形式是否相同；如果设置为 true，会判断数据的类型和值是否完全一致，如下面的代码。

```
<?php
$arr=range(1,5);
var_dump(in_array("3",$arr));
var_dump(in_array("3",$arr,true));
?>
```

代码执行结果见图 8-4。

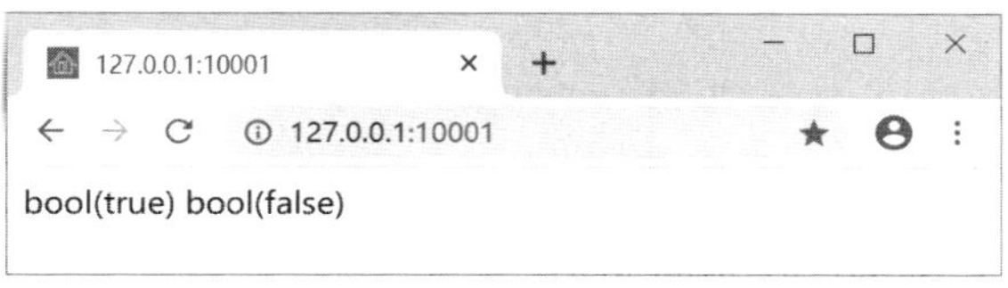

图　8-4

array_change_key_case() 函数，将数组中的所有键修改为大写或小写，函数定义格式如下。

```
array_change_key_case(array $array[, int $case = CASE_LOWER]) : array
```

其中，参数 $array 指定需要操作的数组；参数 $case 指定键是转换为大写还是小写，默认是小写，转换为大写时使用 CASE_UPPER 常量，函数会返回修改后的数组。下面的代码演示了 array_change_key_case() 函数的应用。

```
<?php
$arr = array("earth"=>"地球","mars"=>"火星","jupiter"=>"木星");
print_r(array_change_key_case($arr,CASE_UPPER));
?>
```

代码执行结果见图 8-5。

图　8-5

array_key_first() 函数返回数组第一个成员的键，array_key_last() 函数返回数组中最后一个成员的键。下面的代码演示了这两个函数的使用。

```
<?php
$arr = array("earth"=>"地球","mars"=>"火星","jupiter"=>"木星");
echo array_key_first($arr),"<br>";
echo array_key_last($arr);
?>
```

执行代码将显示 earth 和 jupiter。

array_keys() 函数可以返回所有键组成的新数组。返回的数组中，成员使用 0 开始的索引，数据为原数组的键。下面的代码演示了 array_keys() 函数的应用。

```
<?php
$arr = array("earth"=>"地球","mars"=>"火星","jupiter"=>"木星");
$keys = array_keys($arr);
print_r($keys);
?>
```

代码执行结果见图 8-6。

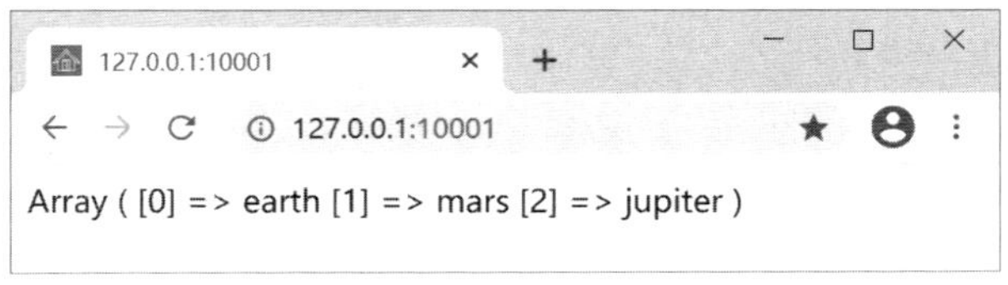

图 8-6

array_values() 函数会返回所有的值组成的新数组，新数组成员的键使用从 0 开始的数值索引，下面的代码展示了此函数的应用。

```
<?php
$arr = array("earth"=>"地球","mars"=>"火星","jupiter"=>"木星");
$arr1 = array_values($arr);
print_r($arr);
echo "<br>";
print_r($arr1);
?>
```

代码执行结果见图 8-7。

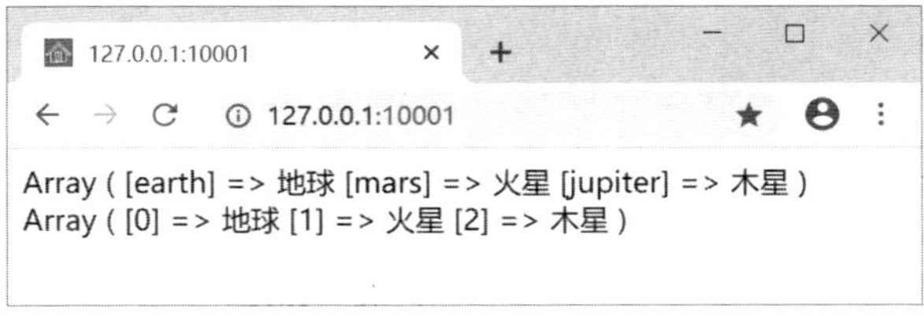

图 8-7

array_pad() 函数，将数组成员扩充到指定的数量，其定义如下。

```
array_pad(array $array, int $size, mixed $value) : array
```

函数的功能是，将 $array 成员数量使用 $value 填充到 n 个（n 为 $size 的绝对值）。当 $size 为正数时，新成员填充到原数组成员的后面；当 $size 为负数时，填充到原数组成员的前面；函数会返回修改后的新数组。下面的代码演示了 array_pad() 函数的应用。

```
<?php
$arr = array("a","b");
$arr1 = array_pad($arr,4,"*");
print_r($arr1);
echo "<br>";
$arr2 = array_pad($arr,-4,"*");
print_r($arr2);
?>
```

代码执行结果见图 8-8。

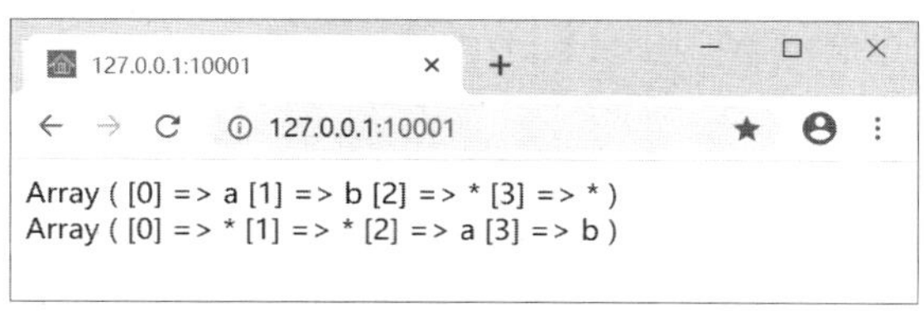

图　8-8

array_replace() 函数，使用后续数组成员替换第一个数组的成员，同名（键相同）成员会使用最后一个给出的数据，并会添加第一个数组中不存在（键）的成员。函数会返回重新生成的数组。下面的代码演示了此函数的使用。

```
<?php
$arr1 = [1,2,3];
$arr2 = [1=>1,2=>1];
$arr3 = [1,2,3,4,5];
print_r(array_replace($arr1,$arr2));
echo "<br>";
print_r(array_replace($arr1,$arr2,$arr3));
?>
```

代码执行结果见图 8-9。

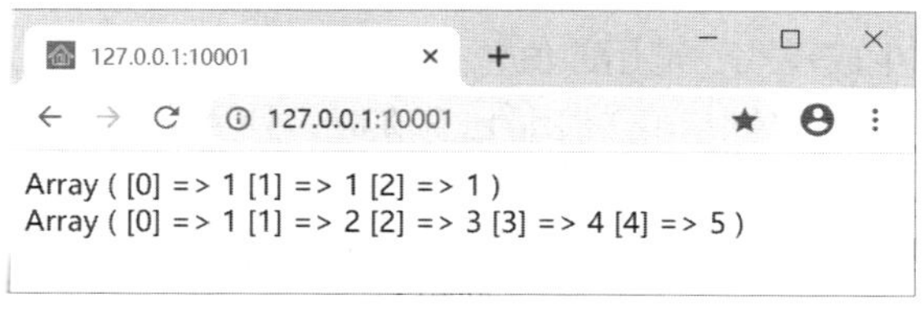

图　8-9

本例中，$arr1 数组成员的索引分别是 0、1、2；$arr2 中指定索引 1 和 2 的成员数据都为 1，这样就替换了 $arr1 中的第二和第三成员，第一个输出的数组成员数据就是 1、1、1；第二个输入，$arr3 为最后设置的数组，索引 0、1、2 的成员会替换 $arr1 中的成员，然后添加索引为 3 和 4 的成员。

array_search() 函数，在数组中搜索给定的值，如果成功则返回首个对应的键。函数定义如下。

```
array_search(mixed $needle, array $haystack[, bool $strict = false]) : mixed
```

函数的功能是在 $haystack 中查找值为 $needle 的成员，并返回它的键。$strict 参数为 true 时，将严格比较值的类型和数据；如果没有找到 $needle 指定的值，函数返回 false。对于函数执行的结果，应使用全等运算符进行判断。下面的代码演示了 array_search() 函数的使用。

```
<?php
$arr = ["123",456];
$result = array_search(123,$arr);
if($result===false) echo "数据没找到";
else echo $result;
?>
```

代码执行后会显示 0，即第一个成员的索引值（键）。下面的代码将 array_search() 函数的第三个参数设置为 true。

```
<?php
$arr = ["123",456];
$result = array_search(123,$arr,true);
if($result===false) echo "数据没找到";
else echo $result;
?>
```

本例中，$arr 数组中的第一个成员“123”是字符串，而搜索的数据是整数 123，它们的类型不一致，所以执行代码会显示“数据没找到”。

8.2 数组与变量

extract() 函数，根据数组成员生成一系列的变量，默认情况下，成员的名称（键）作为变量名，成员的值作为变量的数据，函数会返回生成变量的数量。

extract() 函数的定义如下。

```
extract(array &$array[, int $flags = EXTR_OVERWRITE[, string $prefix = NULL]] )
: int
```

函数中，参数 $array 指定需要展开的数组；参数 $prefix 指定变量名前缀，默认为空；参数 $flags 决定变量的生成模式，可用的值包括：

- EXTR_OVERWRITE，默认值。变量已存在时，使用新的数据覆盖。
- EXTR_SKIP，如果有冲突，不覆盖已有的变量。
- EXTR_PREFIX_SAME，如果有冲突，在变量名前加上前缀 $prefix。
- EXTR_PREFIX_ALL，所有变量名加上前缀 $prefix。
- EXTR_PREFIX_INVALID，仅在非法字符或数字的变量名前加上前缀 $prefix。
- EXTR_IF_EXISTS，只从数组中提取已存在的变量，并将数组成员的数据赋值到已存在的变量中，其他成员不做处理。
- EXTR_PREFIX_IF_EXISTS，与 EXTR_IF_EXISTS 功能相似，只是提取的成员数据不保存到已存在的变量中，而是保存到添加了 $prefix 前缀的变量中。

- EXTR_REFS，提取的变量名按引用指向数组成员中的数据，也就是说，修改这些变量的数据时，数组成员的数据也会同步改变。可以使用 | 或 or 运算符与其他标识一起使用。

下面的代码演示了一个 extract() 的简单应用。

```
<?php
$arr = array("earth"=>" 地球 ","mars"=>" 火星 ","jupiter"=>" 木星 ");
echo extract($arr),"<br>";
echo $mars;
?>
```

代码首先显示 3，表示生成了 3 个变量。然后显示了 $mars 变量的值“火星”。其他的两个变量分别是 $earth 和 $jupiter。

添加变量名前缀时，还会自动使用下画线（_）连接，下面的代码演示了添加变量名前缀的应用。

```
<?php
$arr = range(1,3);
extract($arr,EXTR_PREFIX_ALL,"var");
echo "{$var_0},{$var_1},{$var_2}";
?>
```

其中，$var_0、$var_1 和 $var_2 就是由 $arr 数组三个成员的数值索引添加 var 前缀的变量，它们的值分别是 1、2、3。

下面的代码演示了 EXTR_REFS 标识的应用。

```
<?php
$arr = array("earth"=>" 地球 ","mars"=>" 火星 ","jupiter"=>" 木星 ");
extract($arr,EXTR_REFS);
print_r($arr);
echo "<br>";
$mars=" 红色星球 ";
print_r($arr);
?>
```

代码执行结果见图 8-10。从图中可以看到，从数组提取的变量直接引用了数组成员的数据，修改变量的值时，实际就是在修改数组成员的数据。

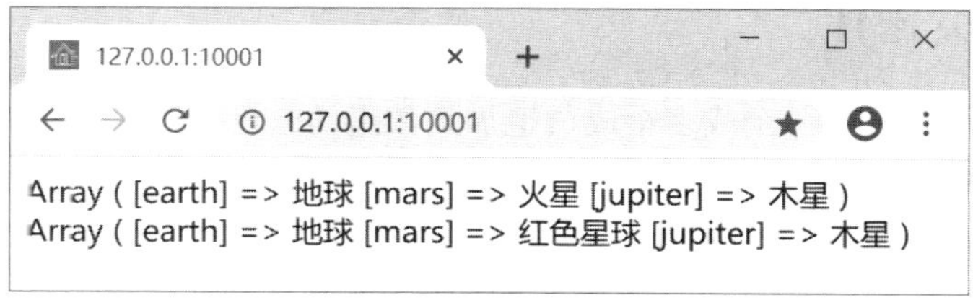

图　8-10

list 语句结构可以将数组成员的值分配到指定的变量中，如下面的代码。

```
<?php
$arr = array(" 地球 "," 火星 "," 木星 ");
list($earth,$mars,$jupiter)=$arr;
```

```
echo $mars;
?>
```

代码会将 $arr 数组成员数据依次赋值到 $earth、$mars 和 $jupiter 变量中，然后显示 $mars 变量的值“火星”。

如果不需要所有的成员数据，可以按顺序跳过，如下面的代码。

```
<?php
$arr = array("地球","火星","木星");
list(,,$jupiter)=$arr;
echo $jupiter;
?>
```

本例 list 结构中使用逗号跳过了 2 个位置，只提取了数组第 3 个成员的值，并赋值给 $jupiter 变量，执行代码后会显示“木星”。

compact() 函数可以通过一个或多个变量创建数组，变量名作为成员的键，变量的数据作为成员的值。下面的代码展示了 compact() 函数的应用。

```
<?php
$earth = "地球";
$mars = "火星";
$jupiter = "木星";
$arr = compact("earth","mars","jupiter");
print_r($arr);
?>
```

需要注意的是，在 compact() 函数的参数中指定的变量名是字符串形式，并且不需要 $ 符号。代码执行结果见图 8-11。

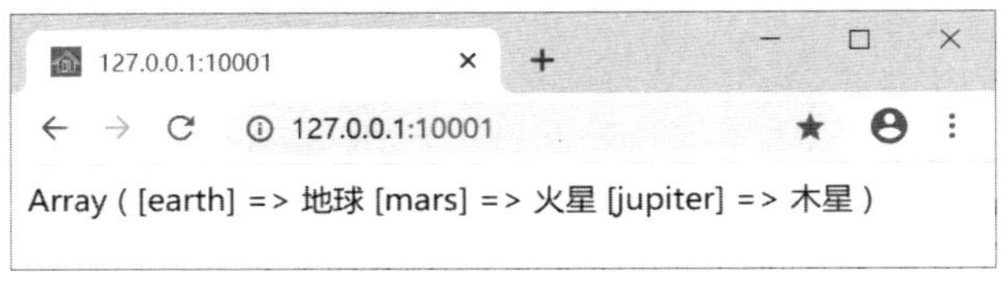

图 8-11

8.3 数组成员操作

array_push() 函数，将一个或多个成员追加到数组的末尾，并返回操作完成后的成员数量。下面的代码演示了此函数的应用。

```
<?php
$arr = range(1,3);
print_r($arr);
echo "<br>";
array_push($arr,4,5);
print_r($arr);
?>
```

代码执行结果见图 8-12。

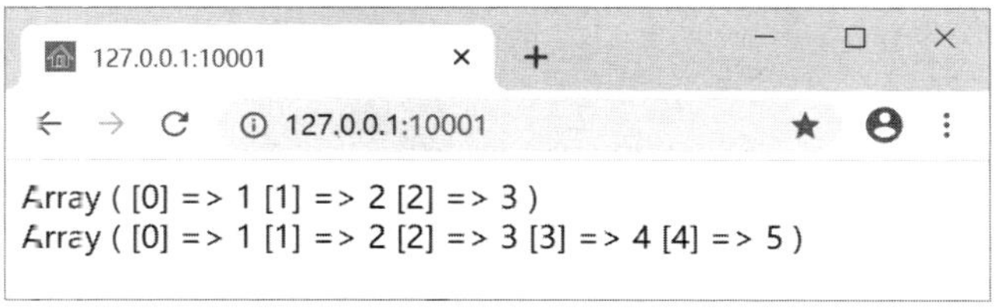

127.0.0.1:10001
Array ([0] => 1 [1] => 2 [2] => 3)
Array ([0] => 1 [1] => 2 [2] => 3 [3] => 4 [4] => 5)

图　8-12

array_unshift() 函数在数组开始部分添加一个或多个成员，并返回操作完成后的成员数量，下面的代码演示了此函数的应用。

```
<?php
$arr = range(1,3);
echo array_unshift($arr,-1,0),"<br>";
print_r($arr);
?>
```

代码执行结果见图 8-13。

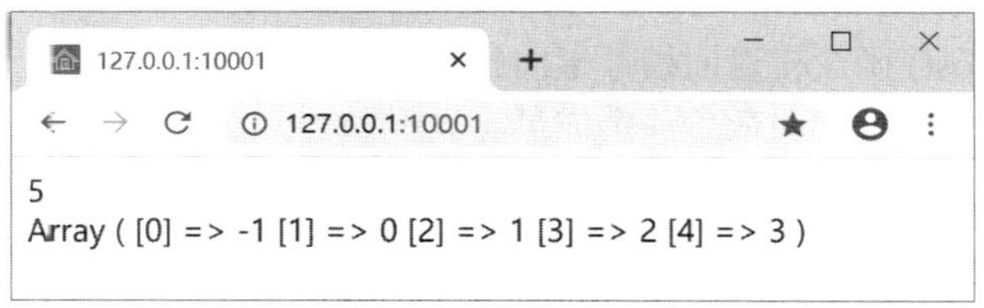

图　8-13

array_pop() 函数，从数组中移出最后一个成员，并返回此成员的值。下面的代码演示了此函数的应用。

```
<?php
$arr = range(1,3);
print_r($arr);
echo "<br>";
$m = array_pop($arr);
print_r($arr);
echo "<br>",$m;
?>
```

代码执行结果见图 8-14。

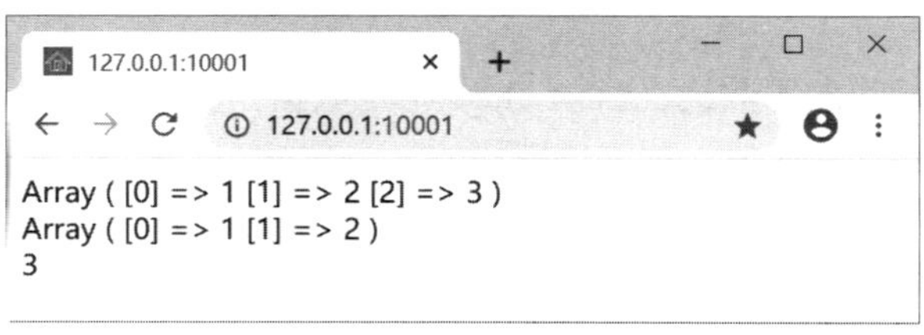

图　8-14

array_shift() 函数，将第一个成员移出数组，并返回成员的值，下面的代码演示了此函数的应用。

```
<?php
$arr = range(1,3);
print_r($arr);
echo "<br>";
$m = array_shift($arr);
print_r($arr);
echo "<br>",$m;
?>
```

代码执行结果见图 8-15。

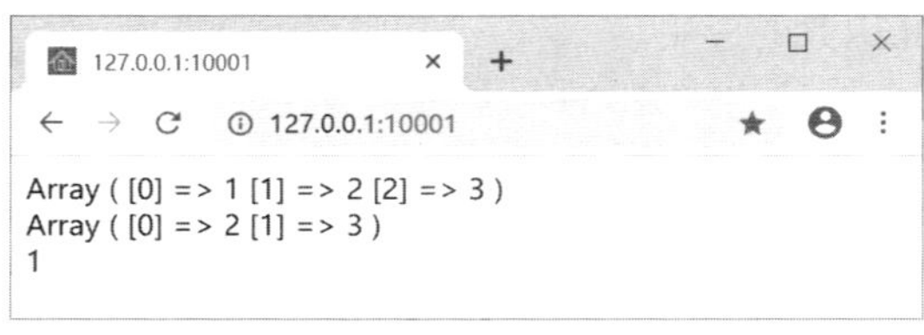

图 8-15

下面是一组关于数组成员浏览操作（迭代访问）的函数：

- current() 和 pos() 函数，返回指针指向的当前成员的值。
- end() 函数，将指针指向最后一个成员。
- next() 函数，将指针指向下一个成员。
- prev() 函数，将指针指向上一个成员。
- reset() 函数，将指针指向第一个成员。
- key() 函数，返回当前成员的键。

下面的代码演示了其中一些函数的操作。

```
<?php
$arr = range(1,5);
reset($arr);
do
{
   echo current($arr),"<br>";
}while(next($arr));
?>
```

代码执行会显示 1、2、3、4、5。

array_unique() 函数用于移除数组中重复的值，并返回新的数组，函数定义如下。

```
array_unique(array $array[, int $sort_flags = SORT_STRING]) : array
```

其中，$array 为操作的原数组；$sort_flags 指定数据比较的方法，包括：

- SORT_STRING，默认值，按字符串比较。
- SORT_NUMERIC，按数值比较。
- SORT_REGULAR，按常规方法比较，不改变数据的类型。
- SORT_LOCALE_STRING，按本地化字符串比较。

下面的代码演示了按数字去重的操作。

```
<?php
$arr = [1,1,2,3,5,6,7,3,2];
```

```
foreach($arr as $m) echo $m,",";
echo "<br>";
$arr1 = array_unique($arr,SORT_NUMERIC);
foreach($arr1 as $m) echo $m,",";
?>
```

代码执行结果见图 8-16，其中显示了原数组和去重后的数组。

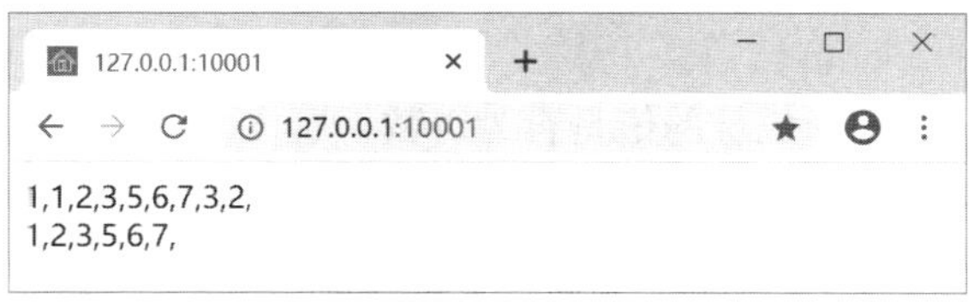

图　8-16

需要使用数组成员的数据时，可以通过循环语句访问每个成员，如果需要同时使用多个数组的成员数据，可以使用 array_map() 函数，其定义如下。

```
array_map(callable $callback, array $array1[, array $...]) : array
```

其中，一个或多个数组中的每个成员数据的操作由回调函数 $callback 决定，回调函数的参数会按顺序带入数组成员的数据。array_map() 函数的第二个参数指定需要操作的数组。

下面的代码会将两个数组的成员数据连接，并返回由新成员组成的数组。

```
<?php
$arr1 = range(1,5);
$arr2 = range("a","e");
$arr3 = array_map(
    function($a,$b){
            return $a."-".$b;
    },
    $arr1,
    $arr2);
print_r($arr3);
?>
```

代码执行结果见图 8-17。

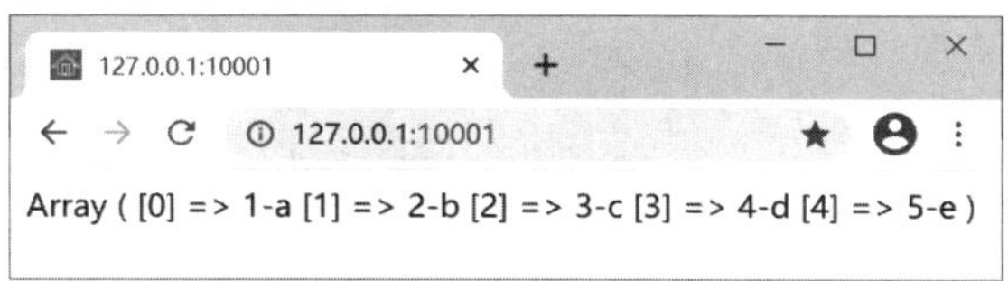

图　8-17

array_filter() 函数可以按条件过滤数组成员，并返回由满足条件的成员组成的新数组。操作中，过滤条件由回调函数指定，此函数应返回 bool 类型的数据，返回 true 的成员会添加到新数组中。array_filter() 函数的定义如下。

```
array_filter(array $array[, callable $callback[, int $flag = 0]]) : array
```

其中，$array 是需要操作的原数组；$callback 是操作数组成员的回调函数，它应返回 bool 类型值；不使用 $flag 参数（或 0）时，回调函数的参数表示成员的值；当 $flag 参数指定为 ARRAY_FILTER_USE_KEY（键）时，回调函数的参数表示成员的键；如果 $flag 使用 ARRAY_FILTER_USE_BOTH（键和值）时，回调函数应有两个参数，分别表示成员的值和键。

在下面的代码中，首先使用回调函数按值数据查找成员。

```
<?php
$arr = range(1,5);
print_r(array_filter($arr,function($v){return $v%2==1;}));
?>
```

本例中，回调函数会判断成员的值是否为奇数，这样，返回的数据就是 1、3、5（保留原成员的键）。代码执行结果见图 8-18。

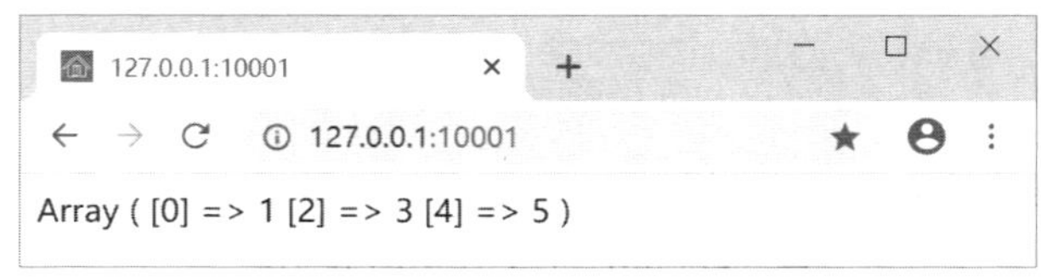

图　8-18

在下面的代码中，按键（索引）过滤数组成员，过滤条件是索引值为偶数的成员。代码执行结果与图 8-18 相同。

```
<?php
$arr = range(1,5);
$arr1 = array_filter($arr,
function($k)
{
   return $k%2==0;
},ARRAY_FILTER_USE_KEY);
print_r($arr1);
?>
```

在下面的代码中，回调函数使用了两个参数，其中，参数一为成员的值，参数二为成员的键。

```
<?php
$arr = range(1,5);
$arr1 = array_filter($arr,
function($v,$k)
{
   return $k%2==0;
},ARRAY_FILTER_USE_BOTH);
print_r($arr1);
?>
```

回调函数中返回了索引值为偶数的成员。代码执行结果与图 8-18 相同。

8.4　分割与组合

array_combine() 函数，由两个数组的值分别作为新数组成员的键和值，函数定义如下。

```
array_combine(array $keys, array $values) : array
```

其中，$keys 数组的值作为新数组成员的键；$values 数组的值作为新数组成员的值。函数会返回重新组合的数组。

下面的代码演示了 array_combine() 函数的应用。

```
<?php
$arrKeys = ["earth","mars","jupiter"];
$arrValues = ["地球","火星","木星"];
$arr = array_combine($arrKeys,$arrValues);
print_r($arr);
?>
```

代码执行结果见图 8-19。

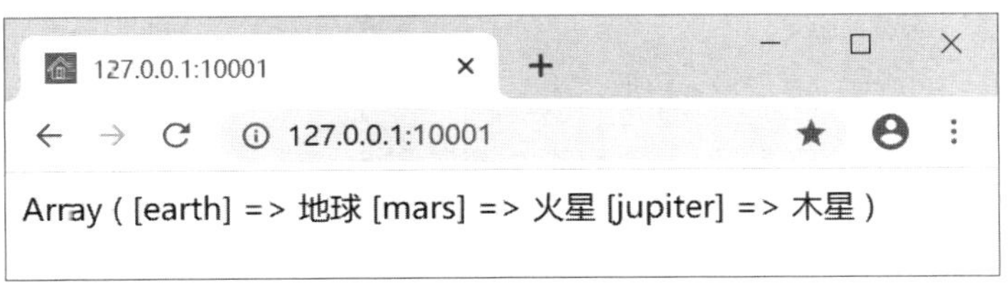

图　8-19

array_fill_keys() 函数定义如下。

```
array_fill_keys(array $keys, mixed $value) : array
```

函数的功能是创建一个新的数组，其中，新数组成员的键由数组 $keys 的值决定，新数组成员的值由参数 $value 指定。下面的代码演示了 array_fill_keys() 函数的应用。

```
<?php
$arrKeys = ["earth","mars","jupiter"];
$arr = array_fill_keys($arrKeys,"空值");
print_r($arr);
?>
```

代码执行结果见图 8-20。

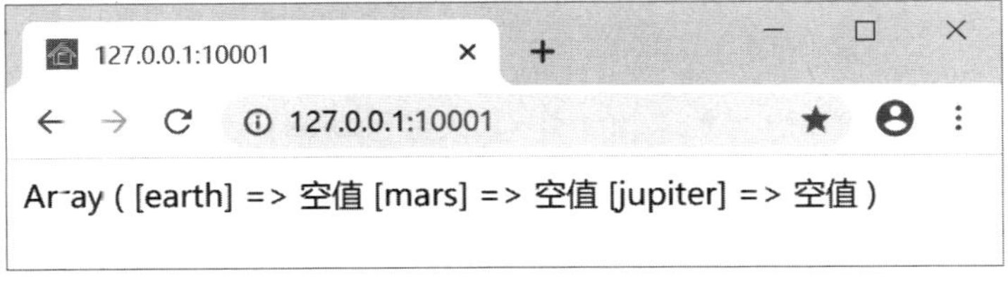

图　8-20

array_fill() 函数的定义如下。

```
array_fill(int $start_index, int $num, mixed $value) : array
```

函数的功能是，返回一个新的数组，如果 $start_index 大于等于 0，成员的索引以此数值开始，并逐一增加；如果 $start_index 小于 0，第一个成员的索引为 $start_index，第二个成员的索引从 0 开始；新数组成员的值由参数 $value 指定。下面的代码演示了 array_fill() 函数的使用。

```
<?php
$arr1 = array_fill(0,5," 空值 ");
print_r($arr1);
echo "<br>";
$arr2 = array_fill(10,5," 空值 ");
print_r($arr2);
echo "<br>";
$arr3 = array_fill(-10,5," 空值 ");
print_r($arr3);
?>
```

代码执行结果见图 8-21。

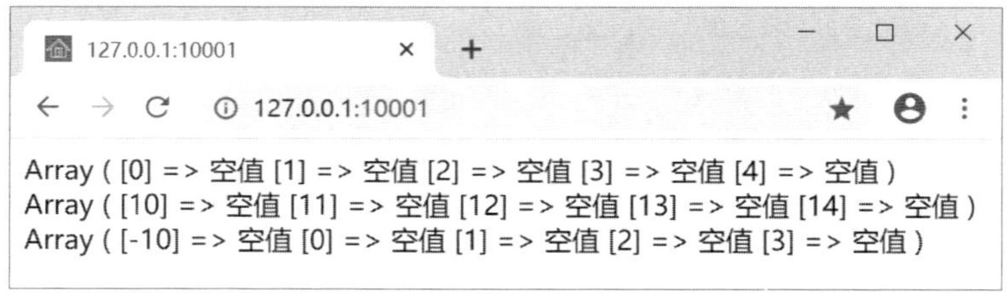

图 8-21

array_flip() 函数，交换数组中成员的键和值，并返回新的数组。下面的代码演示了 array_flip() 函数的应用。

```
<?php
$arr = ["earth"=>" 地球 ","mars"=>" 火星 ","jupiter"=>" 木星 "];
print_r($arr);
echo "<br>";
print_r(array_flip($arr));
?>
```

代码执行结果见图 8-22。

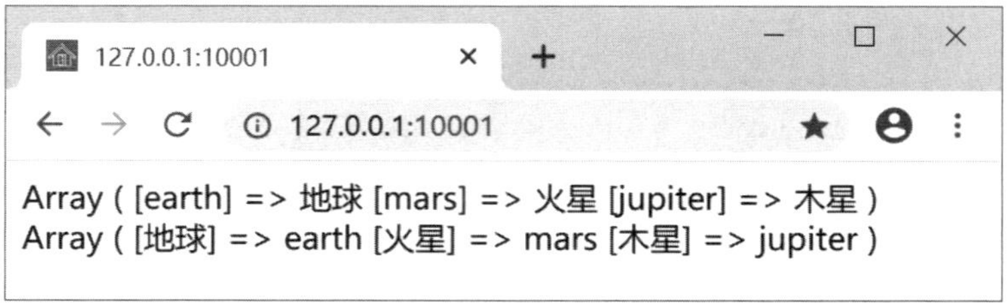

图 8-22

array_merge() 函数，合并一个或多个数组。如果键为数值，数组成员按顺序追加；键为字符串时，如果有键相同，使用后一个成员的值替换前一个成员的值。下面的代码演示了 array_merge() 函数的应用。

```
<?php
$arr1 = [1,2,3];
$arr2 = [4,5,6];
$arr3 = [3,5,1];
print_r(array_merge($arr1,$arr2,$arr3));
?>
```

代码执行结果见图 8-23，最终合并的数组有 9 个成员。

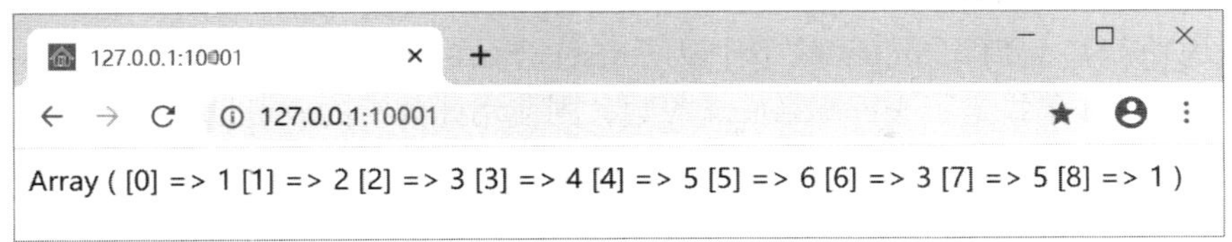

图　8-23

下面的代码演示了数组成员的键为字符串形式的数组合并。

```
<?php
$arr1 = ["a"=>"aaa","b"=>"bbb","c"=>"ccc"];
$arr2 = ["d"=>"ddd","b"=>"BBB","c"=>"CCC"];
print_r(array_merge($arr1,$arr2));
?>
```

代码执行结果见图 8-24。

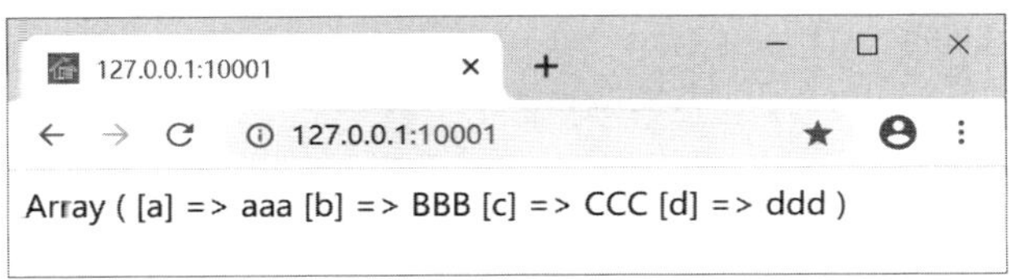

图　8-24

array_slice() 函数，用于截取数组的一部分，定义如下。

```
    array_slice(array $array, int $offset[, int $length = NULL[, bool $preserve_
keys = false]]) : array
```

函数的功能是从数组 $array 的 $offset 位置开始截取 $length 个成员，并返回新的数组。如果 $array 数组的键是数字，$preserve_keys 参数指定是否保留原索引值，默认为 false，即新的数组会重新生成数字索引。下面的代码演示了 array_slice() 函数的应用。

```
<?php
$arr =["a","b","c","d","e","f","g"];
print_r(array_slice($arr,2,3));
echo "<br>";
print_r(array_slice($arr,2,3,true));
?>
```

代码执行结果见图 8-25。

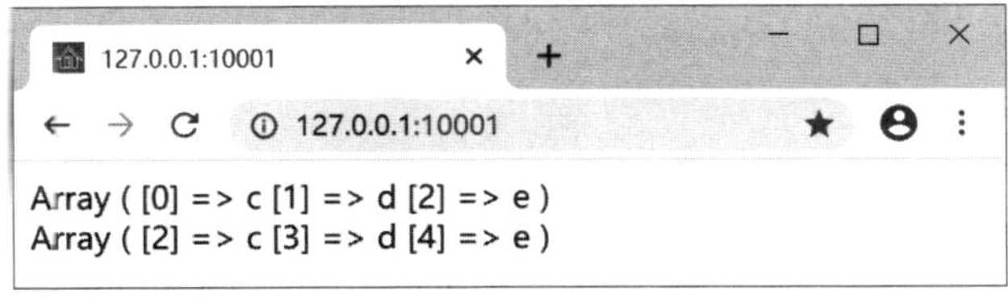

图　8-25

array_splice() 函数，删除数组的一部分，并使用指定的内容填充，函数定义如下。

```
    array_splice(array &$input, int $offset[, int $length = count($input)[, mixed
$replacement = array()]]) : array
```

函数的功能是，删除 $input 数组中从 $offset 开始的 $length 个成员，并返回由删除成员组成的数组，如果指定了 $replacement 参数，则使用此数组的成员填充删除的部分。请注意，此函数会实际修改 $input 数组的内容。下面的代码演示了 array_splice() 函数的应用。

```
<?php
$arr =["a","b","c","d","e","f","g"];
print_r(array_splice($arr,2,3,[1,2,3]));
echo "<br>";
print_r($arr);
?>
```

代码执行结果见图 8-26。

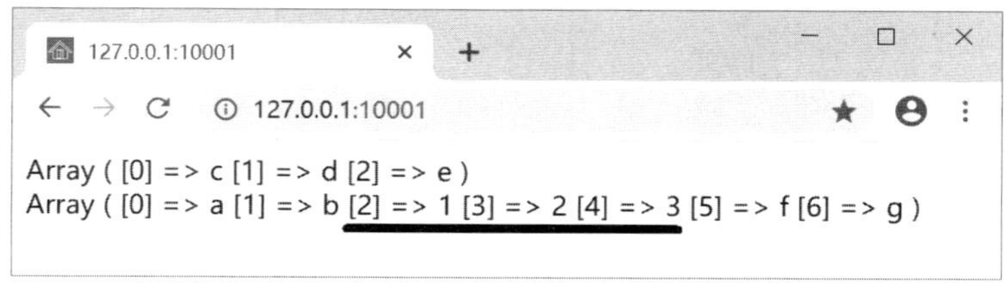

图 8-26

多个数组的交集是指在这些数组中都包含的成员组成的集合。下面是一些关于数组交集操作的函数。

array_intersect() 函数，返回两个或更多数组的交集，函数会比较数组成员数据的字符串形式，返回的数组成员使用第一个参数中数组成员的键。下面的代码演示了 array_intersect() 函数的应用。

```
<?php
$arr1 = [1,2,3,4,5];
$arr2 = [3,4,5,6];
print_r(array_intersect($arr1,$arr2));
?>
```

代码执行结果见图 8-27。

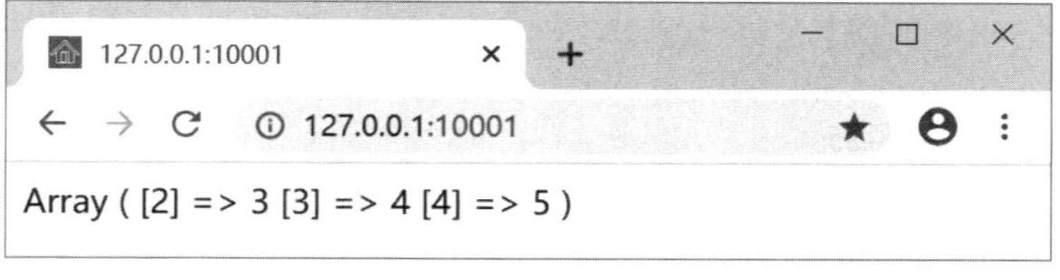

图 8-27

array_uintersect() 函数，返回两个或更多数组的交集，其中，成员的值使用回调函数比较，函数定义如下。

```
array_uintersect(array $array1, array $array2[, array $...],
    callable $value_compare_func) : array
```

函数的参数最少需要两个数组，最后一个参数定义回调函数，定义格式如下。

```
callback(mixed $a, mixed $b) : int
```

其中，参数 $a 和 $b 分别表示参与比较的两个成员的值。当 $a 小于 $b 时返回负整数；当 $a 等于 $b 时返回 0；当 $a 大于 $b 时返回正整数。下面的代码演示了 array_uintersect() 函数的应用。

```
<?php
function compareNumber($a,$b)
{
    if(is_nan($a)||is_nan($b)) return 0;
    $x = floatval($a);
    $y = floatval($b);
    if($x<$y) return -1;
    else if($x==$y)return 0;
    else return 1;
}
//
$arr1 = ["1","2","3","4","5"];
$arr2 = [1,3,5];
print_r(array_uintersect($arr1,$arr2,"compareNumber"));
?>
```

执行代码会比较成员值的数字形式，并返回 $arr1 和 $arr2 的交集，执行结果见图 8-28。

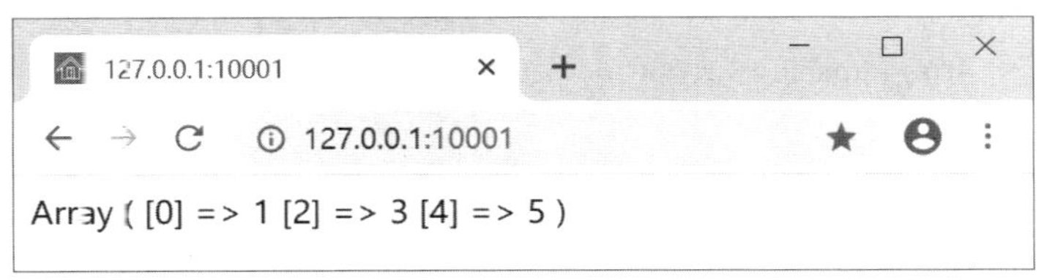

图 8-28

array_intersect_key() 函数，通过键的字符串形式比较结果计算数组的交集，返回的数组成员的值使用第一个参数中数组成员的值。下面的代码演示了此函数的应用。

```
<?php
$arr1 = ["earth"=>"地球","mars"=>"火星","jupiter"=>"木星"];
$arr2= ["earth"=>"蓝色星球","mars"=>"红色星球"];
print_r(array_intersect_key($arr1,$arr2));
?>
```

代码执行结果见图 8-29。

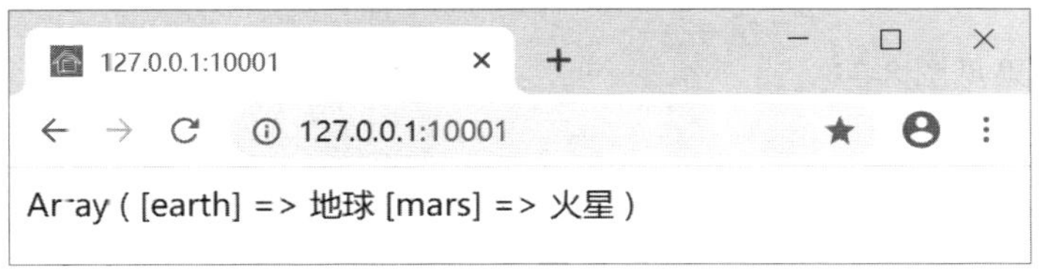

图 8-29

array_intersect_ukey() 函数，通过比较成员的键计算数组的交集，返回结果数组成员的值使用第一个参数中数组成员的值，键的比较方式则通过回调函数决定，定义如下。

```
array_intersect_ukey(array $array1, array $array2[, array $...],
   callable $key_compare_func) : array
```

此函数与 array_uintersect() 函数的应用方式相似，只是回调函数中比较的是成员的键，如下面的代码。

```
<?php
$arr1 = ["earth"=>" 地球 ","mars"=>" 火星 ","jupiter"=>" 木星 "];
$arr2 = ["EARTH"=>" 蓝色星球 ","mars"=>" 红色星球 "];
print_r(array_intersect_ukey($arr1,$arr2,
function($a,$b)
{
   if($a<$b)return -1;
   else if($a==$b) return 0;
   else return 1;
}));
?>
```

代码中，只有 mars 成员的键相同，而“地球”的键则是一个大写和一个小写，最终两个数组的交集只有一个成员，执行结果见图 8-30。

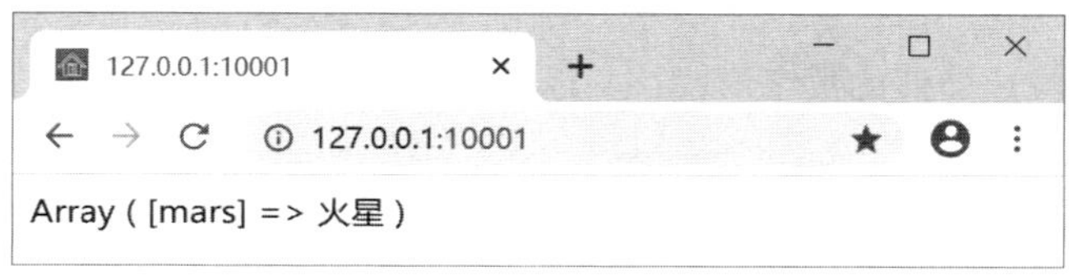

图 8-30

如果需要忽略键的大小写，可以修改比较函数的实现，如下面的代码。

```
<?php
$arr1 = ["earth"=>" 地球 ","mars"=>" 火星 ","jupiter"=>" 木星 "];
$arr2 = ["EARTH"=>" 蓝色星球 ","mars"=>" 红色星球 "];
print_r(array_intersect_ukey($arr1,$arr2,
function($a,$b)
{
   $x = mb_convert_case($a,MB_CASE_LOWER);
   $y = mb_convert_case($b,MB_CASE_LOWER);
   if($x<$y)return -1;
   else if($x==$y) return 0;
   else return 1;
}));
?>
```

代码执行结果见图 8-31。

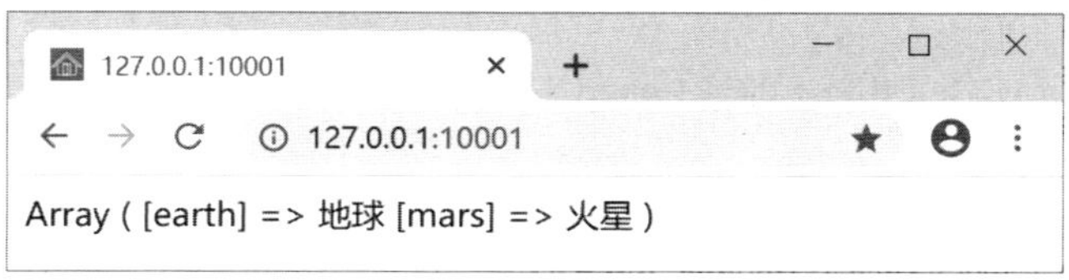

图 8-31

array_intersect_assoc() 函数，通过同时比较成员的键和值来计算两个或多个数组的交集。如下面的代码。

```
<?php
$arr1 = ["earth"=>"地球","mars"=>"火星","jupiter"=>"木星"];
$arr2 = ["EARTH"=>"地球","mars"=>"红色星球","jupiter"=>"木星"];
print_r(array_intersect_assoc($arr1,$arr2));
?>
```

代码中，只有键和值都相同时，才认为是完全相同的成员，执行结果见图 8-32。

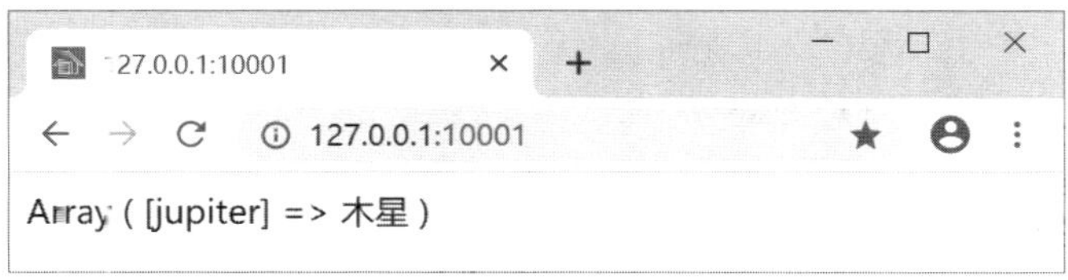

图　8-32

array_intersect_uassoc() 函数，通过同时比较成员的键和值计算两个或多个数组的交集，但键的比较方式由回调函数决定，函数定义如下。

```
array_intersect_uassoc(array $array1, array $array2[, array $...],
   callable $key_compare_func) : array
```

下面的代码使用回调函数比较成员的键，其中会忽略字母的大小写。

```
<?php
$arr1 = ["earth"=>"地球","mars"=>"火星","jupiter"=>"木星"];
$arr2 = ["EARTH"=>"地球","mars"=>"红色星球","jupiter"=>"木星"];
print_r(array_intersect_uassoc($arr1,$arr2,
function($a,$b)
{
   $x = mb_convert_case($a,MB_CASE_LOWER);
   $y = mb_convert_case($b,MB_CASE_LOWER);
   if($x<$y)return -1;
   else if($x==$y) return 0;
   else return 1;
}));
?>
```

代码执行结果见图 8-33。

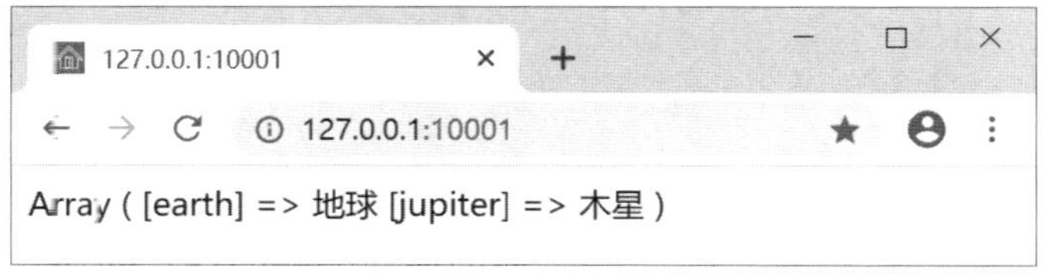

图　8-33

array_uintersect_assoc() 函数，通过同时比较成员的键和值计算两个或多个数组的交集，但成员值的比较方式由回调函数决定，函数定义如下。

```
array_uintersect_assoc(array $array1, array $array2[, array $...],
   callable $value_compare_func) : array
```

下面的代码演示了 array_uintersect_assoc() 函数的应用。

```
<?php
function compareNumber($a,$b)
{
    $x = floatval($a);
    $y = floatval($b);
    if(is_nan($x) || is_nan($y)) return 0;
    if($x<$y) return -1;
    else if($x==$y)return 0;
    else return 1;
}
//
$arr1 = ["1","2","3","4","5"];
$arr2 = [1,2=>3,5];
print_r(array_uintersect_assoc($arr1,$arr2,"compareNumber"));
?>
```

代码执行结果见图 8-34。

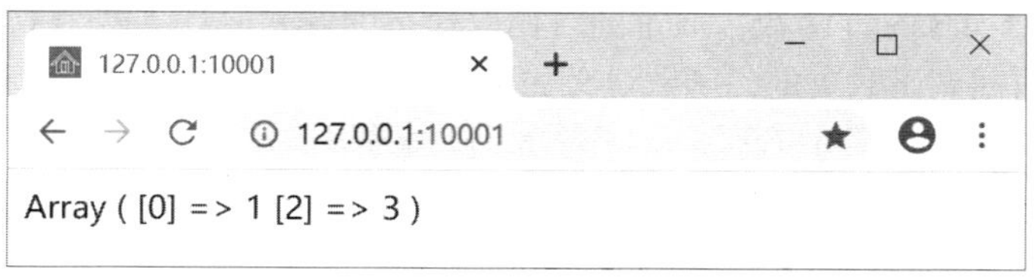

图 8-34

array_uintersect_uassoc() 函数，通过同时比较成员的键和值计算两个或多个数组的交集，成员键和值的比较方式分别由两个回调函数决定。array_uintersect_uassoc() 函数的定义如下。

```
array_uintersect_uassoc(array $array1, array $array2[, array $...],
    callable $value_compare_func, callable $key_compare_func) : array
```

下面的代码会忽略键的比较（回调函数总是返回 0），只比较成员的值。

```
<?php
function compareNumber($a,$b)
{
    $x = floatval($a);
    $y = floatval($b);
    if(is_nan($x) || is_nan($y)) return 0;
    if($x<$y) return -1;
    else if($x==$y)return 0;
    else return 1;
}
//
$arr1 = ["1","2","3","4","5"];
$arr2 = [1,2=>3,5];
print_r(array_uintersect_uassoc($arr1,$arr2,
"compareNumber",
function($a,$b){return 0;}));
?>
```

代码执行结果见图 8-35。

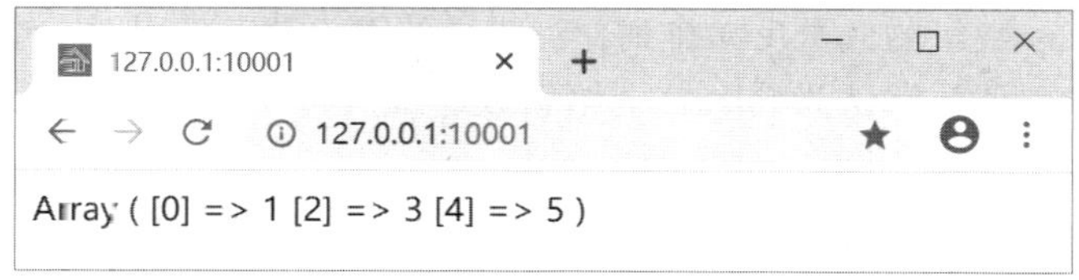

图 8-35

数组的差集是指在第一个数组中存在，但在其他数组中不存在的成员组成的集合。下面是数组差集计算的函数，其参数设置可以参考交集操作的相关函数。

- array_diff() 函数，返回两个或多个数组的差集，按成员的值的字符串形式进行比较。
- array_udiff() 函数，返回两个或多个数组的差集，按回调函数比较数组成员的值。
- array_diff_key() 函数，返回两个或多个数组的差集，按成员键的字符串形式进行比较。
- array_diff_ukey() 函数，返回两个或多个数组的差集，按回调函数比较成员的键。
- array_diff_assoc() 函数，返回两个或多个数组的差集，同时比较数组成员的键和值。
- array_diff_uassoc() 函数，返回两个或多个数组的差集，同时比较数组成员的键和值，其中，键使用回调函数比较。
- array_udiff_assoc() 函数，返回两个或多个数组的差集，同时比较数组成员的键和值，其中，成员的值使用回调函数比较。
- array_udiff_uassoc() 函数，返回两个或多个数组的差集，同时比较数组成员的键和值，其中，成员的键和值分别使用回调函数比较。

下面的代码演示了 array_diff() 函数的应用。

```
<?php
$arr1 = range(1,3);
$arr2 = range(3,5);
$arr3 = range(2,3);
print_r(array_diff($arr1,$arr2));
echo "<br>";
print_r(array_diff($arr1,$arr2,$arr3));
?>
```

代码执行结果见图 8-36。

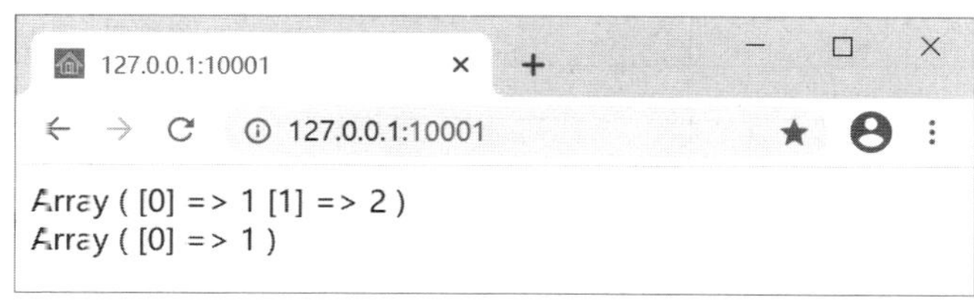

图 8-36

8.5 排序

首先了解 array_reverse() 函数，它会返回数组成员反向排列的新数组，函数定义如下。

```
array_reverse array $array[, bool $preserve_keys = false]) : array
```

函数会将 $array 数组的成员反向排列，当成员的键为数字索引时，参数 $preserve_keys 决定是否保留原索引值，默认为 false，会给新数组成员重新分配索引值。下面的代码演示了 array_reverse() 函数的应用。

```
<?php
$arr = [1,2,3];
print_r(array_reverse($arr));
echo "<br>";
print_r(array_reverse($arr,true));
echo "<br>";
$arr1 = ["c"=>"ccc","b"=>"bbb","a"=>"aaa"];
print_r(array_reverse($arr1));
?>
```

代码执行结果见图 8-37。

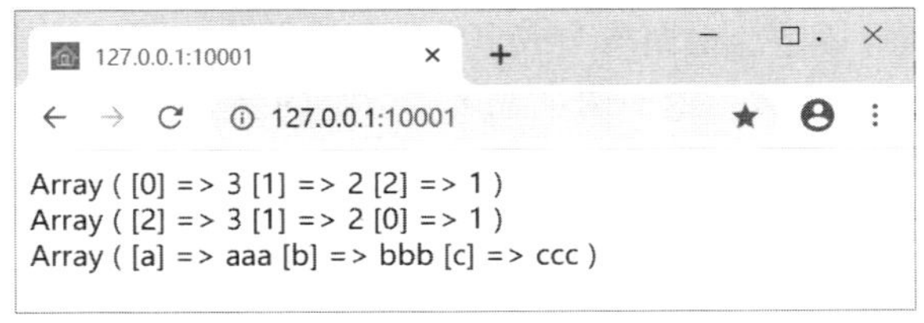

图 8-37

表 8-1 中给出了 PHP 数组排序函数及其应用规则的基本信息。

表 8-1 PHP 数组排序函数

函数	排序依据	保持索引键	排序方式
sort()	值	否	由低到高
rsort()	值	否	由高到低
asort()	值	是	由低到高
arsort()	值	是	由高到低
usort()	值	否	自定义
uasort()	值	是	自定义
natsort()	值	是	自然排序
natcasesort()	值	是	自然排序，不区分字母大小写
shuffle()	值	否	随机
ksort()	键	是	由低到高
krsort()	键	是	由高到低
uksort()	键	是	自定义

sort() 函数，按数组成员的值升序排列，此函数会实际修改数组成员的顺序，并会修改成员的键为整数索引。sort() 函数的定义如下。

```
sort(array &$array[, int $sort_flags = SORT_REGULAR]) : bool
```

其中，参数 $array 为需要排序的数组；$sort_flags 为排序的方式，其值包括：

- SORT_REGULAR，正常排序，默认值。
- SORT_NUMERIC，按数值排序。
- SORT_STRING，按字符串形式排序。

- SORT_LOCALE_STRING，按设置的当前区域进行字符串比较。可以使用 setlocale() 函数设置当前区域。
- SORT_NATURAL，自然排序。
- SORT_FLAG_CASE，不区分字母的大小写，可以和 SORT_STRING 或 SORT_NATURAL 标识一起使用。两个标识一起使用时可以使用 | 或 or 运算符。

下面的代码演示了 sort() 函数的应用。

```
<?php
$arr = ["earth","mars","jupiter"];
print_r($arr);
echo "<br>";
sort($arr);
print_r($arr);
?>
```

代码执行结果见图 8-38。

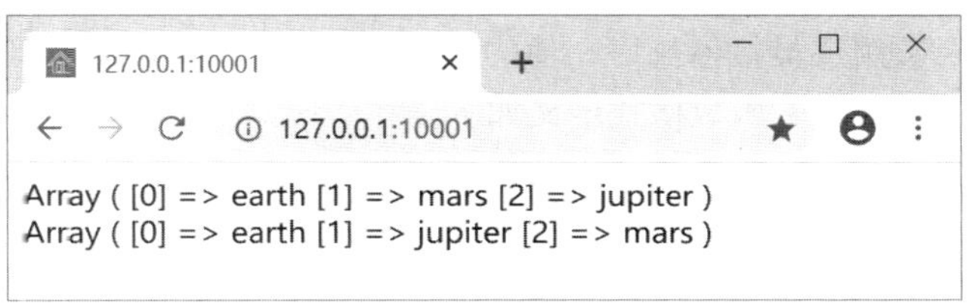

图　8-38

rsort() 函数，对数组成员按值的降序排列，其参数定义与 sort() 函数相同。下面的代码演示了此函数的应用。

```
<?php
$arr = ["earth","mars","jupiter"];
print_r($arr);
echo "<br>";
rsort($arr);
print_r($arr);
?>
```

代码执行结果见图 8-39。

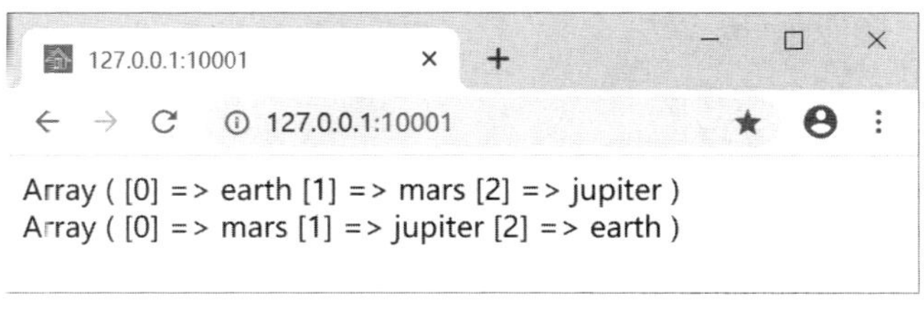

图　8-39

asort() 函数，对数组成员按值升序排列，arsort() 函数对数组成员按值的降序排列，这两个函数会保留成员的键。下面的代码演示了这两个函数的应用。

```
<?php
$arr = ["earth","mars","jupiter"];
```

```
print_r($arr);
echo "<br>";
asort($arr);
print_r($arr);
echo "<br>";
arsort($arr);
print_r($arr);
?>
```

代码执行结果见图 8-40。

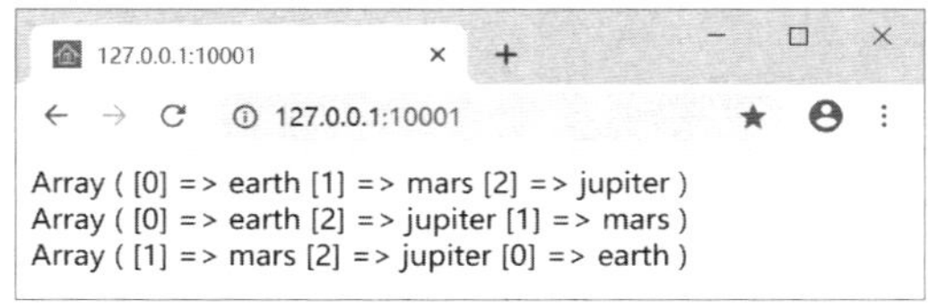

图 8-40

usort() 函数，对数组成员按值排序，值的比较方式通过回调函数实现。排序结果会将成员的键重新设置为整数索引。函数格式定义如下。

```
usort(array &$array, callable $value_compare_func) : bool
```

回调函数的格式如下。

```
callback(mixed $a, mixed $b) : int
```

下面的代码演示了 usort() 函数的应用。

```
<?php
$arr = ["earth","Mars","jupiter"];
print_r($arr);
echo "<br>";
sort($arr);
print_r($arr);
echo "<br>";
usort($arr,function($a,$b)
{
    $x = mb_convert_case($a,MB_CASE_LOWER);
    $y = mb_convert_case($b,MB_CASE_LOWER);
    if($x<$y) return -1;
    if($x==$y) return 0;
    else return 1;
});
print_r($arr);
?>
```

代码执行结果见图 8-41。

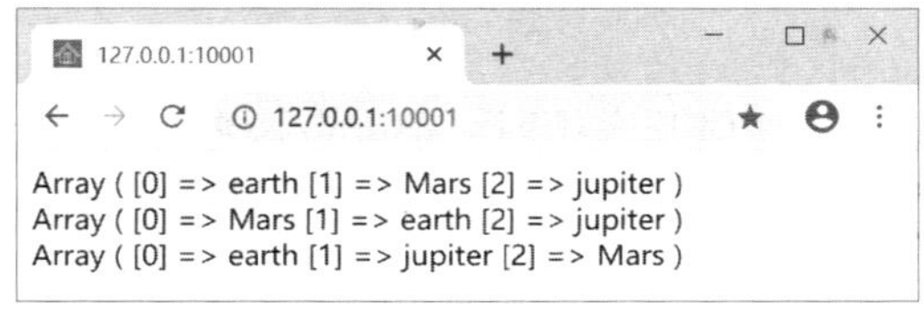

图 8-41

uasort() 函数，对数组成员按值排序，值的比较方式通过回调函数实现。排序结果将保留成员原有的键。参数的定义与 usort() 函数相同。

natsort() 函数，对数组成员的值按“自然排序”算法排序，其定义如下。

```
natsort(array &$array) : bool
```

实际上，这和使用了 SORT_NATURAL 标识的 sort() 函数功能相同。

natcasesort() 函数，功能与 natsort() 函数功能相似，但不区分字母的大小写。下面的代码演示了这两个函数的应用。

```
<?php
$arr = ["earth","Mars","jupiter"];
print_r($arr);
echo "<br>";
natsort($arr);
print_r($arr);
echo "<br>";
natcasesort($arr);
print_r($arr);
?>
```

代码执行结果见图 8-42。

127.0.0.1:10001
127.0.0.1:10001
Array ([0] => earth [1] => Mars [2] => jupiter)
Array ([1] => Mars [0] => earth [2] => jupiter)
Array ([0] => earth [2] => jupiter [1] => Mars)

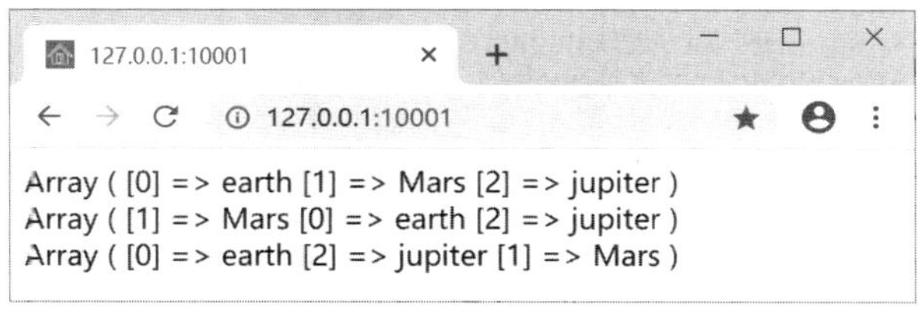

图　8-42

shuffle() 函数，对数组成员随机排序，排序后的数组不保留原数组成员的键，而是使用新的整数索引，如下面的代码。

```
<?php
$arr1 = array("mars"=>" 火星 ","earth"=>" 地球 ","jupiter"=>" 木星 ");
shuffle($arr1);
print_r($arr1);
echo "<br>";
$arr2 = range(1,6);
shuffle($arr2);
print_r($arr2);
?>
```

代码执行结果类似图 8-43 中的结果，但每次执行的结果都可能不同。

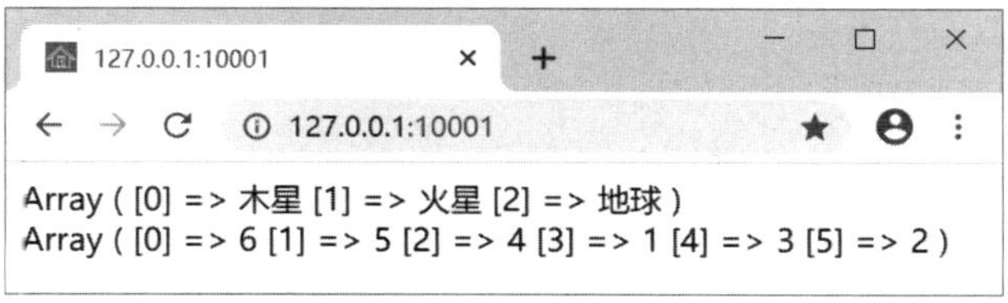

127.0.0.1:10001
127.0.0.1:10001
Array ([0] => 木星 [1] => 火星 [2] => 地球)
Array ([0] => 6 [1] => 5 [2] => 4 [3] => 1 [4] => 3 [5] => 2)

图　8-43

ksort() 函数，对数组成员按键的升序排列，函数定义如下。

```
ksort(array &$array[, int $sort_flags = SORT_REGULAR]) : bool
```

krsort() 函数，对数组成员按键的降序排列，参数定义与 ksort() 函数相同。下面的代码演示了这两个函数的应用。

```
<?php
$arr = ["earth"=>" 地球 ","mars"=>" 火星 ","jupiter"=>" 木星 "];
print_r($arr);
echo "<br>";
ksort($arr);
print_r($arr);
echo "<br>";
krsort($arr);
print_r($arr);
?>
```

代码执行结果见图 8-44。

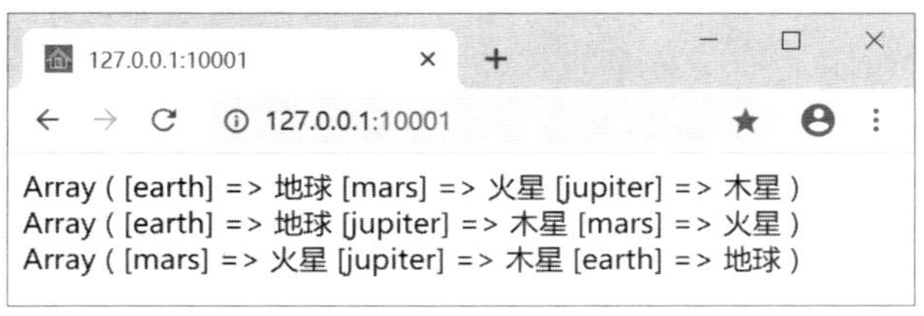

图 8-44

uksort() 函数，对数组成员按键排列，排序规则由回调函数确定，函数的定义如下。

```
uksort(array &$array, callable $key_compare_func) : bool
```

回调函数定义格式如下。

```
callback(mixed $a, mixed $b) : int
```

下面的代码演示了 uksort() 函数的应用。

```
<?php
$arr = ["earth"=>" 地球 ","Mars"=>" 火星 ","jupiter"=>" 木星 "];
print_r($arr);
echo "<br>";
ksort($arr);
print_r($arr);
echo "<br>";
uksort($arr,function($a,$b)
{
   $x = mb_convert_case($a,MB_CASE_LOWER);
   $y = mb_convert_case($b,MB_CASE_LOWER);
   if($x<$y) return -1;
   if($x==$y) return 0;
   else return 1;
});
print_r($arr);
?>
```

代码执行结果见图 8-45。

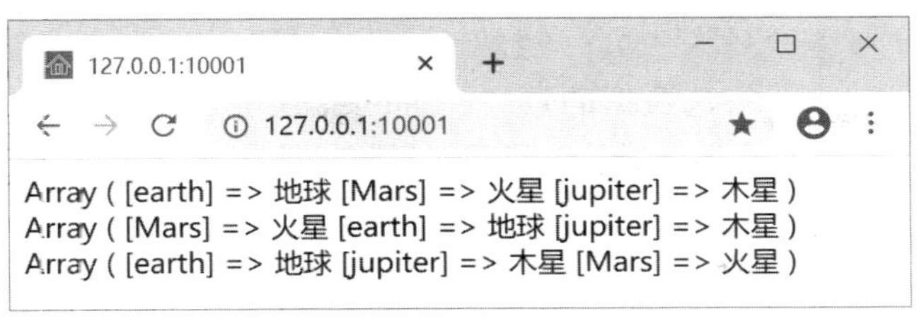

图　8-45

8.6　计算

array_count_values() 函数，统计数组成员的值分别有多少，格式如下。

```
array_count_values(array $array) : array
```

函数会返回一个数组，其中，成员的键是参数数组成员的值，成员的值表示原数组中的值各有多少个。下面的代码演示了 array_count_values() 函数的使用。

```
<?php
$arr = [1,2,3,1,2,5,6,5];
$result = array_count_values($arr);
foreach($result as $k=>$v)
{
    echo $k," : ",$v,"<br>";
}
?>
```

代码执行结果见图 8-46。

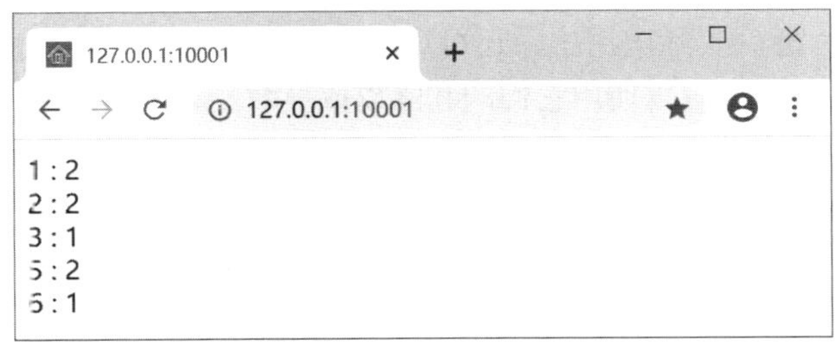

图　8-46

array_product($arr) 函数，计算数组 $arr 中所有成员值的乘积，如下面的代码。

```
<?php
$arr = [1,2,3,4,5];
echo array_product($arr),"<br>";
echo array_product(array());
?>
```

代码执行后会显示 120 和 1。需要注意的是，如果参数是空数组，array_product() 函数会返回 1。

array_rand() 函数，从数组中随机取出一个或多个成员，并返回这些成员的键，函数定义如下。

```
array_rand(array $array[, int $num = 1]) : mixed
```

其中，$array 是包含了待选数据的数组；$num 指定随机抽取的数据数量，默认为 1。随机抽取一个成员时，函数会返回成员的值；如果随机抽取多个成员，函数会返回由抽取成员的值组成的数组，新数组的键使用从 0 开始的数值索引。下面的代码演示了 array_rand() 函数的应用。

```
<?php
$arr = [1,2,3,4,5];
print_r(array_rand($arr));
echo "<br>";
print_r(array_rand($arr,3));
?>
```

图 8-47 中显示了其中一次执行的结果。

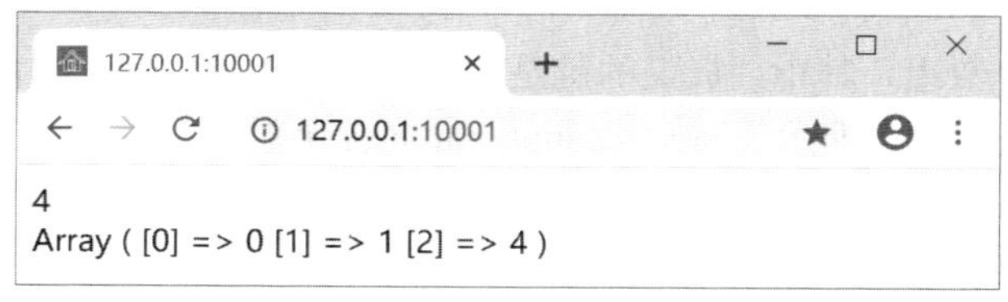

图 8-47

array_sum() 函数，对数组中所有成员的值求和，如下面的代码。

```
<?php
$arr = [1,2,3,4,5,6,7,8,10,11,11];
echo array_sum($arr);
?>
```

执行代码会显示 68。实际应用中，还可以灵活应用各种函数和算法进行数据的统计工作，如求成员值的平均数就可以使用它们的和除以成员数量，如下面的代码。

```
<?php
$arr = [1,2,3,4,5,6,7,8,10,11,11];
echo array_sum($arr)/count($arr);
?>
```

array_reduce() 函数，使用回调函数迭代处理数组成员的值，其定义如下。

```
array_reduce(array $array, callable $callback[, mixed $initial = NULL]) : mixed
```

其中，

- 参数 $array 指定原数组。
- 参数 $callback 指定处理数组成员数据的回调函数，其中包括两个参数，参数一带入上次迭代后的结果（第一次为 $initial），参数二为每次迭代的成员数据。
- 参数 $initial 指定初始值，也会在操作无效时作为 array_reduce() 函数的返回值。

下面的代码使用 array_reduce() 函数计算成员数据的累加结果。

```
<?php
$arr = range(1,100);
$result = array_reduce($arr,
```

```
function($carry,$item)
{
      return $carry+=$item;
},0);
echo $result;
?>
```

本例将初始值（参数 $initial）设置为 0，回调函数的每次迭代都会将成员的数据累加到回调函数的 $carry 参数中，array_reduce() 函数会返回 1 到 100 的累加结果，最终显示 5050。

8.7　多维数组

PHP 中，多维数组也是关于数组的数组，即数组成员的值也是数组类型，如下面的代码。

```
<?php
$arr = [[1,2,3],[4,5,6],[7,8,9]];
foreach($arr as $m0)
{
    foreach($m0 as $m1)
    {
           echo $m1,",";
    }
    echo "<br>";
}
?>
```

这里定义了一个二维数组，第一维包含三个成员（数组类型），每个成员又包含了三个整数成员。代码执行结果见图 8-48。

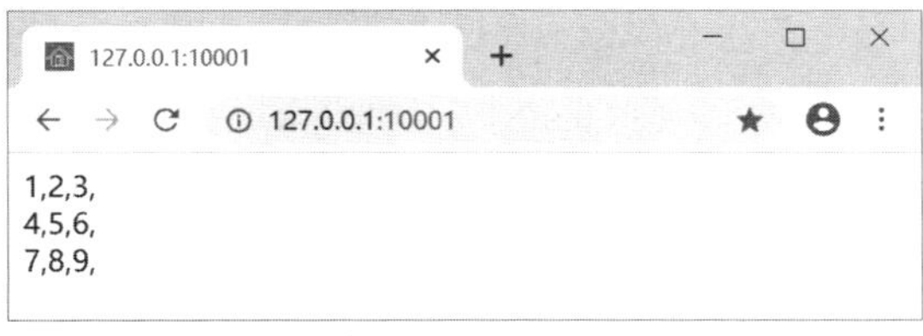

图　8-48

读取多维数组中某个成员时，需要按维度指定键（索引），如下面的代码。

```
<?php
$arr = [[1,2,3],[4,5,6],[7,8,9]];
echo $arr[1][1];
?>
```

这里读取了第一维数组中的第二个成员中的第二个数据，页面会显示 5。

下面了解一些常用的多维数组操作函数。

array_column() 函数，返回数组中指定的一列，函数定义如下。

```
    array_column(array $input, mixed $column_key[, mixed $index_key = null]) :
array
```

其中，参数 $input 为提取数据的数组；参数 $column_key 指定提取的列，如果设置为 null 则返回全部成员。如果 $index_key 指定了列，此列的数据会作为返回数组的成员的键。

下面的代码演示了 array_column() 函数的使用。

```
<?php
$arr = [[1,2,3],[4,5,6],[7,8,9]];
$arr1 = array_column($arr,1);
print_r($arr1);
?>
```

执行代码会提取第 2 列（索引从 0 开始）的数据，即 2、5、8，代码执行结果见图 8-49。

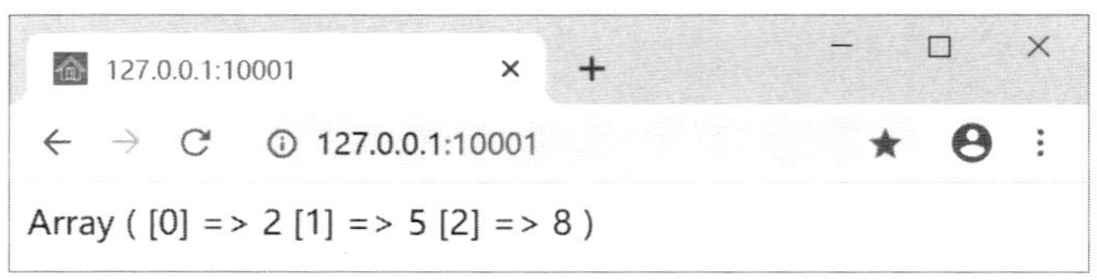

图　8-49

下面的代码会在 array_column() 函数中使用第三个参数指定提取结果数组中成员的键。

```
<?php
$arr = [["eartch","地球"],["mars","火星"],["jupiter","木星"]];
$arr1 = array_column($arr,1,0);
print_r($arr1);
?>
```

执行代码会提取 $arr 数组第 2 列（索引 1）的数据，即行星的中文名，并指定第 1 列（索引 0）的数据作为新数组成员的键，代码执行结果见图 8-50。

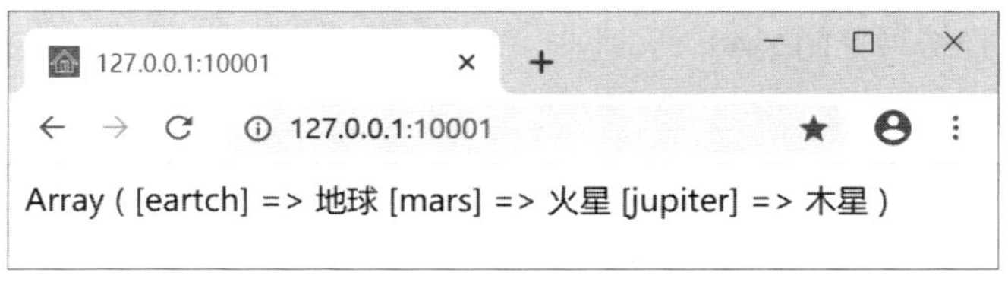

图　8-50

array_chunk() 函数，将一个数组分割成多维数组，函数定义如下。

```
array_chunk(array $array, int $size[, bool $preserve_keys = false]) : array
```

其中，参数 $array 为需要分割的数组；参数 $size 指定分割后每个数组的成员数量；参数 $preserve_keys 指定是否保留原数据成员的键，默认是不保留，此时，新的键会使用数值索引。

下面的代码演示了 array_chunk() 函数的应用。

```
<?php
$arr = range(1,10);
$arr1 = array_chunk($arr,3);
foreach($arr1 as $m)
{
   print_r($m);
   echo "<br>";
}
?>
```

代码执行结果见图 8-51。

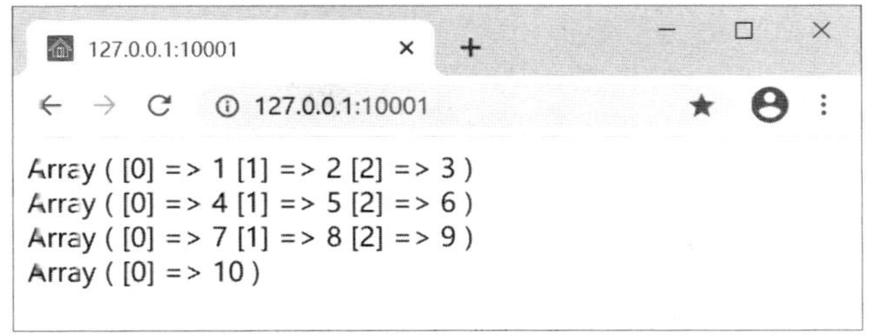

图 8-51

本例中，首先创建了 10 个成员的数组 $arr；然后使用 array_chunk() 函数将其分割，每组最多 3 个成员；分割后，前三个数组有 3 个成员，第四个数组有 1 个成员，共计 10 个成员。

array_multisort() 函数，可以对多个数组或多维数组按值排序，函数定义如下。

```
array_multisort(array &$array1[, mixed $array1_sort_order = SORT_ASC[, mixed $array1_sort_flags = SORT_REGULAR[, mixed $...]]]) : bool
```

参数以三个为一组，表示一个数组或多维数组及其排序规则。其中，第一个参数指定需要排序的数组对象；第二个参数指定排序方法，默认为升序（SORT_ASC），降序时使用 SORT_DESC 值；第三个参数指定比较方法，包括：

- SORT_REGULAR，默认值。按正常方式比较（不修改类型）。
- SORT_NUMERIC，按数值大小比较。
- SORT_STRING，按字符串比较。
- SORT_LOCALE_STRING，根据本地化设置，按字符串比较。可以通过 setlocale() 函数修改本地化信息。
- SORT_NATURAL，以字符串的“自然排序”。
- SORT_FLAG_CASE，可以和 SORT_STRING 或 SORT_NATURAL 配合应用（使用 | 或 or 运算符），比较时忽略字母大小写。

下面的代码演示了 array_multisort() 函数的简单应用。

```
<?php
$arr = [[4,9,6],[1,8,3],[7,2,5]];
array_multisort($arr[0],$arr[1],$arr[2],SORT_DESC);
foreach($arr as $m)
{
   print_r($m);
   echo "<br>";
}
?>
```

代码执行结果见图 8-52。

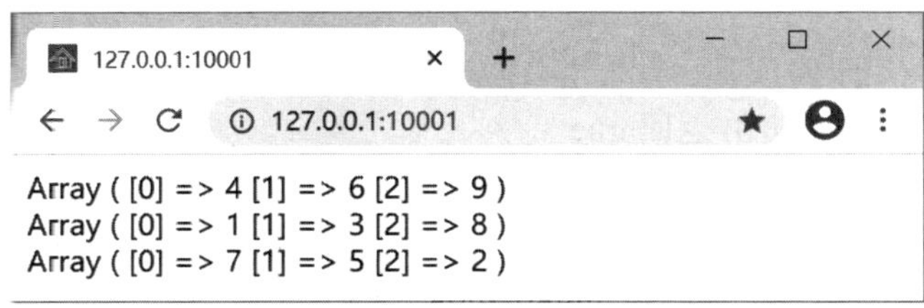

图 8-52

第 9 章　日期和时间

在处理 PHP 中的日期和时间时，标准的时点是格林尼治时间 1970 年 1 月 1 日 0 时，称为 UNIX 纪元，低调一点的说法就是 UNIX 时间戳的标准时点。操作日期和时间数据时，可以使用一系列的函数，也可以使用面向对象的类库资源，其中，常用的类型有 DateTimeInterface 接口、DateTime 类、DateInterval 类等。

本章将介绍如何使用函数库和类库处理日期和时间。

9.1　时区设置

如果不设置时区，处理日期和时间的函数会使用格林尼治时间。如果需要使用本地时间，可以在配置文件中设置默认的时区，如北京时间所在的正八区，PHP 设置值为 "Asia/Shanghai"，需要在 php.ini 配置文件（Windows 系统）中修改 date.timezone 参数，如下面的代码。

```
[Date]
; Defines the default timezone used by the date functions
; http://php.net/date.timezone
date.timezone = "Asia/Shanghai"
```

重启 PHP 网站后，日期和时间函数就会将正八区作为当前时区进行处理。

实际应用中，如果只需要使用本地时间，可以使用指定的时区；如果处理不同时区的时间，则应该有一个标准的时间点，如格林尼治标准时间。

接下来，本章示例中将使用正八区作为当前时区。

9.2　使用函数库

time() 函数返回一个整数，表示系统当前时间距离 1970 年 1 月 1 日 0 时的秒数。

mktime() 函数用于构建一个时间戳，请注意参数的顺序为时、分、秒、月、日、年。其中，除第一个参数，其他参数都为可选项。函数会返回一个整数，表示距离 1970 年 1 月 1 日 0 时的秒数。

gmmktime() 函数与 mktime() 函数相似，但 gmmktime() 函数返回的是格林尼治标准时间。

checkdate() 函数用于验证月、日、年数据是否是一个有效的日期。如 checkdate(2,29,2019) 返回 false，checkdate(2,29,2020) 返回 true。

getdate() 函数可以获取包含日期和时间信息的数组，如果不指定参数，函数将返回系统当前时间数据。函数还可以指定一个整数参数，此参数表示距离标准时点的秒数。下面的代码在 getdate() 函数中使用 0 作为参数。

```
<?php
$arr = getdate(0);
foreach($arr as $key=>$value)
{
   echo $key,"=",$value,"<br>";
}
?>
```

代码中，getdate() 函数中使用参数 0 返回标准时点的数据，由于设置了时区为正八区，所以会比格林尼治早 8 个小时。代码执行结果见图 9-1。

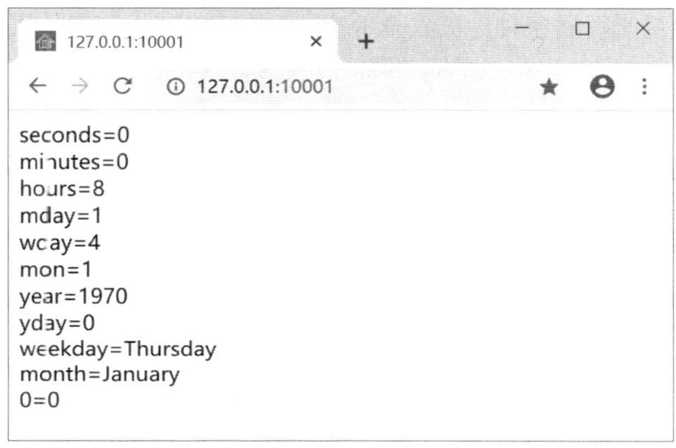

图 9-1

getdate() 函数返回的日期和时间信息数组，可以根据以下键（索引）获取具体的数据：

- 0，包含一个整数值，表示自从标准时点到当前时间的秒数，在 getdate() 函数中不使用参数时，此成员数据和 time() 函数返回值相同。
- year，4 位数字表示的年份。
- mon，月份数值，从 1 ~ 12。
- mday，月份中第几天，从 1 ~ 31。
- hours，小时，从 0 ~ 23。
- minutes，分钟，从 0 ~ 59。
- seconds，秒，从 0 ~ 59。
- yday，一年中的第几天。
- wday，星期中第几天，0 表示 (星期日)，1 ~ 6 分别表示星期一到星期六。
- weekday，星期几的完整名称，包括 Sunday、Monday、Tuesday、Wednesday、Thursday、Friday 和 Saturday。
- month，月份的完整名称，包括 January、February、March、April、May、June、July、August、September、October、November 和 December。

请注意，使用这些索引时，除了数字 0，其他键需要使用字符串形式。

localtime() 函数用于获取本地时间，函数定义如下。

```
localtime([ int $timestamp = time()[, bool $is_associative = false]]) : array
```

其中，$timestamp 指定 UNIX 时间戳数据，默认为系统当前时间。$is_associative 默认为 false，函数返回数值索引的数组，如果设置为 true，则使用有意义的字符串作为键名，如：

- tm_sec，秒，0 ~ 59。
- tm_min，分钟，0 ~ 59。
- tm_hour，小时，0 ~ 23。
- tm_mday，某月中的第几天，1 ~ 31。
- tm_mon，一年中的第几个月，0 (Jan) ~ 11 (Dec)。
- tm_year，年份，从 1900 开始。
- tm_wday，星期几，0 (Sun) ~ 6 (Sat)。
- tm_yday，一年中的第几天，0 ~ 365。
- tm_isdst，是否使用夏令时，正数表示使用夏令时，0 代表未使用，负数表示未知。

date_parse() 函数将字符串格式的日期和时间数据转换为数组，函数定义如下。

```
date_parse(string $date) : array
```

下面的代码演示了 date_parse() 函数的应用。

```
<?php
$s = "2020-10-28 08:15:30.123";
$arr = date_parse($s);
print_r($arr);
?>
```

代码执行结果如下，可以根据键名返回需要的数据。

```
Array ([year] => 2020
[month] => 10
[day] => 28
[hour] => 8
[minute] => 15
[second] => 30
[fraction] => 0.123
[warning_count] => 0
[warnings] => Array()
[error_count] => 0
[errors] => Array()
[is_localtime] =>)
```

strtotime() 函数将字符串格式的日期和时间解析为 UNIX 时间戳，函数定义如下。

```
strtotime(string $time[, int $now = time()]) : int
```

其中，参数 $time 指定包含了日期和时间信息的字符串；参数 $now 包含附加的时间戳数据，默认为系统当前时间。strtotime() 函数的应用比较灵活，下面的代码演示了其中的一些基本应用。

```
<?php
$s = "1970-1-1 00:00:00";
$ts = strtotime($s);
echo $ts,"<br>";
echo strtotime("+1 day",$ts);
?>
```

代码执行结果见图 9-2。可以看到，strtotime() 函数还可以在转换日期和时间信息时进行时间的计算工作，本例第二个输出就是在第一个输出结果上添加了一天（86 400s）。

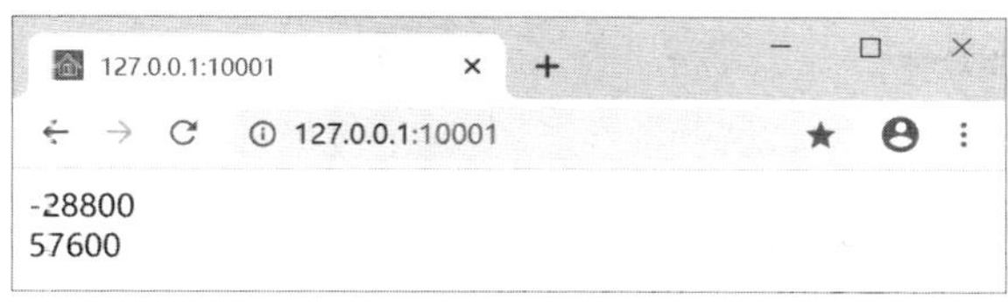

图　9-2

通过 strtotime() 函数进行日期和时间的计算时，可以使用一系列的关键词。下面的代码演示了几个简单的应用。

```
<?php
echo date("c",strtotime("yesterday 12:00",time()));
echo "<br>";
echo date("c",strtotime("-1 week 12:00",time()));
?>
```

执行代码会显示两个时间，第一个输出为系统当前时间前一天的中午 12 点，使用 yesterday 关键词时，如果不指定时间，则时间为前一天的 0 点（格林尼治时间）；第二个显示的是前一周的中午 12 点，使用 week 关键词时，如果不指定时间，则时间为当日的格林尼治时间。

此外，在进行日期和时间的计算时，时间戳的偏移量是常用的数据，例如 1 分 60s、1 小时 3600s、1 天 86 400s，根据这些标准数据，也可以进行时间的推算工作。

下面的代码演示了获取指定时间前 10 天和后 10 天的日期和时间。

```
<?php
$ts = mktime(10,30,55,2,19,2019);
$add10d = $ts + 864000;
$sub10d = $ts - 864000;
//
echo date("c",$ts),"<br>";
echo date("c",$add10d),"<br>";
echo date("c",$sub10d),"<br>";
?>
```

代码执行结果见图 9-3。

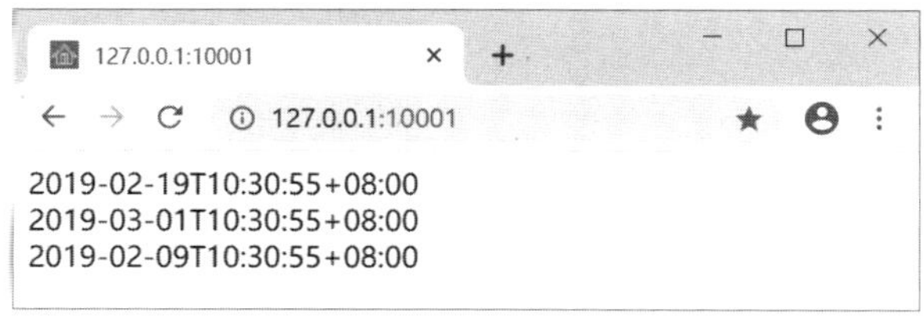

图　9-3

9.3　使用类库

使用类库处理日期和时间，首先了解 DateTime 类。获取 DateTime 类型的对象，可以使用 new 关键字和类的构造函数。如下面的代码可以获取系统的当前日期和时间。

```
<?php
$dt = new DateTime();
echo $dt->getTimestamp() , "<br>";
echo $dt->format("c u") , "<br>";
?>
```

代码执行结果见图 9-4。请注意，运行结果会显示计算机的当前时间。

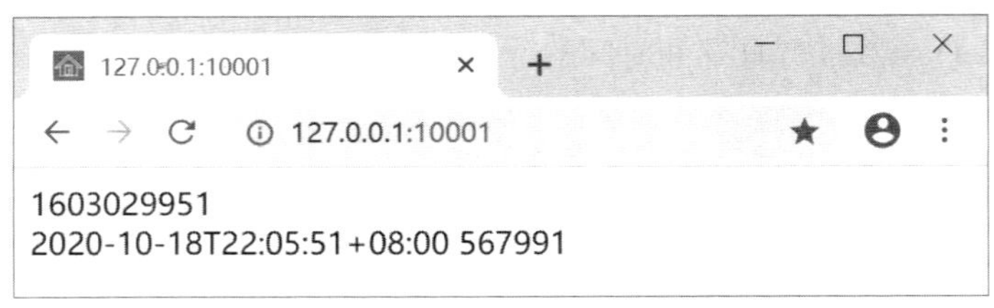

图 9-4

本例中，首先使用 new 关键字和 DateTime() 构造函数获取一个日期和对象；其次通过对象的 getTimestamp() 方法获取 UNIX 时间戳；最后，使用对象的 format() 方法将日期和时间进行格式化输出，方法将返回格式化后的字符串。

format() 方法中的格式化字符串与 date() 函数相同，但 format() 方法支持 u 字符，即可以获取微秒（百万分之一秒）数据。稍后详细介绍关于日期和时间的格式化。

此外，对于 DateTime 类的成员，也定义了相应的函数，如 DateTime 类的构造函数可以使用 date_create() 函数，getTimestamp() 方法可以使用 date_timestamp_get() 函数，format() 方法可以使用 date_format() 函数等。下面的代码使用相关的函数实现前例相同的功能。

```
<?php
$dt = date_create();
echo date_timestamp_get($dt) , "<br>";
echo date_format($dt, "c u") , "<br>";
?>
```

代码执行结果与图 9-4 相同。

获取 DateTime 对象时，还可以按格式指定日期和时间数据，标准的格式定义在 DateTime 类实现的 DateTimeInterface 接口类型中。此接口的定义如下面的代码。

```
DateTimeInterface  {

/* 常量 */
const string ATOM  = "Y-m-d\TH:i:sP" ;
const string COOKIE  = "l, d-M-Y H:i:s T" ;
const string ISO8601  = "Y-m-d\TH:i:sO" ;
const string RFC822  = "D, d M y H:i:s O" ;
const string RFC850  = "l, d-M-y H:i:s T" ;
const string RFC1036  = "D, d M y H:i:s O" ;
const string RFC1123  = "D, d M Y H:i:s O" ;
const string RFC2822  = "D, d M Y H:i:s O" ;
const string RFC3339  = "Y-m-d\TH:i:sP" ;
const string RFC3339_EXTENDED  = "Y-m-d\TH:i:s.vP" ;
const string RSS  = "D, d M Y H:i:s O" ;
const string W3C  = "Y-m-d\TH:i:sP" ;
```

```
    /* 方法 */
    public diff(DateTimeInterface $datetime2 [, bool $absolute = false ]) :
DateInterval
    public format(string $format) : string
    public getOffset(void) : int
    public getTimestamp(void) : int
    public getTimezone(void) : DateTimeZone
    public __wakeup(void)
    }
```

其中定义的常量就是标准的日期和时间格式。下面的代码通过 ATOM 格式显示日期和时间数据。

```
<?php
$dt = DateTime::createFromFormat(DateTime::ATOM,"2019-2-19T10:15:45+08:00");
echo $dt->format(DateTime::ATOM);
?>
```

代码执行结果见图 9-5。

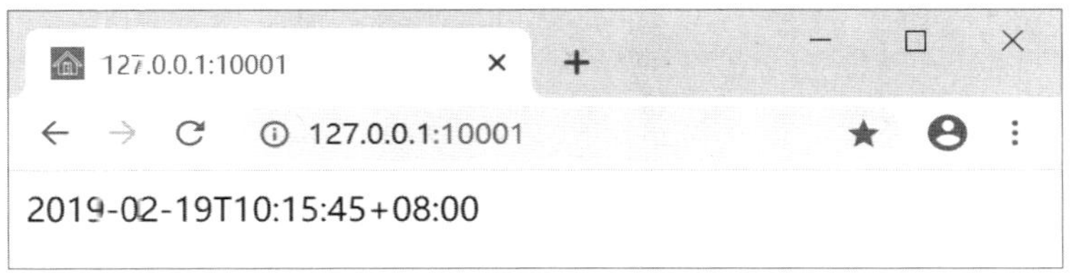

图　9-5

DateTime 对象进行加、减运算时，可以分别使用 add() 和 sub() 方法，其中需要使用 DateInterval 对象设置加或减的量，即日期或时间区间。下面是 DateInterval 类的基本定义。

```
DateInterval {

/* 属性 */
public integer $y;        // 年
public integer $m;        // 月
public integer $d;        // 日
public integer $h;        // 时
public integer $i;        // 分
public integer $s;        // 秒
public float $f;          // 微秒
public integer $invert;   // 1 表示负时间周期，0 表示正时间周期
public mixed $days;       //

/* 方法 */
public __construct(string $interval_spec)
public static createFromDateString(string $time) : DateInterval
public format(string $format) : string
}
```

创建 DateTimeInterface 对象时，可以使用一个字符串参数，其中使用简单的数字和字符指定日期和时间的量，这些字符包括：

- P，必须以 P 字母开头。

- Y，年。
- M，月。
- D，日。
- W，周。
- T，T 字母后的内容为时间数。
- H，时。
- M，分。
- S，秒。

下面的代码演示了在日期中加 10 天的操作。

```
<?php
$dt = new DateTime();
echo $dt->format("c") , "<br>";
//
$d10 = new DateInterval("P10D");
$add10d = $dt->add($d10);
echo $dt->format("c") , "<br>";
?>
```

代码执行结果见图 9-6。

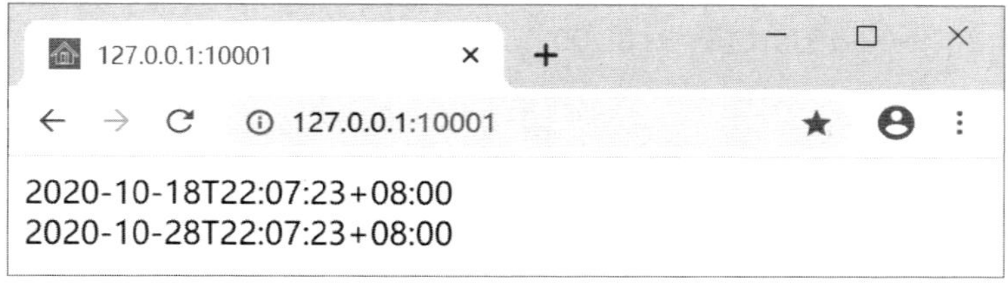

图 9-6

下面的代码会在当前时间上加 30 分钟。

```
<?php
$dt = new DateTime();
echo $dt->format("c") , "<br>";
//
$d10 = new DateInterval("PT30M");
$add10d = $dt->add($d10);
echo $dt->format("c") , "<br>";
?>
```

代码执行结果见图 9-7。

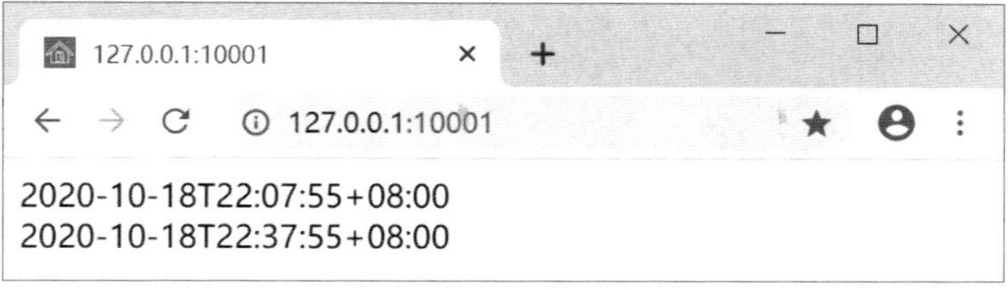

图 9-7

此外，DateTimeImmutable 类与 DateTime 功能相同，但 DateTimeImmutable 对象中修改数据时会创建新的对象，而不是修改原对象的数据。

9.4　日期与时间的格式化

获取时间戳后，可以使用 date() 函数指定输出格式，定义如下。

```
date(string $format[, int $timestamp]) : string
```

其中，参数 $format 是一个字符串，可以使用一系列的日期和时间格式化字符；参数 $timestamp 指定需要格式化的时间戳，如果不指定则使用系统当前时间。date() 函数会返回格式化后的字符串。

下面介绍常用的日期和时间格式化字符。首先是年份相关的格式化字符。

- Y，四位数字年份。
- y，两位数字年份，一位时包含前导 0。
- L，是否为闰年，1 表示是闰年，0 表示不是。
- o，和 Y 的值输出相同，使用 ISO 8601 标准。

下面是月份相关的格式化字符。

- F，完整的月份名称。
- m，月份值，一位数字时有前导 0，从 01 ~ 12。
- M，月份名称的缩写形式，包含三个字母。
- n，月份值，从 1 ~ 12。
- t，月份共有几天，从 28 ~ 31。

天数和星期相关的格式化字符如下。

- d，月份中的第几天，一位数字时包含前导 0，从 01 ~ 31。
- D，星期几的短格式，如 Sun、Mon 等。
- j，月份中的第几天，从 1 ~ 31。
- S，天数后面的英文序数后缀，包括两个字符，如 st、nd、rd 和 th。一般和 j 一起使用。
- l（小写 L），星期几的完整名称，如 Sunday、Monday。
- N，星期的数值，1 到 6 表示周一到周六，7 表示周日。
- w，一周中的第几天，0 表示周日，1 ~ 6 分别表示周一到周六。
- z，一年中的第几天。
- W，一年中的第几周。使用 ISO 8601 标准，即每周从星期一开始。

下面是时间相关的格式化字符串。

- G，24 小时格式，从 0 ~ 23。
- g，12 小时格式，从 1 ~ 12。
- H，24 小时格式，包含前导 0，从 00 ~ 23。
- h，12 小时格式，包含前导 0，从 01 ~ 12。
- i，分钟，包含前导 0，从 00 ~ 59。
- s，秒，包括前导 0，从 00 ~ 59。

- u，微秒（百万分之一秒）。请注意，date() 函数总是返回 000000。DateTime::format() 方法支持微秒。
- A，大写的上午和下午标识，即 AM 或 PM。
- a，小写的上午和下午标识，即 am 或 pm。
- Swatch Internet 标准时间，从 000 ~ 999。

下面是与时区相关的格式化字符串。

- e，时区标识，如 UTC、GMT、Asia/Shanghai。
- I，是否为夏令时，如果是夏令时为 1，否则为 0。
- O，与格林尼治时间相差的小时数，如北京时间返回 +0800。
- P，与格林尼治时间相差的小时数，但小时和分钟之间有冒号分隔，如 +08:00。
- T，当前系统中的时区，如 EST、MDT。Windows 系统会显示完整的时区信息，如“中国标准时间”。
- Z，当前系统时区与格林尼治时间相差的秒数。取值从 -43 200 ~ 43 200，如北京时间是正八区，应显示 28 800。此外，UTC 西边的时区偏移量总是负数，UTC 东边的时区偏移量总是正数。

输出完整的日期和时间，还可以使用下面的格式化字符。

- c，ISO 8601 标准日期格式，包含日期、时间和时区信息，如 2019-02-18T17:29:39+08:00。
- r，RFC 822 标准日期格式，如 Thu, 21 Dec 2000 16:01:07 +0200。
- U，与 UNIX 标准时点（1970 年 1 月 1 日 0 时）相差的秒数。

下面的代码演示了几种日期和时间格式化字符的应用。

```
<?php
$dt = getdate(0)[0];
echo date("c", $dt),"<br>";
echo date("r", $dt),"<br>";
echo date("Y-m-d H:i:s", $dt),"<br>";
echo date("Y 年 m 月 d 日 H 时 i 分 s 秒", $dt),"<br>";
?>
```

代码执行结果见图 9-8。

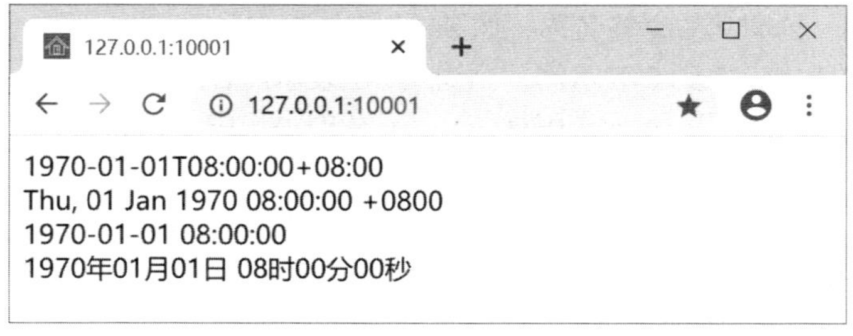

图 9-8

gmdate() 函数与 date() 函数功能相似，但 gmdate() 函数返回的是格林尼治时间。下面的代码演示了这两个函数的区别。

```
<?php
$dt = getdate(0)[0];
```

```
$fs = "Y 年 m 月 d 日 H 时 i 分 s 秒 ";
echo date($fs, $dt),"<br>";
echo gmdate($fs, $dt);
?>
```

代码执行结果见图 9-9。

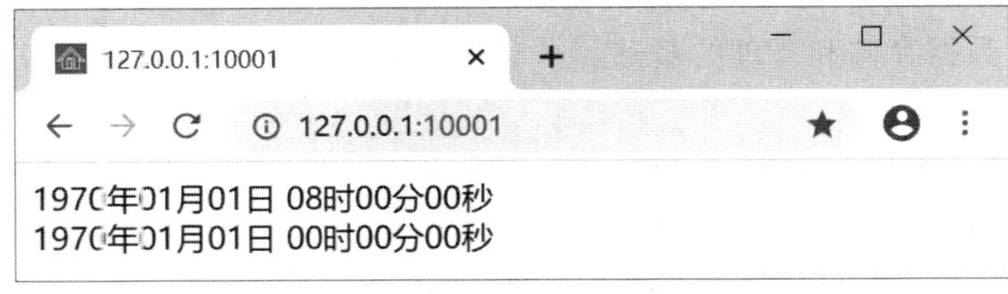

图　9-9

第 10 章　文件系统

文件系统是数据存储和管理的基础。本章将介绍 PHP 中如何处理分区、目录、文件、临时文件和 zip 压缩文件等。

本书主要在 Windows 操作系统下进行测试，目录和文件的绝对路径可以使用 Windows 风格的路径，如“d:\\test.txt”“d:\\testdir”等，这里的路径分隔符使用 \ 符号，并使用了转义。此外，Windows 下的路径分隔符也可以使用 / 符号，如“d:/test.txt”“d:/testdir”等。

Linux 操作系统下，绝对路径应从根挂载点（/）开始，路径的分隔也使用 / 符号，如“/usr/username/test.txt”“/usr/username/testdir”等，这里的第一个 / 符号为根挂载点，其后的 / 符号为路径分隔符。

相对路径方面，一个圆点（.）表示当前目录，两个圆点（..）表示上级目录。在 Linux 系统中，~ 符号表示当前登录用户的主目录，“~< 用户名 >”表示指定用户的主目录。

10.1　获取磁盘、目录和文件信息

disk_total_space() 函数返回指定分区的全部尺寸，单位为字节（byte），获取数据失败时返回 false。

disk_free_space() 或 diskfreespace() 函数返回分区的可用空间，单位为字节，获取数据失败时返回 false。下面的代码演示了如何获取分区的全部尺寸和可用尺寸。

```
<?php
echo "全部尺寸：",floor(disk_total_space("c:")/1048576),"MB<br>";
echo "可用尺寸：",floor(disk_free_space("c:")/1048576),"MB";
?>
```

代码中，函数的参数指定了可以表示分区的字符串。调用函数后，将返回的字节数除以 1 048 576（2 的 20 次方）转换为 MB，如果需要不同的单位，可以对代码做相应的修改。

一个完整的路径可能包含目录和文件名，下面的两个函数分别返回这两个部分：

- basename() 函数返回路径中的文件名。
- dirname() 函数返回路径中的目录路径。

下面的代码演示了这两个函数的应用。

```
<?php
$path = "d:\\t0.txt";
echo "文件名：",basename($path),"<br>";
echo "目录路径：",dirname($path);
?>
```

代码执行结果见图 10-1。

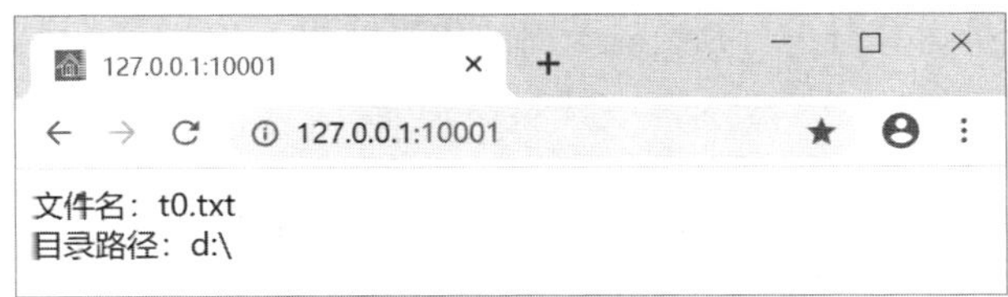

图　10-1

另一个获取路径信息的函数是 pathinfo()，定义如下：

```
    pathinfo( string $path[, int $options = PATHINFO_DIRNAME | PATHINFO_BASENAME |
PATHINFO_EXTENSION | PATHINFO_FILENAME] ) : mixed
```

其中，参数 $path 指定路径字符串；参数 $options 指定需要返回的信息标识，包括：

- PATHINFO_DIRNAME，返回目录的路径。
- PATHINFO_BASENAME，返回文件名。
- PATHINFO_EXTENSION，返回文件的扩展名，如 txt、png 等。
- PATHINFO_FILENAME，返回文件的基本名称，不包括扩展名。

$options 参数默认值是这四个值的组合，此时，pathinfo() 函数返回包含全部信息的数组，如下面的代码。

```
<?php
$path = "d:\\t0.txt";
$info = pathinfo($path);
foreach($info as $k=>$v)
{
   echo $k," : ",$v,"<br>";
}
?>
```

代码执行结果见图 10-2。

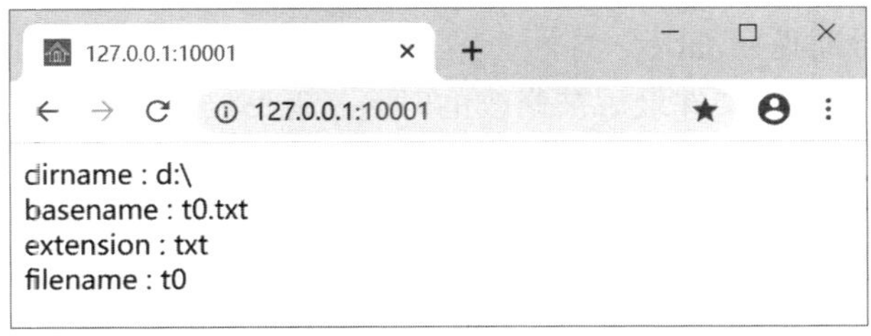

图　10-2

如果只需要获取一种信息，可以将 $options 参数设置为相应的标识，此时 pathinfo() 函数会直接返回文本信息。如下面的代码会返回文件的扩展名。

```
<?php
$path = "d:\\t0.txt";
$ext = pathinfo($path,PATHINFO_EXTENSION);
echo $ext;
?>
```

执行代码后会显示 txt。

获取文件的尺寸时，可以使用 filesize() 函数，函数会返回文件的字节数，获取失败时返回 false，应使用全等运算符进行判断。下面的代码演示了 filesize() 函数的应用。

```
<?php
$path = "d:\\t0.txt";
$result = filesize($path);
if($result===false) echo "获取文件尺寸失败";
else echo $result,"Bytes";
?>
```

判断指定路径的类型时，可以使用 filetype() 函数，它会返回一个描述文件类型的字符串，包括 file、fifo、char、dir、block、link、unknown。此外，如果函数调用错误会返回 false，下面的代码演示了 filetype() 函数的应用。

```
<?php
$path = "d:\\t0.txt";
echo filetype($path);
?>
```

只需要判断目标是否为目录或文件时，可以使用如下函数：

- is_dir() 函数，判断路径包含的目标是否为目录。
- is_file() 函数，判断路径包含的目标是否为文件。

下面的代码演示了这两个函数的应用。

```
<?php
$path = "d:\\t0.txt";
var_dump(is_dir($path));
var_dump(is_file($path));
?>
```

执行代码会显示 bool(false) 和 bool(true)。

获取文件操作时间的函数如下。

- fileatime() 函数用于取得文件最后一次访问的时间，返回结果为 UNIX 时间戳（整数）。获取失败时返回 false。
- filemtime() 函数返回文件最后被修改的时间，返回结果为 UNIX 时间戳（整数）。获取失败时返回 false。

这两个函数返回的结果都是 UNIX 时间戳，可以通过第 9 章介绍的内容进行相应的操作，如下面的代码。

```
<?php
$path = "d:\\t0.txt";
$ts=filemtime($path);
echo date("c", $ts);
?>
```

执行代码会显示文件最后修改的日期和时间。

10.2 文件权限

PHP 中，文件的权限使用的是 UNIX 权限格式，使用 3 位八进制数表示，分别表示文件所有者、所有者所在组和其他用户的操作权限。每一位数使用 1、2、4 或它们的组合表示操作权限，其中，1 表示可执行，2 表示可写入，4 表示可读取。

改变一个文件的权限时，可以使用 chmod() 函数，其中，参数一指定文件路径；参数二指定权限。如下面的代码指定 t0.txt 文件允许其所有者写入和读取，即 2 加 4 的值。

```
<?php
var_dump(chmod("d:\\t0.txt",0600));
?>
```

操作成功时，页面会显示 bool(true)。

判断当前用户对文件的操作权限时，可以使用如下函数。

- is_executable() 函数判断文件是否为可执行文件。
- is_readable() 函数判断文件是否可读。
- is_writable() 和 is_writeable() 函数判断文件是否可写入。

下面的代码演示了权限判断函数的应用。

```
<?php
$path = "d:\\t0.txt";
echo is_executable($path)?"可执行,":"不可执行,";
echo is_readable($path)?"可读取,":"不可读取,";
echo is_writable($path)?"可写入":"不可写入";
?>
```

代码执行结果见图 10-3。

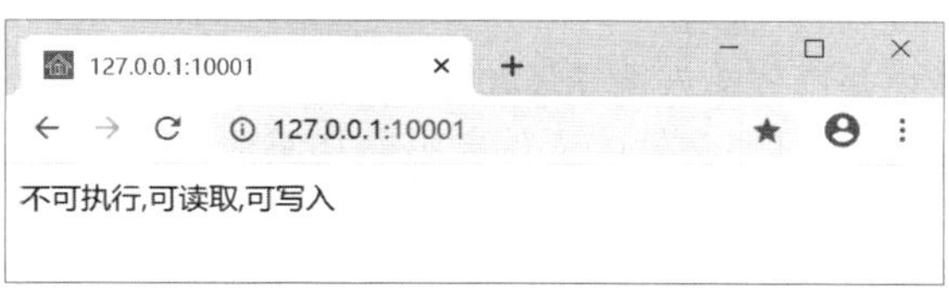

图　10-3

10.3　目录和文件操作

mkdir() 函数用于创建目录，下面的代码用于创建 d:\\testdir 目录。

```
<?php
$dir = "d:\\testdir";
var_dump(mkdir($dir));
?>
```

如果创建目录操作成功，则显示 bool(true)；如果创建目录失败，mkdir() 函数返回 false。如果不需要抛出错误信息，可以使用错误抑制符，如：

```
<?php
$dir = "d:\\testdir";
@var_dump(mkdir($dir));
?>
```

对于已存在的目录，不能重复创建，多次执行代码会显示 bool(false)。

删除目录时，可使用 rmdir() 函数，参数一设置为删除的目录路径。操作成功时，函数返回 true，否则返回 false。

获取目录中的内容时，可以使用 scandir() 函数，它会返回由目录中的子目录和文件名组成的数组。函数定义如下。

```
scandir(string $directory[, int $sorting_order[, resource $context]]) : array
```

下面的代码会返回 c: 盘根目录下的所有目录和文件，包含隐藏目录和文件。

```
<?php
$dir = "c:\\";
print_r(scandir($dir));
?>
```

glob() 函数可以按一定的模式过滤文件，其定义如下。

```
glob(string $pattern[, int $flags = 0]) : array
```

其中，参数 $pattern 指定模式；参数 $flags 指定操作标识，包括：

- GLOB_MARK，每个返回的项目中加一个斜线。
- GLOB_NOSORT，按文件在目录中的原始顺序返回，即不进行排序。
- GLOB_NOCHECK，如果没有匹配的文件就返回模式内容。
- GLOB_NOESCAPE，反斜线不用于转义。
- GLOB_BRACE，扩充 {a,b,c} 来匹配 'a'、'b' 或 'c'。
- GLOB_ONLYDIR，仅返回与模式匹配的目录，只能在 Windows 操作系统或其他不使用 GNU C 库的系统上使用。
- GLOB_ERR，停止并读取错误信息（如遇到不可读目录），默认情况下忽略所有错误。

glob() 函数会返回由满足过滤条件的文件完整路径组成的数组。如下面的代码会显示 d: 盘根目录下的所有文本文件（扩展名为 txt）。

```
<?php
$txtFiles = glob("d:\\*.txt");
print_r($txtFiles);
?>
```

下面的代码（/lib/cf/tFs.php）在封装的 tFs 类中定义了 getFilesByExtension() 方法，其功能是返回目录及其子目录中指定扩展名的文件列表。

```
<?php
namespace cf;

class tFs
{
   // 返回目录中指定扩展名的文件(完整路径)，包含子目录
   public static function getFilesByExtension(string $dir,string $ext):array
   {
        $result = [];
        $arr = scandir($dir);
        if(!empty($arr)){
            foreach($arr as $k=>$v){
                if($v == "." || $v == "..")continue;
                $fullpath = $dir."/".$v;
                if(is_file($fullpath)){
```

```
                    $curExt = strtolower(pathinfo($fullpath,PATHINFO_
EXTENSION));
                         if($curExt == $ext)
                              array_push($result,$fullpath);
                    }else if(is_dir($fullpath)){
                         $result = $result+tFs::getFilesByExtension($fu
llpath,$ext);
                    }
               }
          }
          return $result;
     }
     // …
  }
  ?>
```

下面的代码演示了 tFs::getFilesByExtension() 方法的应用。

```
<?php
require_once $_SERVER["DOCUMENT_ROOT"]."/lib/loader.php";
use cf\tFs;

$dir = "d:\\ 图片 ";
$jpg = tFs::getFilesByExtension($dir,"jpg");
foreach($jpg as $filename)
{
   echo $filename."<br>";
}
?>
```

代码中，$dir 变量指定了需要搜索的目录路径，页面会显示此路径中所有 jpg 文件的完整路径。

操作文件之前，可能需要判断文件是否存在。此时可以使用 file_exists() 函数，如下面的代码。

```
<?php
$path = "d:\\t0.txt";
var_dump(file_exists($path));
?>
```

rename() 函数用于修改文件或目录名称。如下面的代码将 d:\testdir 目录名称修改为 demodir。

```
<?php
var_dump(rename("d:\\testdir","d:\\demodir"));
?>
```

下面的代码会将 d:\t0.txt 文件更名为 d:\t1.txt 文件。

```
<?php
var_dump(rename("d:\\t0.txt","d:\\t1.txt"));
?>
```

copy() 函数用于复制文件，下面的代码会复制 d:\t1.txt 文件到 d:\t1_bak.txt 文件。

```
<?php
```

```
var_dump(copy("d:\\t1.txt","d:\\t1_bak.txt"));
?>
```

delete() 和 unlink() 函数用于删除文件，如 delete("d:\t1.txt")。删除操作成功时，函数返回 true，否则返回 false。

touch() 函数设置文件的修改和访问时间；参数一为文件名；参数二指定新的时间，不指定则使用系统当前时间；参数三可以单独指定访问时间，不指定时使用参数二指定的时间。时间数据使用 UNIX 时间戳（整数）。操作成功时，函数返回 true，否则返回 false。

10.4 文件读写

本节介绍如何读取和写入磁盘文件。

10.4.1 文件整体读写

对文件的全部内容整体读、写时，可以使用如下两个函数。

- file_get_contents() 函数用于读取文件全部内容（文本或字节数据），并返回文件内容的字符串。
- file_put_contents() 函数将字符串内容（文本或字节数据）写入指定的文件。函数会返回写入文件的字节数。

下面的代码会将一些文本内容写入 d:\t1.txt 文件。

```
<?php
$path = "d:\\t1.txt";
var_dump(file_put_contents($path," 文本内容 "));
?>
```

代码执行会返回 int(12)，即写入文件的内容有 12 字节。

下面的代码会读取 d:\t1.txt 文件中的所有内容并显示在页面中。

```
<?php
$path = "d:\\t1.txt";
echo file_get_contents($path);
?>
```

另一个可以读取文件全部内容的是 readfile() 函数，它可以将文件内容直接发送到当前会话上下文（context）。例如，读取磁盘文件并提供给用户下载时，可以参考如下代码。

```
<?php
header('Content-Type:text/plan');
header('Content-Disposition:attachment;filename = "download.txt"');
header('Cache-Control:max-age = 0');
readfile("d:\\t0.txt");
?>
```

代码中的操作包括：

- 向客户端发送了 d:\t0.txt 文件，并指定下载文件的名称为 download.txt。对于安全性要求较高的文件，可以存储在网站目录之外，进行必要的权限检查后再提供下载。
- 设置 MIME 等信息，方便客户端处理。

10.4.2　按行读写

对文件内容部分进行操作时，首先需要使用 fopen() 函数打开文件，其中，参数一指定需要操作的文件；参数二指定文件的打开模式，包括：

- r，只读方式打开，将文件指针指向文件开始。
- r+，读写方式打开，将文件指针指向文件开始。
- w，写入方式打开，文件原有内容会被删除，如果文件不存在则尝试创建。
- w+，读写方式打开，文件原有内容会被删除，如果文件不存在则尝试创建。
- a，追加方式打开，将文件指针指向文件末尾，如果文件不存在则尝试创建。
- a+，读写方式打开，将文件指针指向文件末尾，如果文件不存在则尝试创建。
- x，如果文件不存在，创建并以写入方式打开，将文件指针指向文件开始。如果文件已存在，则 fopen() 函数返回 false。
- x+，如果文件不存在，创建并以读写方式打开，将文件指针指向文件开始。如果文件已存在，则 fopen() 函数返回 false。

fopen() 函数打开文件成功时，将返回一个文件的句柄（handle），或称为文件指针（file pointer）。文件操作完成时，需要使用 fclose() 函数关闭文件的句柄（指针）。

fputs() 或 fwrite() 函数将指定内容写入文件，定义如下。

```
fwrite(resource $handle, string $string[, int $length]) : int
```

其中，

- $handle 参数，指定 fopen() 函数打开的文件句柄。
- $string 参数，指定要写入的内容。
- $length 参数，指定一次写入的字节数，当写入 $length 个字节或 $string 写入完成时会停止写入。

在写入内容时，如果需要换行，可以通过 PHP_EOL 常量写入换行符。如下面的代码在 d:\t1.txt 文件中写入多行。

```
<?php
$path = "d:\\t1.txt";
$fp=fopen($path,'w+');
fwrite($fp,"第 1 行".PHP_EOL);
fwrite($fp,"第 2 行".PHP_EOL);
fwrite($fp,"第 3 行");
fclose($fp);
?>
```

fgets() 函数从文件中读取一行，定义如下。

```
fgets(resource $handle[, int $length]) : string
```

其中，

- $handle 参数指定 fopen() 函数打开的文件句柄。
- $length 参数指定一次读取的字节数，默认为 1024B。读取文件数据时，在遇到换行符或文件结束（End Of File，EOF）时会停止读取，否则会在读取 $length-1 字节的内容后停止读取。

feof() 函数检查文件指针是否在文件结束的位置。

下面的代码用于读取文本文件的所有行，并显示在页面中。

```
<?php
$path = "d:\\t1.txt";
$arr = [];
$fp = fopen($path,'r');
while(!feof($fp)){
   array_push($arr,fgets($fp));
}
fclose($fp);
//
foreach($arr as $v){
   echo $v,"<br>";
}
?>
```

代码执行结果见图 10-4。

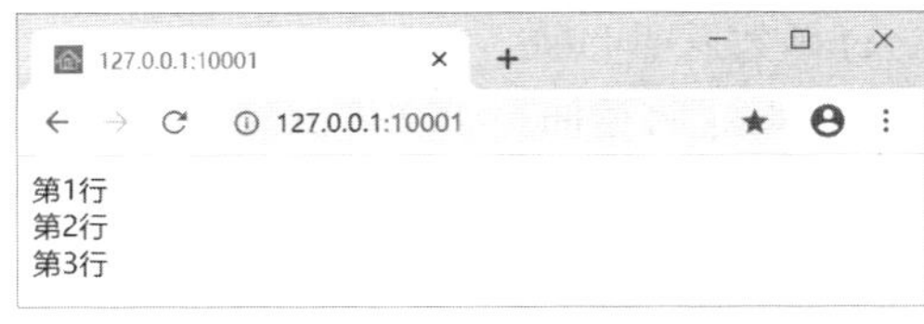

图 10-4

file() 函数可以直接读取整个文件，并将内容按行保存到数组中，函数定义如下：

```
file(string $filename[, int $flags = 0[, resource $context]]) : array
```

其中，参数 $filename 指定读取的文件；参数 $context 指定上下文资源；参数 $flags 指定读取参数标识，包括：

- FILE_USE_INCLUDE_PATH，在 include_path 指定的路径中查找文件。
- FILE_IGNORE_NEW_LINES，返回结果数组成员，末尾不添加换行符。
- FILE_SKIP_EMPTY_LINES，跳过空行。

下面的代码演示了 file() 函数的应用。

```
<?php
$path = "d:\\t1.txt";
$arr = file($path,FILE_IGNORE_NEW_LINES | FILE_SKIP_EMPTY_LINES);
//
foreach($arr as $v){
   echo $v,"<br>";
}
?>
```

页面显示结果与图 10-4 相同。

10.4.3 更多读写操作

下面再了解一些通过文件句柄（指针）读写文件的操作。首先是 fstat() 函数，用于获取包含文件信息的数组，如下面的代码。

```
<?php
```

```
$path = "d:\\t1.txt";
$fp = fopen($path,'r');
$arr = fstat($fp);
//
foreach($arr as $k=>$v){
   echo $k," : ",$v,"<br>";
}
?>
```

返回的数组包含了数字索引和字符串索引的数据，其中，常用的键名有：

- size，文件尺寸。
- atime，最后访问时间，UNIX 时间戳（整数）。
- mtime，最后修改时间，UNIX 时间戳（整数）。
- ctime，创建时间，UNIX 时间戳（整数）。

实际应用中，还可以通过文件指针指定操作位置，如 ftell() 函数可以返回文件指针的位置，如下面的代码。

```
<?php
$path = "d:\\t1.txt";
$fp = fopen($path,'w+');
echo ftell($fp);
fclose($fp);
?>
```

执行代码会显示 0，即文件打开时，指针位于文件的起始位置。

下面的代码会在 d:\t1.txt 文件中写入 7 个字符。

```
<?php
$path = "d:\\t1.txt";
$fp = fopen($path,'w+');
echo fwrite($fp,"abcdefg");
fclose($fp);
?>
```

下面的代码会在原文件内容后再添加 7 个字符，请注意打开文件时使用了追加模式。

```
<?php
$path = "d:\\t1.txt";
$fp = fopen($path,'a+');
echo fwrite($fp,"hijklmn");
fclose($fp);
?>
```

fseek() 函数用于定位文件指针，而 fgetc() 函数用于一次读取一个字符。下面的代码演示了这两个函数的应用。

```
<?php
$path = "d:\\t1.txt";
$fp = fopen($path,'r+');
for($i = 0;$i<filesize($path);$i+=2)
{
   fseek($fp,$i);
   echo fgetc($fp);
```

```
}
fclose($fp);
?>
```

执行代码会隔一个字符读取一个字符，显示结果见图 10-5。

图 10-5

fread() 函数可以从当前指针位置读取指定长度的内容（字符或字节），函数定义如下：

```
fread(resource $handle, int $length) : string
```

下面的代码会隔一个字符读取两个字符，并显示读取时的指针位置。

```
<?php
$path = "d:\\t1.txt";
$fp = fopen($path,'r+');
while(!feof($fp))
{
    echo "读取位置：",ftell($fp);
    echo "，读取内容：",fread($fp,2),"<br>";
    fgetc($fp);
}
fclose($fp);
?>
```

代码执行结果见图 10-6。

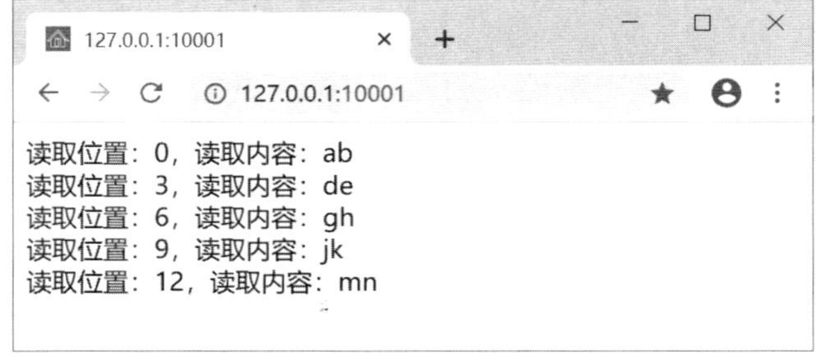

图 10-6

fscanf() 函数用于读取文件的行，并将读取的内容进行格式化，其定义如下。

```
fscanf(resource $handle, string $format[, mixed &$...] ) : mixed
```

下面的代码演示了 fscanf() 函数的应用。

```
<?php
$path = "d:\\t1.txt";
$fp = fopen($path,'r+');
print_r(fscanf($fp,"%s"));
fclose($fp);
?>
```

代码执行结果见图 10-7。

图　10-7

更多的格式化字符可以参考 sprintf() 函数的应用。

10.5　临时文件

需要操作临时文件时，可以使用 tempnam() 和 tmpfile() 函数创建。

tempnam() 函数创建一个临时文件，并返回文件的完整路径，操作失败返回 false。函数定义如下。

```
tempnam(string $dir, string $prefix) : string
```

其中，

- $dir 参数指定一个创建临时文件的目录，如果此目录不存在，则在系统的临时目录中创建。
- $prefix 参数指定临时文件名的前缀。请注意，Windows 系统只支持三个字符的前缀。

成功创建临时文件后会返回文件的完整路径，如果失败则返回 false。下面的代码演示了 tempnam() 函数的使用。

```
<?php
@$path = tempnam("d:\\tmp","abc");
echo $path;
?>
```

tmpfile() 函数会创建一个临时文件，并返回文件句柄（指针）。下面的代码会创建一个临时文件，并显示它的基本信息。

```
<?php
$fp = tmpfile();
$fileinfo = fstat($fp);
foreach($fileinfo as $k=>$v)
{
   echo $k," : ",$v,"<br>";
}
fclose($fp);
?>
```

下面的代码在临时文件夹中写入一些内容，然后复制到 d:\tmp.txt 文件。

```
<?php
@$path = tempnam("","abc");
$fp = fopen($path,'w+');
fwrite($fp,"临时文本");
```

```
fclose($fp);
//
copy($path,"d:\\tmp.txt");
?>
```

10.6 压缩与解压

本节介绍如何使用 ZipArchive 类处理 zip 压缩文件，下面先了解一些常用的方法。

10.6.1 常用方法

首先是 open() 方法，用于打开 zip 文件，方法定义如下。

```
ZipArchive::open(string $filename[, int $flags]) : mixed
```

其中，参数 $filename 指定 zip 文件路径；参数 $flags 指定打开模式，可用的值包括：

- ZipArchive::OVERWRITE。
- ZipArchive::CREATE。
- ZipArchive::EXCL。
- ZipArchive::CHECKCONS。

如果 open() 方法返回 true，表示成功打开压缩文件，否则会返回相应的错误代码，包括：

- ZipArchive::ER_EXISTS，文件已存在。
- ZipArchive::ER_INCONS，文件不标准。
- ZipArchive::ER_INVAL，无效的参数。
- ZipArchive::ER_MEMORY，分配内存失败。
- ZipArchive::ER_NOENT，找不到文件。
- ZipArchive::ER_NOZIP，不是 zip 文件。
- ZipArchive::ER_OPEN，不能打开文件。
- ZipArchive::ER_READ，读取文件错误。
- ZipArchive::ER_SEEK，搜索错误。

zip 文件操作完成后，可以使用 close() 方法关闭。向 zip 文档添加内容时，可以使用如下函数。

addEmptyDir() 方法的功能是向压缩文件添加空目录，定义如下。

```
ZipArchive::addEmptyDir(string $dirname) : bool
```

其中，参数 $dirname 指定新的目录名称，添加成功时返回 true，否则返回 false。

addFile() 方法的功能是向压缩文件添加文件，定义如下。

```
ZipArchive::addFile(string $filename[, string $localname = NULL[, int $start =
0[, int $length = 0]]]) : bool
```

方法的功能是将 $filename 指定的文件添加到 zip 文件，并可通过 $localname 参数指定文件在 zip 文件中的名称，$start 和 $length 参数暂不使用。添加成功时返回 true，否则返回 false。请注意，如果不指定 $localname 参数，添加到 zip 文件的文件会保持原目录结构。

addFromString() 方法，添加指定的文件名和内容，定义如下。

```
ZipArchive::addFromString(string $localname, string $contents) : bool
```

其中，$localname 指定在 zip 文件中显示的文件名；$contents 指定文件添加的内容。操作成功时返回 true，否则返回 false。

addGlob() 方法，从指定目录中按 glob 模式添加文件，定义如下。

```
ZipArchive::addGlob(string $pattern[, int $flags = 0[, array $options =
array()]]) : bool
```

其中，$pattern 设置目录中文件的过滤模式；参数 $flags 指定一个 glob 标识；参数 $options 使用一个数组指定参数，包括：

- add_path 键，指定 remove_all_path 参数为 true，可以使用此参数指定添加的文件在 zip 文件中的路径。
- remove_path 键，设置为 true，删除匹配的路径后添加到 zip 文件。
- remove_all_path 键，设置为 true，添加的文件不包含原始路径，并添加到 zip 文件的根路径下。

addPattern() 方法，从指定目录中按 PCRE 模式（正则表达式）添加文件，定义如下。

```
ZipArchive::addPattern(string $pattern[, string $path = "."[, array $options =
array()]]) : bool
```

其中，参数 $pattern 设置为一个 PCRE（Perl-compatible Regular Expression）模式；参数 $path 指定搜索文件的路径；$options 通过数组设置操作参数，设置方法和 addGlob() 方法相同。

解压文件时可以使用 extractTo() 方法，其定义如下。

```
ZipArchive::extractTo(string $destination[, mixed $entries]) : bool
```

函数会将 zip 文件中的内容解压到 $destination 参数指定的路径。下面将综合演示压缩与解压缩操作。

10.6.2　综合演示

首先，在 d: 盘根目录下创建 testdir 目录，其中创建 a1.txt、a2.txt、b1.txt 和 b2.txt 文件，并可以在文件中添加一些内容。下面的测试将基于这些文件进行。

下面的代码打开（或创建）d:\test.zip 文件，并将 a1.txt 和 a2.txt 文件添加到压缩文件中。

```
<?php
$zipfile = "d:\\test.zip";
$za = new ZipArchive();
if($za->open($zipfile,ZipArchive::CREATE)===true){
   var_dump($za->addFile("d:/testdir/a1.txt","a1.txt"));
   var_dump($za->addFile("d:/testdir/a2.txt","a2.txt"));
   $za->close();
}else{
   echo " 打开 zip 文件失败 ";
}
?>
```

如果页面显示两个 bool(true)，则表示两个文件已成功添加到 d:\test.zip 压缩文件中，并保存到压缩文件中的根（/）路径下。

下面的代码使用 addFromString() 方法向 d:\test.zip 压缩文件中添加 a3.txt 文件。

```
<?php
$zipfile = "d:\\test.zip";
$za = new ZipArchive();
if($za->open($zipfile,ZipArchive::CREATE)===true){
   var_dump($za->addFromString("a3.txt","aaa"));
   $za->close();
}else{
   echo "打开 zip 文件失败";
}
?>
```

执行代码会在 d:\test.zip 压缩文件的根路径下创建 a3.txt，并指定文件内容为 aaa。

在下面的代码中，通过 addGlob() 文件将 d:\testdir 目录中的 b1.txt 和 b2.txt 文件添加到 d:\test.zip 压缩文件中的 b 目录下。

```
<?php
$zipfile = "d:\\test.zip";
$za = new ZipArchive();
if($za->open($zipfile,ZipArchive::CREATE)===true){
   $opt = array("add_path"=>"b/","remove_path"=>"d:/testdir");
   var_dump($za->addGlob("d:/testdir/b*.txt",0,$opt));
   $za->close();
}else{
   echo "打开 zip 文件失败";
}
?>
```

下面的代码将 d:\test.zip 压缩文件解压到 d:\testdir1 目录中。

```
<?php
$zipfile = "d:\\test.zip";
$za = new ZipArchive();
if($za->open($zipfile,ZipArchive::CREATE)===true){
   var_dump($za->extractTo("d:/testdir1"));
   $za->close();
}else{
   echo "打开 zip 文件失败";
}
?>
```

解压后的 d:\testdir1 目录的结构见图 10-8。

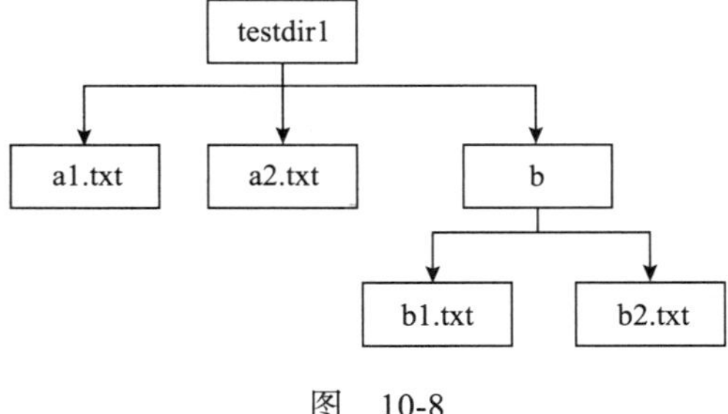

图 10-8

10.6.3　PHP 8 中的新版本

在 PHP 8 中，默认的 ZipArchive 版本升级为 1.19.1，并在 ZipArchive 类中增加了一些成员，如：

- lastId 属性，返回最后一次添加内容的索引值。
- setMtimeName() 和 setMtimeIndex() 方法，设置修改时间。
- registerProgressCallback() 方法，注册文件关闭时的更新操作。
- registerCancelCallback() 方法，注册文件关闭时的取消操作。
- replaceFile() 方法，替换压缩文件中的文件。
- isCompressionMethodSupported() 方法，检查是否支持指定的压缩方法。
- isEncryptionMethodSupported() 方法，检查是否支持指定的加密方法。

使用 phpinfo() 函数查询模块信息时，也可以看到所支持的压缩和加密方法。此外，PHP 8 中还可以在文档关闭后检查错误状态，包括 status 和 statusSys 属性，以及 getStatusString() 方法。

addGlob() 和 addPattern() 方法中的 remove_path 参数指定的内容以前作为一个目录名，而现在会匹配任何内容，匹配的内容可以使用 add_path 参数指定的内容替换。

第 11 章　MariaDB 数据库

MariaDB 是一种关系型数据库，也是 MySQL 的重要分支。操作关系型数据库，主要的工具就是 SQL（Structured Query Language，结构化查询语言），而 MariaDB 和 MySQL 数据库在操作上是非常相似的。本章将介绍 MariaDB 数据库的应用，并通过 HeidiSQL 进行测试。

11.1　数据库

MariaDB 中，可以使用 create database 语句创建新的数据库，基本格式如下。

```
create database <数据库名称>;
```

删除数据库时，可以使用 drop database 语句，其格式如下。

```
drop database <数据库名称>;
```

下面的代码创建了本书测试数据库。

```
create database db1;
```

语句成功执行后，刷新 HeidiSQL 左侧列表就可以看到新的数据库，见图 11-1。

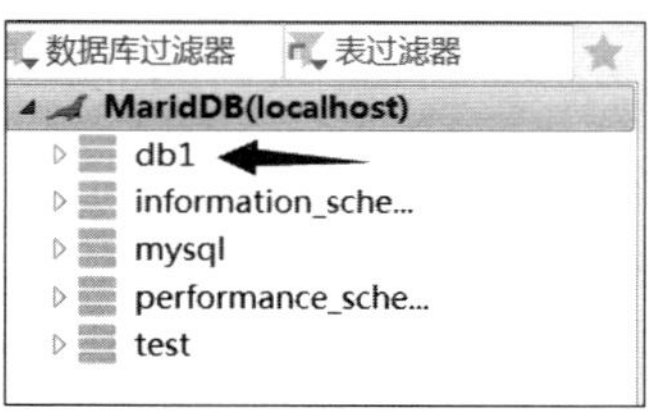

图　11-1

MariaDB 数据库属于关系型数据库，数据的基本处理形式就是二维表，见图 11-2。

f0	f1	f2	f3	f4
1	Tom	1	165.5	tom@x.y
2	张三	2	170.4	
3	Jerry	1	169.1	
4	John	1	157.2	
5	李四	1	175.6	

字段　记录

图　11-2

二维表中，每一列（column）称为一个字段（field），每一行（row）称为一条记录（record），图 11-2 中的表共定义了 5 个字段、5 条记录。请注意，f0 到 f4 是字段的名称，在数据表的定义中，字段还需要指定数据类型等相关参数。

下面先了解 MariaDB 数据库中的常用数据类型。

11.2　数据类型

MariaDB 数据库支持的数据类型很多，常用的类型包括数值、文本、日期和时间、二进制等。其中，数值和空值（null）字面量直接书写即可，如 12、12.3、null；对于文本、日期和时间等类型，需要使用一对单引号定义，如 'abcdefg'、'2020-8-28 10:36:56' 等。下面归纳一些常用的数据类型。

MariaDB 数据库中，可以支持多种有符号整数的处理，如：

- tinyint 类型，8 位有符号整数。处理范围是 -128 ~ 127。
- smallint 类型，16 位有符号整数。处理范围是 -32 768 ~ 32 767。
- mediumint 类型，24 位有符号整数。处理范围是 -8 388 608 ~ 8 388 607。
- int 或 integer 类型，32 位有符号整数。处理范围是 -2 147 483 648 ~ 2 147 483 647。
- bigint 类型，64 位有符号整数。处理范围是 -9 223 372 036 854 775 808 ~ +9 223 372 036 854 775 807。

和编辑语言相似，浮点数同样用于处理包含小数部分的数据，MariaDB 中的浮点数类型包括：

- float 类型，8 位精度浮点数，即单精度浮点数。
- double 和 real 类型，16 位精度浮点数，即双精度浮点数。
- 定点数，比浮点数更加精确，可以使用 decimal(m,d) 格式定义，其中 m 指定数据一共有多少位，即整数部分和小数部分共有多少位，d 指定其中小数有多少位。也就是说，decimal(3,2) 可以处理 ±0.0 ~ ±9.99 的数值范围，多余的小数位会被截断。

文本类型包括定长字符、可变长字符等类型，主要包括：

- char(n) 类型，固定长度字符，最多 255 个字符，如 char(255)。
- varchar(n) 类型，可变长度字符，如 varchar(255)。
- tinytext 类型，最多 255 个字符。
- text 类型，最多 $2^{16}-1$ 个字符。
- mediumtext 类型，最多 $2^{24}-1$ 个字符。
- longtext 类型，最多 $2^{32}-1$ 个字符。

MariaDB 中的日期和时间处理类型主要包括：

- Datetime 类型，标准的日期和时间数据，如“2020-8-7 12:35:59”。
- Date 类型，处理日期范围 1000-1-1 ~ 9999-12-31。
- Time 类型，如 00:00:00 格式的时间。

二进制类型用于处理字节数据，主要包括：

- bit(n) 类型，n 定义二进制个数，最大 64 位。
- tinyblob 类型，最多 255B 数据。
- blob 类型，最多 $2^{16}-1$B 数据。
- mediumblob 类型，最多 $2^{24}-1$B 数据。
- longblob 类型，最多 $2^{32}-1$B 数据。

数据库中的空值是指没有数据，使用 null 表示。编程语言中，null 表示没有初始化的变量（对象），或称为空引用，如 PHP 中的 null 值。

11.3 表

MariaDB 数据库属于关系型数据库，数据的基本存放形式是二维表，但通过各种“键（key)”可以将多个二维表关联进来，从而形成更加多样化的数据结构。例如主键（Primary Key，PK）与外键（Foreign Key，FK）配合使用创建“一对多”的关系。

需要查询数据库中有哪些表时，可以使用 show 语句。如下面的代码就是查看 mysql 数据库中有哪些表，这些都是系统表，一般不需要直接操作。

```
use mysql;
show tables;
```

查看表时，也可以使用 in 关键字指定数据库名称，如下面的代码同样是查看 mysql 数据库中的表。

```
show tables in mysql;
```

使用 from 关键字也可以，如下面的语句。

```
show tables from mysql;
```

如果只需要查看 mysql 数据库中名称以 'help' 开始的表，可以使用如下语句。

```
show tables in mysql like 'help%';
```

上述语句中，like 子句可以进行模糊查询，% 符号用于匹配 0 个或多个字符。稍后还会看到更多条件类型。

11.3.1 创建和删除数据表

创建新的数据表时，可以使用 create table 语句，基本应用格式如下。

```
create table [if not exists]<表名>(<字段定义>);
```

其中，

- if not exists 子句，当指定的表不存在时执行创建操作。如果不使用此子句，则会直接创建表，此时，如果表已存在则会产生错误。
- <表名>，即数据表的名称。如果只指定表名，会在打开的当前数据库中创建；如果需要在指定的数据库中创建表，可以使用“<数据库>.<表>”格式，如 db1.t1 就是指定在 db1 数据库中创建 t1 表。
- <字段定义>可以指定一个或多个字段的定义，每一个字段使用逗号分隔，字段定义可以包含字段名、数据类型、是否允许空值、是否唯一约束、数据规则、默认值、自动编号、主键、外键等属性。

11.2 节已经讨论了 MariaDB 中的常用数据类型，下面了解一些字段定义的其他要素。

- 字段名。无论是数据库名称、表名称、字段名称，或者数据库中的其他对象的名称，都不应使用 SQL 语句中的关键字和保留字。此外，在 UNIX、Linux 等系统中，文件名是区分字母大小写的，如果 MariaDB 安装在这些操作系统中，数据库、表等对象的名称也会区分字母大小写，所以，使用统一的命名约定是很有必要的。本书中，数据库中的对象名称将使用小写英文字母、下画线和数字。
- 是否允许空值。默认情况下，字段中的数据允许为空值，如果字段数据不允许空值，字段定义时应使用 not null。

- 是否唯一。如果字段定义为唯一约束，则每条记录中此字段的数据是不允许重复的。定义字段为唯一约束时使用 unique 关键字。
- 数据规则需要使用 check 关键字定义，如 check(length(f1)>2) 表示 f1 字段的字符数必须大于 2 个。
- 默认值。如果不指定字段的默认值，则默认值为空值（null），表示没有数据。如果一个字段不允许为空，又必须有一个可用的数据，可以指定一个合适的默认值。添加记录时，如果没有指定此字段的数据，字段数据就会使用指定的默认值。指定字段的默认值时使用 default 关键字，如 “f1 int default 0” 指定 f1 字段的默认值为 0。
- 自动编号，可以将一个整数类型的字段定义为自动管理的 id 字段，作为记录的唯一整数标识。定义自动编号字段时使用 auto_increment 关键字。此时，字段数据从 1 开始，新的记录会自动增长。请注意，实际应用中，并不能保证此序号一定是连续的，如果添加记录失败，生成的序号就会跳过，序号会出现不连续的情况。
- 主键。主键字段数据在记录中是不能重复的。当一个表中的主键只有一个字段时，可以在字段定义时直接使用 primary key 关键字。一个表中的主键也可以同时定义多个字段，此时应在字段定义列表后指定。例如 primary key(< 字段 1>,< 字段 2>)，表示 < 字段 1> 和 < 字段 2> 的数据组合定义为主键，也就是说，每条记录中，< 字段 1> 和 < 字段 2> 数据的组合是不能重复的。
- 外键。当一个字段定义为外键时，它会引用另一个表中的主键字段数据，这样就可以形成一个 “一对多” 的关系，从而将两个表联系起来，形成一个更高维度的数据结构。在 11.9 节会看到相关应用。

下面的代码用于创建本章测试用的数据表，可以在 HeidiSQL 中连接 MariaDB 服务器执行。如果 db1 数据库已创建，可以不再执行 create database 语句。

```
create database db1;

use db1;

create table t1(
f0 bigint not null auto_increment unique,
f1 varchar(15) not null,
f2 int not null default 0,
f3 decimal(4,1),
f4 varchar(30),
primary key (f1)
)engine = innodb default charset = 'utf8';

create table t2(
f0 bigint not null auto_increment primary key,
f1 varchar(15) not null,
f2 varchar(15),
f3 decimal(5,2),
foreign key(f1) references t1(f1)
)engine = innodb default charset = 'utf8';
```

数据表创建后中，可以通过 describe 语句查看它的定义，如下面的代码就可以查看 t1 表的定义。

```
describe db1.t1;
```

代码执行结果见图 11-3。

COLUMNS (5r × 6c)

Field	Type	Null	Key	Default	Extra
f0	bigint(20)	NO	UNI	(NULL)	auto_increment
f1	varchar(15)	NO	PRI	(NULL)	
f2	int(11)	NO		0	
f3	decimal(4,1)	YES		(NULL)	
f4	varchar(30)	YES		(NULL)	

图 11-3

如果需要查看表的创建语句，可以使用如下语句。

```
show create table db1.t1;
```

当不再需要一个数据表时，可以使用 drop table 语句删除，格式如下。

```
drop table <表名>;
```

请注意，删除表是很危险的，会丢失表中的所有数据，请谨慎操作！

此外，MariaDB 数据库中的对象名称还可以使用一对重音符号定义，在中国和美国的键盘布局中，它在 Tab 键的上面，数字 1 的左边，而在英国的键盘布局中，它在字母键 Z 的左边。下面的代码演示了如何使用重音符号定义对象。

```
show create table `db1`.`t1`;
```

11.3.2 修改字段定义

对于已创建的表结构，还可以根据需要添加、删除或修改字段的定义，此时需要使用 alter table 语句。

添加字段时，需要使用 alter table 语句和 add column 子句，格式如下。

```
alter table <表名>
add column <字段定义>
```

下面的代码用于在 t1 表中添加 f6 字段，并定义为 datetime 类型。

```
alter table db1.t1
add column f6 datetime;
```

修改字段时，可以修改字段名称、类型及相关定义，操作时需要使用 change column 子句，格式如下。

```
alter table <表名>
change column <字段名> <新的字段定义>
```

下面的代码会将 f6 字段改名为 f5。

```
alter table db1.t1
change column f6 f5 datetime;
```

删除字段时需要使用 drop column 子句，并指定删除的字段名，格式如下。

```
alter table <表名>
drop column <字段名>
```

11.3.3 复制表结构

需要创建和已存在的表相同结构的新表时，可以通过复制表结构完成，操作语句格式如下。

```
create table <新表名称> like <源表名称>;
```

在下面的代码中，首先创建新的 db2 数据库，然后创建与 db1 数据库中 t1 表结构相同的表。

```
create database if not exists db2;
create table if not exists db2.t1 like db1.t1;
```

11.3.4 表的重命名（表的移动）

修改数据表名称的操作并不常用，但通过修改表名操作可以很方便地将数据表从一个数据库移动到另一个数据库。

修改表名称的语法如下。

```
rename table <原表名> to <新表名>;
```

如果只在本数据库中修改表的名称，可以只指定表名，如：

```
rename table t1 to t2;
```

代码的功能是将 t1 表的名称修改为 t2。

如果将数据表移动到另一个数据库，可以在表名前指定数据库。例如，将 db2.t1 表移动到 db1 数据库，并改名为 t3，可以使用如下代码。

```
rename table db2.t1 to db1.t3;
```

11.4 索引

索引（index）的概念，相信大家不会陌生，在很多书籍后面都有按字母排序的索引表，可以帮助读者方便地查询相关主题。数据库中，在表中也可以创建索引，它会对指定的字段进行内部的索引优化，以提高数据的访问效率。在数据库应用中，索引是简单而有效的优化技术之一。

下面的代码可以查看 db1 数据库 t1 表中已存在的索引。

```
show index from db1.t1;
```

图 11-4 中显示了执行结果的一部分。

STATISTICS (2r × 13c)

Table	Non_unique	Key_name	Seq_in_index	Column_name
t1	0	PRIMARY	1	f1
t1	0	f0	1	f0

图 11-4

可以看到，f1 和 f0 字段已经自动添加了索引，其中，f1 字段定义为主键字段；f0 字段添加了唯一约束。如果需要对其他字段创建索引，可以使用 create index 语句，格式如下。

```
create index <索引名>on<表名>(<索引字段列表>);
```

另一种添加索引的方法是在 alter table 语句中使用 add index 子句，格式如下。

```
alter table <表名>
add index <索引名>(<索引字段列表>);
```

下面的代码为 t1 表中的 f4 字段添加索引。

```
alter table db1.t1
add index ind_t1_f4(f4);
```

执行成功后，可以查看 t1 表中的索引定义，如下面的代码。

```
show index from db1.t1;
```

图 11-5 中显示了查看结果的部分内容。

STATISTICS (3r × 13c)

Table	Non_unique	Key_name	Seq_in_index	Column_name
t1	0	PRIMARY	1	f1
t1	0	f0	1	f0
t1	1	ind_t1_f4	1	f4

图 11-5

对于表中不再需要的索引，可以通过如下语句删除。

```
drop index <索引名> on <表名>;
```

这里，<索引名>可以是图 11-5 中 Key_name 字段显示的内容，如 PRIMARY 就是主键字段 f1 的索引名。需要删除对 f4 字段中的 ind_t1_f4 索引，可以使用如下代码。

```
drop index ind_t1_f4 on db1.t1;
```

11.5 添加、修改、删除记录

本节将介绍如何在数据表中添加、修改和删除记录。

11.5.1 添加记录

向数据表中添加记录（行），可以使用 insert into 语句，应用格式如下。

```
insert into <表名>(<字段列表>) values(<值列表>);
```

其中，

- <表名>指定添加数据的表，如 t1。也可以同时指定某个数据库中的某个表，如 db1.t1。如果对象名中有空格等特殊字符，应使用一对重音符号定义，如 \`db1\`.\`t1\`。
- <字段列表>指定需要添加数据的字段名，可以指定一个或多个字段，每个字段使用逗号分隔。
- <值列表>指定需要添加的数据，其数量和顺序应该和<字段列表>中的字段名一一对应。

下面的代码会在 t1 表中添加一条记录。

```
insert into db1.t1(f1,f2,f3,f4)
values('Tom',1,165.5,'tom@x.y');
```

执行代码会在 db1 数据库的 t1 表中添加一条记录，并指定了四个字段的数据值。请注意，f0 字段会自动生成新的整数 ID 数据。

在 MariaDB 数据库中，insert 语句还有一个很实用的功能，就是能够在 values 子句后一次指定多组数据，即一次添加多条记录，如：

```
insert into db1.t1(f1,f2,f3)
values('张三',2,170.4),
('Jerry',1,169.1),
('John',1,157.2),
('李四',1,175.5);
```

通过下面的代码语句，可以查看 t1 表中所有的记录。

```
select * from db1.t1;
```

执行结果见图 11-6。可以看到，默认情况下，记录是按主键数据升序排列。

t1 (5r × 6c)

f0	f1	f2	f3	f4	f5
3	Jerry	1	169.1	(NULL)	(NULL)
4	John	1	157.2	(NULL)	(NULL)
1	Tom	1	165.5	tom@x.y	(NULL)
2	张三	2	170.4	(NULL)	(NULL)
5	李四	1	175.6	(NULL)	(NULL)

图　11-6

11.5.2　修改记录

修改记录时使用 update 语句，应用格式如下：

```
update <表名> set <字段和值> where <条件>;
```

修改记录时，虽然 where 子句不是必需的，但无条件的更新语句会修改表中所有记录的数据，这是非常危险的操作！所以，执行更新操作时，一定要检查是否设置了条件，除非明确操作目的就是修改表中的所有记录。

下面的代码演示了如何修改 f1 字段值为 Jerry 的记录，稍后会详细介绍条件的设置。

```
update db1.t1 set f4 = 'jerry@x.y'
where f1 = 'Jerry';
```

执行语句，会修改 f1 字段值为 Jerry 的记录，并将其 f4 字段的数据修改为 'jerry@x.y'。修改后，t1 表中的数据见图 11-7。

t1 (5r × 6c)

f0	f1	f2	f3	f4	f5
3	Jerry	1	169.1	jerry@x.y ←	(NULL)
4	John	1	157.2	(NULL)	(NULL)
1	Tom	1	165.5	tom@x.y	(NULL)
2	张三	2	170.4	(NULL)	(NULL)
5	李四	1	175.6	(NULL)	(NULL)

图　11-7

11.5.3 删除记录

删除记录时，可以使用 delete 语句，其格式如下：

```
delete from <表名> where <条件>;
```

和更新操作类似，无条件的删除操作同样非常危险，会删除表中的所有数据！

下面的代码会删除 f1 字段数据是 John 的记录。

```
delete from db1.t1 where f1='John';
```

这里不必执行此删除操作。

11.5.4 重置表

再次提醒，无条件的删除操作会删除表中的所有记录！但是，如果需要清空一个表，delete 语句却不是最高效的选择。此时，可以使用 truncate 语句，其功能是清空表中的所有记录，并将 auto_increment 字段的计数重置，重新从 1 开始生成 ID 数据。

truncate 语句的格式如下。

```
truncate table <表名>;
```

如下面的代码就会将 t1 表重置。

```
truncate table db1.t1;
```

请注意，直接执行 truncate 语句会提示有外键约束引用了 t1 表中的字段，不能执行操作，这是因为 t2 表中的 f1 字段（外键）引用了 t1 表中的 f1 字段（主键），此时应关闭外键检查，如下面的代码。

```
set foreign_key_checks = 0;
truncate table db1.t1;
set foreign_key_checks = 1;
```

执行此操作会重置 t1 表，即清空数据，f0 字段的计数重新从 1 开始。

请注意，当一个表的主键数据已经被另一表的外键引用时，删除主键数据并不是一个好想法，这样会失去一些关联数据，让数据变得不完整。实际应用中，删除数据一定要谨慎！

11.6 条件设置

在修改、删除和查询数据时，条件设置都是非常重要的环节，下面将介绍 MariaDB 数据库中的基本条件设置。

在 MariaDB 数据库中，比较条件包括：

- 等于，使用 = 运算符，前面的示例已经介绍了此条件的应用。
- 不等于，使用 <> 或 != 运算符。
- 大于，使用 > 运算符。
- 大于等于，使用 >= 运算符。
- 小于，使用 < 运算符。
- 小于等于，使用 <= 运算符。

需要设置一个数据区间时，可以使用 between…and…子句，如需要查询 f0 2 ~ 5 的记录，可以使用如下语句。

```
select * from db1.t1
where f0 between 2 and 5;
```

查询结果见图 11-8。

t1 (4r × 6c)

f0	f1	f2	f3	f4	f5
2	张三	2	170.4	(NULL)	(NULL)
3	Jerry	1	169.1	jerry@x.y	(NULL)
4	John	1	157.2	(NULL)	(NULL)
5	李四	1	175.6	(NULL)	(NULL)

图　11-8

除了数值数据可以进行区间查询，日期和时间也可以进行区间查询。如下面的代码就是查询 t1 表中 f5 数据在 2020 年全年的记录（暂时没有匹配的记录）。

```
select * from db1.t1
where f5 between '2020-01-01 00:00:00' and '2020-12-31 23:59:59';
```

使用 between…and…子句可以设置连续数据的查询条件。如果查询的数据不连续，可以使用 in 子句，应用格式如下。

```
<字段> in (<值列表>)
```

如下面的代码会查询 f1 为 Tom、Jerry 和 John 的记录。

```
select * from db1.t1
where f1 in ('Tom','Jerry','John');
```

查询结果见图 11-9。

t1 (3r × 6c)

f0	f1	f2	f3	f4	f5
3	Jerry	1	169.1	jerry@x.y	(NULL)
4	John	1	157.2	(NULL)	(NULL)
1	Tom	1	165.5	tom@x.y	(NULL)

图　11-9

实际应用中，还可以将子查询作为值列表。在下面的代码中，首先在 t2 表中添加一些数据。

```
insert into db1.t2(f1,f2,f3)
values('Tom','A01',100.23),
('Tom','A02',23.11),
('Tom','A03',155.01),
('张三','A01',165.01),
('张三','A03',122.35),
('John','A01',101.56);
```

下面的代码将查询 t1 表中有 t2 表关联数据的记录。

```
select * from db1.t1
where f1 in (select f1 from db1.t2);
```

查询结果见图 11-10。

f0	f1	f2	f3	f4	f5
4	John	1	157.2	(NULL)	(NULL)
1	Tom	1	165.5	tom@x.y	(NULL)
2	张三	2	170.4	(NULL)	(NULL)

图 11-10

模糊查询一般用于文本内容的查询，其中可以使用特殊字符来匹配查询的内容。如下画线（_）匹配一个字符，百分号（%）匹配零个或多个字符。

下面的代码会查找 f1 字段数据以 J 开头的记录。

```
select * from db1.t1
where f1 like 'J%';
```

查询结果见图 11-11。

f0	f1	f2	f3	f4	f5
3	Jerry	1	169.1	jerry@x.y	(NULL)
4	John	1	157.2	(NULL)	(NULL)

图 11-11

此外，在 MariaDB 数据库中还可以通过正则表达式设置查询条件，此时需要使用 regexp 关键字。例如，查询 t1 表 f1 字段包含字母 T 或 J 的记录可以使用如下代码。

```
select * from db1.t1
where f1 regexp 'T|J';
```

查询结果见图 11-12。

f0	f1	f2	f3	f4	f5
3	Jerry	1	169.1	jerry@x.y	(NULL)
4	John	1	157.2	(NULL)	(NULL)
1	Tom	1	165.5	tom@x.y	(NULL)

图 11-12

查找字段数据为空值的记录可以使用 is null 条件，查询不是空值的记录时使用 is not null 条件，如下面的代码将查询 f4 不为空的记录。

```
select * from db1.t1
where f4 is not null;
```

查询结果见图 11-13。

f0	f1	f2	f3	f4	f5
3	Jerry	1	169.1	jerry@x.y	(NULL)
1	Tom	1	165.5	tom@x.y	(NULL)

图 11-13

和 PHP 中的逻辑运算相似，在 SQL 语句中同样可以使用与（and）、或（or）、取反（not）运算组合查询条件。其中，and 和 or 用于两个或两个以上的条件组合，而 not 则用于条件的取反。请注意，这三个运算的优先级是不同的，如果要明确条件的组合，使用圆括号是比较安全的方法。

下面的代码将查询 f0 大于 1，并且 f2 等于 2 的记录。

```
select * from db1.t1
where f0>1 and f2 = 2;
```

查询结果见图 11-14。

t1 (1r × 6c)

f0	f1	f2	f3	f4	f5
2	张三	2	170.4	(NULL)	(NULL)

图　11-14

如果对上例中条件取反，可以使用 not 关键字，如下面的代码。

```
select * from db1.t1
where not (f0>1 and f2 = 2);
```

查询结果见图 11-15。

t1 (4r × 6c)

f0	f1	f2	f3	f4	f5
3	Jerry	1	169.1	jerry@x.y	(NULL)
4	John	1	157.2	(NULL)	(NULL)
1	Tom	1	165.5	tom@x.y	(NULL)
5	李四	1	175.6	(NULL)	(NULL)

图　11-15

exists 语句后包含一个 select 语句查询，它只会判断查询是否有结果，而不会返回数据。如下面的代码会根据 t2 表中是否有相关数据来查询 t1 表的记录。

```
select * from db1.t1
where f1 = 'Tom' and exists(select f0 from db1.t2 where f1 = 'Tom');
```

查询结果见图 11-16。

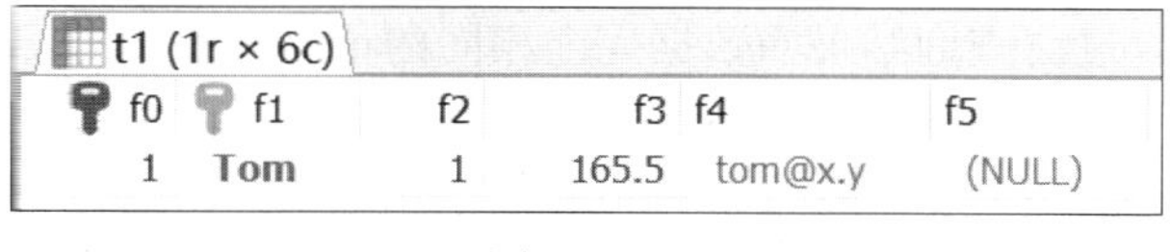

t1 (1r × 6c)

f0	f1	f2	f3	f4	f5
1	Tom	1	165.5	tom@x.y	(NULL)

图　11-16

本例中，在查询 t1 表的记录时，查询条件设置为 f1 字段数据为 Tom，当 t2 表 f1 字段有 Tom 的相关数据时才会返回 t1 表的记录；如果 Tom 修改为 Jerry，将没有匹配的记录，如下面的代码。

```
select * from db1.t1
where f1 = 'Jerry' and exists(select f0 from db1.t2 where f1 = 'Jerry');
```

11.7 数据查询

数据库应用中，数据查询是常用的功能。本节将介绍如何使用 select 语句进行数据的查询操作，以及结合条件及一些子句更加灵活地进行数据查询工作。

11.7.1 select 语句

select 语句的基本应用格式如下。

```
select <返回字段> from <数据源> where <条件>;
```

其中，

- <返回字段>指定返回查询结果的字段，使用星号（*）表示数据源中的所有字段。指定返回的字段时，多个字段名使用逗号分隔。此外，对于字段名中包含空格等特殊字符的，应使用一对重音符号定义。
- <数据源>，指定从哪里查询数据，除了数据表，还可以是视图、另一个查询结果等数据集合。
- <条件>，查询数据的条件。

下面的代码将只返回 t1 表中 f1、f2 和 f3 字段的数据。

```
select f1,f2,f3 from db1.t1;
```

查询结果见图 11-17。

t1 (5r × 3c)

f1	f2	f3
Jerry	1	169.1
John	1	157.2
Tom	1	165.5
张三	2	170.4
李四	1	175.6

图 11-17

除了使用基本的查询，在 select 语句中还可以使用一些子句实现特定的功能，下面分别介绍。

11.7.2 distinct 子句

distinct 子句可以过滤查询结果中数据完全相同的记录，即所有字段数据都相同的记录只会返回一条。

如下面的代码，只返回 f2 字段的数据，并过滤数据完全相同的记录。

```
select distinct f2 from db1.t1;
```

查询结果见图 11-18。

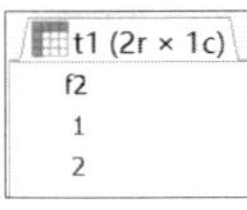

t1 (2r × 1c)

f2
1
2

图 11-18

可以看到，在 t1 表的所有 5 条记录中，f2 字段的数据只有两种情况，即 1 和 2。

11.7.3　limit 子句

limit 子句用于指定从查询结果中返回的记录数量，如果查询结果记录数达不到 limit 子句指定的数量，则按实际数量返回。

下面的代码会显示 t1 表中 f2 为 1 的 2 条记录。

```
select * from db1.t1
where f2 = 1 limit 2;
```

查询结果见图 11-19。

t1 (2r × 6c)

f0	f1	f2	f3	f4	f5
3	Jerry	1	169.1	jerry@x.y	(NULL)
4	John	1	157.2	(NULL)	(NULL)

图　11-19

limit 子句还可以使用两个参数，如 limit m,n 表示在查询结果中跳过 m 条记录，然后返回 n 条记录，如下面的代码。

```
select * from db1.t1
where f2 = 1 limit 2,2;
```

查询结果见图 11-20。

t1 (2r × 6c)

f0	f1	f2	f3	f4	f5
1	Tom	1	165.5	tom@x.y	(NULL)
5	李四	1	175.6	(NULL)	(NULL)

图　11-20

11.7.4　排序（order by 子句）

默认情况下，查询结果使用主键字段数据升序排列，如果需要指定一个或多个字段的排序方式，可使用 order by 子句。如下面的代码根据 f0 字段数据升序排列。

```
select * from db1.t1 order by f0;
```

查询结果见图 11-21。

t1 (5r × 6c)

f0	f1	f2	f3	f4	f5
1	Tom	1	165.5	tom@x.y	(NULL)
2	张三	2	170.4	(NULL)	(NULL)
3	Jerry	1	169.1	jerry@x.y	(NULL)
4	John	1	157.2	(NULL)	(NULL)
5	李四	1	175.6	(NULL)	(NULL)

图　11-21

可以看到，默认情况下 order by 子句是按字段数据的升序排列，这和下面的语句功能是相同的。

```
select * from db1.t1 order by f0 asc;
```

如果降序排序，需要使用 desc 关键字，如下面的代码。

```
select * from db1.t1 order by f0 desc;
```

查询结果见图 11-22。

t1 (5r × 6c)

f0	f1	f2	f3	f4	f5
5	李四	1	175.6	(NULL)	(NULL)
4	John	1	157.2	(NULL)	(NULL)
3	Jerry	1	169.1	jerry@x.y	(NULL)
2	张三	2	170.4	(NULL)	(NULL)
1	Tom	1	165.5	tom@x.y	(NULL)

图 11-22

实际应用中，还可以对多个字段数据进行排序，当第一个字段数据相同时，还可以指定第二个字段的排序规则，以此类推。

如下面的代码，首先按 f2 字段数据升序排列，当 f2 数据相同时，按 f3 字段降序排序。

```
select * from db1.t1 order by f2 asc, f3 desc;
```

查询结果见图 11-23。

t1 (5r × 6c)

f0	f1	f2	f3	f4	f5
5	李四	1	175.6	(NULL)	(NULL)
3	Jerry	1	169.1	jerry@x.y	(NULL)
1	Tom	1	165.5	tom@x.y	(NULL)
4	John	1	157.2	(NULL)	(NULL)
2	张三	2	170.4	(NULL)	(NULL)

图 11-23

11.7.5 分组（group by 子句）

前面使用了 distinct 子句过滤 f2 的重复数据，这里，group by 子句同样可以完成这项工作，如下面的代码。

```
select f2 from db1.t1 group by f2;
```

查询结果见图 11-24。

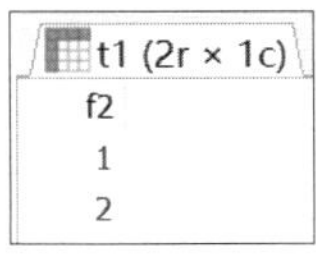

t1 (2r × 1c)

f2
1
2

图 11-24

通过 group by 子句和一些函数的配合使用，还可以进行简单的统计工作。如下面的代码统计 f2 字段每个数据各有多少条记录。

```
select f2,count(f2) as f2_count from db1.t1 group by f2;
```

查询结果见图 11-25。

f2	f2_count
1	4
2	1

t1 (2r × 2c)

图 11-25

本例使用 count()函数对 f2 字段分组数据进行计数，并使用 as 关键字将计数字段命名为 f2_count。请注意，这里显示的字段和函数中使用的字段应出现在 group by 子句后。

在分组过程中，还可以指定过滤条件。如下面的代码将只统计 f3 大于 160 的记录。

```
select f2,count(f2) as f2_count from db1.t1
where f3>160
group by f2;
```

查询结果见图 11-26。

f2	f2_count
1	3
2	1

t1 (2r × 2c)

图 11-26

需要对分组查询结果排序，同样可以使用 order by 子句。如下面的代码就是通过记录数量升序排序。

```
select f2,count(f2) as f2_count from db1.t1
group by f2
order by f2_count asc;
```

查询结果见图 11-27。

f2	f2_count
2	1
1	4

t1 (2r × 2c)

图 11-27

需要对分组结果进行条件过滤时，可以在 group by 子句中使用 having 关键字。如下面的代码只返回 f2 数据大于 1 的统计结果。

```
select f2,count(f2) as f2_count from db1.t1
group by f2
having f2_count>1;
```

查询结果见图 11-28。

f2	f2_count
1	4

t1 (1r × 2c)

图 11-28

11.7.6 将查询结果保存到数据表

需要保存查询结果时，可以通过 create table 语句将 select 语句的查询结果保存到数据表，应用格式如下。

```
create table <表>
as
<查询语句>;
```

语句中的 as 关键字可以省略，但加上后语句的含义更直观。下面的代码会将 t1 表中的 f2 字段的分组统计结果保存到 t1_f2_count 表。

```
create table t1_f2_count
as
select f2,count(f2) as f2_count from db1.t1 group by f2;
```

可以通过下面的语句查询 t1_f2_count 表的数据。

```
select * from db1.t1_f2_count;
```

查询结果见图 11-29。

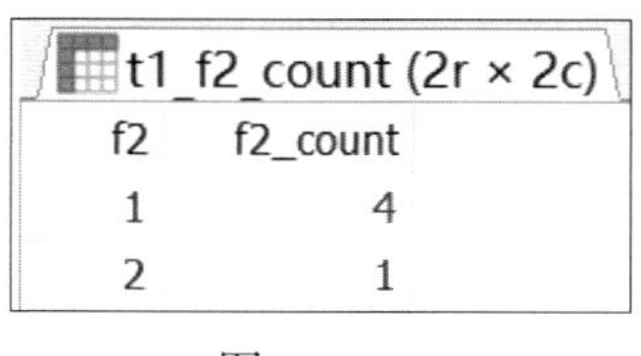

f2	f2_count
1	4
2	1

图 11-29

需要注意的是，数据查询结果生成的表中不会保存键（key）或其他约束（constrain）的定义。如果要提高这类表的查询性能，可以对指定的字段创建索引。

11.8 函数

SQL 标准中有众多的函数可以帮助使用者进行数据统计、类型转换、文本操作、日期和时间操作等一系列的工作，本节将介绍 MariaDB 数据库中的常用函数，这些函数在查询、计算，以及添加或修改数据时都可以灵活应用。

11.8.1 数学计算函数

SQL 中提供了 5 个基本的统计函数，分别是：

- max() 函数，返回数据集合中的最大值。
- min() 函数，返回数据集合中的最小值。
- sum() 函数，返回数据集合的和。
- avg() 函数，返回数据集合的平均数。计算时不包含 null 值。
- count() 函数，计数，在介绍分组时已有应用示例。

下面的代码用于计算 t1 表 f3 字段的平均数。

```
select avg(f3) from db1.t1;
```

数值截取函数如下：

- round(x,d) 函数，d 指定返回的小数位，多出的小数部分四舍五入。
- truncate(x,d) 函数，d 指定返回的小数位，多出的部分不会四舍五入。当 d 是负数时，可用于整数部分取整十整百等形式，如 truncate(123,-1) 返回 120，truncate(123,-2) 返回 100。
- floor(x) 函数，返回小于或等于 x 的最大整数。
- ceiling(x) 和 ceil(x) 函数，返回大于或等于 x 的最小整数。

此外，还有一些数学计算函数，如：

- abs() 函数，求绝对值。
- sign() 函数，判断数据是正数（1）、负数（-1）或零（0）。
- power(x,y) 和 pow(x,y) 函数，求 x 的 y 次方。
- pi() 函数，返回圆周率的值（3.141593）。
- 三角函数，如 sin()、tan() 等。

11.8.2 文本函数

length(s) 函数和 char_length(s) 函数判断 s 的字符数量，如果文本是 Unicode 编码，应使用 char_length() 函数；如果需要知道数据占用了多少位（bit），可以使用 bit_length() 函数。

在下面的代码中，可以看到使用 length() 函数判断中文字符数的结果。

```
select length('中国');
```

执行代码会显示 6，即两个汉字占用了 6 个字节。而 char_length() 函数则会返回实际的字符数量，如下面的代码。

```
select char_length('中国China');
```

执行代码会显示 7，正确地统计了汉字和英文字符的数量。

concat(s1,s2,...) 函数将参数中的多个数据合并为文本，如果参数中包含 null 值，则合并的结果也是 null。

下面的代码可以返回 t1 表中 f1、f2、f3 字段连接后的信息。

```
select concat(f1,',',f2,',',f3) from db1.t1;
```

查询结果见图 11-30。

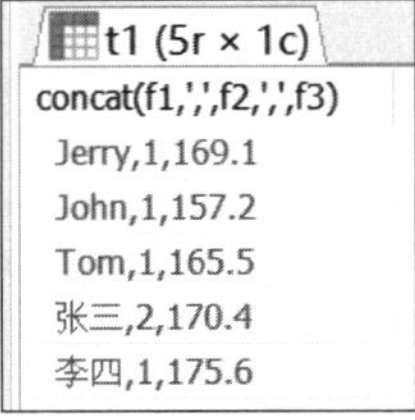
t1 (5r × 1c)

concat(f1,',',f2,',',f3)
Jerry,1,169.1
John,1,157.2
Tom,1,165.5
张三,2,170.4
李四,1,175.6

图 11-30

substring(s,p,n) 函数截取文本的一部分。在 s 中的 p 位置开始截取 n 个字符，这里的 p 指的是实际位置，1 表示第一个字符。如果需要截取文本开始部分或结束部分的内容，还可以使用 left() 或 right() 函数。如下面的代码就分别显示了这三个函数的使用。

```
select substring('abcdefg',2,3),
left('abcdefg',3),
right('abcdefg',3);
```

代码执行结果见图 11-31。

结果 #1 (1r × 3c)

substring('abcdefg',2,3)	left('abcdefg',3)	right('abcdefg',3)
bcd	abc	efg

图 11-31

upper() 和 ucase() 函数将文本中的字母转换为大写形式。lower() 和 lcase() 函数，将文本中的字母转换为小写形式。下面的代码演示了这几个函数的使用。

```
set @s = 'AB12ab';
select upper(@s),ucase(@s),lower(@s),lcase(@s);
```

代码执行结果见图 11-32。

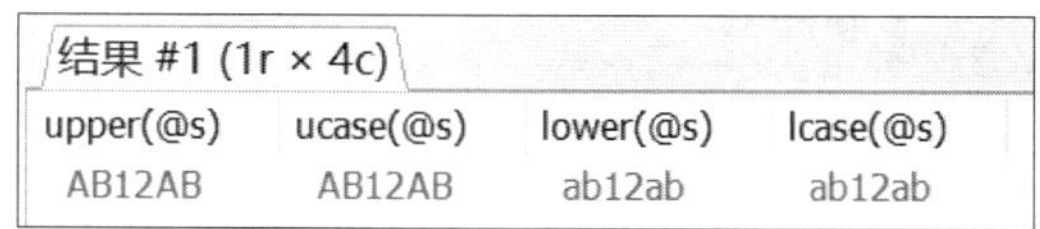

结果 #1 (1r × 4c)

upper(@s)	ucase(@s)	lower(@s)	lcase(@s)
AB12AB	AB12AB	ab12ab	ab12ab

图 11-32

trim() 函数删除文本开始和结束位置的空白字符。ltrim() 函数删除文本开始部分的空白字符，rtrim() 函数删除文本结束部分的空白字符。下面的代码演示了这三个函数的使用。

```
set @s = '    abc    ';
select trim(@s),ltrim(@s),rtrim(@s);
```

代码执行结果见图 11-33。

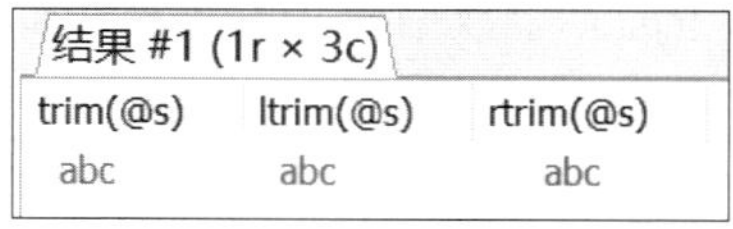

结果 #1 (1r × 3c)

trim(@s)	ltrim(@s)	rtrim(@s)
abc	abc	abc

图 11-33

locate(s,c) 函数查询 s 在 c 中第一次出现的位置，如下面的代码。

```
set @s = 'abcdefg';
select locate('cd',@s);
```

执行代码会显示 3，即 cd 在字符串中出现的位置是第 3 个字符。

11.8.3 日期和时间函数

获取服务器的当前日期和时间，可以使用以下几个函数。

- now() 函数获取系统的当前日期和时间，格式为 '2020-08-30 14:56:55'。
- curdate() 或 current_date() 函数获取系统的当前日期，格式为 '2020-08-30'。
- curtime() 或 current_time() 函数获取系统的当前时间，格式为 '14:56:55'。

获取时间的某一部分数据时，可以使用如下函数。

- year(date) 函数返回 date 中的年份。
- month(date) 函数返回 date 中的月份。需要显示月份的名称时可以使用 monthname() 函数。如“select monthname(now());”会显示系统当前日期的月份名称。
- day(date) 和 dayofmonth(date) 函数返回 date 是当月的第几天。
- dayofyear(date) 函数返回 date 是当年的第几天。
- hour(time) 函数返回 time 中的小时数据。
- minute(time) 函数返回 time 中的分钟数据。
- second(time) 函数返回 time 中的秒数据。
- weekday(date) 函数返回参数 date 是周几，其中，0 表示周一，1 表示周二，以此类推，6 则表示周日。如 weekday('2020-08-30') 返回 6。如果需要星期几的名称，可以使用 dayname() 函数，如“select dayname(now());”会显示系统当前时间星期几的名称。
- week(date,mode) 函数计算参数 date 是所在年份的第几周。mode 默认值为 0，表示周日是一周的第一天；设置为 1 时表示周一为一周的第一天。
- weekofyear(date) 函数计算参数 date 是所在年份的第几周，返回结果的范围是 1 ～ 53，与 week(date,1) 返回结果相同。

下面介绍几个关于日期和时间的计算函数。

adddate() 和 date_add() 函数用于在 date 上加上相应的日期和时间。下面的代码在指定的日期上加上 3 天。

```
select adddate('2020-08-30 15:35:58',interval 3 day);
```

代码返回结果为 '2020-09-02 15:35:58'。本例中，参数一指定了原始日期和时间数据；参数二设置了相加的数据，使用 interval 关键字开始，第二部分为操作数值，第三部分是操作单位及格式。

下面的代码将在指定日期时间添加 1 小时 15 分。

```
select adddate('2020-08-30 15:35:58',interval '01:15' hour_minute);
```

代码返回结果为 '2020-08-30 16:50:58'。

interval 关键字后的日期和时间格式如下：

- year，年份。
- quarter，季。
- month，月份。
- week，星期。
- day，天数。
- hour，小时。
- minute，分钟。
- second，秒数。
- year_month，年月，使用 'y-m' 格式。
- day_hour，天数和小时数，使用 'd h' 格式。
- day_minute，天数、时间（包括小时和分钟），使用 'd h:m' 格式。
- day_second，天数、时间（包括小时、分钟和秒），使用 'd h:m:s' 格式。

- hour_minute，小时和分钟，使用 'm:s' 格式。
- hour_second，时、分、秒，使用 'h:m:s' 格式。
- minute_second，分和秒，使用 'm:s' 格式。

subdate() 和 date_sub() 函数用于向前推算日期和时间，它们的应用与 adddate() 函数非常接近，只是 adddate() 是向后推算日期和时间。

addtime() 和 subtime() 函数用于向后或向前推算时间，不同的是，它们的第二个参数直接使用时间数据，如下面的代码。

```
select addtime('2020-08-30 15:35:58','01:15');
```

代码执行结果会显示 '2020-08-30 16:50:58'。

datediff(date1,date2) 函数返回两个日期之间的天数，不考虑时间部分。如果 date1 的日期比 date2 的日期晚，函数返回正数；如果 date1 的日期比 date2 的日期早，函数返回负数；如果日期相同则返回 0。下面的三条语句分别显示 1、0、-1。

```
select datediff('2020-08-30 15:35:58','2020-08-29 10:35:58');
select datediff('2020-08-30 15:35:58','2020-08-30 23:35:58');
select datediff('2020-08-29 15:35:58','2020-08-30 10:35:58');
```

timediff(time1,time2) 函数计算两个时间点相隔的时间，返回 time 格式数据，如 '01:25:39'。下面的代码演示了 timediff() 函数的应用。

```
select timediff('2020-08-30 15:35:58','2020-08-30 16:39:59');
```

执行代码后返回 '-01:04:01'，说明参数一比参数二早了 1 小时 4 分 1 秒。

date_format(date, format_str) 和 time_format(time,format_str) 函数，用于日期和时间数据的格式化。其中，参数一是需要格式化的数据，可以指定日期和时间数据；参数二指定格式化字符串，可以使用的格式化符有：

- %a，星期名称的简写形式。
- %b，月份名称的简写形式。
- %c，月份，1~12。
- %d，月份中的哪一天，00~31。
- %D，月份中的哪一天，带序数后缀。
- %e，月份中的哪一天，0~31。
- %f，毫秒。
- %h，小时，12 小时制，01~12。
- %H，小时，24 小时制，00~23。
- %i，分钟，00~59。
- %j，一年中的第几天，001~366。
- %k，小时，24 小时制，0~23。
- %l，小时，12 小时制，1~12。
- %m，月份，01~12。
- %M，月份名称。
- %p，AM 或 PM 字样。
- %r，时间数据，12 小时制，格式为 'hh:mm:ss AM|PM'。

- %s，秒。
- %S，秒数。
- %T，时间数据，24 小时制，格式为 'hh:mm:ss '。
- %u，一年中的第几周，周一作为一周的第一天。
- %U，一年中的第几周，周日作为一周的第一天。
- %v，一年中的第几周，周一作为一周的第一天，与 %x 配合使用。
- %V，一年中的第几周，周日作为一周的第一天，与 %X 配合使用。
- %w，星期几，0 表示星期日，1 表示星期一，以此类推。
- %W，星期名称。
- %x，四位年份，与 %v 配合使用。
- %X，四位年份，与 %V 配合使用。
- %y，两位年份。
- %Y，四位年份。

此外，如果在格式化的日期和时间数据中使用 % 符号，应使用 %% 转义。

下面的代码使用中文格式显示当前系统的日期。

```
select date_format(now(),'%Y 年 %m 月 %d 日 ');
```

代码执行结果见图 11-34。

结果 #1 (1r × 1c)
date_format(now(),'%Y年%m月%d日')
2020年12月28日

图　11-34

time_to_sec() 和 sec_to_time() 函数用于时间和数值之间的转换，可以在时间运算中使用，如下面的代码。

```
set @sec = time_to_sec('12:00:00');
select @sec,sec_to_time(@sec);
```

其中，time_to_sec() 函数返回时间距离零时的秒数，而 sec_to_time() 函数将距离零时的秒数转换为时间数据。代码执行结果见图 11-35。

结果 #1 (1r × 2c)

@sec	sec_to_time(@sec)
43,200	12:00:00

图　11-35

11.8.4　类型转换

数据类型之间的转换，可以使用如下两个函数：

- cast() 函数，格式为 cast(< 数据 > as < 目标类型 >)。
- convert() 函数，格式为 convert(< 数据 >,< 目标类型 >)。

下面的代码演示了这两个函数的使用。

```
select cast('123' as int),convert('abc',int);
```

代码执行结果见图 11-36。

结果 #1 (1r × 2c)

cast('123' as int)	convert('abc',int)
123	0

图 11-36

11.8.5 if() 和 ifnull() 函数

if(x,y,z) 函数与 PHP 中的 ?: 运算符很相似。当 x 的值为 true 时，函数返回 y 的值；当 x 的值为 false 时，函数返回 z 的值。下面的代码演示了 if() 函数的使用。

```
set @score = 85;
select if(@score>90,'合格','不合格');
```

可以修改 @score 变量的值来观察执行结果。

ifnull(x,y) 函数，x 的结果不为 null 时返回 x 的值，否则返回 y 的值。下面的代码演示了 ifnull() 函数的使用。

```
set @x = 10;
select ifnull(@x,99);
```

本例会返回 10，如果将 @x 变量设置为 null 值，则函数返回 99。

11.9 连接

示例的 t1 表和 t2 表中，使用 f1 字段创建了主键和外键的联系，如果需要将两个表的数据同时呈现，可以通过连接（join）来实现，如下面的代码。

```
use db1;

select A.*,B.*
from t1 as A join t2 as B on A.f1=B.f1;
```

查询结果见图 11-37。

t1 (6r × 10c)

f0	f1	f2	f3	f4	f5	f0	f1	f2	f3
1	Tom	1	165.5	tom@x.y	(NULL)	1	Tom	A01	100.23
1	Tom	1	165.5	tom@x.y	(NULL)	2	Tom	A02	23.11
1	Tom	1	165.5	tom@x.y	(NULL)	3	Tom	A03	155.01
2	张三	2	170.4	(NULL)	(NULL)	4	张三	A01	165.01
2	张三	2	170.4	(NULL)	(NULL)	5	张三	A03	122.35
4	John	1	157.2	(NULL)	(NULL)	6	John	A01	101.56

图 11-37

本例中，from 子句后是两个表的连接操作，首先将 t1 表的别名设置为 A，t2 表的别名设置为 B，然后使用 join 关键字连接两个表，on 关键字指定连接字段为两个表中的 f1。这里，表的别名可以在 select、where 等关键字后使用。

在下面的代码中，对于 t1 和 t2 表中含义相同的字段，只显示 t1 表中的数据，如 f1 字段。

```
use db1;

select A.*,B.f0 AS t2_f0,B.f2 AS t2_f2,B.f3 AS t2_f3
from t1 as A join t2 as B on A.f1=B.f1;
```

查询结果见图 11-38。

t1 (6r × 9c)

f0	f1	f2	f3	f4	f5	t2_f0	t2_f2	t2_f3
1	Tom	1	165.5	tom@x.y	(NULL)	1	A01	100.23
1	Tom	1	165.5	tom@x.y	(NULL)	2	A02	23.11
1	Tom	1	165.5	tom@x.y	(NULL)	3	A03	155.01
2	张三	2	170.4	(NULL)	(NULL)	4	A01	165.01
2	张三	2	170.4	(NULL)	(NULL)	5	A03	122.35
4	John	1	157.2	(NULL)	(NULL)	6	A01	101.56

图　11-38

下面的代码将不显示 f4 为空（null）的记录。

```
use db1;

select A.*,B.f0 AS t2_f0,B.f2 AS t2_f2,B.f3 AS t2_f3
from t1 as A join t2 as B on A.f1=B.f1
where A.f4 is not null;
```

查询结果见图 11-39。

t1 (3r × 9c)

f0	f1	f2	f3	f4	f5	t2_f0	t2_f2	t2_f3
1	Tom	1	165.5	tom@x.y	(NULL)	1	A01	100.23
1	Tom	1	165.5	tom@x.y	(NULL)	2	A02	23.11
1	Tom	1	165.5	tom@x.y	(NULL)	3	A03	155.01

图　11-39

从前面几个示例可以看到，只使用 join 关键字时，连接操作只会显示 t1（左表）在 t2（右表）中有关联数据的记录；如果需要显示 t1 表中的所有记录，可以在 join 关键字前加上 left 关键字，如下面的代码。

```
use db1;

select A.*,B.*
from t1 as A left join t2 as B on A.f1=B.f1;
```

查询结果中，在 t2 表中没有相关数据的 t1 表记录，t2 表字段都会显示为空值，见图 11-40。

t1 (8r × 10c)

f0	f1	f2	f3	f4	f5	f0	f1	f2	f3
1	Tom	1	165.5	tom@x.y	(NULL)	1	Tom	A01	100.23
1	Tom	1	165.5	tom@x.y	(NULL)	2	Tom	A02	23.11
1	Tom	1	165.5	tom@x.y	(NULL)	3	Tom	A03	155.01
2	张三	2	170.4	(NULL)	(NULL)	4	张三	A01	165.01
2	张三	2	170.4	(NULL)	(NULL)	5	张三	A03	122.35
4	John	1	157.2	(NULL)	(NULL)	6	John	A01	101.56
3	Jerry	1	169.1	jerry@x.y	(NULL)	(NULL)	(NULL)	(NULL)	(NULL)
5	李四	1	175.6	(NULL)	(NULL)	(NULL)	(NULL)	(NULL)	(NULL)

图 11-40

本节示例中，t1 表和 t2 表的关联字段同名，都使用 f1 字段；此时，可以不使用 on 关键字，而使用 using 关键字，如下面的代码。

```
use db1;
select A.*,B.* from t1 as A join t2 as B using(f1);
```

最后，两个表进行连接操作时，关联字段并不要求同名；如果两个表的关联字段不同名，则应使用 on 关键字进行关联。

11.10 联合

联合（union）操作，可以将多个查询结果按行合并，也就是将多个查询结果纵向组合。在下面的代码中，首先将 db1.t1 表中的 f2 为 1 的数据保存到 db2.t1 表中。

```
create table db2.t1
as
select * from db1.t1 where f2=1;
```

操作完成后，可以查看 db2.t1 表中的记录，见图 11-41。

t1 (4r × 6c)

f0	f1	f2	f3	f4	f5
3	Jerry	1	169.1	jerry@x.y	(NULL)
4	John	1	157.2	(NULL)	(NULL)
1	Tom	1	165.5	tom@x.y	(NULL)
5	李四	1	175.6	(NULL)	(NULL)

图 11-41

下面的代码通过 union 关键字合并 db1.t1 表和 db2.t1 表的查询结果。

```
select * from db1.t1
union
select * from db2.t1;
```

默认情况下，联合操作会自动过滤数据重复的记录，如果需要显示所有数据，可以在 union 关键字后加上 all 关键字，如下面的代码。

```
select * from db1.t1
union all
select * from db2.t1;
```

查询结果见图 11-42。

f0	f1	f2	f3	f4	f5
3	Jerry	1	169.1	jerry@x.y	(NULL)
4	John	1	157.2	(NULL)	(NULL)
1	Tom	1	165.5	tom@x.y	(NULL)
2	张三	2	170.4	(NULL)	(NULL)
5	李四	1	175.6	(NULL)	(NULL)
3	Jerry	1	169.1	jerry@x.y	(NULL)
4	John	1	157.2	(NULL)	(NULL)
1	Tom	1	165.5	tom@x.y	(NULL)
5	李四	1	175.6	(NULL)	(NULL)

图 11-42

db2.t1 表的数据源于 db1.t1 表，它们的基本结构是相同的，所以，字段并不会出现歧义。但是，如果两个查询结果来自不同结构、不同字段的数据源，就需要注意一些问题了，如：

- 需要注意多个 select 语句中返回字段的顺序。
- 如果多个 select 语句中返回的字段名或数据类型不一致，合并后的结果将使用第一个 select 语句中的字段名和数据类型。

11.11 视图

前面在使用连接、联合等查询时使用了比较复杂的查询语句，如果在工作时总是写这么长的语句会很麻烦，而且容易出错，此时，可以将这些语句定义为查询模板，即视图（view）。

下面的代码创建了一个名为 v_t1_t2 的视图，用于定义 t1 表和 t2 表的连接查询操作。

```
create view db1.v_t1_t2
as
select A.*,B.f2 as t2_f2,B.f3 as t2_f3
from db1.t1 as A left join db1.t2 as B on A.f1 = B.f1;
```

接下来，可以直接使用 v_t1_t2 视图作为查询数据源。如下面的代码就会返回 v_t1_t2 视图中的所有数据。

```
select * from db1.v_t1_t2;
```

查询结果见图 11-43。

f0	f1	f2	f3	f4	f5	t2_f2	t2_f3
1	Tom	1	165.5	tom@x.y	(NULL)	A01	100.23
1	Tom	1	165.5	tom@x.y	(NULL)	A02	23.11
1	Tom	1	165.5	tom@x.y	(NULL)	A03	155.01
2	张三	2	170.4	(NULL)	(NULL)	A01	165.01
2	张三	2	170.4	(NULL)	(NULL)	A03	122.35
4	John	1	157.2	(NULL)	(NULL)	A01	101.56
3	Jerry	1	169.1	jerry@x.y	(NULL)	(NULL)	(NULL)
5	李四	1	175.6	(NULL)	(NULL)	(NULL)	(NULL)

图 11-43

删除视图时，可以使用 drop view 语句，格式如下。

```
drop view <视图名称>;
```

第 12 章　PHP 中使用 MariaDB 数据库

本章介绍如何在 PHP 项目中使用 mysqli 扩展模块操作 MariaDB 数据库，需要在 php.ini 配置文件中将 extension=mysqli 前的分号删除（取消注释），以便启用 mysqli 模块，修改完成后注意重启 PHP 网站。

mysqli 模块可以操作 MySQL、MariaDB 等数据库，其中提供了一系列操作函数，并有面向对象的代码封装，接下来将主要介绍面向对象的操作方式，同时会介绍一些常用的操作函数。

12.1　连接和关闭数据库

创建一个新的数据库连接，可以使用 mysqli() 构造函数，参数包括：

- 服务器地址。
- 用户名。
- 密码。
- 数据库名称。
- 端口。
- socket。

除了端口为整数类型，其他参数都使用字符串类型。本书示例使用的数据库连接如下：

```
<?php
$db = new mysqli("127.0.0.1","root","DEV_Test123456","db1",3333);
echo $db->host_info;
$db->close();
?>
```

本例中，host_info 属性返回服务器信息，close() 方法会关闭数据库连接。执行代码会显示数据库服务器连接的基本信息，如“127.0.0.1 via TCP/IP”。

如果需要配置连接参数，可以参考如下代码。

```
PHP
<?php
$db = mysqli_init();
$db->options(MYSQLI_OPT_CONNECT_TIMEOUT,60);
$db->real_connect("127.0.0.1","root","DEV_Test123456","cdb_demo",3306);
echo $db->host_info;
$db->close();
?>
```

代码中，在创建数据库连接对象时，首先使用 mysqli_init() 函数创建 mysqli 对象；其次通过 options() 方法设置参数，方法需要参数标识和参数值；最后通过 real_connect() 方法打开数据库连接。options() 方法可使用的参数见表 12-1。

表 12-1 mysqli 数据库连接参数

配置参数	说明
MYSQLI_OPT_CONNECT_TIMEOUT	连接超时设置，以秒为单位
MYSQLI_OPT_LOCAL_INFILE	启用或禁用 LOAD LOCAL INFILE 语句
MYSQLI_INIT_COMMAND	成功建立连接之后要执行的 SQL 语句
MYSQLI_READ_DEFAULT_FILE	从指定的文件中读取选项，不使用数据库默认配置文件（如 my.ini 文件）
MYSQLI_READ_DEFAULT_GROUP	从配置文件读取指定的组的选项
MYSQLI_SERVER_PUBLIC_KEY	SHA-256 认证模式下，要使用的 RSA 公钥文件
MYSQLI_OPT_SSL_VERIFY_SERVER_CERT	SSL 连接的身份验证凭证

实际工作中，因为网络故障、参数设置等问题可能造成数据库服务器连接失败，此时，可以使用 mysqli 对象的 connect_errno 属性获取数据库连接的错误代码，使用 connect_error 属性获取数据库连接的错误信息等。在下面的代码中，修改 mysqli() 构造函数的参数，并观察连接错误信息。

```
<?php
$db = @new mysqli("127.0.0.1","root","DEV_Test123456","dbX",3333);
if($db->connect_errno!=0){
    echo "数据库连接失败","<br>";
    echo $db->connect_error;
    exit;
}
// 数据操作
echo $db->host_info;
$db->close();
?>
```

代码中设置了一个不存在的数据库 dbX，并使用了错误抑制符 @。这里，数据库连接不会成功，代码通过 mysqli 对象的 connect_errno 属性获取了错误代码。如果数据库连接成功，connect_errno 属性值返回 0，如果是非 0 则表示连接失败。

本例会显示“数据库连接失败”，以及使用 connect_error 属性返回的连接失败的具体原因。代码执行结果见图 12-1。

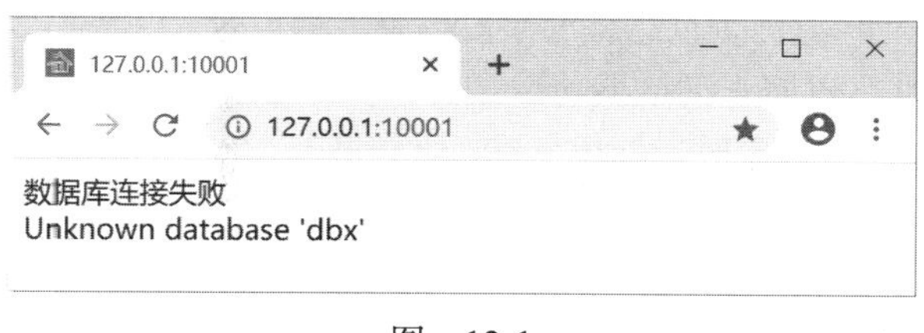

图 12-1

在接下来的示例中，为了突出主要的功能，将不包含错误处理代码，但在实际工作中，为了代码的健壮性、人机交互的有效性以及对用户的友好性，还是应该对可能的操作错误进行合理处理。

12.2　执行 SQL 并获取查询结果

PHP 中，可以使用 mysqli 对象的 real_query() 方法执行 SQL，参数指定执行的 SQL 语句；执行成功时，方法返回 true，否则返回 false。如果产生错误，可以使用 mysqli 对象的 errno 属性获取错误代码，使用 error 属性获取错误的具体描述。

需要返回查询结果时，可以使用 mysqli 对象的 query() 方法，方法的参数指定一个查询语句。如下面的代码会读取 t1 表中的 5 条记录。

```
<?php
$db = new mysqli("127.0.0.1","root","DEV_Test123456","db1",3333);
$result = $db->query("select * from t1 limit 5");

while($row = $result->fetch_row())
{
   foreach($row as $field) echo $field,",";
   echo "<br>";
}
// 关闭查询结果
$result->free();
// 关闭数据库
$db->close();
?>
```

代码执行结果见图 12-2。

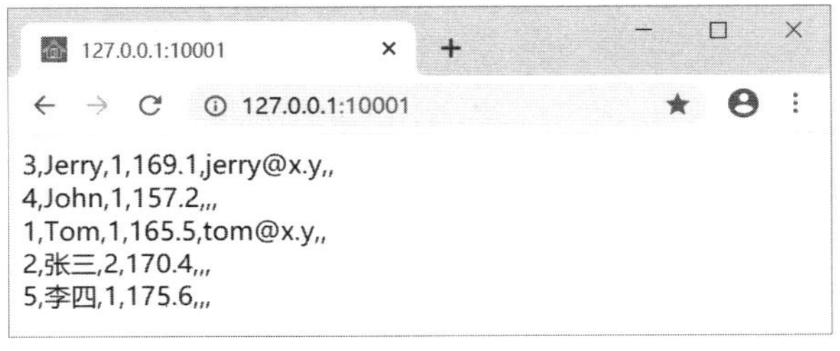

图　12-2

本例使用 query() 方法执行 SQL，返回的结果（$result）为 mysqli_result 对象。以下两个属性可以获取查询结果中的字段和记录数量。

- field_count 属性，返回查询结果的字段数量，即列数。
- num_rows 属性，返回查询结果的记录数量，即行数。

处理查询结果 $result 对象时，使用 while 语句循环访问了所有记录，并分行显示全部字段的数据，每个字段数据后使用一个逗号分隔，这样，在每行最后都会多一个逗号。

mysqli_result 对象中的 fetch_row() 方法会读取一行数据，没有可用记录时会返回 null 值，否则返回一个数组。数组成员的键使用从 0 开始的数值索引。如下面的代码就是通过索引值访问字段数据。

```
<?php
$db = new mysqli("127.0.0.1","root","DEV_Test123456","db1",3333);
$result = $db->query("select * from t1 limit 5");
```

```
while($row = $result->fetch_row())
{
    for($i=0;$i<$result->field_count;$i++)
    {
            echo $row[$i],",";
    }
    echo "<br>";
}
// 关闭查询结果
$result->free();
// 关闭数据库
$db->close();
?>
```

代码返回结果与图 12-2 相同。

mysqli_result 对象中，fetch_row() 方法返回的数据数组使用了数值索引，如果需要使用字段名索引的数据数组，可以使用 fetch_assoc() 方法。如下面的代码会显示字段名和字段数据。

```
<?php
$db = new mysqli("127.0.0.1","root","DEV_Test123456","db1",3333);
$result = $db->query("select * from t1 limit 5");
while($row = $result->fetch_assoc())
{
    foreach(array_keys($row) as $key)
    {
            echo $key,"=",$row[$key],",";
    }
    echo "<br>";
}
// 关闭查询结果
$result->free();
// 关闭数据库
$db->close();
?>
```

代码执行结果见图 12-3。

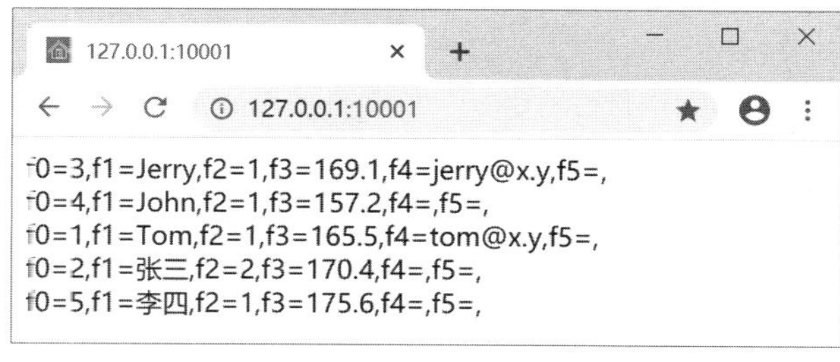

图　12-3

前面的示例中，mysqli 对象的 query() 方法执行 SQL 语句时，只使用了第一个参数指定执行的 SQL；方法还可以使用第二个参数指定读取数据的缓存模式，默认值是 MYSQLI_STORE_RESULT，数据会完全缓存到内存，如果数据量不大，这样是比较高效的。如果读取的数据量比较大，可以根据需要从数据库读取数据，此时，query() 方法的第二个参数使用 MYSQLI_USE_RESULT 值。

此外，使用 query() 方法执行 SQL 语句时的错误信息，同样可以使用 mysqli 对象中的 errno 和 error 属性分别获取错误代码和错误描述。

使用 mysqli_result 对象读取查询的数据时，除了 fetch_row() 和 fetch_assoc() 方法，还可以使用 fetch_array() 和 fetch_all() 方法，它们都可以通过一个参数指定返回数据数组的格式，可用的参数值包括：

- MYSQLI_NUM，返回以数字为索引的数据数组，这是 fetch_row() 方法的返回类型，也是 fetch_all() 方法的默认选项。
- MYSQLI_BOTH，同时返回数字和字段名索引的数据数组，这是 fetch_array() 方法的默认选项。
- MYSQLI_ASSOC，返回字段名为索引的数组，这是 fetch_assoc() 方法的返回类型。

需要更多的字段信息时，可以使用 mysqli_result 对象的 fetch_fields() 方法，它会返回一个包含字段信息的数组，每一个数组成员分别是包含了字段信息的对象，可以通过以下属性获取字段信息：

- name，返回的字段名或别名。
- orgname，如果返回的字段名使用了别名，将返回原始名称。
- table，返回的表名。
- orgtable，如果返回的表名使用了别名，将返回原始表名。
- def，字段的默认值，目前只返回空字符串。
- db，数据库名称。
- catalog，返回“def”值。
- max_length，返回数据最大长度。
- length，返回数据长度。
- charsetnr，字符集。
- flags，整数类型，字段的位标识（bit-flag）。
- type，数据类型。
- decimals，小数位。

下面的代码演示了如何使用 fetch_fields() 方法读取 t1 表的字段信息。

```
<?php
$db = new mysqli("127.0.0.1","root","DEV_Test123456","db1",3333);
$result = $db->query("select * from t1 limit 5");
$fields = $result->fetch_fields();
for($i=0;$i<count($fields);$i++)
{
   $field = $fields[$i];
   echo "<p>";
   echo "Name:",$field->name,"<br>";
   echo "Type:",$field->type,"<br>";
   echo "Length:",$field->length;
   echo "</p>";
}
// 关闭查询结果
$result->free();
// 关闭数据库
```

```
$db->close();
?>
```

执行代码会显示 t1 表中所有字段的名称、类型和长度。其中，判断字段的类型（type 属性），可以参考表 12-2 中的常量。

表 12-2　mysqli 字段类型常量

常　　量	MariaDB 数据类型
MYSQLI_TYPE_BIT	BIT
MYSQLI_TYPE_TINY	TINYINT
MYSQLI_TYPE_SHORT	SMALLINT
MYSQLI_TYPE_LONG	INT
MYSQLI_TYPE_INT24	MEDIUMINT
MYSQLI_TYPE_LONGLONG	BIGINT
MYSQLI_TYPE_FLOAT	FLOAT
MYSQLI_TYPE_DOUBLE	DOUBLE
MYSQLI_TYPE_DECIMAL	DECIMAL
MYSQLI_TYPE_NEWDECIMAL	DECIMAL 或 NUMERIC 类型
MYSQLI_TYPE_VAR_STRING	VARCHAR
MYSQLI_TYPE_STRING	STRING
MYSQLI_TYPE_CHAR	CHAR
MYSQLI_TYPE_NULL	DEFAULT NULL
MYSQLI_TYPE_TIMESTAMP	TIMESTAMP
MYSQLI_TYPE_DATE	DATE
MYSQLI_TYPE_TIME	TIME
MYSQLI_TYPE_DATETIME	DATETIME
MYSQLI_TYPE_YEAR	YEAR
MYSQLI_TYPE_NEWDATE	DATE
MYSQLI_TYPE_INTERVAL	INTERVAL
MYSQLI_TYPE_ENUM	ENUM
MYSQLI_TYPE_SET	SET
MYSQLI_TYPE_TINY_BLOB	TINYBLOB
MYSQLI_TYPE_MEDIUM_BLOB	MEDIUMBLOB
MYSQLI_TYPE_LONG_BLOB	LONGBLOB
MYSQLI_TYPE_BLOB	BLOB
MYSQLI_TYPE_GEOMETRY	GEOMETRY

12.3　处理多个查询结果

有时候，一次查询可能返回多个结果，此时，可以依次读取。如下面的代码就是读取 t1 表和 t2 表中关于 f1 等于“张三”的所有数据。

```
<?php
$db = new mysqli("127.0.0.1","root","DEV_Test123456","db1",3333);
$sql = "select * from t1 where f1='张三';select * from t2 where f1='张三';";
//
if($db->multi_query($sql))
{
   $counter=1;
   do{
           echo "<h3>查询结果".($counter++)."</h3>";
           $result=$db->store_result();
           while($row=$result->fetch_row())
           {
                   foreach($row as $field) echo $field,",";
                   echo "<br>";
           }
           $result->free();
   }while($db->next_result());
}
// 关闭数据库
$db->close();
?>
```

代码执行结果见图 12-4。

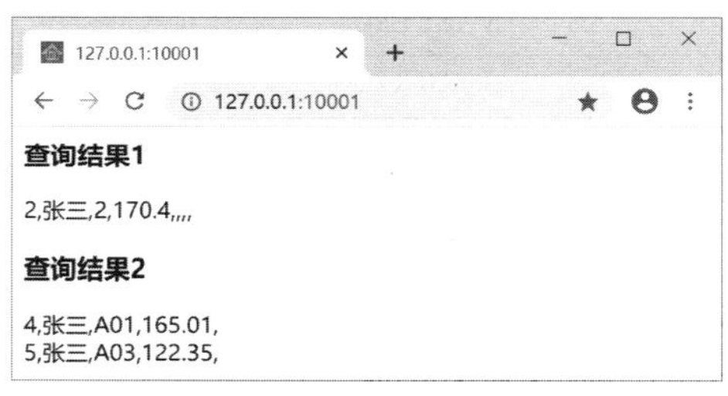

图 12-4

本例中，在读取多个查询结果时使用了 mysqli 对象的几个方法，如：

- multi_query() 方法，参数为需要执行的 SQL 语句，本例使用了两个 select 语句。方法成功执行第一个 SQL 后会返回 true，否则返回 false。
- store_result() 方法，读取缓存中的查询数据集合，返回 mysqli_result 对象。
- next_result() 方法，读取下一个数据集合，操作成功返回 true，否则返回 false。

12.4 语句预备与参数

PHP 代码中，直接使用 SQL 语句操作数据库是很方便的，同时也有很大的灵活性。不过，在一些应用场景中也会存在问题，例如对文本数据的操作，可能需要将多个文本组合为 SQL 语句，这样就存在 SQL 注入的风险，避免此风险最简单的方法之一是使用参数传递数据。

先来看一个语句预备和参数的示例。下面代码的功能是向 t1 表添加两条记录。

```
<?php
$db = new mysqli("127.0.0.1","root","DEV_Test123456","db1",3333);
```

```
$stmt = $db->prepare( "insert into t1(f1,f2,f3,f5) values(?,?,?,?)" );
$stmt->bind_param( "sids" ,$f1,$f2,$f3,$f5);
// 添加第一条记录
$f1=' 王二 ';
$f2=1;
$f3=169.1;
$f5=' 2020-10-03 11:23:56' ;
$stmt->execute();
// 添加第二条记录
$f1=' 刘五 ';
$f2=1;
$f3=171.9;
$f5=' 2020-10-03 10:33:55' ;
$stmt->execute();
//
$stmt->close();
// 关闭数据库
$db->close();
//
echo " 操作完成 ";
?>
```

如果页面显示"操作完成"表示已成功添加记录，可以通过 HeidiSQL 查看 t1 表的记录，如图 12-5 所示。

```
1 SELECT * FROM db1.t1;
```

t1 (7r × 6c)

f0	f1	f2	f3	f4	f5
3	Jerry	1	169.1	jerry@x.y	(NULL)
4	John	1	157.2	(NULL)	(NULL)
1	Tom	1	165.5	tom@x.y	(NULL)
36	刘五	1	171.9	(NULL)	2020-10-03 10:33:55
2	张三	2	170.4	(NULL)	(NULL)
5	李四	1	175.6	(NULL)	(NULL)
35	王二	1	169.1	(NULL)	2020-10-03 11:23:56

图　12-5

本例首先演示了语句预备和参数的应用，主要使用了 mysqli_stmt 类，它是由 mysqli 对象的 prepare() 方法生成，参数是一条 SQL 语句，其中使用问号（?）作为数据参数的占位符。

其次使用了 mysqli_stmt 对象的 bind_param() 方法绑定参数变量，方法的第一个参数是一个字符串，其内容是按参数定义的顺序标识的数据类型，可以使用的字符包括：

- i 表示整数。
- d 表示浮点数。
- s 表示字符串。本例中，对于日期和时间（datetime）类型的数据，同样需要使用 s 字符。
- b 表示 blob 数据。

通过 bind_param() 方法绑定参数变量后，可以对变量进行赋值，并通过 mysqli_stmt 对象的 execute() 方法执行语句。

最后使用 mysqli_stmt 对象的 close() 方法关闭语句预备对象。

在下面的代码中使用语句预备读取数据。

```
<?php
$db = new mysqli("127.0.0.1","root","DEV_Test123456","db1",3333);
$stmt = $db->prepare("select f0,f1,f2,f3,f4,f5 from t1 where f0 between ? and ?;");
$stmt->bind_param("ii",$param1,$param2);
//
$param1 = 1;
$param2 = 5;
$stmt->execute();
$stmt->bind_result($f0,$f1,$f2,$f3,$f4,$f5);
while($stmt->fetch())
{
    echo "{$f0},{$f1},{$f2},{$f3},{$f4},{$f5}<br>";
}
//
$stmt->close();
// 关闭数据库
$db->close();
?>
```

代码执行结果见图 12-6。

图 12-6

本例使用 mysqli_stmt 对象的 bind_result() 方法设置读取数据的变量，这里按顺序返回 f0、f1、f2、f3、f4 和 f5 字段，并使用同名的变量。绑定变量后，使用 mysqli_stmt 对象的 fetch() 方法逐一读取查询结果的每一条记录，记录中的数据可以通过绑定的变量读取。

如果需要使用 mysqli_result 对象处理返回的数据，可以使用 mysqli_stmt 对象中的 get_result() 方法返回 mysqli_result 对象，如下面的代码。

```
<?php
$db = new mysqli("127.0.0.1","root","DEV_Test123456","db1",3333);
$stmt = $db->prepare("select f0,f1,f2,f3,f4,f5 from t1 where f0 between ? and ?;");
$stmt->bind_param("ii",$param1,$param2);
//
$param1 = 1;
$param2 = 5;
$stmt->execute();
$result = $stmt->get_result();
while($row = $result->fetch_row())
{
    foreach($row as $field) echo $field,",";
```

```
    echo "<br>";
}
//
$stmt->free_result();
$stmt->close();
// 关闭数据库
$db->close();
?>
```

代码执行结果见图 12-7。

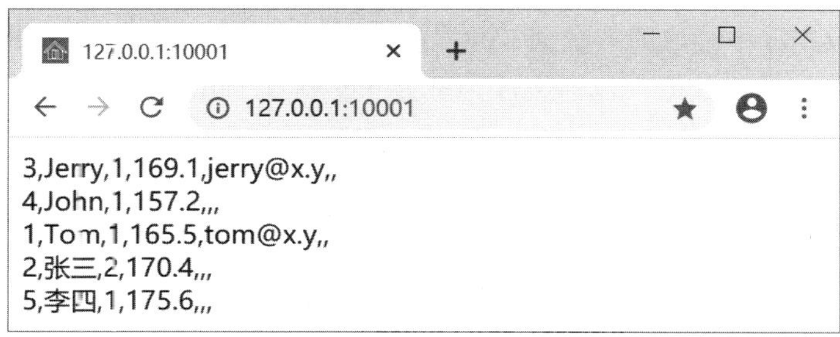

图　12-7

在使用 mysqli_stmt 对象时，还可以通过一些属性获取操作相关的信息，如：

- errno，最后一次执行 SQL 的错误代码。
- error，最后一次执行 SQL 的错误信息。
- error_list，返回错误信息数组。
- affected_rows，最后一次添加、修改或删除操作影响的记录数量。
- field_count，字段数量。
- insert_id，最后一次执行 insert 语句添加的 ID 数据。
- num_rows，记录数。
- param_count，参数数量。

12.5　将文件保存到 blob 字段

MariaDB 数据库中，blob 类型的字段会使用文本形式保存字节数据。实际应用中，如果文件需要保存到数据库进行统一管理，就可以使用 blob 系列类型。

首先，在 t1 表中添加 f6 字段，类型定义为 longblob，可以在 HeidiSQL 中执行下列代码。

```
alter table db1.t1
add column f6 longblob;
```

下面的代码会将 $path 变量指定的文件保存到 t1 表中 f1 等于“Tom”的记录中的 f6 字段。

```
<?php
// 准备好写入的文件
$path = "d:\\file1.png";
//
$db = new mysqli("127.0.0.1","root","DEV_Test123456","db1",3333);
```

```
$stmt = $db->prepare("update t1 set f6=? where f1='Tom';");
$stmt->bind_param("s",$data);
$data = addslashes(file_get_contents($path));
//
$stmt->execute();
$stmt->close();
$db->close();
echo "操作完成";
?>
```

执行代码前，需要准备一个 png 图片文件，并指定正确的路径，操作成功后，可以参考下面的代码从数据库中读取图片数据，并通过浏览器发送到客户端，这里使用 header() 函数定义了页面相关的报文数据，包括文件类型为 png 图片（image/png），指定发送文件名为 file1.png，并以附件形式发送。

```
<?php
$db = new mysqli("127.0.0.1","root","DEV_Test123456","db1",3333);
$result = $db->query("select f6 from t1 where f1='Tom';");
if($row = $result->fetch_row())
{
   header("Content-type:image/png");
   header("Content-Disposition: attachment; filename=file1.png");
   echo stripslashes($row[0]);
}
// 关闭查询结果
$result->free();
// 关闭数据库
$db->close();
?>
```

将文件内容保存到数据库时，应注意对于字符的转义和反转义操作。通过 addslashes() 函数可以对写入数据库的文本内容中的特殊字符进行转义。从数据库中读取内容后，需要使用 stripslashes() 函数进行反转义，以获取正确的文件字节信息。

12.6 处理事务

数据库中，事务（transaction）是指一系列工作组成的任务单元。关于事务的典型示例就是转账操作，如 A 账户转账给 B 账户 100 元，就需要从 A 账户中扣除 100 元，并在 B 账户中增加 100 元，这两项操作缺一不可。

接下来介绍如何在 PHP 代码中执行事务。首先了解几个 mysqli 对象中处理事务的主要方法。

begin_transaction($flag,$name) 方法，开始一个新的事务。其中，参数 $flag 为事务执行标识，默认值为 0；参数 $name 为保存点名称，同样为可选参数。其中，$flag 的可选值常量包括：

- MYSQLI_TRANS_START_READ_ONLY，只读模式。
- MYSQLI_TRANS_START_READ_WRITE，可以修改和读取数据。
- MYSQLI_TRANS_START_WITH_CONSISTENT_SNAPSHOT，一致性快照模式。

commit() 方法，提交事务，将事务中的操作结果写入数据库。rollback() 方法，回滚事务，取消事务中的所有操作。下面的代码会启动一个事务，并在 t1 表中添加两条记录。

```
<?php
$db = new mysqli("127.0.0.1","root","DEV_Test123456","db1",3333);
$db->begin_transaction(MYSQLI_TRANS_START_READ_WRITE);
@$db->query("insert into t1(f1,f2,f3)values('Maria',2,138.5);");
if($db->errno! = 0)
{
   $db->rollback();
   echo " 事务已回滚 ";
}
else
{
   @$db->query("insert into t1(f1,f2,f3)values('Maria',2,159.6);");
   if($db->errro == 0)
   {
          $db->commit();
          echo " 事务已提交 ";
   }
   else
   {
          $db->rollback();
          echo " 事务已回滚 ";
   }
}
// 关闭数据库
$db->close();
?>
```

执行代码会显示“事务已回滚”，因为添加的两条记录中，f1 字段的数据都是 Maria，但 f1 字段定义为主键，所以，它的数据是不能重复的。如果将第二条 insert 语句中的 Maria 修改为 Mary，再次执行会显示“事务已提交”，此时，两条记录成功添加到 t1 表中。

12.7　获取新记录的 ID 值

使用 mysqli 对象或 mysqli_stmt 对象的 insert_id 属性，可以获取最后一个成功执行的 insert 语句生成的记录 ID 值。此外，使用 MariaDB 中的 last_insert_id() 函数也可以获取新生成的记录 ID，下面分别介绍。

首先是使用 mysqli 对象，执行 insert 语句后使用 insert_id 属性获取新的 ID 数据，如下面的代码。

```
<?php
$db = new mysqli("127.0.0.1","root","DEV_Test123456","db1",3333);
$db->begin_transaction(MYSQLI_TRANS_START_READ_WRITE);
@$db->query("insert into t1(f1,f2,f3)values('User01',2,138.5);");
echo $db->insert_id;
$db->commit();
// 关闭数据库
$db->close();
?>
```

本例中使用一个事务处理添加记录的操作，其中使用 mysqli 对象的 insert_id 属性显示新记录的 ID；如果页面显示一个大于 0 的整数说明操作成功，这个整数就是新记录的 ID 值。

然后使用 mysqli_stmt 对象中的 insert_id 属性获取新记录的 ID 值，如下面的代码所示。

```
<?php
$db = new mysqli("127.0.0.1","root","DEV_Test123456","db1",3333);
$db->begin_transaction(MYSQLI_TRANS_START_READ_WRITE);
$stmt = $db->prepare("insert into t1(f1,f2,f3)values(?,?,?);");
$stmt->bind_param("sid",$f1,$f2,$f3);
$f1="User02";
$f2=1;
$f3=168.9;
$stmt->execute();
echo $stmt->insert_id;
$db->commit();
$stmt->close();
// 关闭数据库
$db->close();
?>
```

代码成功执行后同样会显示一个大于 0 的整数，即新记录的 ID 值。

下面的代码使用 MariaDB 数据库的 last_insert_id() 函数获取新记录的 ID 值。

```
<?php
$db = new mysqli("127.0.0.1","root","DEV_Test123456","db1",3333);
$db->begin_transaction(MYSQLI_TRANS_START_READ_WRITE);
$db->query("insert into t1(f1,f2,f3)values('User03',1,158.5);");
$result = $db->query("select last_insert_id();");
if($row = $result->fetch_row())
{
   echo $row[0];
}
$db->commit();
// 关闭数据库
$db->close();
?>
```

成功添加记录后同样会显示一个整数，即新记录的 ID 值。

第 13 章　图形图像

本章介绍如何在 PHP 中使用 gd2 扩展模块处理图形图像，首先需要在 php.ini 配置文件中启用 gd2 模块，找到“ extension=gd2”，并删除前面的分号，即去掉注释。修改配置参数后需要重启 PHP 网站。

PHP 8 中，Windows 系统下的 gd2 库文件名由 php_gd2.dll 变为 php_gd.dll，相应的配置参数也变为“extension=gd”。

在页面中调用 phpinfo() 函数，并查询 gd，可以看到当前环境中 gd 模块的支持信息。也可以使用 gd_info() 函数查看 gd 模块信息，此函数会返回包含 gd 模块信息的数组。

13.1　创建图像

创建图像时，可以使用一系列 imagecreateXXX() 函数，如：

- imagecreatefrombmp() 函数，从本地或 URL 文件读取位图对象。
- imagecreatefromgd2() 函数，从本地或 URL 文件读取 gd2 图像。
- imagecreatefromgif() 函数，从本地或 URL 文件读取 gif 图像。
- imagecreatefromjpeg() 函数，从本地或 URL 文件读取 jpeg 图像。
- imagecreatefrompng() 函数，从本地或 URL 文件读取 png 图像。
- imagecreatefromstring() 函数，从字符串读取图像数据。可以通过 file_get_contents() 函数读取文件内容，然后通过读取的数据创建图形对象，函数会自动识别图片类型。
- imagecreatetruecolor() 函数，创建真彩图像。

创建一张空白图像时，可以从 imagecreatetruecolor() 函数开始，定义如下。

```
imagecreatetruecolor( int $width, int $height) : resource
```

参数中需要指定图像的宽度和高度，单位为像素。下面的代码创建了一张蓝色的矩形 png 图片。

```
<?php
// 创建图像
$img = imagecreatetruecolor(400,300);
// 填充为蓝色
$blue = imagecolorallocate($img,0,0,255);
imagefill($img,0,0,$blue);
// 显示为 png 图片
header('Content-type:image/png');
imagepng($img);
// 释放图像
imagedestroy($img);
?>
```

代码中，创建图像对象后，首先使用 imagecolorallocate() 函数创建需要使用的颜色，函数定义如下。

```
imagecolorallocate(resource $image, int $red, int $green, int $blue) : int
```

imagecolorallocate() 函数会根据图像对象的调色板创建 RGB 颜色，其中，参数 $image 为图像对象，参数 $red、$green 和 $blue 分别指定 RGB 颜色中的红色（R）、绿色（G）和蓝色（B）值，取值范围为 0 ~ 255。

如果需要使用包含透明度的颜色，可以使用 imagecolorallocatealpha() 函数，其定义如下。

```
imagecolorallocatealpha(resource $image, int $red, int $green, int $blue, int
$alpha) : int
```

相比 imagecolorallocate() 函数，这里多了 $alpha 参数，用于设置透明度（alpha），取值范围为 0（完全不透明）~ 127（完全透明）。

imagefill() 函数用于填充一个区域，其定义如下。

```
imagefill(resource $image, int $x, int $y, int $color) : bool
```

其中，参数 $image 指定图像对象，参数 $x 和 $y 指定一个点的 X 和 Y 坐标，参数 $color 指定颜色。函数会将指定位置的相邻区域（相同颜色）都填充为指定的颜色。

imagepng() 函数将图像保存为 png 格式图片，其定义如下。

```
imagepng(resource $image[, string $filename]) : bool
```

其中，参数 $image 指定图像对象，参数 $filename 可以指定保存的图片文件路径，如果不指定，图像数据会发送到默认输出流，在页面中就是发送到客户端。

imagedestroy() 函数用于释放图像对象，参数为需要释放的图像对象。

示例中，header() 函数会在页面中发送一个头信息，说明页面内容的 MIME 类型为 png 图片（image/png）。

创建图像对象后，还可以使用 imagesx() 和 imagesy() 函数，分别获取图像的宽度和高度，它们的参数都是 imagecreateXXX() 系列函数创建的图像对象。返回值为整数类型。

imageantialias() 函数设置图像是否使用抗锯齿（antialias）功能（不支持透明度）。参数一为图像对象，参数二为 bool 类型，指定是否启用抗锯齿功能。操作成功返回 true，否则返回 false。

此外，获取图片文件的信息时，可以使用 getimagesize() 函数，它需要图片文件的路径作为参数。函数会返回一个包含图片信息的数组，读取信息失败时返回 false。返回的数组中，可以使用索引获取相应的数据，如：

- 索引 0，图像的宽度，单位为像素。
- 索引 1，图像的高度，单位为像素。
- 索引 2，图像的格式。如 gif（1）、jpeg（2）、png（3）等。
- 索引 3，类似“width= "n" height= "n" ”格式的字符串。
- 索引 bits，图像的颜色位，如 8、16、24 等。
- 索引 channels，图像颜色通道数，如 RGB（3）、CMYK（4）等。
- 索引 mime，图像的 MIME 类型，如 image/png、image/jpeg 等。

13.2　图像输出和保存

前面的示例中使用 imagepng() 函数将图像保存为 png 图片，实际应用中，可以通过一系列的函数将图像保存为各种格式的图片，如：

- imagepng() 函数，以 png 格式输出图片到浏览器或文件。MIME 类型为 image/png。
- imagejpeg() 函数，以 jpeg 格式输出图片到浏览器或文件。MIME 类型为 image/jpeg。
- imagebmp() 函数，以位图格式输出图片到浏览器或文件。MIME 类型为 image/bmp。
- imagegif() 函数，以 gif 格式输出到浏览器或文件。MIME 类型为 image/gif。
- imagegd2() 函数，以 gd2 图像格式输出到浏览器或文件。
- imagegd() 函数，以 gd 图像格式输出到浏览器或文件。

应用这些函数时，如果不指定函数的第二个参数，可以很方便地将图像数据发送到当前输出流，在页面中通过当前会话发送到客户端；也可以在第二个参数中指定路径，将图片保存到文件。

了解了图像对象的创建、图片文件的读取和保存等操作，下面再了解一些基本的图形绘制操作。

13.3　图形绘制

处理图像时，像素是基本的处理单位，定位时包含了水平方向的 X 坐标和垂直方向的 Y 坐标，而坐标系的原点，即坐标为（0,0）的位置在图像的左上角。

绘制一个像素点时，可以使用 imagesetpixel() 函数，定义如下。

```
imagesetpixel(resource $image, int $x, int $y, int $color) : bool
```

下面的代码使用 imagesetpixel() 函数绘制一个红色的像素点。

```
<?php
// 创建图像
$img = imagecreatetruecolor(400,300);
//
$white = imagecolorallocate($img,255,255,255);
$red = imagecolorallocate($img,255,0,0);
// 底色为白色
imagefill($img,0,0,$white);
// 绘制像素
imagesetpixel($img,200,150,$red);
// 显示为 png 图片
header('Content-type:image/png');
imagepng($img);
// 释放图像
imagedestroy($img);
?>
```

13.3.1　绘制基本图形

绘制基于线条的图形，可以定义线条的一些属性，如使用 imagesetstyle() 函数设置线条的样式，使用 imagesetthickness() 函数设置线条的尺寸。

imageline() 函数用于绘制一条线段，定义如下。

```
imageline(resource $image, int $x1, int $y1, int $x2, int $y2, int $color) :
bool
```

其中，参数 $image 指定为图像对象；参数 $x1 和 $y1 指定线段起点坐标；参数 $x2 和 $y2 指定线段终点坐标；参数 $color 指定线段的颜色。

下面的代码分别绘制了三条不同的线段。

```
<?php
// 创建图像
$img = imagecreatetruecolor(400,300);
//
$white = imagecolorallocate($img,255,255,255);
$red = imagecolorallocate($img,255,0,0);
$blue = imagecolorallocate($img,0,0,255);
//
imagefill($img,0,0,$white);
//
imageline($img,10,10,200,10,$blue);
//
imagesetstyle($img,array($red,$red,$white,$blue,$blue,$white));
imageline($img,10,30,200,30,IMG_COLOR_STYLED);
//
imagesetthickness($img,9);
imageline($img,10,60,200,60,$blue);
// 显示为 png 图片
header('Content-type:image/png');
imagepng($img);
// 释放图像
imagedestroy($img);
?>
```

代码绘制的三条线段见图 13-1。

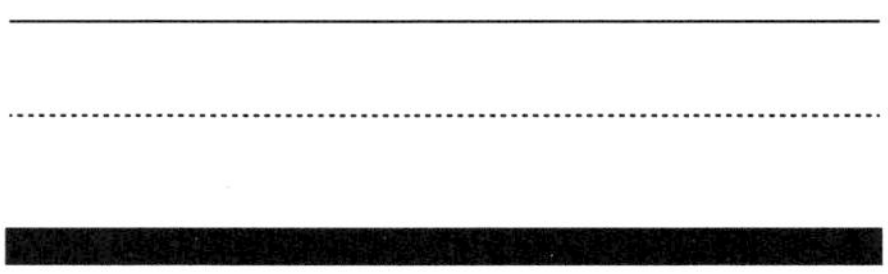

图　13-1

第一条线段使用 imageline() 函数直接绘制了一条蓝色的线。

绘制第二条线段时，先使用 imagesetstyle() 函数定义线条的样式，函数定义如下。

```
imagesetstyle(resource $image, array $style) : bool
```

其中，参数 $image 为图像对象；参数 $style 使用了一个颜色数组，它指定了一个颜色模式，示例中定义的模式为“红、红、白、蓝、蓝、白”，如果线条比较长，会循环使用此模式进行绘制。

需要注意的是，在 imageline() 函数中，如果使用指定的样式绘制线段，$color 参数应设置为 IMG_COLOR_STYLED 常量，而不是具体的颜色。

绘制第三条线段时，先使用 imagesetthickness() 函数设置线条的尺寸，函数定义如下。

```
imagesetthickness(resource $image, int $thickness) : bool
```

其中，参数 $image 指定图像对象；参数 thickness 指定尺寸的像素数量，这里指定为 9 像素。使用 imageline() 函数绘制时使用了蓝色，这样绘制的效果就是一个蓝色的矩形。

此外，如果需要绘制虚线，可以直接使用 imagedashedline() 函数，定义如下。

```
imagedashedline(resource $image, int $x1, int $y1, int $x2, int $y2, int $color)
: bool
```

其中，参数 $image 为图像对象；参数 $x1 和 $y1 为线段的起始坐标；参数 $x2 和 $y2 为线段的终点坐标；参数 $color 指定颜色。

下面的代码会绘制一条标准样式的蓝色虚线。

```
imagedashedline($img,10,10,200,10,$blue);
```

绘制矩形时使用 imagerectangle() 函数，定义如下。

```
imagerectangle(resource $image, int $x1, int $y1, int $x2, int $y2, int $col)
: bool
```

其中，参数 $image 指定图像对象；参数 $x1 和 $y1 指定矩形左上角坐标；参数 $x2 和 $y2 指定矩形右下角坐标；参数 $col 指定边框的颜色，如果线条使用指定的样式，应设置为 IMG_COLOR_STYLED 值。

imageellipse() 函数用于绘制椭圆，定义如下。

```
imageellipse(resource $image, int $cx, int $cy, int $width, int $height, int
$color) : bool
```

其中，参数 $image 指定图像对象；参数 $cx 和 $cy 指定椭圆的中心坐标；参数 $width 指定椭圆的宽度；参数 $height 指定椭圆的高度；参数 $color 指定线条的颜色，使用指定的样式时，同样需要设置为 IMG_COLOR_STYLED 值。

下面的代码绘制了一个矩形和一个椭圆。

```
<?php
// 创建图像
$img = imagecreatetruecolor(400,300);
//
$white = imagecolorallocate($img,255,255,255);
$red = imagecolorallocate($img,255,0,0);
$blue = imagecolorallocate($img,0,0,255);
$black = imagecolorallocate($img,0,0,0);
//
imagefill($img,0,0,$white);
// 绘制矩形
imagerectangle($img,100,100,200,160,$blue);
// 绘制椭圆
imageellipse($img,150,130,100,60,$black);
// 显示为 png 图片
header( 'Content-type:image/png' );
imagepng($img);
// 释放图像
imagedestroy($img);
?>
```

代码绘制效果见图 13-2。

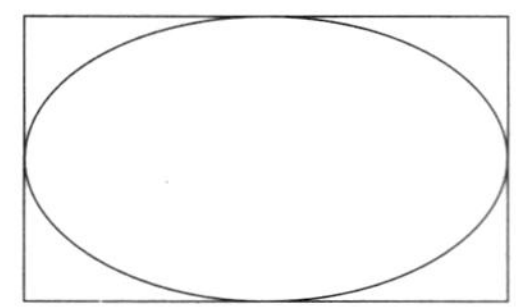

图 13-2

imagearc() 函数用于绘制弧线，定义如下。

```
imagearc(resource $image, int $cx, int $cy, int $width, int $height,
int $startAngle, int $endAngle, int $color) : bool
```

这里绘制的弧线会基于一个椭圆，函数的参数设置包括：参数 $image 指定图像对象；参数 $cx 和 $cy 指定椭圆的中心坐标；参数 $width 指定椭圆的宽度；参数 $height 指定椭圆的高度；参数 $startAngle 指定弧线的开始角度；参数 $endAngle 指定弧线的结束角度；参数 $color 指定线条的颜色，如果使用指定样式，应设置为 IMG_COLOR_STYLED 值。

指定弧线绘制的角度时应注意，0° 是指水平向右的方向，如果放在钟表上就是 3 点钟的方向。顺时针方向为正数角度。下面的代码会将椭圆的宽度和高度设置为相同，这样绘制的图形就是一个圆形。

```
<?php
// 创建图像
$img = imagecreatetruecolor(400,300);
//
$white = imagecolorallocate($img,255,255,255);
$red = imagecolorallocate($img,255,0,0);
$blue = imagecolorallocate($img,0,0,255);
$black = imagecolorallocate($img,0,0,0);
//
imagefill($img,0,0,$white);
//
imageellipse($img,200,150,100,100,$blue);
imagearc($img,200,150,100,100,0,45,$black);
// 显示为 png 图片
header('Content-type:image/png');
imagepng($img);
// 释放图像
imagedestroy($img);
?>
```

代码绘制效果见图 13-3，从中可以看到弧线与圆形的关系。

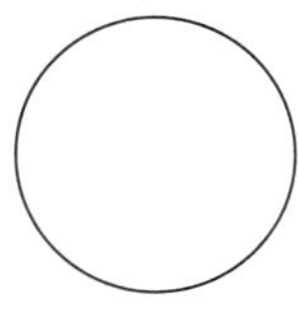

图 13-3

imagepolygon() 函数用于绘制封闭的多边形，其定义如下。

```
imagepolygon(resource $image, array $points, int $num_points, int $color) :
bool
```

其中，参数 $image 指定图像对象；参数 $points 是一个数组，用于指定多边形的顶点坐标数据，每两个数据一组，分别表示一个顶点的 X 坐标和 Y 坐标；参数 $num_points 指定多边形顶点的数量；参数 $color 指定线条颜色，使用样式时应指定为 IMG_COLOR_STYLED 值。下面的代码绘制了一个封闭五边形。

```
<?php
// 创建图像
$img = imagecreatetruecolor(400,300);
//
$white = imagecolorallocate($img,255,255,255);
$red = imagecolorallocate($img,255,0,0);
$blue = imagecolorallocate($img,0,0,255);
//
imagefill($img,0,0,$white);
//
imagepolygon($img,
   array(50,50,100,90,60,130,10,100,30,60),
   5,$blue);
// 显示为 png 图片
header('Content-type:image/png');
imagepng($img);
// 释放图像
imagedestroy($img);
?>
```

代码绘制效果见图 13-4。

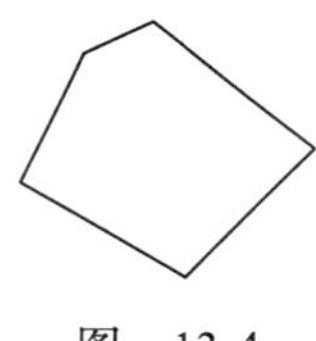

图　13-4

imageopenpolygon() 函数同样用于绘制多边形，但它绘制的多边形不封闭。函数定义如下。

```
imageopenpolygon(resource $image, array $points, int $num_points, int $color)
: bool
```

下面的代码演示了 imageopenpolygon() 函数的应用。

```
imageopenpolygon($img,
   array(50,50,100,90,60,130,10,100,30,60),
   5,$blue);
```

代码绘制效果见图 13-5。

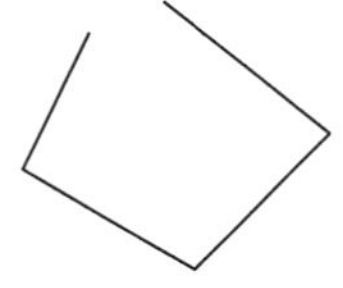

图　13-5

13.3.2 绘制填充图形

imagefilledrectangle() 函数用于绘制填充矩形，其定义如下。

```
    imagefilledrectangle(resource $image, int $x1, int $y1, int $x2, int $y2, int
$color) : bool
```

其中，参数 $image 指定图像对象；参数 $x1 和 $y1 指定左上角坐标；参数 $x2 和 $y2 指定右下角坐标；参数 $color 指定填充颜色。下面的代码绘制了一个蓝色的矩形。

```
imagefilledrectangle($img,10,10,200,100,$blue);
```

绘制填充椭圆形使用 imagefilledellipse() 函数，其定义如下。

```
imagefilledellipse(resource $image, int $cx, int $cy,
int $width, int $height, int $color) : bool
```

其中，参数 $image 指定图像对象；参数 $cx 和 $cy 指定椭圆中心坐标；参数 $width 和 $height 分别设置椭圆的宽度和高度；参数 $color 设置填充颜色。下面的代码绘制了一个蓝色的椭圆。

```
imagefilledellipse($img,150,150,200,100,$blue);
```

imagefilledarc() 函数用于绘制扇形，它的应用比较灵活，函数定义如下。

```
imagefilledarc(resource $image, int $cx, int $cy, int $width, int $height,
int $start, int $end, int $color, int $style) : bool
```

其中，参数 $image 指定图像对象；参数 $cx 和 $cy 定义了椭圆的中心坐标；参数 $width 和 $height 定义了椭圆的宽度和高度；参数 $start 和 $end 设置开始角度和结束角度；参数 $color 设置颜色；参数 $style 设置扇形的绘制样式，包括：

- IMG_ARC_PIE，绘制填充扇形。
- IMG_ARC_CHORD，绘制扇形中圆点、弧线起点、弧线终点定义的填充三角形。
- IMG_ARC_NOFILL，只绘制圆弧。
- IMG_ARC_EDGED，绘制扇形边界。

图 13-6 中显示了前 3 种样式的绘制效果。

图 13-6

这些风格的值可以单独使用，也可以通过 | 运算符组合使用。如下面的代码绘制一个只有轮廓的扇形。

```
imagefilledarc($img,150,150,200,100,0,45,$blue,
   IMG_ARC_NOFILL|IMG_ARC_EDGED);
```

代码绘制效果见图 13-7。

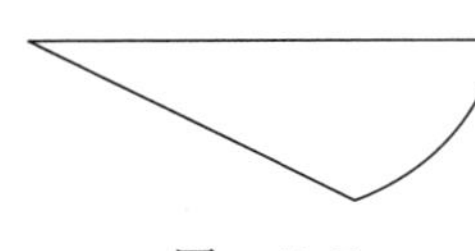

图　13-7

imagefilledpolygon() 函数用于绘制填充多边形，定义如下。

```
imagefilledpolygon(resource $image, array $points, int $num_points, int $color)
: bool
```

其中，参数 $image 为图像对象；参数 $points 设置多边形的顶点坐标，定义为数组，其成员两个一组，分别定义顶点的 X 坐标和 Y 坐标；$num_points 指定多边形有多少个顶点；参数 $color 指定填充的颜色。

下面的代码会绘制一个蓝色的五边形。

```
imagefilledpolygon($img,
   array(50,50,100,90,60,130,10,100,30,60),
   5,$blue);
```

代码绘制效果见图 13-8。

图　13-8

13.3.3　绘制文本

在图像中绘制文本内容，首先需要确定字体（font）。PHP 中内置了 5 种字体，分别使用数字 1 到 5 表示。下面的代码会使用内置字体绘制一些字符。

```
<?php
// 创建图像
$img = imagecreatetruecolor(400,300);
//
$white = imagecolorallocate($img,255,255,255);
$red = imagecolorallocate($img,255,0,0);
$blue = imagecolorallocate($img,0,0,255);
//
imagefill($img,1,1,$white);
//
imagechar($img,1,10,10,'1',$blue);
imagechar($img,2,40,10,'2',$blue);
imagechar($img,3,70,10,'3',$blue);
imagechar($img,4,100,10,'4',$blue);
imagecharup($img,5,130,10,'5',$blue);
// 显示为 png 图片
header('Content-type:image/png');
imagepng($img);
// 释放图像
```

```
imagedestroy($img);
?>
```

代码绘制效果见图 13-9。

1　2　3　4　5

图　13-9

本例演示了 5 个内置字体的数字显示效果，其中使用了两个绘制字符的函数，分别是 imagechar() 和 imagecharup() 函数。其中，imagechar() 函数用于水平方向绘制字符，效果见图 13-9 中的 1 到 4，函数定义如下。

```
imagechar(resource $image, int $font, int $x, int $y, string $c, int $color) : bool
```

其中，参数 $image 指定图像对象；参数 $font 指定字体代码；参数 $x 和 $y 指定字符绘制的左上角坐标；参数 $c 指定绘制的字符；参数 $color 指定字符的颜色。

imagecharup() 函数，垂直方向绘制字符，绘制效果见图 13-9 中的 5。函数定义如下。

```
imagecharup(resource $image, int $font, int $x, int $y, string $c, int $color) : bool
```

参数设置与 imagechar() 函数相同。需要注意的是，参数 $x 和 $y 定义的是字符区域的左上角坐标，反映到图像上实际是绘制区域的左下角坐标。

绘制字符串时，可以使用 imagestring() 或 imagestringup() 函数，分别用于绘制水平方向和垂直方向的字符串。其中，imagestring() 函数定义如下。

```
imagestring(resource $image, int $font, int $x, int $y, string $s, int $color) : bool
```

其中，参数 $image 指定图像对象，参数 $font 指定字体代码；参数 $x 和 $y 指定绘制文本矩形的左上角坐标；参数 $s 指定绘制的内容；参数 $color 指定绘制的颜色。

imagestringup() 函数的定义如下，其参数与 imagestring() 函数设置相同。

```
imagestringup(resource $image, int $font, int $x, int $y, string $s, int $color) : bool
```

需要注意的是，PHP 内置字体并不支持汉字，如果需要绘制汉字就必须使用外部字体文件，如 imageloadfont() 函数载入 .gdf 格式的字体文件，此函数会返回字体的整数 ID。载入字体后，在 imagestring()、imagestirngup()、imagechar() 和 imagecharup() 函数中可以通过 $font 参数指定绘制文本中使用的字体。

如果使用 TTF 字体绘制文本，可以使用 imagettftext() 函数，其定义如下。

```
imagettftext(resource $image, float $size, float $angle, int $x, int $y, int $color, string $fontfile, string $text) : array
```

其中，

- 参数 $image 指定图像对象。
- 参数 $size 指定字体尺寸，GD2 中的单位为点（磅）。

- 参数 $angle 指定文本阅读角度，0° 为从左向右，正数数值表示逆时针旋转，90° 则表示从下向上，-90° 则表示从上向下。
- 参数 $x 和 $y 设置绘制文本区域的左下角坐标。
- 参数 $color 设置绘制文本的颜色。
- 参数 $fontfile 指定一个字体文件。
- 参数 $text 指定绘制的文本内容。

开发中，需要准备支持中文的 .tff 字体文件。本书字体文件放在网站根目录下的 fonts 目录中，示例中的字体文件名为 Deng.ttf。下面的代码演示了 TFF 字体的应用。

```
<?php
// 创建图像
$img = imagecreatetruecolor(400,300);
//
$white = imagecolorallocate($img,255,255,255);
$red = imagecolorallocate($img,255,0,0);
$blue = imagecolorallocate($img,0,0,255);
//
imagefill($img,1,1,$white);
//
$font=$_SERVER['DOCUMENT_ROOT'].'/fonts/Deng.ttf';
//
imagettftext($img,16,0,10,50,$blue,$font,"PHP 绘制中文");
// 显示为 png 图片
header('Content-type:image/png');
imagepng($img);
// 释放图像
imagedestroy($img);
?>
```

代码绘制效果见图 13-10。

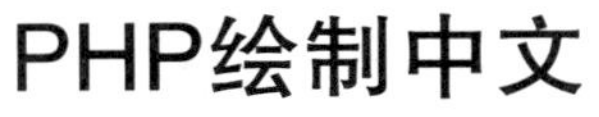

PHP绘制中文

图 13-10

使用 TTF 字体时，还可以使用 imagettfbbox() 函数计算绘制文本所需要的尺寸，其定义如下。

```
imagettfbbox(float $size, float $angle, string $fontfile, string $text) : array
```

函数会返回一个包含 8 个元素的数组，其中的数据包括：

- 索引 0，左下角 X 坐标。
- 索引 1，左下角 Y 坐标。
- 索引 2，右下角 X 坐标。
- 索引 3，右下角 Y 坐标。
- 索引 4，右上角 X 坐标。
- 索引 5，右上角 Y 坐标。
- 索引 6，左上角 X 坐标。
- 索引 7，左上角 Y 坐标。

图 13-11 显示了文本绘制的水平方向矩形，其中标出了数组索引数据的位置。

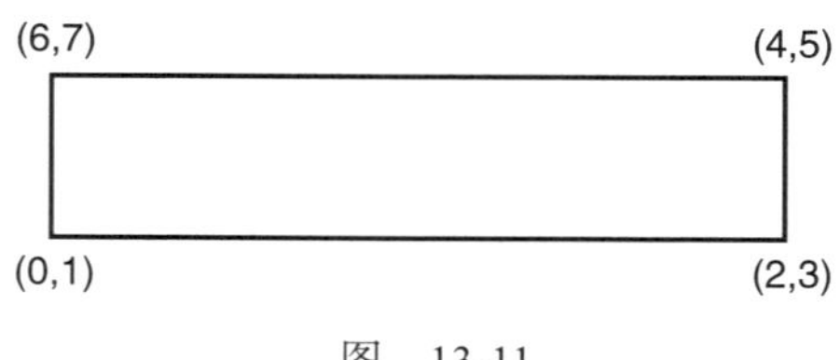

图　13-11

需要注意的是，由于各种字体设计的基线等要素并不相同，不同字体的文本实际显示的效果并不一致，针对不同的字体可能需要进行相应的调整。如下面的代码会计算字体所需要的区域，理论上将文本绘制到图像的中间位置。

```
<?php
// 创建图像
$img = imagecreatetruecolor(400,300);
//
$white = imagecolorallocate($img,255,255,255);
$red = imagecolorallocate($img,255,0,0);
$blue = imagecolorallocate($img,0,0,255);
//
imagefill($img,1,1,$white);
//
$font=$_SERVER['DOCUMENT_ROOT'].'/fonts/Deng.ttf';
$s="PHP 绘制中文 ";
//
$arr=imagettfbbox(16,0,$font,$s);
imagettftext($img,16,0,
   (400-($arr[2]-$arr[0]))/2,
   (300-($arr[3]-$arr[5]))/2,
   $blue,$font,$s);
// 显示为 png 图片
header('Content-type:image/png');
imagepng($img);
// 释放图像
imagedestroy($img);
?>
```

13.3.4　使用透明度实现水印效果

使用 imagecolorallocatealpha() 函数可以获取包含透明度的颜色，通过适当的透明度数据（0~127），就可以实现水印效果，如下面的代码。

```
<?php
// 创建图像
$img = imagecreatetruecolor(400,300);
//
$white = imagecolorallocate($img,255,255,255);
$red = imagecolorallocate($img,255,0,0);
$blue = imagecolorallocate($img,0,0,255);
$wa = imagecolorallocatealpha($img,255,255,255,64);
//
```

```
imagefill($img,1,1,$blue);
//
$font=$_SERVER['DOCUMENT_ROOT'].'/fonts/Dengb.ttf';
imagettftext($img,32,0,50,50,$wa,$font,"半透明");
imagettftext($img,32,0,50,100,$white,$font,"不透明");
// 显示为 png 图片
header('Content-type:image/png');
imagepng($img);
// 释放图像
imagedestroy($img);
?>
```

代码绘制效果见图 13-12。

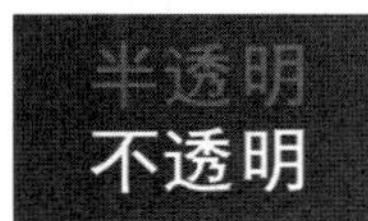

图　13-12

13.4　旋转

绘制文本时，可以直接设置绘制的角度，如果对整个图像进行旋转，则需要使用 imagerotate() 函数，其定义如下。

```
imagerotate(resource $image, float $angle, int $bgd_color
[, int $ignore_transparent = 0]) : resource
```

imagerotate() 函数的参数包括：

- $image，需要旋转的图像对象。
- $angle，逆时针方向旋转的角度。
- $bgd_color，旋转后多出部分的填充色。
- $ignore_transparent，是否忽略透明色，默认为 0，即保留透明色，设置非 0 值时会忽略透明色。

imagerotate() 函数会返回旋转后的图像对象，操作失败会返回 false。下面的代码演示了 imagerotate() 函数的应用。

```
<?php
// 创建图像
$img = imagecreatetruecolor(400,300);
//
$white = imagecolorallocate($img,255,255,255);
$red = imagecolorallocate($img,255,0,0);
$blue = imagecolorallocate($img,0,0,255);
//
imagefill($img,1,1,$blue);
//
$img=imagerotate($img,30,$red);
// 显示为 png 图片
header('Content-type:image/png');
imagepng($img);
```

```
// 释放图像
imagedestroy($img);
?>
```

代码绘制效果见图 13-13。

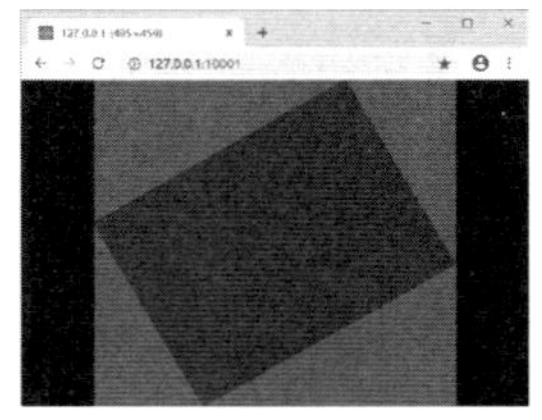

图 13-13

可以看到，400 × 300 像素的图片在旋转后，图片的尺寸也进行了相应的调整，以便能够完整地显示原始图像的内容。旋转后多出的区域会使用指定的颜色进行填充，本例为红色。

13.5 翻转

翻转图像时可以使用 imageflip() 函数，其定义如下。

```
imageflip(resource $image, int $mode) : bool
```

其中，参数 $image 指定需要翻转的图像；参数 $mode 指定翻转的方式，可以使用如下常量指定：

- IMG_FLIP_HORIZONTAL，值 1，水平翻转。
- IMG_FLIP_VERTICAL，值 2，垂直翻转。
- IMG_FLIP_BOTH，值 3，水平和垂直两个方向同时翻转。

执行如下代码会绘制一张图像，并进行垂直翻转。

```
<?php
// 创建图像
$img = imagecreatetruecolor(400,300);
//
$white = imagecolorallocate($img,255,255,255);
$red = imagecolorallocate($img,255,0,0);
$blue = imagecolorallocate($img,0,0,255);
//
imagefill($img,1,1,$white);
imagefilledrectangle($img,10,10,100,100,$red);
imageflip($img,2);
// 显示为 png 图片
header('Content-type:image/png');
imagepng($img);
// 释放图像
imagedestroy($img);
?>
```

图 13-14 （a）显示了原始图像。图 13-14（b）显示了垂直翻转后的图像。

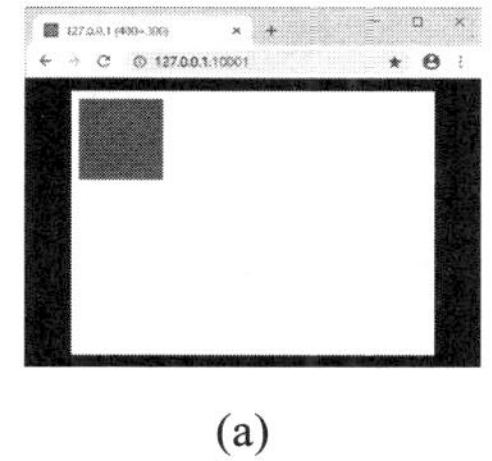

(a)

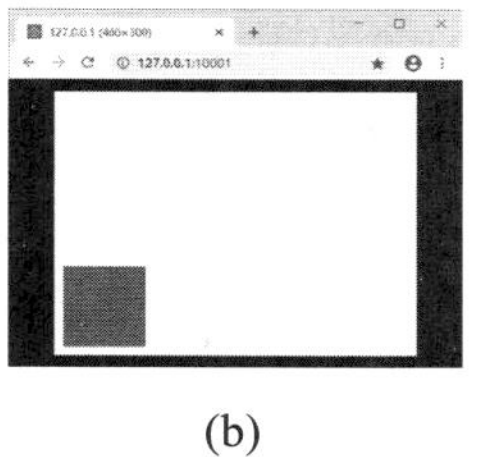

(b)

图　13-14

13.6　图像的分辨率

处理图像时，分辨率是一个很重要的概念，它直接反映了图像的质量。处理分辨率时，有一些单位需要注意，如：

- 像素（px，pixel）是计算机中处理图像或屏幕显示图像的基本单位。
- DPI(Dots Per Inch)，每英寸的点数，应用中一般会指每英寸的像素数，DPI 数值越大，图像的质量就越高。
- 点（pt，point），或称磅，这是一个印刷单位，1 磅等于 1/72 英寸。

PHP 7 中新增了 imageresolution() 函数用于获取或设置图像的分辨率，暂时只支持 png 和 jpeg 格式的图像，函数定义如下。

```
imageresolution(resource $image) : mixed
```

函数的功能是返回 $image 对象中的 DPI 数据，读取分辨率失败时返回 false；读取成功时返回数组，其中，索引 0 的数据是水平方向的 DPI 值，索引 1 的数据是垂直方向的 DPI 值。

在 PHP 中使用 GD 模块处理图像，默认的 DPI 是 96，如下面的代码。

```
<?php
// 创建图像
$img = imagecreatetruecolor(400,300);
// 显示分辨率
$arr=imageresolution($img);
print_r($arr);
// 释放图像
imagedestroy($img);
?>
```

代码绘制效果见图 13-15。

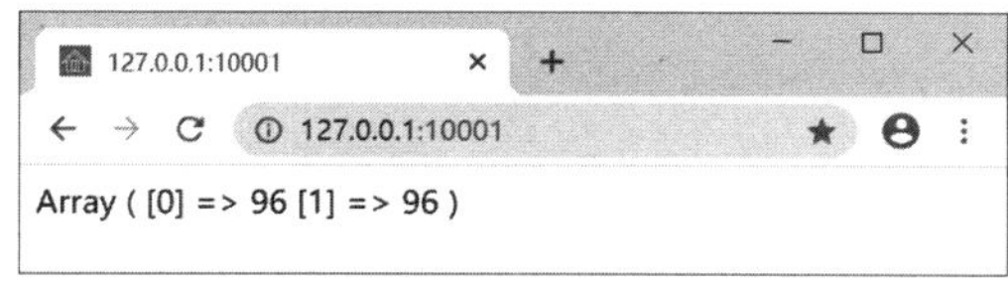

图　13-15

设置图像的分辨率时，同样使用 imageresolution() 函数，只是参数的设置不同，应用格式如下。

```
imageresolution(resource $image, int $res_x[, int $res_y = $res_x]) : mixed
```

其中，参数 $image 为图像对象；参数 $res_x 设置水平分辨率；参数 $res_y 设置垂直分辨率。如果水平和垂直分辨率是相同的，可以直接使用第二个参数设置，不需要设置第三个参数。

实际应用时，如果需要打印高质量的图片，需要将 DPI 设置为 300 以上，如打印 200mm × 100mm 的图片，可以通过如下代码推算出图像的像素。

```
<?php
$dpi=300;
// 每毫米像素
$dpmm=$dpi/25.4;
// 计算宽度和高度像素
$widthPixel=intVal(200*$dpmm);
$heightPixel=intVal(100*$dpmm);
//
echo "宽度:{$widthPixel}px , 高度:{$heightPixel}px";
?>
```

代码绘制效果见图 13-16。

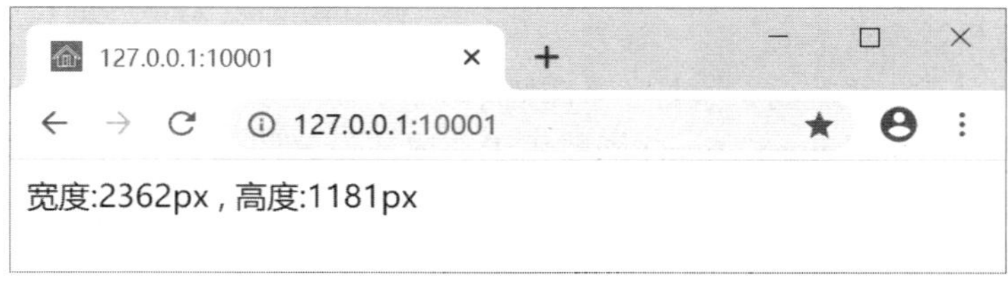

图　13-16

GD2 库中，imagettftext() 函数绘制字体时指定字体尺寸单位是点（磅），绘制到图像时，如果需要使用像素单位，可以参考下面的代码进行转换。

```
<?php
// 像素转换为点
function px2pt($img,$px)
{
   $res=imageresolution($img);
   if($res===false)return 0;
   return intVal($px*72/$res[0]);
}
// 创建图像
$img = imagecreatetruecolor(400,300);
//
$white = imagecolorallocate($img,255,255,255);
$black = imagecolorallocate($img,0,0,0);
$blue = imagecolorallocate($img,0,0,255);
//
imagefill($img,1,1,$white);
// 绘制横线
for($i=40;$i<300;$i+=40){
   imageline($img,0,$i,400,$i,$blue);
}
//
$font=$_SERVER['DOCUMENT_ROOT'].'/fonts/Deng.ttf';
//
```

```
imagettftext($img,px2pt($img,40),0,0,40,$black,$font,"PHP 绘制中文 ");
// 显示为 png 图片
header('Content-type:image/png');
imagepng($img);
// 释放图像
imagedestroy($img);
?>
```

页面显示效果见图 13-17。

图　13-17

示例中定义的 px2pt() 函数用于将像素值转换为点（磅）数据，参数包括：

- $img，GD2 库中的图像对象。
- $px，需要转换的像素值。

第 14 章　Web 开发资源

使用 PHP 开发 Web 应用，服务器端有一些很重要，也很实用的资源，本章将介绍相关内容。

14.1　$_SERVER 数组

在 Web 应用中，可以使用 $_SERVER 数组获取很多服务器和客户端提交的信息，下面是一些常用的成员：

- DOCUMENT_ROOT，网站根目录的物理路径，前面的示例中已多次使用。
- REMOTE_ADDR，当前会话的客户端 IP 地址。
- REQUEST_URI，用户请求的资源路径，如 "http://127.0.0.1:10001/" 会返回 "/"。
- SCRIPT_NAME，PHP 文件在网站中的路径，如 /index.php。
- SCRIPT_FILENAME，PHP 页面在文件系统中的物理路径。
- QUERY_STRING，页面 URL 中的参数，即问号（?）后面的内容，但不包含问号。请注意，如果需要获取单个参数的值，可以直接从 $_GET 数组中读取。
- HTTP_ACCEPT_LANGUAGE，用户浏览器支持的语言，如果提取第一种语言，可以使用如下代码。

```
explode(',',$_SERVER["HTTP_ACCEPT_LANGUAGE"])[0]。
```

- HTTP_USER_AGENT，返回用户浏览器信息。

此外，$_SERVER 数组中还包括很多信息，可以在 PHP 页面中使用以下代码查看。

```
<?php
foreach($_SERVER as $k=>$v)
{
   echo "$k = $v <br>";
}
?>
```

14.2　会话与 $_SESSION 数组

简单地说，一个用户连接到 Web 服务器，就会生成一个独立的会话（session）。在 Web 服务器中，可以对每个用户的会话做独立的操作，例如，处理用户的登录信息等。

PHP 项目中，$_SESSION 数组用于保存当前会话的信息。在 php.ini 文件中，可以通过 session.auto_start 参数设置是否自动开启会话功能，默认为 0（不自动开启）。如果应用中大量的功能需要使用会话数据，应用将 session.auto_start 参数设置为 1，即自动开启会话功能。

如果 PHP 应用中设置了不自动开启会话功能，而页面需要使用会话时，可以在其他代码前使用 session_start() 函数开启会话功能。如下面的代码，首先启动会话功能，然后设置当前会话中的用户名，并显示在页面中。

```
session_start();
$_SESSION['user_name'] = 'admin';
echo $_SESSION['user_name'];
```

此外，使用会话功能时，每个会话都会有唯一的 ID 值，可以使用 session_id() 函数获取当前会话的 ID 值。实际应用中，如果将会话数据保存到数据库，可以使用此会话 ID 跟踪会话数据。

14.3 $_GET 和 $_POST 数组

客户端向服务器传递数据时，有两种基本的方式，一种是 get 方式，一种是 post 方式。PHP 中，get 方式上传的数据可以使用 $_GET 数组读取，而 post 方式读取的数据则通过 $_POST 数组读取。

$_GET 数组既可以读取 URL 中的参数数据，即问号（?）后面的内容，也可以读取 HTML 表单按 get 方式提交的数据（其本质也是通过 URL 中的参数提交数据）。下面的代码演示了读取 URL 参数数据的操作。

```
<?php
foreach($_GET as $k=>$v){
   echo $k,"=",$v,"<br>";
}
?>
```

使用 http://127.0.0.1:10001/index.php?p1=1&p2=2 地址访问网页，可以看到如图 14-1 所示的内容。

图 14-1

在第 18 章会介绍表单数据的提交与相关操作，其中还会看到 $_GET、$_POST 数组的应用。

14.4 header() 函数

header() 函数的作用是向客户端发送 HTTP 头信息，其功能非常强大，下面了解一些常用的操作。

页面中，有时需要在特定条件下进行跳转，例如，用户没有登录时跳转到登录页面。此时，可以使用 header() 函数设置 Location 参数，如下面的代码。

```
header('Location:/test.php');
或：
header('Location:http://localhost:10001/test.php');
```

向客户端发送文件时，一般会指定文件的 MIME 类型。如下面的代码就是通过 Content-type 属性指定 PDF 文件类型。

```
header('Content-type: application/pdf');
```

默认情况下，文件会在浏览器中直接打开，如果提供下载，可以指定 Content-Disposition 属性的值为 attachment，并通过 filename 参数指定下载的文件名，如下面的代码。

```
header('Content-Disposition: attachment; filename="<文件名>"');
```

14.5 页面中自动添加内容

在页面中自动添加代码，最典型的应用就是自动添加每个页面的页眉和页脚，可以分别通过 PHP 或 Apache 配置文件来实现。

如果不想在每个 PHP 页面中都书写 HTML 页面的基本结构，也可以将这些代码分散到“页眉”和“页脚”文件中。如下面就是包含 HTML 结构前半部分与页面“页眉”的代码，它位于 /demo/header.html 文件。

```
<!doctype html>
<html>
<meta charset="utf-8">
<title></title>
<body>
<div id="header" class="header">
<h2>这里是页眉</h2>
</div>
```

接下来是“页脚”和 HTML 文件结构的后半部分（/demo/footer.html）。

```
<div id="footer" class="footer">
<h2>这里是页脚</h2>
</div>
</body>
</html>
```

这两个文件组合起来，就是一个包含了页眉和页脚的完整的 HTML 页面文件。接下来，在 php.ini 文件中，通过以下两个参数分别指定在页面前或页面后自动添加的文件内容：

- auto_prepend_file，指定在 PHP 页面内容前添加的文件。
- auto_append_file，指定在 PHP 页面内容后添加的文件。

在本书示例中可以使用如下设置。

```
auto_prepend_file = "d:/chy/cpl/site/demo/header.html"
auto_append_file = "d:/chy/cpl/site/demo/footer.html"
```

在页面中自动添加内容可以简化很多代码工作，但对于项目页面设计多样化的情况，可能并不适用。实际开发中，可以根据项目的实际要求合理应用。

14.6　编码与解码

addslashes() 函数对特殊字符使用反斜线转义，转义的字符包括单引号（'）、双引号（"）、反斜线（\）和 NUL（ASCII 编码为 0 的字符）。stripslashes() 函数还原 addslashes() 函数转义的内容。为了防止 SQL 注入等攻击行为，在将大量文本保存到数据库之前，应使用 addslashes() 函数进行转义，读取时使用 stripslashes() 函数还原。前面的内容，在将文件写入数据库的示例中就使用了这两个函数。

htmlentities() 函数获取字符的 HTML 转义名称。例如，需要在页面中显示 HTML 代码 "<h1> 标题一 </h1>"，就可以使用此函数进行转义，否则代码内容会解析为页面中的一个 h1 元素。html_entity_decode() 函数对 htmlentities() 函数转义内容进行反向操作。下面的代码演示了这两个函数的应用。

```
<?php
$s = "<h1> 标题一 </h1>";
echo $s;
$s_encode = htmlentities($s);
echo $s_encode,"<br>";
$s_decode = html_entity_decode($s_encode);
echo $s_decode;
?>
```

页面显示效果见图 14-2。

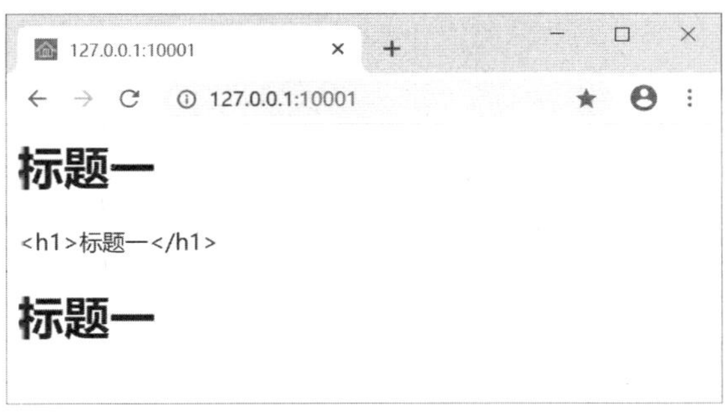

图　14-2

htmlspecialchars() 函数，将特殊字符转换为 HTML 中的转义字符，默认操作包括 & 符号（&）、双引号（"）、大于号（>）和小于号（<）等。htmlspecialchars_decode() 函数对 htmlspecialchars() 函数生成的内容进行反向操作。下面的代码演示了这两个函数的应用。

```
<?php
$s = "<h1> 标题一 </h1>";
echo $s;
$s_encode = htmlspecialchars($s);
echo $s_encode,"<br>";
$s_decode = htmlspecialchars_decode($s_encode);
echo $s_decode;
?>
```

页面显示结果与图 14-2 相同。

get_html_translation_table() 函数返回 htmlspecialchars() 和 htmlentities() 函数的转换字符表，默认为 & 符号、双引号、大于号和小于号。返回类型为数组，成员是这些特殊字符。

strip_tags() 函数，从字符串中删除 HTML 和 PHP 标记，如 strip_tags(“<h1>标题一</h1>”) 返回 "标题一"。

为了方便网络传输，经常会对数据进行 BASE64 编码，相关的函数包括：

- base64_encode() 函数，对数据进行编码，返回 BASE64 编码的字符串。如果需要 RFC 2045 标准的 BASE64 代码时，可以对转换后的内容再次使用 chunk_splite() 函数分割。
- base64_decode() 函数，对 BASE64 编码数据进行解码。如果是 RFC 2045 标准字符串，每行是 76 个字符，解码前要删除每行的“\r\n”符号。

对 URL 内容进行编码，如进行编码和解码时，可以使用以下几个函数：

- urlencode() 函数，编码 URL 字符串。
- urldecode() 函数，解码已编码的 URL 字符串。
- rawurlencode() 函数，按照 RFC 3986 标准对 URL 进行编码。
- rawurldecode() 函数，对已编码的 URL 字符串进行解码。

第 15 章　发送电子邮件

15.1　通过 PHPMailer 发送电子邮件

Web 应用中，发送系统邮件是很常见的操作，例如，确认用户邮箱有效性、找回登录密码等。本章将介绍如何使用 PHPMailer 发送网络邮件。

PHP 生态圈中有大量的第三方组件，其中 PHPMailer 就用于处理电子邮件。可以从 https://github.com/PHPMailer/PHPMailer 获取 PHPMailer 的源代码。

下载的资源中有一个名为 src 的目录，将其复制到本书示例网站中的 /lib/PHPMailer 目录中，并修改目录名称为 PHPMailer。目录结构见图 15-1。

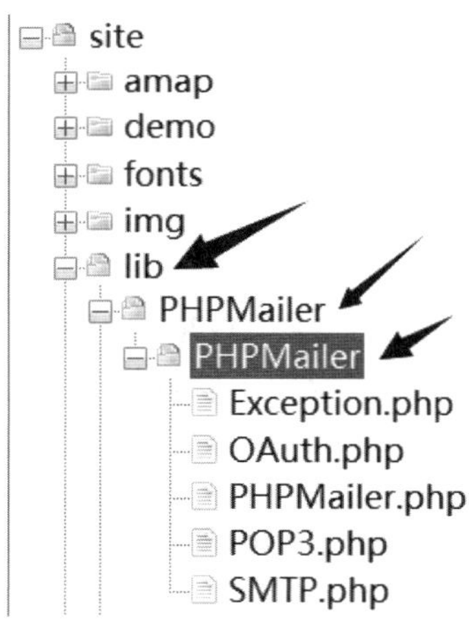

图　15-1

此外，某些邮件服务需要使用 SSL 协议，在 PHP 配置文件中应启用 openssl 扩展。可以通过删除“extension=openssl”前的分号启用。修改配置后，可以通过 phpinfo() 函数查看。

15.2　通过 SMTP 协议发送电子邮件

下面的代码是一个简单示例，具体功能是通过 SMTP 协议发送电子邮件，文件位于 /lib/PHPMailer/demo.php。

```
<?php
// PHPMailer 邮件发送演示代码
// 引用 PHPMailer 资源文件
require_once $_SERVER["DOCUMENT_ROOT"]."/lib/loader.php";
```

```
use PHPMailer\PHPMailer\PHPMailer;
use PHPMailer\PHPMailer\SMTP;

// PHPMailer 对象及设置
$mail = new PHPMailer();
//
$mail->SMTPDebug=1;
// 服务器相关设置
$mail->isSMTP();
$mail->SMTPAuth = true;
$mail->Host = "smtp.163.com";
$mail->Username = "< 登录名 >";
$mail->Password = "< 密码 >";
// 邮件内容
$mail->CharSet = "UTF-8";
$mail->isHTML(false);
$mail->Subject = " 邮件主题 ";
$mail->Body = " 邮件正文 ";
// 发件人
$mail->FromName = "< 发件人显示名 >";
$mail->From = "< 发件人邮箱 >";
// 收件人
$mail->addAddress("< 收件人邮箱 >");
// 发送邮件
$result = $mail->send();
// 处理结果
var_dump($result);
?>
```

这里，首先通过 use 语句引用了 PHPMailer\PHPMailer 命名空间中的 PHPMailer 和 SMTP 类。接下来是对 PHPMailer 类的应用，设置的参数主要包括 SMTP 服务器、邮件内容、发件人信息和收件人等。

邮件服务器设置包括：

- isSMTP() 方法，使用 SMTP 协议发送邮件。
- SMTPAuth 属性，是否使用网络凭证登录，即是否使用用户名和密码登录，这里设置为 true。
- Host 属性，设置 SMTP 服务器，这里设置的“smtp.163.com”为 163 邮箱的 SMTP 服务器地址。
- Username 属性，登录用户名，如 163 邮箱可以使用 xxx@163.com 格式。
- Password 属性，设置 SMTP 服务器的登录密码。

邮件内容的设置包括：

- CharSet 属性，设置邮件内容的编码，这里使用“UTF-8”。
- isHTML() 方法，设置邮件内容是否是 HTML 格式，如果是文本内容则将参数设置为 false。
- Subject 属性，设置邮件的主题。
- Body 属性，设置邮件的主体，即邮件正文。

如果邮件包含附件，可以使用 addAttachment() 方法添加，方法的参数是附件文件的路径。

发件人信息主要包括两个属性，分别是：

- FromName 属性，设置发件人显示的名称。
- From 属性，设置发件人邮箱，此邮箱是 SMTP 服务器对应的邮件地址。

收件人地址使用 addAddress() 方法添加，如果有多个收件人，则可以多次调用 addAddress() 方法添加。

SMTPDebug 属性设置是否启用调试模式，默认为 0，即不启用；设置为 1 时启用调试模式。

注意，代码中需要根据邮件服务器、发件人和收件人信箱的实际情况修改代码，否则无法正确发送邮件。

通过 http://127.0.0.1:10001/lib/PHPMailer/demo.php 调用页面，可以看到邮件发送过程的详细信息，见图 15-2。

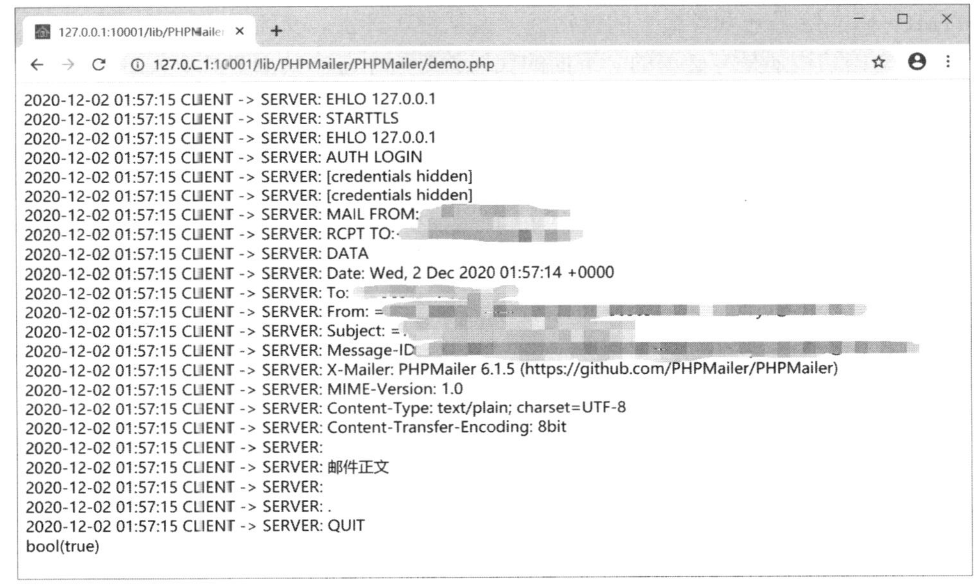

图 15-2

SMTPSecure 属性用于设置 SMTP 连接方式，如使用 SSL 协议就可以设置为 ssl，此时，服务器的端口也不是默认的 25，而是 465，可以使用 Port 属性设置。

邮件的最终发送需要调用 send() 方法，当邮件发送成功时返回 true，否则返回 false。图 15-2 中最后显示的 bool(true) 表示邮件已成功发送。

实际应用中，可以创建系统邮件的发送函数或类，在需要的时候发送标准模式的系统邮件。

第 16 章　HTML 和 CSS

现代页面开发，HTML(HyperText Markup Language，超文本标记语言）和 CSS(Cascading Style Sheets，层叠样式表）已经高度融合。本章将介绍 HTML 和 CSS 的综合应用，包括页面结构、常用元素、页面布局等内容，其中包含 HTML5 和 CSS3 标准中的一些新变化。

16.1　创建 HTML 网页

HTML5 标准给了开发者最大的灵活性，但从便于开发、交流和维护的角度来看，使用一个严谨的文档结构还是有必要的。下面的代码就是一个基本的 HTML5 页面结构。

```
<!doctype html>
<html>
<head>
<meta charset="utf-8">
<title>HTML5 页面结构 </title>
</head>
<body>
<h1> 页面主体 </h1>
</body>
</html>
```

页面显示效果见图 16-1。

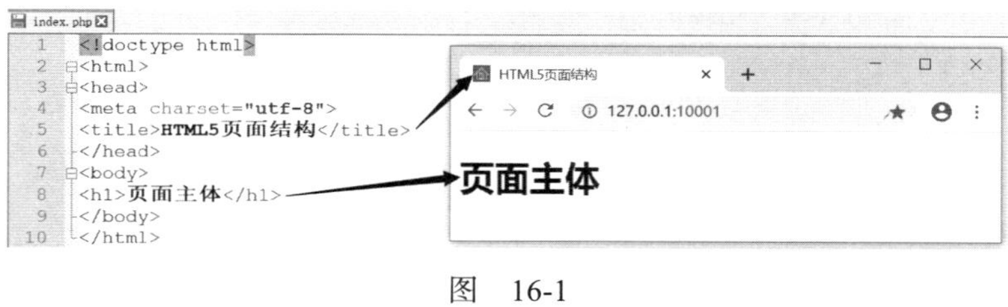

图　16-1

页面代码中，首先是 <!doctype html> 标记，这是一个文档类型标记，它会告诉浏览器，这是一个 HTML5 文档。

其次是真正的页面内容，定义在 <html> 和 </html> 标记之间，称为 html 元素。在 html 元素中有两个同级的元素，分别是 <head> 和 </head> 定义的 head 元素，以及 <body> 和 </body> 标记定义的 body 元素。

head 元素定义了页面的“头”信息，其中包含了页面的一些设置和引用的资源。参数设置：meta 元素定义页面的参数，如本例中设置字符集为 utf-8；title 元素定义了浏览器标题栏或标签上显示的标题内容。此外，还可以使用 link 元素引用 CSS 样式文件，使用 style 元素定义本页面使用的 CSS 样式以及 script 元素引用和定义 JavaScript 代码等。

body 元素中定义的可视元素都会显示在浏览器的主区域，如本例中定义的 h1 元素。

本例中，页面元素的结构见图 16-2，其中每个矩形都表示一个节点，包括各种标记定义的元素节点，以及直接使用文字的文本节点。第 17 章中还会详细讨论节点的操作。

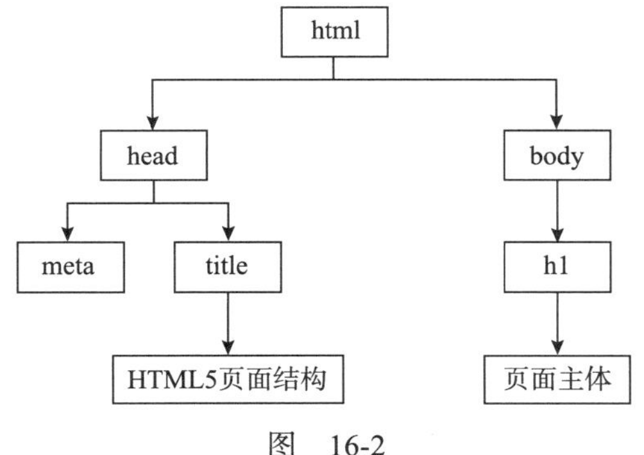

图　16-2

HTML 页面中的元素，按标记数量可分为双标记元素和单标记元素。如示例中的 html 元素、head 元素、body 元素等都是双标记元素，它们都由一个开始标记（打开标记）和一个结束标记（关闭标记）。如 html 元素的开始标记就是 <html>，结束标记是在开始标记的基础上加一个内斜杠，如 </html>。

示例中的 meta 是一个单标记元素，并不需要类似 </meta> 的结束标记。不过，在 XHTML（可扩展超文本标记语言）标准中，对于单标记元素也需要一个结束标识，也就是使用 /> 作为元素的结束标识，如 <meta charset="utf-8" />。

此外，在 <meta> 标记中使用了 charset 属性，它的值是 utf-8；在双标记元素中，元素的属性应定义在开始标记中，如 <h1 id="title1">。

在标记中使用属性时，大多数的属性会包含属性名和属性值，并使用等号（=）分隔，属性值一般会使用一对双引号定义。如 charset 就是属性名，它的属性值就是“utf-8”。也有一些特殊的属性，只需要标注属性名，而不需要指定属性值，如复选框中的 checked 属性、HTML5 标准中用于 input 元素的 required 属性等，在 HTML 表单处理中会介绍相关内容。

下面了解几个常用的 HTML 元素属性。

- id 属性，定义元素在页面中的唯一标识。
- class 属性，定义元素所在的分类名称，一般用于定义样式，也可以通过 JavaScript 代码进行操作。
- style 属性，定义元素使用的样式。

16.2　在页面中使用 CSS

页面设计中，HTML 定义了页面的结构和内容，CSS 则定义页面元素的呈现方式，如字体、尺寸、颜色、间距、排列方式等效果。不同的浏览器中，页面元素都会有默认的显示效果，如果不设置新的样式，页面元素就会以默认的样式呈现。

本节将介绍 CSS 应用的基础知识，稍后会结合 HTML 元素和 CSS 样式综合介绍各种元素及样式的定义。

CSS 样式通过一系列的属性定义，如指定元素的颜色为红色时就可以使用“color:red;”。每一个 CSS 属性使用分号（;）作为结束，属性名和属性值使用冒号（:）分隔，如果属性中包含多个值，使用空格分隔，如“border:1px solid red;”，如果单个属性值包含空格等特殊字符，可以使用一对单引号定义，如“font-family:'Times New Roman';”“background-image:url('/img/bg1.png');”。

下面介绍在页面中应用 CSS 样式的几种方法。

16.2.1 style 属性

页面元素中的 style 属性可以直接定义当前元素的样式，如下面的代码就是将 h1 元素定义为红色。

```
<h1 style="color:red;">红色标题</h1>
```

16.2.2 style 元素

如果一些样式只在当前页面中使用，也可以使用 style 元素定义。style 元素一般会定义在 head 元素内，如下面的代码就是定义当前页面中的所有 h1 元素都显示为红色。

```
<!doctype html>
<html>
<head>
<meta charset="utf-8">
<style>
   h1 {color:red;}
</style>
<title>HTML5 页面结构</title>
</head>
<body>
<h1>标题</h1>
<h1>标题</h1>
</body>
</html>
```

16.2.3 link 元素

如果样式需要在多个页面中使用，首先，将这些样式定义在独立的文件中，文件扩展名一般使用 .css；其次，在使用样式的页面中使用 link 元素引用这些 .css 文件。一般情况下，link 元素也会定义在 head 元素中。

在 /demo/css/ 目录中创建一个名为 test.css 的文件，并修改内容如下。

```
h1 {color:red;}
```

页面中使用 link 元素引入样式文件，如下面的代码。

```
<!doctype html>
<html>
<head>
<meta charset="utf-8">
<link rel="stylesheet" href="/demo/css/test.css">
<title>HTML5 页面结构</title>
</head>
<body>
```

```
<h1>标题</h1>
<h1>标题</h1>
</body>
</html>
```

打开页面，h1 元素同样会显示为红色。

link 元素主要包含两个属性：rel 属性指定引入的资源类型，目前使用最多的是通过 CSS 样式表的 stylesheet 值实现；href 属性指定引入资源的路径，可以是本网站的绝对路径或相对路径，也可以通过 URL 指定远程文件。本例使用了从网站根目录开始的绝对路径。

本节介绍了定义 CSS 样式的三种基本形式，如果三种方式都定义了相同元素的相同样式属性，元素会使用哪一个呢？基本的原则是，元素会使用距离它最近的定义，如下面的代码。

```
<!doctype html>
<html>
<head>
<meta charset="utf-8">
<link rel="stylesheet" href="/demo/css/test.css">
<style>
   h1 {color:green;}
</style>
<title>HTML5 页面结构</title>
</head>
<body>
<h1 style="color:blue;">标题一</h1>
</body>
</html>
```

代码中，test.css 文件、style 元素和 h1 的 style 属性都定义了 color 属性，那么，h1 元素会显示什么颜色呢？这里，距离 h1 元素最近的定义当然是它自身的 style 属性，所以，h1 元素显示为蓝色。

16.3 CSS 选择器

在 style 元素或样式文件中，除了定义样式属性，另一个重要的操作就是使用选择器（selector）指定应用样式的元素。

定义一组样式的完整格式如下。

```
<选择器>
{
<CSS 属性列表>
}
```

下面介绍一些常用的选择器。

16.3.1 基本选择器

首先是三种基本的，也是最常用的选择器，分别是：

- ID 选择器，通过元素的 id 属性确定应用样式的元素。

- 类选择器，通过元素的 class 属性确定应用样式的元素。
- 元素类型选择器，通过元素的名称确定应用样式的元素。

定义 ID 选择器时，使用 # 符号，格式为“#<ID>”，如下面的代码。

```
<!doctype html>
<html>
<head>
<meta charset="utf-8">
<style>
   #title1 {color:red;}
</style>
<title>HTML5 页面结构 </title>
</head>
<body>
<h1 id="title1"> 标题一 </h1>
<h1> 标题二 </h1>
<h1> 标题三 </h1>
</body>
</html>
```

本例中，页面定义了三个 h1 元素，第一个 h1 元素定义 id 属性值为 title1。在 style 元素中，使用 #title1 定义了 ID 选择器。页面显示结果为第一个 h1 元素显示红色，其他的 h1 元素使用默认颜色。

类选择器使用圆点（.）定义，如下面的代码。

```
<!doctype html>
<html>
<head>
<meta charset="utf-8">
<style>
   #title1 {color:red;}
   .title2 {color:blue;}
</style>
<title>HTML5 页面结构 </title>
</head>
<body>
<h1 id="title1"> 标题一 </h1>
<h1 class="title2"> 标题二 </h1>
<h1 class="title2"> 标题三 </h1>
</body>
</html>
```

代码中，将第二个和第三个 h1 元素的 class 属性值定义为 title2。在 style 元素中，使用 .title2 定义了类选择器的颜色为蓝色，这样，页面中的第二个和第三个 h1 元素将会显示为蓝色。

下面的代码在元素的 class 属性中定义了通过空格分隔的多个值。

```
<!doctype html>
<html>
<head>
<meta charset="utf-8">
<style>
```

```
    .red {color:red;}
    .underline {text-decoration:underline;}
</style>
<title>HTML5 页面结构 </title>
</head>
<body>
<h1 class="red"> 标题一 </h1>
<h1 class="red underline"> 标题二 </h1>
<h1 class="underline"> 标题三 </h1>
</body>
</html>
```

本例中，第二个 h1 元素的 class 属性定义了 red 和 underline 两个值；style 元素中定义的两个类选择器分别指定了这两个类的样式，这样，第二个 h1 元素的显示效果是红色加下画线。

这种情况下，还可以使用多类选择器，将多个类选择器串联书写，如下面的代码。

```
<!doctype html>
<html>
<head>
<meta charset="utf-8">
<style>
    .red.underline {text-decoration:underline;}
</style>
<title>HTML5 页面结构 </title>
</head>
<body>
<h1 class="red"> 标题一 </h1>
<h1 class="red underline"> 标题二 </h1>
<h1 class="underline"> 标题三 </h1>
</body>
</html>
```

本例中，只有第二个 h1 元素应用了红色和下画线的样式，第一个和第三个 h1 元素会使用默认样式。

元素类型选择器使用元素的名称作为选择器，前面已多次使用。如下面的代码定义 h1 元素显示为红色。

```
h1 {color:red;}
```

此外，当多组选择器使用相同的样式时，可以使用逗号分隔选择器。如下面的代码，h1、h2 和 h3 元素都会显示为红色。

```
h1,h2,h3 {color:red;}
```

16.3.2　层次选择器

页面中的元素，由 html 元素开始的节点会形成一个树状结构，定义元素应用样式时，可以根据元素的层次关系进行选择，即层次选择器，如：

- 下级元素，使用空格定义。
- 直接下级元素，使用大于号（>）定义。

● 同级元素，使用波浪号（~）定义。

● 同级相邻元素，使用加号（+）定义。

下级元素是指某元素中的所有子元素，包括多层定义的元素，如下面的代码。

```
<!doctype html>
<html>
<head>
<meta charset="utf-8">
<style>
   #div1 p {color:blue;}
</style>
<title>HTML5 页面结构 </title>
</head>
<body>
<div id="div1">
   <p id="p1">段落一 </p>
   <div id="div2">
   <p id="p2">段落二 </p>
   <p id="p3">段落三 </p>
   </div>
</div>
<p id="p4">段落四 </p>
<p id="p5">段落五 </p>
</body>
</html>
```

页面 body 元素中的各元素层次见图 16-3。

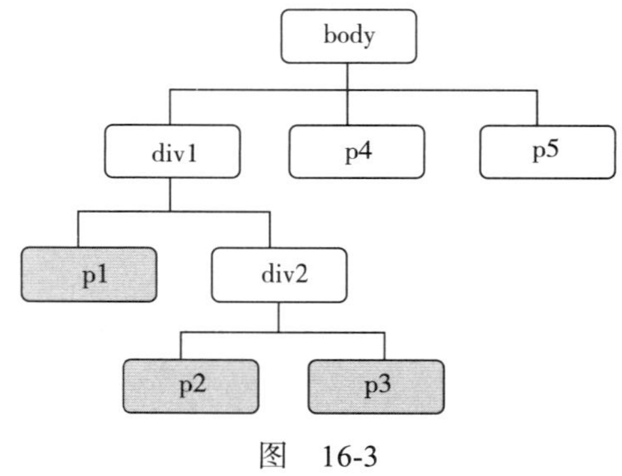

图 16-3

本例中 style 元素使用了“#div1 p”选择器，也就说，id 属性为 div1 下的所有 p 元素都会显示为蓝色，而 p4 和 p5 元素显示为默认色。

直接下级元素是指在指定元素的下一级，但不包含更深层次的元素，如下面的代码。

```
<!doctype html>
<html>
<head>
<meta charset="utf-8">
<style>
   #div1 > p {color:blue;}
</style>
<title>HTML5 页面结构 </title>
```

```
</head>
<body>
<div id="div1">
    <p id="p1">段落一</p>
    <div id="div2">
    <p id="p2">段落二</p>
    <p id="p3">段落三</p>
    </div>
</div>
<p id="p4">段落四</p>
<p id="p5">段落五</p>
</body>
</html>
```

本例的显示效果见图 16-4。所有 p 元素中，只有 p1 元素是 div1 元素的直接下级，所以，只有 p1 元素显示为蓝色，其他 p 元素显示为默认颜色。

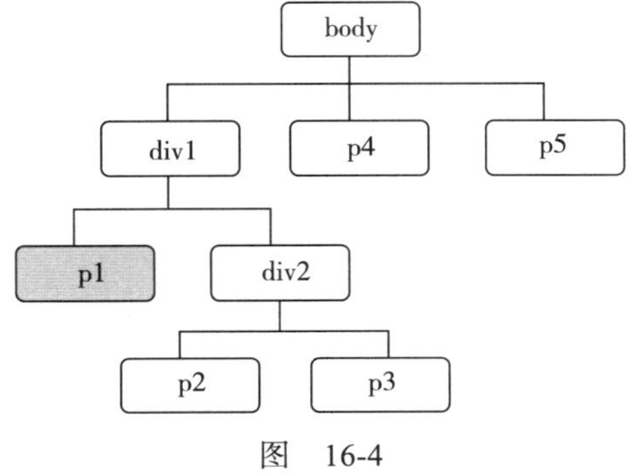

图 16-4

同级元素是指相同层次的元素，如下面的代码。

```
<!doctype html>
<html>
<head>
<meta charset="utf-8">
<style>
    #div1 ~ p {color:blue;}
</style>
<title>HTML5 页面结构</title>
</head>
<body>
<div id="div1">
    <p id="p1">段落一</p>
    <div id="div2">
    <p id="p2">段落二</p>
    <p id="p3">段落三</p>
    </div>
</div>
<p id="p4">段落四</p>
<p id="p5">段落五</p>
</body>
</html>
```

本例的显示效果见图 16-5。其中，只有与 div1 同级的 p4 和 p5 元素显示为蓝色，其他的 p 元素显示为默认色。

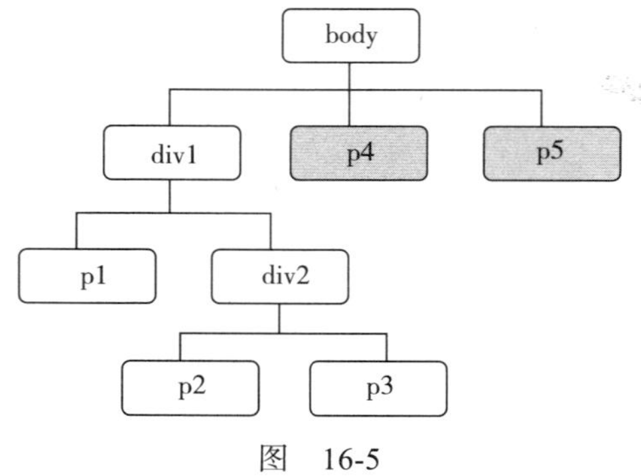

图 16-5

同级相邻元素是指同一层次，紧靠在一起的下一个元素，如下面的代码。

```
<!doctype html>
<html>
<head>
<meta charset="utf-8">
<style>
   #div1 + p {color:blue;}
</style>
<title>HTML5 页面结构 </title>
</head>
<body>
<div id="div1">
   <p id="p1"> 段落一 </p>
   <div id="div2">
   <p id="p2"> 段落二 </p>
   <p id="p3"> 段落三 </p>
   </div>
</div>
<p id="p4"> 段落四 </p>
<p id="p5"> 段落五 </p>
</body>
</html>
```

与 div1 元素同级的 p 元素中，只有 p4 元素为相邻元素，所以，页面中的 p4 元素显示为蓝色，其他 p 元素都显示为默认色，显示效果见图 16-6。

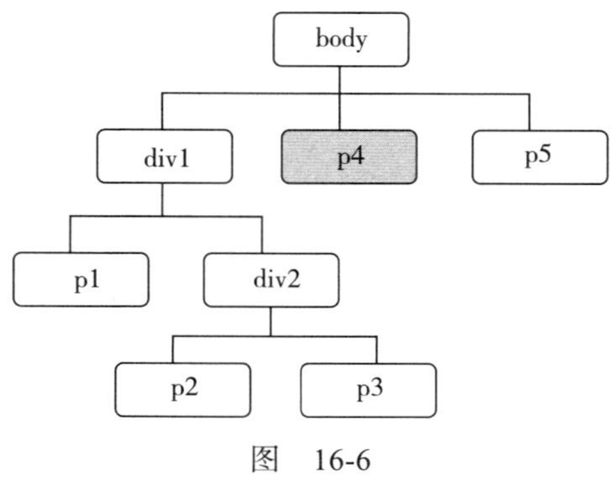

图 16-6

16.3.3　属性选择器

属性选择器是根据属性及属性值筛选应用样式的元素。只需要确认元素是否定义了某个属性，就可以直接在主要的选择器后使用一对方括号指定属性名，如下面的代码。

```
<!doctype html>
<html>
<head>
<meta charset='utf-8">
<style>
   h1[class]{color:blue;}
   h1[lang]{color:red;}
</style>
<title>HTML5 页面结构 </title>
</head>
<body>
<h1 class="title1"> 标题一 </h1>
<h1 class="title1 title2"> 标题二 </h1>
<h1 lang="zh-cr"> 标题三 </h1>
</body>
</html>
```

style 元素中定义了两个 h1 元素的选择器：第一个的含义为，当 h1 元素定义 class 属性时显示为蓝色；第二个的含义为，当 h1 元素定义 lang 属性时显示为红色。显示结果为，前两个 h1 元素显示为蓝色，第三个 h1 元素显示为红色。

属性选择器中，还可以根据具体的属性值确定应用样式的元素，主要包括如下几种形式：

- 完整的属性值，如 h1[class="title1"]。
- ~= 运算符，匹配属性值中使用空格分隔的多个值的其中一个。
- ^= 运算符，匹配属性值的开始部分。
- $= 运算符，匹配属性值的结束部分。
- *= 运算符，匹配属性值的一部分。
- |= 运算符，匹配持定的属性及其内容。

下面的代码演示了指定属性值的应用。

```
<!doctype html>
<html>
<head>
<meta charset="utf-8">
<style>
   h1[class="title1"]{color:blue;}
   h1[lang]{color:red;}
</style>
<title>HTML5 页面结构 </title>
</head>
<body>
<h1 class="title1"> 标题一 </h1>
<h1 class="title1 title2"> 标题二 </h1>
<h1 lang="zh-cn"> 标题三 </h1>
</body>
</html>
```

本例中，只有第一个 h1 元素显示为蓝色。

下面的代码演示了匹配多个属性值中的一个。

```
<!doctype html>
<html>
<head>
<meta charset="utf-8">
<style>
   h1[class~="title1"]{color:blue;}
   h1[lang]{color:red;}
</style>
<title>HTML5 页面结构 </title>
</head>
<body>
<h1 class="title1">标题一 </h1>
<h1 class="title1 title2">标题二 </h1>
<h1 lang="zh-cn">标题三 </h1>
</body>
</html>
```

本例中，第一个和第二个 h1 元素都显示为蓝色，因为它们的 class 属性中都包含了独立的 title1 内容。

下面的代码演示了三个匹配部分属性值的应用。

```
<!doctype html>
<html>
<head>
<meta charset="utf-8">
<style>
   h1[class^="title1"]{color:blue;}
   h1[class$="title2"] {text-decoration:underline;}
   h1[class*="title2"] {font-weight:lighter;}
   h1[lang]{color:red;}
</style>
<title>HTML5 页面结构 </title>
</head>
<body>
<h1 class="title1">标题一 </h1>
<h1 class="title1 title2">标题二 </h1>
<h1 lang="zh-cn" class="title2">标题三 </h1>
</body>
</html>
```

本例中，第一个 h1 元素显示为蓝色；第二个 h1 元素显示为蓝色、下画线和较细的字体；第三个 h1 元素显示为红色、下画线和较细的字体。

|= 运算符用于特殊属性的匹配，如 lang 属性中的语言设置，具体见下面的代码。

```
<!doctype html>
<html>
<head>
<meta charset="utf-8">
<style>
   h1[lang|="zh"]{color:red;}
   h1[lang|="en"]{color:blue;}
```

```
</style>
<title>HTML5 页面结构 </title>
</head>
<body>
<h1 lang="zh-cn">标题一 </h1>
<h1 lang="zh">标题二 </h1>
<h1 lang="en-us">标题三 </h1>
</body>
</html>
```

本例中，lang 属性包含 zh 或 zh- 内容的 h1 元素显示为红色，如页面中的第一个和第二个 h1 元素；lang 属性包含 en 或 en- 内容的 h1 元素显示为蓝色，如页面中的第三个 h1 元素。

16.3.4 伪类选择器

伪类选择器用于匹配不同状态的页面元素，首先了解 5 个常见的伪类，分别是：

- :link，适用于包含 href 属性的 a 元素，定义未访问过的链接。
- :visited，适用于包含 href 属性的 a 元素，定义已访问的链接。
- :focus，当前具有焦点的元素，如正在编辑的文本框。
- :hover，鼠标悬停时的元素。
- :active，激活元素时的样式，如点击操作时的元素。

如果元素中需要使用这几个状态或部分使用它们的样式，应注意定义的顺序。此外，鼠标指针悬停在触屏操作中是无效的，开发时应充分考虑用户的实际应用环境，对于用户可能无法看到的样式效果要根据实际情况综合考虑。

下面的代码演示了如何在 a 元素中应用伪类选择器。

```
<!doctype html>
<html>
<head>
<meta charset="utf-8">
<style>
   a{font-size:1em;}
   a:link {color:navy;}
   a:visited {color:red;}
   a:hover {font-size:1.1em;}
   a:active {font-size:1.5em;}
</style>
<title>HTML5 页面结构 </title>
</head>
<body>
<a href="http://caohuayu.com" target="_blank">作者的网站 </a>
</body>
</html>
```

元素 ID 属性是元素在页面中的唯一标识。在 URL 中，可以使用 # 符号快速定位到指定 ID 的元素，即打开页面后就会直接跳转到此元素的位置。此时，可以使用 :target 伪类定义目标元素的样式，如下面的代码。

```
<!doctype html>
<html>
```

```
<head>
<meta charset="utf-8">
<style>
   a:target {font-size:2em;font-weight:bold;}
</style>
<title>HTML5 页面结构 </title>
</head>
<body>
<a id="link1" href="http://caohuayu.com" target="_blank">链接一</a>
<a id="link2" href="http://caohuayu.com" target="_blank">链接二</a>
<a id="link3" href="http://caohuayu.com" target="_blank">链接三</a>
<a id="link4" href="http://caohuayu.com" target="_blank">链接四</a>
<a id="link5" href="http://caohuayu.com" target="_blank">链接五</a>
</body>
</html>
```

通过 http://127.0.0.1:10001/index.php#link3 地址访问页面的效果见图 16-7，可以修改 # 后面的内容来观察运行效果。

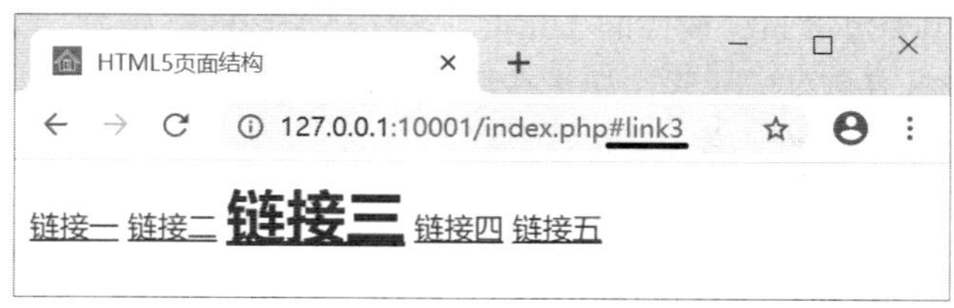

图 16-7

:first-child 伪类表示元素的第一级子元素，如果需要获取下一级的第一个元素，可以和 > 符号一起使用。下面的代码展示了 :first-child 伪类的使用。

```
<!doctype html>
<html>
<head>
<meta charset="utf-8">
<style>
   #div1:first-child {color:blue;}
   #div1>:first-child {font-size:2em;}
</style>
<title>HTML5 页面结构 </title>
</head>
<body>
<div id="div1">
   <p id="p1">段落一</p>
   <p id="p2">段落二</p>
   <p id="p3">段落三</p>
</div>
</body>
</html>
```

本例中，第一个样式指定 div1 的第一级子元素显示为蓝色，如代码中 div1 元素下的所有 p 元素；第二个样式指定第一级第一个元素 p1 的字体显示为 2 倍尺寸。页面显示效果见图 16-8。

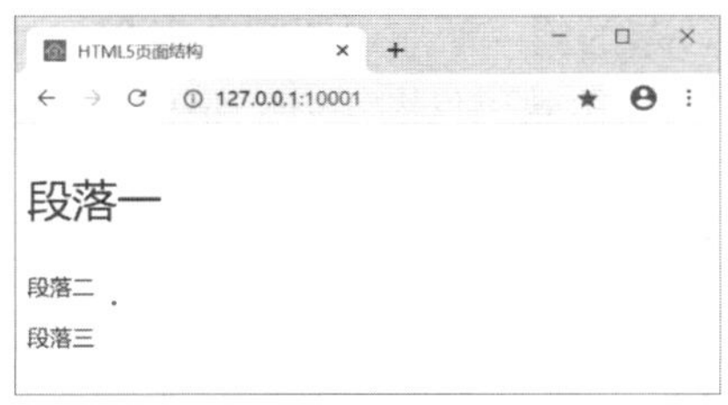

图　16-8

:lang 伪类可以判断元素中的 lang 属性，如判断 p 元素是否包含中文设置可以使用 p:lang(zh)，英文可以使用 p:lang(en) 等。

CSS3 中新增了一部分伪类，包括：

- :required 伪类，表单中的必填字段，使用 required 属性定义。
- :optional 伪类，表单中的选填字段，默认状态，即没有使用 required 属性的字段元素。
- :valid 伪类，数据验证无效的元素。
- :invalid 伪类，数据验证通过的元素。
- :in-range 伪类，数据在指定范围内的元素。
- :out-of-range 伪类，数据不在指定范围内的元素。
- :read-only 伪类，只读元素。
- :read-write 伪类，可读写元素。

16.3.5　伪元素选择器

伪元素选择器包括：

- :first-letter，第一个字符。
- :first-line，第一行。
- :before，指定内容之前。
- :after，指定内容之后。

下面的代码演示了 :first-letter 和 :first-line 伪元素的应用。

```
<!doctype html>
<html>
<head>
<meta charset="utf-8">
<style>
   p:first-letter {font-size:2em;}
   p:first-line {font-weight:bold;}
</style>
<title>HTML5 页面结构 </title>
</head>
<body>
<p> 本书介绍的是 PHP 网站所需要的代码实现，
为了便于写作和测试，
书中的示例将在 Windows 环境中完成。</p>
</body>
</html>
```

:first-letter 伪元素中，将段落的第一个字符设置为两倍尺寸，:first-line 伪元素则将段落的第一行设置为加粗样式，页面显示效果见图 16-9。请注意，第一行文本会根据浏览器窗口宽度的改变而改变。

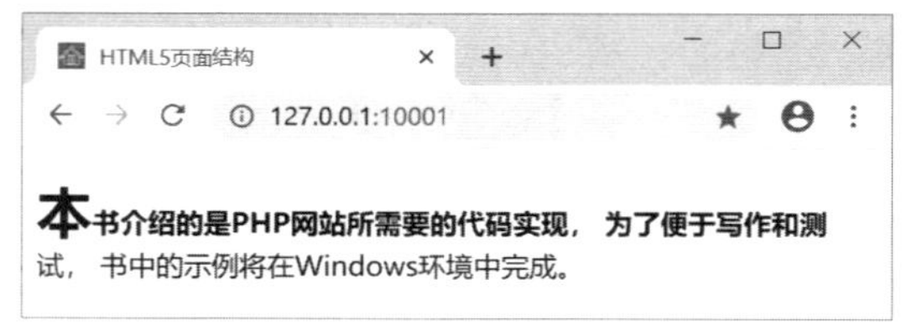

图 16-9

下面的代码演示了 :before 和 :after 伪元素的应用。

```
<!doctype html>
<html>
<head>
<meta charset="utf-8">
<style>
   .book_title:before {content:"《";}
   .book_title:after {content:"》";}
</style>
<title>HTML5 页面结构 </title>
</head>
<body>
<h1 class="book_title">网站全栈开发指南</h1>
</body>
</html>
```

代码中，指定 class 属性值为 book_title 的元素内容的前后会添加中文书名号，页面显示效果见图 16-10。

图 16-10

16.3.6 通配符选择器

定义样式选择器时，可以使用星号（*）表示“所有的”，例如单独的星号表示页面中的所有元素，如下面的代码定义。

```
* {margin:0px; padding:0px;}
```

此样式会取消所有元素的边距和内缩进，一般来讲，这种设置的执行效率不高。实际开发中，应只对需要重新设置边距或内缩进的元素使用此样式。

在层次选择器中，也可以使用星号匹配所有子元素，如下面的代码。

```
<!doctype html>
```

```
<html>
<head>
<meta charset="utf-8">
<style>
   #div1 * {color:red;}
</style>
<title>HTML5 页面结构 </title>
</head>
<body>
<div id="div1">
   <h1> 标题一 </h1>
   <p> 段落一 </p>
   <p> 段落二 </p>
</div>
</body>
</html>
```

本例中，id 属性为 div1 的元素的所有的子元素都会显示为红色。

16.4　CSS 属性设置基础

本节介绍 CSS 属性设置的一些基本概念和基本样式应用。

16.4.1　数值和单位

在样式中指定量化数据时，可以使用绝对量或相对量，例如，使用数字和像素（pixel）单位就可以指定元素在设备上（如屏幕）的显示尺寸。但有一点需要注意，不同的输出设备，其分辨率的定义是不同的，尺寸也有很大的区别，所以，相同的绝对值在不同的设备上呈现效果可能会有很大的差别。

绝对单位有多种，但应用最多的还是像素，在 CSS 属性中使用 px 表示，如 font-size:16px; 就表示将字体尺寸设置为 16 像素。

使用相对量时，可以使用百分数，也可以使用 em 和 rem 单位。

em 表示相对于默认尺寸的比例，如果元素没有单独设置尺寸，其尺寸就会从它的上级元素继承。下面的代码展示了 px 和 em 单位的应用。

```
<!doctype html>
<html>
<head>
<meta charset="utf-8">
<style>
   #div1 {font-size:16px;}
   #div2 {font-size:1.5em;}
   #p2 {font-size:1.5em;}
</style>
<title>HTML5 页面结构 </title>
</head>
<body>
<div id="div1'>
文本一
   <div id="div2">
```

```
            <p id="p1"> 段落一 </p>
            <p id="p2"> 段落二 </p>
    </div>
</div>
</body>
</html>
```

页面显示效果见图 16-11。

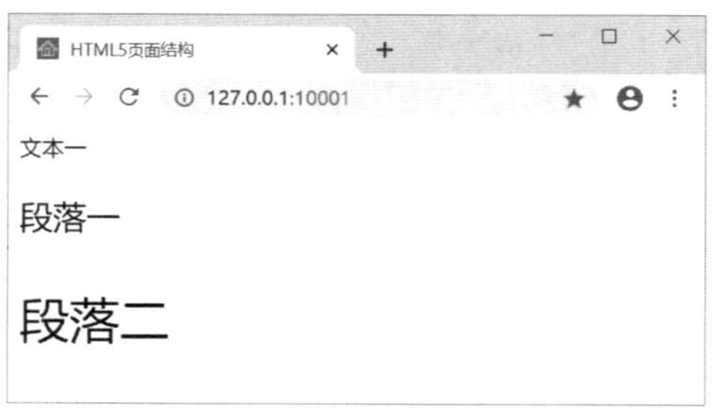

图 16-11

本例中，div1 元素的字体尺寸设置为 16 像素，其中的“文本一”显示的尺寸就是 16 像素。div2 是 div1 的子元素，其尺寸设置为 1.5em，也就是 div1 元素字体尺寸的 1.5 倍。p1 元素是 div2 的子元素，其字体就显示为默认字体的 1.5 倍，即 24 像素。p2 元素的字体也设置为 1.5em，其字体在 div2 元素字体尺寸的基础上又放大了 1.5 倍，即 36 像素。

rem 是 CSS3 中新增的相对单位，它定义的尺寸是相对于 html 元素默认尺寸的倍数。一般来讲，浏览器中对 html 元素都会设置一个默认的尺寸，如 16 像素，其他元素可以使用 rem 单位获取一个可预期的字体尺寸。如下面的代码将上例中的 em 单位改为 rem。

```
<!doctype html>
<html>
<head>
<meta charset="utf-8">
<style>
   #div1 {font-size:16px;}
   #div2 {font-size:1.5rem;}
   #p2 {font-size:1.5rem;}
</style>
<title>HTML5 页面结构 </title>
</head>
<body>
<div id="div1">
文本一
   <div id="div2">
            <p id="p1"> 段落一 </p>
            <p id="p2"> 段落二 </p>
   </div>
</div>
</body>
</html>
```

页面显示效果见图 16-12。可以看到，p2 元素的字体尺寸并没有再次放大，虽然 div2 和 p1 元素是上下级元素，但它们的 1.5rem 都是相对于 html 元素，所以，显示的效果是相同的。

图　16-12

实际开发工作中，无论使用相对量还是绝对量，都要对可能的目标设备进行测试，以观察实际的显示效果。

16.4.2　颜色和透明度

生活中，不同的主题需要合理的颜色搭配。在页面设计中，颜色的应用同样是非常重要的。下面是一些基本的命名颜色。

aqua	black	blue	fuchsia	gray	green
lime	maroon	navy	olive	orange	purple
red	silver	teal	white	yellow	

自定义颜色可以使用多种方式，首先是通过 RGB 格式定义颜色，分别使用红、绿、蓝三种基本色所占的比例调配出所需要的颜色。此时，可以使用十六进制数据定义，也可以使用 rgb() 函数定义。

十六进制数表示 RGB 颜色时，使用 # 符号开始，随后的六位十六进制数，每两位一组，分别表示红、绿、蓝的值，从 00 ~ FF（即 0 ~ 255）。如 #000000 表示黑色，#FFFFFF 表示白色，#FF0000 表示红色等。如果红、绿、蓝的两位数都分别相同，也可以简写为三位，如 #000 和 #000000 都表示黑色；但是，如 #C0C0C0 这样的格式就不能使用简写。

定义 RGB 颜色时，还可以使用 rgb() 函数，其三个参数分别表示红、绿、蓝的值（0~255）或比例（0%~100%），如 rgb(0,47,147) 表示克莱因蓝，rgb(100%,0%,0%) 表示红色等。

如果需要在 RGB 颜色中同时设置不透明度，可以使用 rgba() 函数，它的前三个参数同样表示红、绿、蓝的值或比例，第四个参数用于设置不透明度，取值范围在 0（完全透明）到 1（完全不透明）之间，如设置为半透明效果就可以设置为 0.5。

另一种定义颜色的方式是使用 HSL（Hue-Staturation-Lightness）模型，此时使用 hsl() 函数，它同样使用三个参数，分别表示色轮中的角度、饱和度和亮度。其中，角度使用数值，饱和度和亮度使用百分数。hsla() 函数在 hsl() 函数的基础上增加了第四个参数，用于指定不透明度，取值范围同样为 0（完全透明）~ 1（完全不透明）。

如果需要对元素单独设置不透明度，如一张图片的不透明度，还可以使用 opacity 属性，这是 CSS3 中新增的样式属性，取值范围也是 0（完全透明）~ 1（完全不透明）。

此外，如果只是设置元素背景完全透明，也可以将 background-color 属性设置为 transparent 值，这也是 background-color 属性的默认值。

16.4.3 矩形区域

页面中的元素，无论看起来如何，它们的基本图形都是矩形，所占区域由内到外分别是元素内容、内缩进、边框和外边距，见图 16-13。

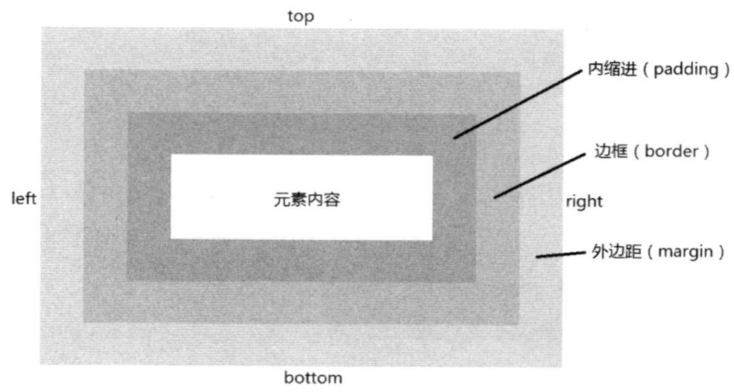

图 16-13

定义元素的尺寸，可使用 width 属性设置宽度，使用 height 属性设置高度。元素的宽度和高度可以使用绝对值，还可以使用相对值，如使用 100% 表示充满全部的可用空间。

此外，还可以定义最大尺寸和最小尺寸，相关属性包括：

- max-width，设置最大宽度。
- min-width，设置最小宽度。
- max-height，设置最大高度。
- min-height，设置最小高度。

在讨论元素的尺寸问题时，不得不考虑这个矩形的全部组成部分，如 width 属性设置元素宽度和 height 属性设置元素高度时，默认情况下只包括元素内容的宽度和高度，不包含内缩进、边框和外边距所占用的区域。而这一规则是由 box-sizing 属性决定的，其默认值为 content-box。此时，元素所占区域的全部宽度计算公式如下。

```
宽度 = 左边距 + 左边框 + 左内缩进 + 元素内容宽度 + 右内缩进 + 右边框 + 右边距
```

相应地，元素所占区域的总高度计算公式如下。

```
高度 = 上边距 + 上边框 + 上内缩进 + 元素内容高度 + 下内缩进 + 下边框 + 下边距
```

需要注意的是，上下相邻的元素存在边距重叠的现象，如下面的代码。

```
<!doctype html>

<html>
<head>
<meta charset="utf-8">
<title></title>
<style>
div {width:200px;height:100px;background-color:gray;}
#div1 {margin-bottom:50px;}
#div2 {margin-top:50px;}
</style>
</head>
```

```
<body>
<div id="div1">div1</div>
<div id="div2">div2</div>
</body>
</html>
```

页面显示效果见图 16-14。

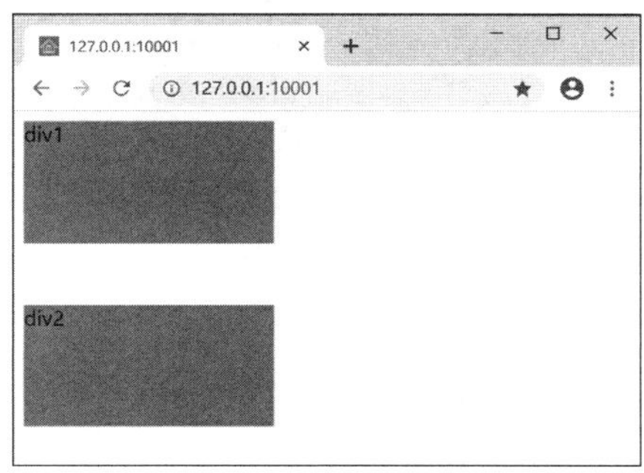

图 16-14

示例中定义了两个 div 元素，其高度都是 100 像素。其中，div1 元素的下边距设置为 50 像素，div2 元素的上边距也设置为 50 像素，加起来应该是 100 像素（和 div 元素的高度相同）。但实际显示效果只有 50 像素，这是因为上下两个元素的边距产生了重叠，此时，两个元素的垂直距离是设置较大的数值。

同时设置元素四个方向的外边距，可以使用 margin 属性，属性值设置了边距的尺寸，使用的形式主要包括：

- 四个数值参数，分别指定上、右、下、左边距尺寸。
- 三个数值参数，分别指定上、右、下边距，左边距与右边距相同。
- 两个数值参数，分别指定上、右边距。下边距与上边距相同，左边距与右边距相同。
- 一个数值参数，同时指定四个方向的边距。

使用 auto 关键字可以自动设置边距，如果上级元素尺寸比当前元素大，当前元素将水平居中，如下面的代码。

```
<!doctype html>

<html>
<head>
<meta charset="utf-8">
<title></title>
<style>
#div1 {width:500px;height:300px;background-color:gray;}
#div2 {width:200px;height:100px;margin:auto;background-color:red;}
</style>
</head>
<body>
<div id="div1">
   <div id="div2'></div>
</div>
</body>
</html>
```

页面显示效果见图 16-15。

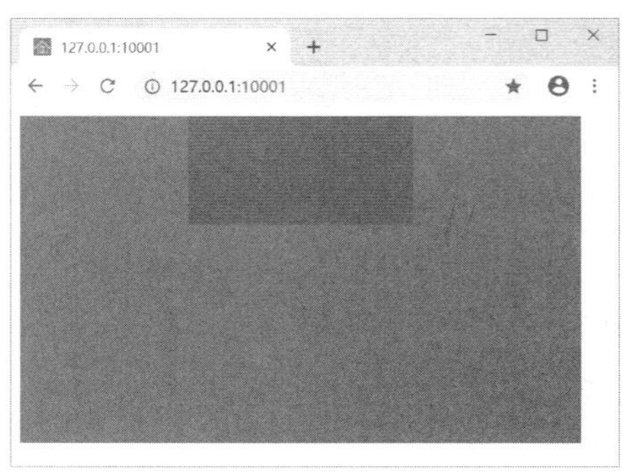

图　16-15

需要单独设置某个方向的外边距时，可以使用如下 CSS 属性：

- margin-top 属性，设置上边距。
- margin-right 属性，设置右边距。
- margin-bottom 属性，设置下边距。
- margin-left 属性，设置左边距。

同时设置四个方向的内缩进，可以使用 padding 属性，使用方式与 margin 属性相似，如：

- 四个数值参数，分别指定上、右、下、左缩进尺寸。
- 三个数值参数，分别指定上、右、下缩进，左边距与右缩进相同。
- 两个数值参数，分别指定上、右缩进。下缩进与上缩进相同，左缩进与右缩进相同。
- 一个数值参数，同时指定四个方向的缩进。

分别指定四个方向的缩进时，可以使用如下属性：

- padding-top 属性，设置上缩进。
- padding-right 属性，设置右缩进。
- padding-bottom 属性，设置下缩进。
- padding-left 属性，设置左缩进。

此外 box-sizing 属性还可以设置为 border-box 值。此时，元素的 width 和 height 属性将包含元素内容、内缩进和边框尺寸。如果需要更严格地控制元素尺寸，可以使用此设置。

16.4.4　边框

当元素四个方向的边框样式相同时，可以使用 border 属性设置，其格式为：

```
border:<宽度> <线条类型> <颜色>;
```

其中，<宽度>和<颜色>比较好理解，而<线条类型>可以使用多种样式，下面的代码演示了各种线条的显示效果。

```
<!doctype html>

<html>
<head>
<meta charset="utf-8">
<title></title>
```

```
<style>
div{margin:1em;}
</style>
</head>
<body>
<div style="border-style:solid;">solid</div>
<div style="border-style:dotted;">dotted</div>
<div style="border-style:dashed;">dashed</div>
<div style="border-style:double;">double</div>
<div style="border-style:groove;">groove</div>
<div style="border-style:ridge;">ridge</div>
<div style="border-style:inset;">inset</div>
<div style="border-style:outset;">outset</div>
</body>
</html>
```

页面显示效果见图 16-16。

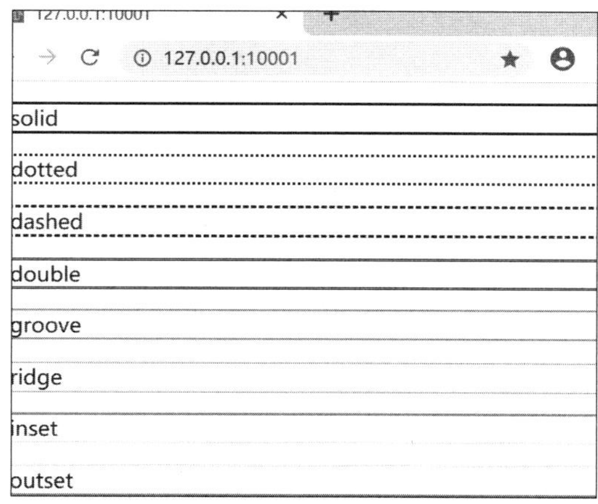

图 16-16

如果需要设置边框四个方向的宽度、线条类型或颜色，可以使用如下属性：

- border-width 属性，设置线条宽度，如 1 像素等。
- border-style 属性，设置线条类型，可以使用 solid、dotted、dashed、double、groove、ridge、inset、outset 等关键字，显示效果可参考图 16-16。
- border-color 属性，设置线条颜色，如 black、rgb(0,0,0) 都是黑色。

分别设置四个方向的线条样式时，可以使用相应的一组属性，如上边框的属性就可以使用：

- border-top 属性，同时设置上边框的宽度、线条类型和颜色。
- border-top-width 属性，设置上边框的宽度。
- border-top-style 属性，设置上边框的线条类型。
- border-top-color 属性，设置上边框的颜色。

其他三个方向边框的设置可以参考以上属性，将 top 关键字替换为相应的 right、bottom 或 left 即可。

除了设置边框的宽度、线条类型和颜色，还可以设置边框四个角为圆角。同时设置四个圆角的半径尺寸，可以使用 border-radius 属性，设置方式主要包括：

- 四个参数，分别设置左上角、右上角、右下角、左下角的圆角半径。
- 三个参数，分别设置左上角、右上角、右下角的圆角半径，左下角与右上角圆角半径相同。
- 两个参数，分别设置左上角、右上角的圆角半径，右下角与左上角相同，左下角与右上角相同，即对角使用相同数据。
- 一个参数，同时设置四个角的圆角半径。

下面的代码演示了几种圆角的设置。

```
<!doctype html>

<html>
<head>
<meta charset="utf-8">
<title></title>
<style>
div {
   display:inline-block;
   margin:1em;
   width:100px;
   height:100px;
   border:2px solid black;
}
#div1 {border-radius:30px;}
#div2 {border-radius:30px 60px;}
#div3 {border-radius:50%;}
</style>
</head>
<body>
<div id="div1">div1</div>
<div id="div2">div2</div>
<div id="div3">div3</div>
</body>
</html>
```

页面显示效果见图 16-17。

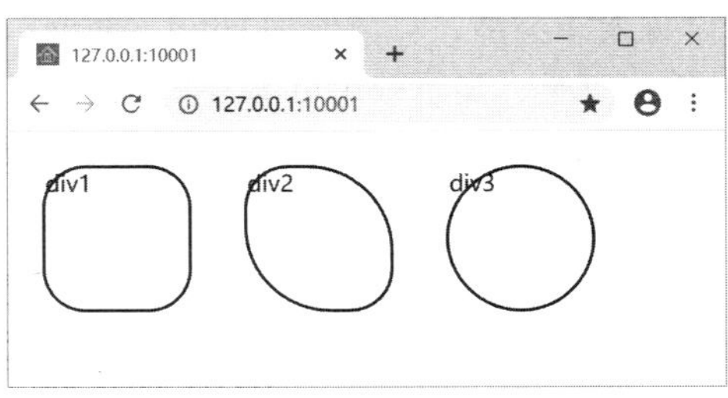

图 16-17

本例中，首先定义了 div 元素的基本样式。div1 元素的 border-radius 属性使用一个属性值，四个圆角半径都定义为 30 像素，如果基本图形是长方形，则可以生成一个圆角按钮的图形；div2 元素使用两个属性值指定了左上角和右上角的圆角半径，实际显示效果是，对角的圆角半径是相同的；div3 元素使用一个参数，这里使用了一个小技巧，即元素宽度和高度相同，且四个圆角都设置为元素宽度的一半（50%）或更大时，就可以显示为一个圆形。

下面的代码可以创建一个胶囊按钮。

```
<!doctype html>

<html>
<head>
<meta charset='utf-8">
<title></title>
<style>
.button1 {padding:0.5em 2em;border-radius:2em;}
</style>
</head>
<body>
<input type="button" value=" 按钮一 " class="button1">
</body>
</html>
```

页面显示效果见图 16-18。胶囊按钮的样式设置，关键在于边框圆角的半径应该使用数值设置，实际尺寸要大于或等于按钮高度的 50%。

图 16-18

此外，分别设置四个圆角的半径时，可以使用如下属性：

- border-top-left-radius 属性，设置左上角圆角半径。
- border-top-right-radius 属性，设置右上角圆角半径。
- border-bottom-right-radius 属性，设置右下角圆角半径。
- border-bottom-left-radius 属性，设置左下角圆角半径。

16.4.5 阴影

早期的页面开发中，元素的阴影效果需要背景图片来实现，而 CSS3 标准中增加了定义阴影的属性。这里先介绍 box-shadow 属性，在 16.6 节中还将介绍如何设置文本的阴影效果。

box-shadow 属性的数据主要包括 X 方向偏移、Y 方向偏移、模糊半径和颜色。下面的代码演示了此属性的应用。

```
<!doctype html>

<html>
<head>
<meta charset='utf-8">
<title></title>
<style>
div {
   width:100px;
   height:100px;
```

```
    border:1px solid black;
    box-shadow:6px 6px 6px gray;
}
</style>
</head>
<body>
<div id="div1">div1</div>
</body>
</html>
```

页面显示效果见图 16-19。

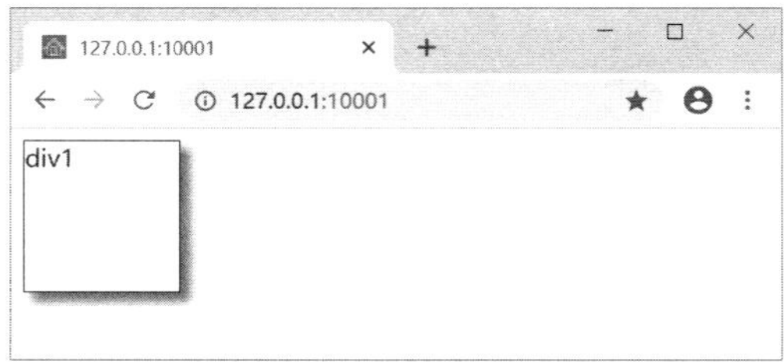

图 16-19

使用内阴影效果时，可以在 box-shadow 属性中使用 inset 值，如下面的代码。

```
<!doctype html>

<html>
<head>
<meta charset="utf-8">
<title></title>
<style>
div {
    width:100px;
    height:100px;
    border:1px solid black;
    box-shadow:inset 6px 6px 6px gray;
}
</style>
</head>
<body>
<div id="div1">div1</div>
</body>
</html>
```

页面显示效果见图 16-20。

图 16-20

box-shadow 属性中，在颜色前还可以指定阴影的发散尺寸，如下面的代码。

```
<!doctype html>

<html>
<head>
<meta charset="utf-8">
<title></title>
<style>
div {
   margin:15px;
   width:100px;
   height:100px;
   border:1px solid black;
   box-shadow:6px 6px 6px 10px gray;
}
</style>
</head>
<body>
<div id="div1">div1</div>
</body>
</html>
```

页面显示效果见图 16-21。

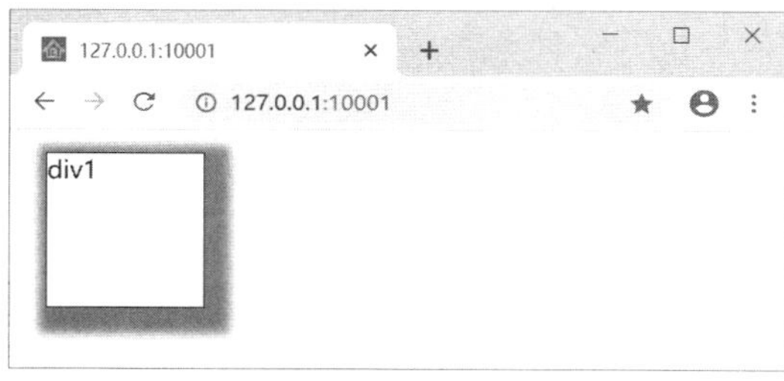

图　16-21

box-shadow 属性还可以使用逗号（,）分隔的多组数组。执行如下代码会显示一个三色的环形。

```
<!doctype html>

<html>
<head>
<meta charset="utf-8">
<title></title>
<style>
div {
    margin:100px;
    width:50px;
    height:50px;
    border-radius:50%;
    box-shadow:0px 0px 0px 50px blue,
        0px 0px 0px 100px red;
}
</style>
</head>
```

```
<body>
<div id="div1"></div>
</body>
</html>
```

页面显示效果见图 16-22。

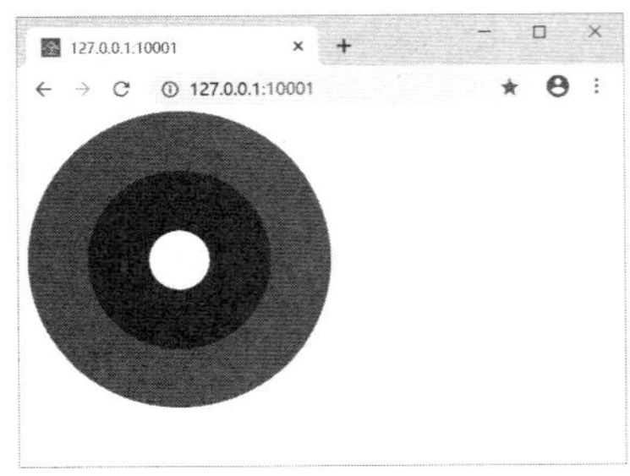

图 16-22

16.4.6 渐变

linear-gradient() 函数用于创建线性渐变的图片，其应用方式也比较灵活。如下面的代码创建一个由上到下、由白到黑的渐变页面背景。

```
<!doctype html>

<html>
<head>
<meta charset="utf-8">
<title></title>
<style>
div {
   min-height:300px;
   background-repeat:no-repeat;
   background-image:linear-gradient(white,black);
}
</style>
</head>
<body>
<div id="div1"></div>
</body>
</html>
```

页面显示效果见图 16-23。

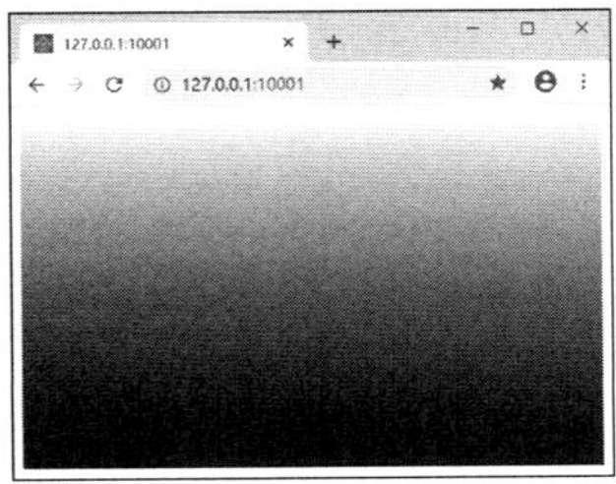

图 16-23

设置线性渐变时，还可以指定角度。如下面的代码会显示一个从左到右、从白到黑的背景。

```
<!doctype html>

<html>
<head>
<meta charset="utf-8">
<title></title>
<style>
div {
   min-height:300px;
   background-repeat:no-repeat;
   background-image:linear-gradient(90deg,white,black);
}
</style>
</head>
<body>
<div id="div1"></div>
</body>
</html>
```

页面显示效果见图 16-24。

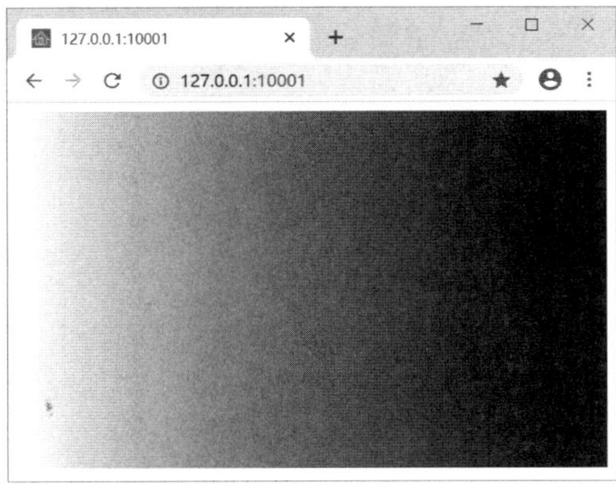

图 16-24

除了使用角度，还可以使用 to 短语指定渐变方向，如下面的代码。

```
<!doctype html>
<html>
<head>
<meta charset="utf-8" />
<title></title>
<style>
div {
    display:inline-block;
    width:200px;
    height:200px;
    border:1px solid black;
    margin-bottom:10px;
```

```
}
#div1 {
    background-image:linear-gradient(to bottom,white,black);
}
#div2 {
    background-image:linear-gradient(to top right,white,black);
}
</style>
</head>
<body>
<div id="div1"></div>
<div id="div2"></div>
</body>
</html>
```

页面显示效果见图 16-25。

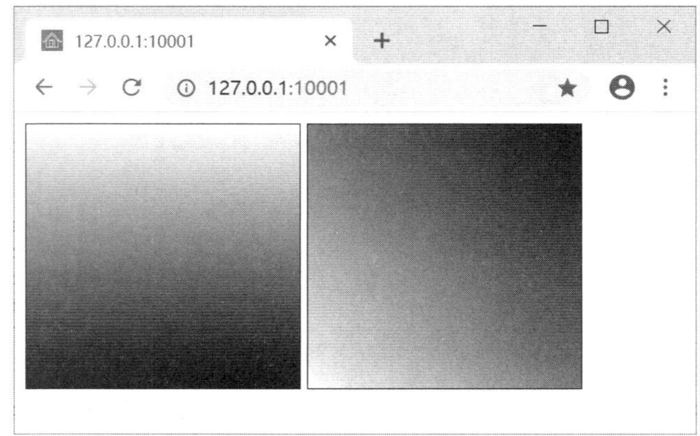

图 16-25

此外，还可以使用多种颜色的线性渐变。如下面的代码指定了四种颜色，分别在起始位置、33% 位置、66% 位置和结束位置设置了白、蓝、绿、黑四种颜色的过渡。

```
<!doctype html>

<html>
<head>
<meta charset="utf-8">
<title></title>
<style>
div {
min-height:300px;
background-repeat:no-repeat;
background-image:linear-gradient(white,blue 33%,green 66%,black);
}
</style>
</head>
<body>
<div id="div1"></div>
</body>
</html>
```

页面显示效果见图 16-26。

图 16-26

另一种渐变为放射性渐变，使用 radial-gradient() 函数，其参数包括：

- 放射形状，如 circle（圆形）、ellipse（椭圆）等。
- 渐变区域结束位置，如 closest-side（最近边界）、farthest-side（最远边界）、closest-corner（最近角）、farthest-corner（最远角）。
- 渐变中心坐标，使用 at 关键字定义，如“at 50% 50%”定义为元素的中心。

下面的代码演示了放射性渐变的应用。

```
<!doctype html>
<html>
<head>
<meta charset="utf-8" />
<title></title>
<style>
div {
   display:inline-block;
    width:200px;
    height:200px;
    border:1px solid black;
    margin-bottom:10px;
}
#div1 {
background-image:radial-gradient(ellipse farthest-corner at 10%
10%,white,black);
}
#div2 {
background-image:radial-gradient(circle closest-side at 50% 50%,white,black);
}
</style>
</head>
<body>
<div id="div1"></div>
```

```
<div id="div2"></div>
</body>
</html>
```

页面显示效果见图 16-27。

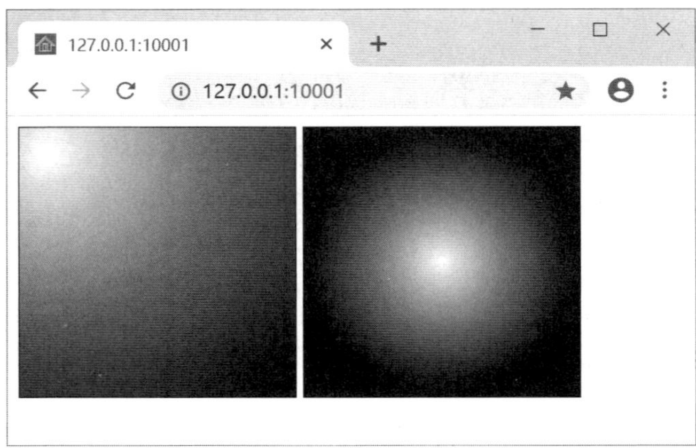

图 16-27

相对于线性渐变和放射性渐变，还有两个对应的重复渐变函数，分别是：

- repeating-linear-gradient() 函数，重复的线性渐变。
- repeating-radial-gradient() 函数，重复的放射性渐变。

下面的代码简单展示了这两个函数的应用效果。

```
<!doctype html>
<html>
<head>
<meta charset="utf-8" />
<title></title>
<style>
div {
   display:inline-block;
    width:200px;
    height:200px;
    border:1px solid black;
    margin-bottom:10px;
}
#div1 {
background-image:repeating-linear-gradient(white,black 20px);
}
#div2 {
background-image:repeating-radial-gradient(white,black 50px);
}
</style>
</head>
<body>
<div id="div1"></div>
<div id="div2"></div>
</body>
</html>
```

页面显示效果见图 16-28。

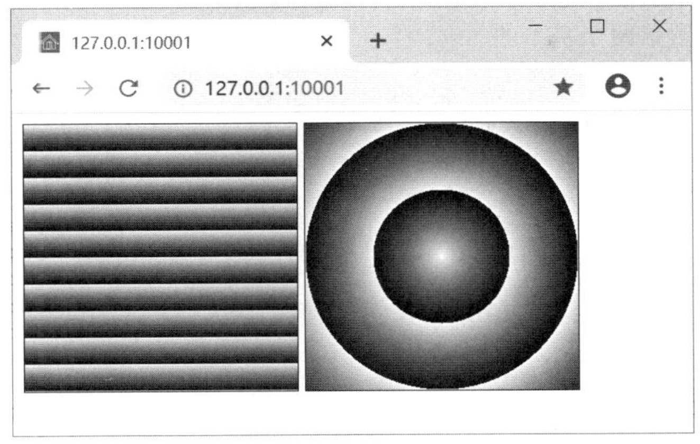

图 16-28

16.4.7 !important 标识

important（重要的）还加上感叹号，当然是非常重要的意思。当 CSS 属性定义了多次，会优先使用带有 !important 标识的样式属性。如下面的代码，h1 元素会显示为红色。

```
<!doctype html>
<html>
<head>
<meta charset="utf-8" />
<title></title>
<style>
h1 {color:red !important;}
h1 {color:blue;}
</style>
</head>
<body>
<h1>标题一</h1>
</body>
</html>
```

如果删除代码中的 !important 标识，h1 元素会显示为蓝色。

16.5 布局与定位

实际应用中，一个页面可能包含众多的元素，这些元素会以一定的规则排列，从而形成一个文档流。当所有的元素都使用默认的方式组织和排列时，就称为正常的文档流。例如，行内（inline）或行内块（inline-block）元素会在充满容器的宽度后“换行”，而块（block）元素总是向容器的左边界对齐。

页面设计过程中，可以通过一系列 CSS 属性改变元素的定位方式，从而改变元素的位置或排列方式，形成所需要的布局和效果。在本节中，首先介绍两个典型的元素，然后介绍一些与布局、定位相关的 CSS 属性。

16.5.1 div 和 span 元素

div 和 span 元素是两个基本的“通用”元素，其中，div 是标准的块元素，span 则是标准的行内元素。

下面的代码演示了 span 元素的标准排列方式。

```
<!doctype html>
<html>
<head>
<meta charset="utf-8" />
<title></title>
</head>
<body>
<span id="span1">span1</span>
<span id="span2">span2</span>
<span id="span3">span3</span>
<span id="span4">span4</span>
<span id="span5">span5</span>
<span id="span6">span6</span>
<span id="span7">span7</span>
<span id="span8">span8</span>
<span id="span9">span9</span>
<span id="span10">span10</span>
</body>
</html>
```

页面显示效果见图 16-29，可以看到，当元素充满容器（这里是 body 元素）的宽度时，会自动换行。

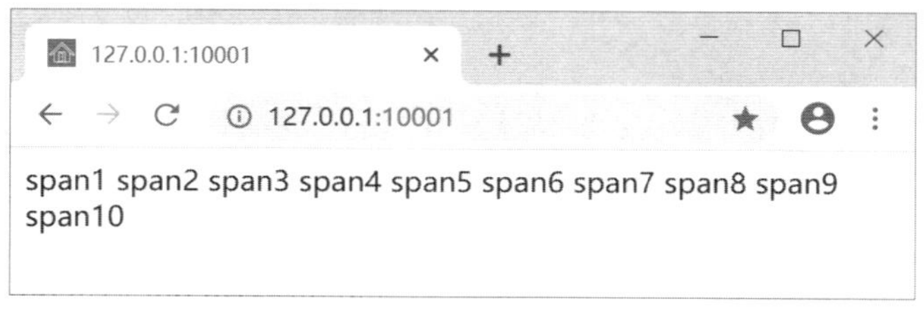

图 16-29

div 元素的表现则不同，它们默认的排列方式会尽可能地向容器的左边界对齐，如下面的代码。

```
<!doctype html>
<html>
<head>
<meta charset="utf-8" />
<title></title>
</head>
<body>
<div id="div1">div1</div>
<div id="div2">div2</div>
<div id="div3">div3</div>
<div id="div4">div4</div>
<div id="div5">div5</div>
```

```
</body>
</html>
```

页面显示效果见图 16-30。

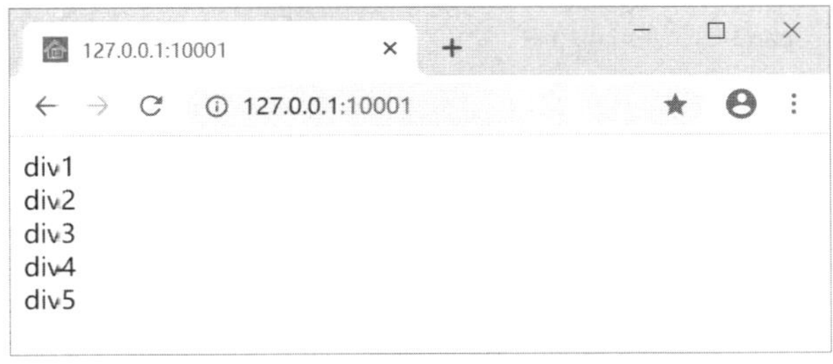

图　16-30

16.5.2　display 属性（CSS）

页面中的每一种元素都有其默认的显示方式，如果需要改变元素的显示方式，可以使用 CSS 中的 display 属性，基本的属性值包括：

- none，元素不显示，位置不保留，看起来就像元素不存在一样。
- inline，行内元素，会在充满容器宽度后换行。
- block，块元素，总是向容器左边界对齐。
- inline-block，行为块，会在充满容器宽度后换行，但可以设置块元素的一些样式，如元素的宽度。

在下面的代码中，修改 span 元素的显示方式为行内块，并指定其宽度。

```
<!doctype html>
<html>
<head>
<meta charset="utf-8" />
<title></title>
<style>
   span {display:inline-block;width:100px;}
</style>
</head>
<body>
<span id="span1">span1</span>
<span id="span2">span2</span>
<span id="span3">span3</span>
<span id="span4">span4</span>
<span id="span5">span5</span>
<span id="span6">span6</span>
<span id="span7">span7</span>
<span id="span8">span8</span>
<span id="span9">span9</span>
<span id="span10">span10</span>
</body>
</html>
```

页面显示效果见图 16-31。

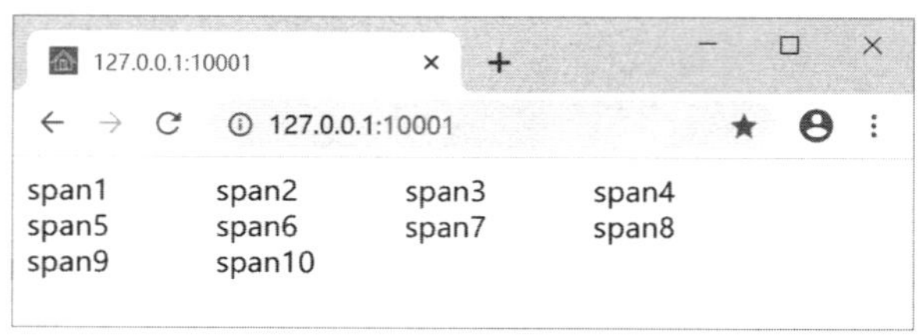

图 16-31

对于特定的元素（如表格等），display 属性还有一些专用的属性值，在讨论相关主题时会详细介绍。

16.5.3 visibility 属性（CSS）

visibility 属性定义元素的可见方式，属性值包括：

- visible，默认值，元素正常显示。
- hidden，元素隐藏，但保留元素的位置。
- collapse，在表中收起列或行。与 display 属性中的 none 值显示效果相似。

元素正常显示时使用的就是 visible 值，下面的代码演示了 hidden 值的应用。

```
<!doctype html>
<html>
<head>
<meta charset="utf-8" />
<title></title>
<style>
   #div3 {visibility:hidden;}
</style>
</head>
<body>
<div id="div1">div1</div>
<div id="div2">div2</div>
<div id="div3">div3</div>
<div id="div4">div4</div>
<div id="div5">div5</div>
</body>
</html>
```

页面显示效果见图 16-32。

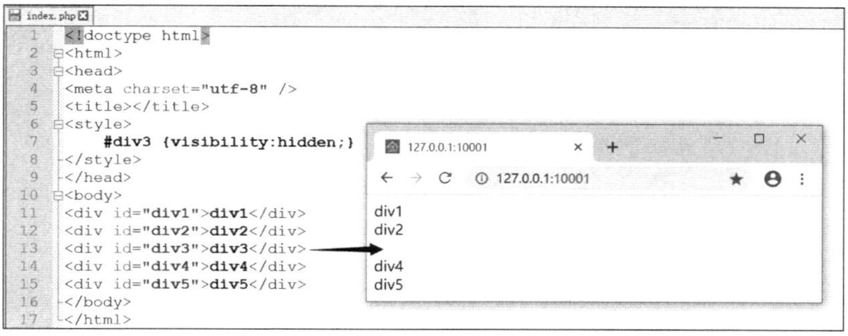

图 16-32

下面的代码演示了在表格中如何折叠一行，使其不显示。

```
<!doctype html>
<html>
<head>
<meta charset="utf-8" />
<title></title>
<style>
   #row2 {visibility:collapse;}
</style>
</head>
<body>
<table>
<tr id="row1"><td>1</td><td>2</td></tr>
<tr id="row2"><td>3</td><td>4</td></tr>
<tr id="row3"><td>5</td><td>6</td></tr>
</table>
</body>
</html>
```

页面显示效果见图 16-33。

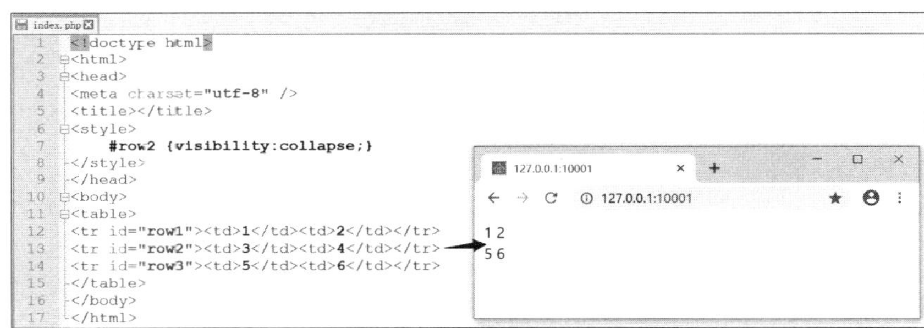

图 16-33

稍后还会介绍更多关于表格结构和样式的应用。

16.5.4 position 属性（CSS）

position 属性用于指定元素的定位方式，属性值包括：

- static，静态定位，元素的默认定位方式。
- relative，相对定位。指元素相对于其原始位置的定位，可以使用 top、right、left、bottom 属性定义相对于元素原始位置的偏移量。
- absolute，绝对定位。可以指定元素在其容器中的位置，原点为容器的左上角，可以使用 top、left 属性定义相对于原点的偏移量。如果元素没有明确的容器，会将 html 元素作为元素的容器。此外，绝对定位元素的容器元素定位方式不能是 static。
- fixed，固定定位，以浏览器可视区域作为容器，使用 top、right、left、bottom 属性进行定位。

下面的代码演示了元素的相对定位（relative）。

```
<!doctype html>
<html>
```

```
<head>
<meta charset="utf-8" />
<title></title>
<style>
div {width:200px;height:100px;border:1px solid black;}
#div2
{
   position:relative;
   top:50px;
   left:50px;
   background-color:#ccc;
}
</style>
</head>
<body>
<div id="div1">div1</div>
<div id="div2">div2</div>
<div id="div3">div3</div>
</body>
</html>
```

页面显示效果见图 16-34。

图 16-34

下面的代码演示了绝对定位（absolute）的应用。

```
<!doctype html>
<html>
<head>
<meta charset="utf-8" />
<title></title>
<style>
div {width:200px;height:100px;border:1px solid black;}
#div2
{
   position:absolute;
   top:50px;
   left:50px;
   background-color:#ccc;
}
</style>
```

```
</head>
<body>
<div id="div1">div1</div>
<div id="div2">div2</div>
<div id="div3">div3</div>
</body>
</html>
```

本例中，div2 元素的位置会相对于其容器（body 元素）的左上角定位，页面显示效果见图 16-35。

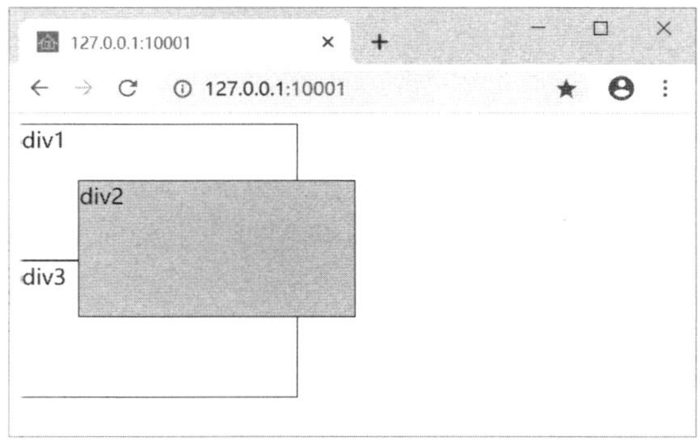

图　16-35

下面的代码通过固定（fixed）定位方式将工具栏定位在页面的顶部。

```
<!doctype html>
<html>
<head>
<meta charset="utf-8" />
<title></title>
<style>
#toolbar {
   width:100%;
   height:60px;
   background-color:#ccc;
   position:fixed;
   top:0px;
   left:0px;
}
.page_content {
   position:relative;
   top:60px;
   background-color:#eee;
}
.block {width:200px;height:300px;border:1px solid black;}
</style>
</head>
<body>
<div id="toolbar">toolbar</div>
<div class="page_content">
<div class="block">div1</div>
<div class="block">div2</div>
<div class="block">div3</div>
```

```
</div>
</body>
</html>
```

页面初始效果见图 16-36，滚动页面时，工具栏（toolbar）会固定在页面的顶部。

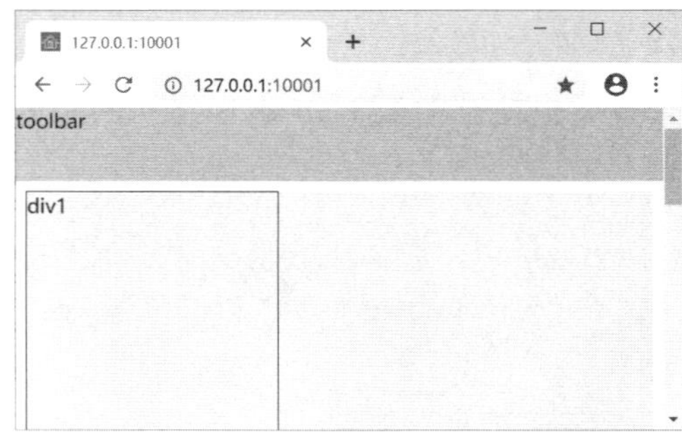

图 16-36

16.5.5 z-index 属性（CSS）

前面示例中，滚动页面时，page_content 元素可能会覆盖工具栏（toolbar）元素，这是由于工具栏元素的“层”低于 page_content 元素。此时，可以使用 z-index 属性修改元素的层次，属性值越大，就越靠近用户，如下面的代码。

```
<!doctype html>
<html>
<head>
<meta charset="utf-8" />
<title></title>
<style>
#toolbar {
   width:100%;
   height:60px;
   background-color:#ccc;
   position:fixed;
   top:0px;
   left:0px;
   z-index:999999;
}
.page_content {
   position:relative;
   top:60px;
   background-color:#eee;
}
.block {width:200px;height:300px;border:1px solid black;}
</style>
</head>
<body>
<div id="toolbar">toolbar</div>
<div class="page_content">
<div class="block">div1</div>
<div class="block">div2</div>
```

```
<div class="block">div3</div>
</div>
</body>
</html>
```

图 16-37 中显示了修改 z-index 属性值前后的对比效果。

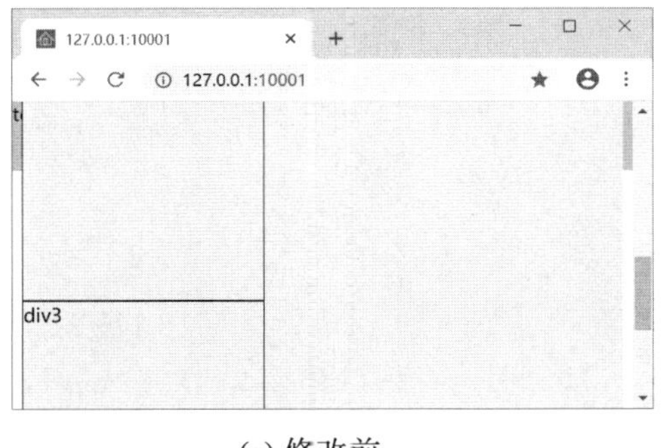

(a) 修改前

(b) 修改后

图 16-37

16.5.6 浮动

浮动（float）效果可以让元素总是靠向容器的左边或右边。设置元素的浮动效果时，可以使用 float 属性，其属性值包括：

- none，默认值，不浮动。
- right，向右浮动。
- left，向左浮动。

先来看向右浮动的效果，如下面的代码。

```
<!doctype html>
<html>
<head>
<meta charset='utf-8" />
<title></title>
<style>
div
{
   width:100px;
   height:100px;
   border:1px solid black;
}
#div1 {float:right;}
</style>
</head>
<body>
<div id="div1">div1</div>
<div id="div2">div2</div>
<div id="div3">div3</div>
</body>
</html>
```

页面显示效果见图 16-38。

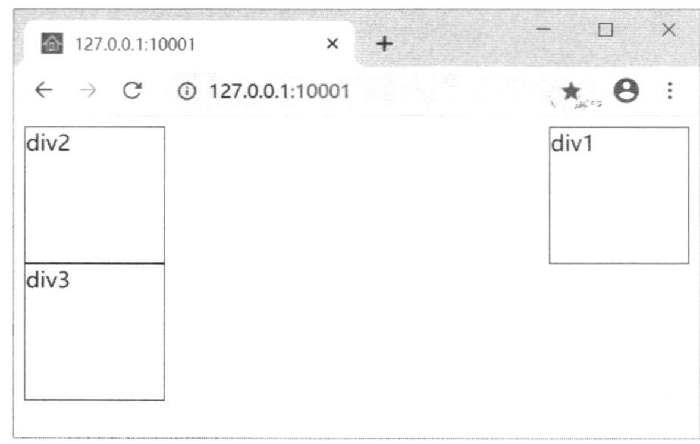

图 16-38

图 16-39 是一个常见的页面布局结构。

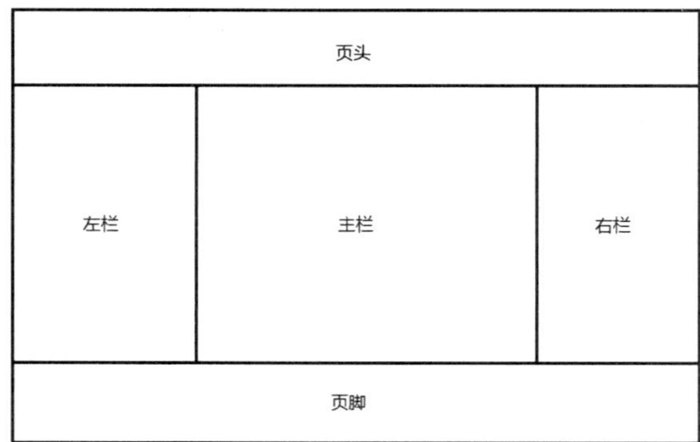

图 16-39

在下面的代码中可以利用浮动效果来实现这种页面布局。

```
<!doctype html>
<html>
<head>
<meta charset="utf-8" />
<title></title>
<style>
body {
   margin:0px;
   padding:0px;
}
#page_header {
   width:100%;
   height:100px;
   background-color:#eee;
}
#left_content {
   float:left;
   width:25%;
   min-height:300px;
```

```
    background-color:#bbb;
    text-align:center;
}
#main_content {
    float:left;
    width:50%;
    min-height:300px;
}
#right_content {
    float:left;
    width:25%;
    min-height:300px;
    background-color:#ddd;
    text-align:center;
}
#page_footer {
    clear:both;
    width:100%;
    height:80px;
    background-color:#ccc;
}
</style>
</head>
<body>
<div id="page_header">页头</div>
<div id="left_content">左栏</div>
<div id="main_content">主栏</div>
<div id="right_content">右栏</div>
<div id="page_footer">页脚</div>
</body>
</html>
```

页面显示效果见图 16-40。

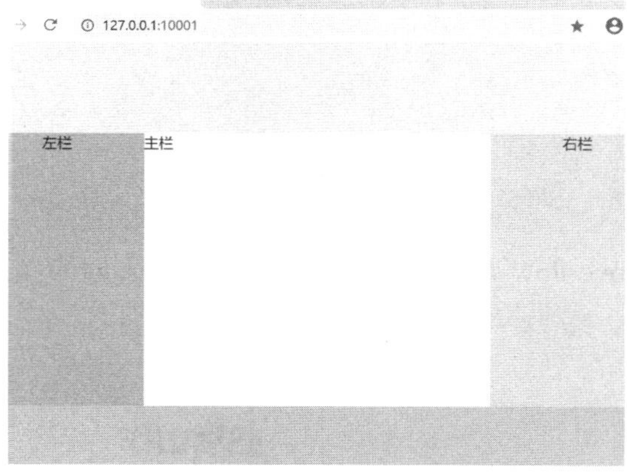

图　16-40

本例中，左栏、主栏和右栏都使用了左浮动效果。请注意页脚的样式，这里使用 clear 属性，它的功能是消除相邻元素浮动效果的影响，从而恢复正常的文档流，它的属性值包括：

- both，清除左、右两个方向的浮动效果。

- left，清除左浮动效果。
- right，清除右浮动效果。

16.5.7 溢出

容器尺寸确定以后，当其中的子元素尺寸大于容器时，就会出现溢出情况，此时，可以使用 overflow 属性设置溢出时的处理方式，其属性值包括：

- visible，默认值，超出部分会显示在容器外。
- auto，自动处理。
- scroll，容器显示滚动条以查看全部内容。
- hidden，隐藏溢出的部分。

下面的代码演示了溢出的处理效果。

```
<!doctype html>
<html>
<head>
<meta charset="utf-8" />
<title></title>
<style>
#div1 {
   width:200px;
   height:100px;
   background-color:#ddd;
   overflow:hidden;
}
</style>
</head>
<body>
<h1>归嵩山作</h1>
<div id="div1">
<p>清川带长薄，车马去闲闲。</p>
<p>流水如有意，暮禽相与还。</p>
<p>荒城临古渡，落日满秋山。</p>
<p>迢递嵩高下，归来且闭关。</p>
</div>
</body>
</html>
```

图 16-41 中显示了 overflow 属性不同取值在 Google Chrome 浏览器中的显示效果。

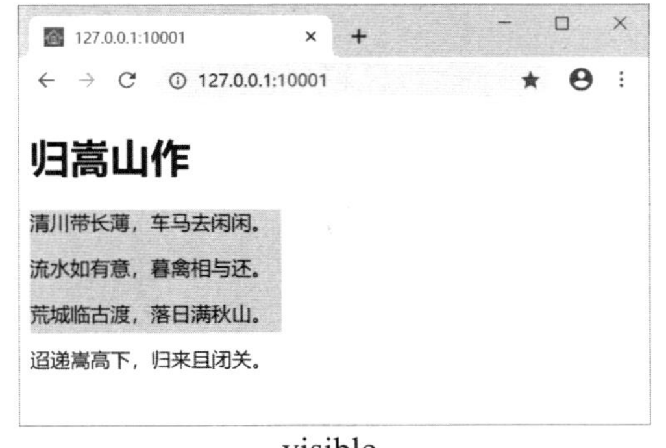

visible

auto

scroll

hidden

图　16-41

实际开发中，页面的尺寸接近无限，所以，限制容器的尺寸可能并不是最好的选择，除非是应用设置上有要求，否则，总是完整地显示元素内容，并合理布局才是比较理想的设计方案。

16.5.8　shape-outside 属性（CSS）

shape-outside 属性用于重新定义元素的边界，让其看上去不再是个矩形。先来看一个不使用 shape-outside 属性的效果。

```
<!doctype html>
<html>
<head>
<meta charset="utf-8" />
<title></title>
<style>
img {float:right;}
</style>
</head>
<body>
<img src="/img/mars.png" alt="火星" border="1">
<p>
火星是太阳系八大行星之一，属于类地行星，
……
</p>
<p>
火星有两颗天然卫星：火卫一和火卫二，
……
</p>
<p>
火星基本上是沙漠行星，地表沙丘、砾石、陨石遍布。
……
</p>
</body>
</html>
```

默认情况下，元素的形状是标准的矩形，页面显示效果见图 16-42。

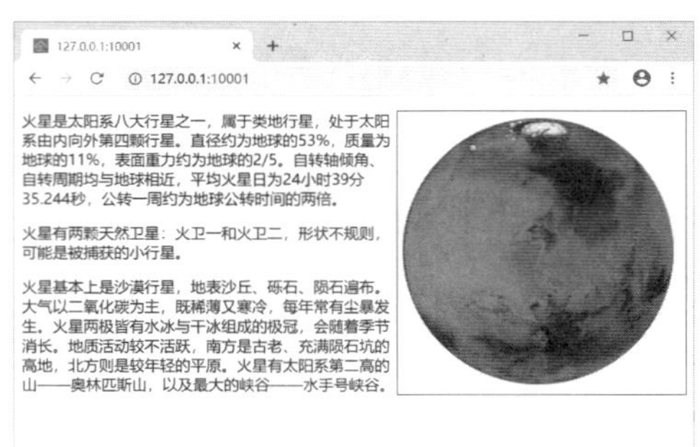

图　16-42

下面的样式使用了 shape-outside 属性，功能是让文字随着火星的圆形边界排列。

```
<style>
img {
   float:right;
   shape-outside:url(/img/mars.png);
   shape-margin:1em;
}
</style>
```

页面显示效果见图 16-43。

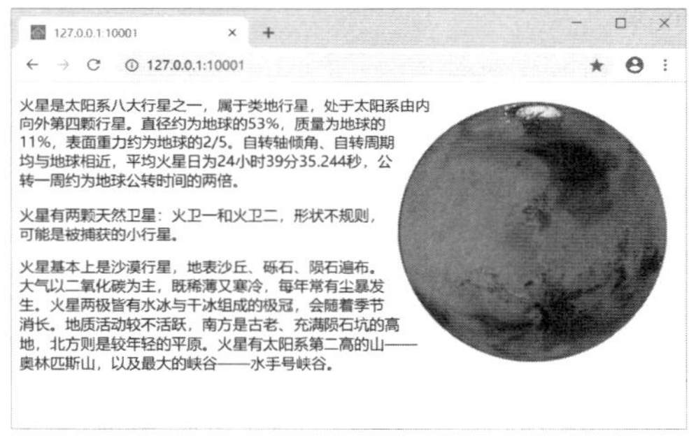

图　16-43

示例中，shape-outside 属性使用 url() 函数引用的图片定义了元素的边界。其原理是将图片的不透明部分作为元素的边界。这里有一个小技巧，即含有透明部分的图片，可以使用它自身作为边界定义的图片。

使用含有透明部分的图片定义元素边界时，还可以使用 shape-image-threshold 属性设置一个阈值，会将不透明度（alpha 值）大于此阈值的部分作为有效的元素区域。和设置颜色不透明度一样，shape-image-threshold 属性的取值范围也是 0（完全透明）到 1（完全不透明）。

另一个相关的属性是 shape-margin，其功能是设置元素边界与相邻元素的距离，本例设置为 1em。

除了图片，还可以使用图形定义元素边界，相关的函数包括：

- circle() 函数，定义一个圆形，格式为 circle(< 半径 > at < 圆心 >)。如 circle(100px at 50%) 就是指定一个半径为 100 像素，圆心在元素中心位置的圆形区域。
- ellipse() 函数，定义一个椭圆形，格式为 ellipse(<X 轴半径 > <Y 轴半径 > at < 中心 >)。如 ellipse(100px 50px at 50% 50%) 就是定义 X 轴半径为 100 像素，Y 轴半径为 50 像

素，圆心在元素中心位置的椭圆形区域。

- polygon() 函数，使用多组坐标定义一个多边形区域，参数中，每组数据定义一个顶点坐标，如 polygon(10px 20px,30px 40px,50px 60px;)。

下面的样式使用 circle() 函数定义火星图片的边界。

```
<style>
img {
   width:300px;
   float:right;
   shape-outside:circle(150px at 50%);
   shape-margin:1em;
}
</style>
```

页面显示效果见图 16-44。

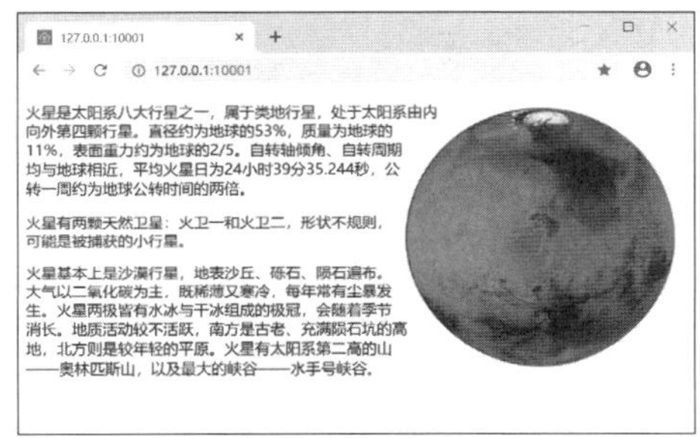

图　16-44

下面的样式使用一个三角形作为火星的边界。

```
<style>
body {background-color:black;}
p {color:white;}
img {
   width:300px;
   float:right;
   shape-outside:polygon(150px 1px,1px 299px,299px 299px);
   shape-margin:1em;
}
</style>
```

页面显示效果见图 16-45，其中的白色三角就是定义的图形区域。

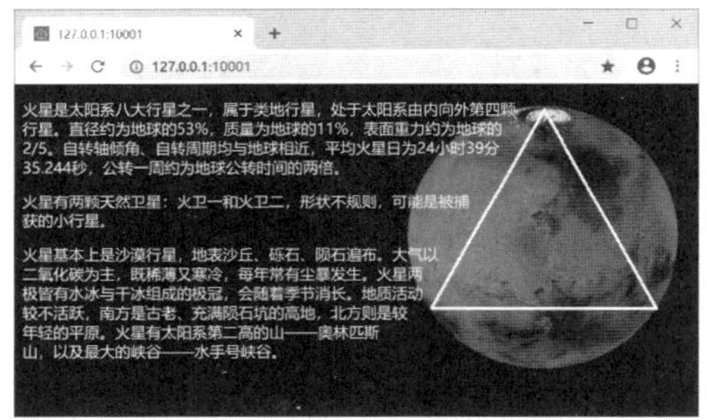

图 16-45

shape-outside 属性中，另一个可以设置区域的函数是 inset() 函数，可以定义元素内的一个矩形作为区域边界，其参数分别定义上、右、下、左方向距离元素原始边界的距离。这里，参数的设置与 margin、padding 属性相似，可以使用如下格式：

- 四个参数，分别设置上、右、下、左方向的距离。
- 三个参数，分别设置上、右、下方向的距离。
- 两个参数，分别设置上、右方向的距离。
- 一个参数，同时设置四个方向的距离。

下面的样式演示了 inset() 函数的应用。

```
<style>
body {background-color:black;}
p {color:white;}
img {
    width:300px;
    float:right;
    shape-outside:inset(100px);
    shape-margin:1em;
}
</style>
```

页面显示效果见图 16-46。

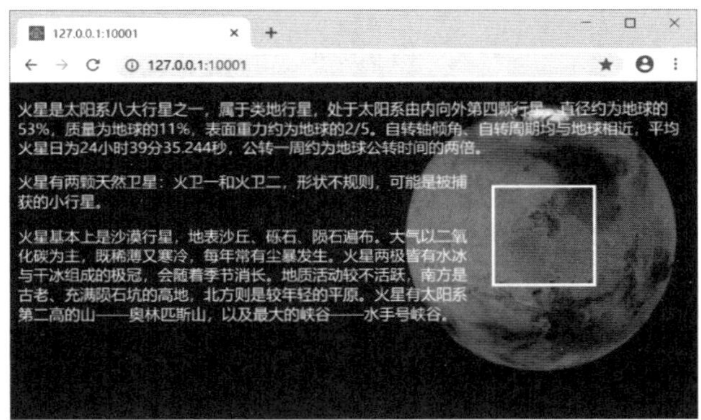

图 16-46

inset() 函数中，还可以使用 round 关键字设置矩形的圆角半径，如下面的样式。

```
<style>
body {background-color:black;}
p {color:white;}
img {
    width:300px;
    float:left;
    shape-outside:inset(100px round 50px);
    shape-margin:1em;
}
</style>
```

页面显示效果见图 16-47。

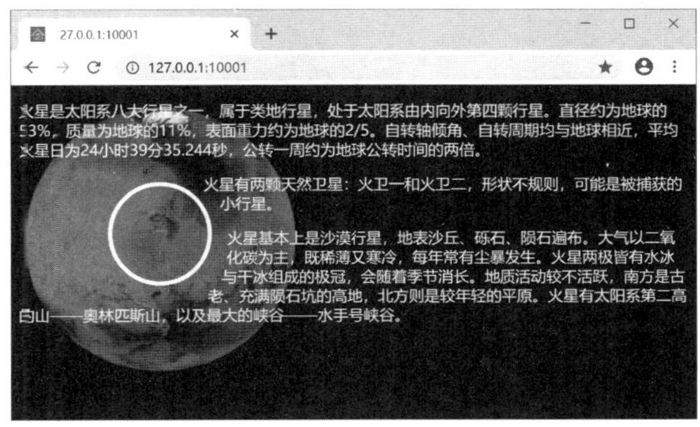

图 16-47

16.6 文本与段落

文本是页面中最基本的组成部分，可以在特定的元素中直接添加，如下面的代码。

```
<!doctype html>
<html>
<head>
<meta charset="utf-8" />
<title> 文本内容 </title>
</head>
<body>
页面的文本内容！！！
</body>
</html>
```

页面显示效果见图 16-48。

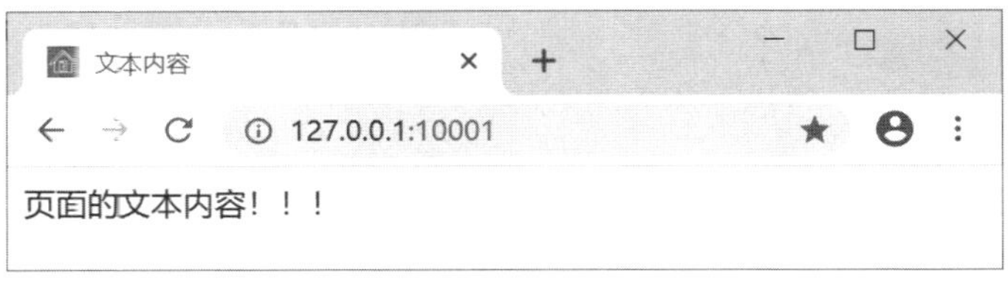

图 16-48

文本内容的默认显示方式是 inline，如果需要换行，可以使用 br 元素，这是一个单标记元素。HTML 标准中使用
 标记，XHTML 标准中使用
 标记。下面的代码演示了 br 元素的使用。

```
<!doctype html>
<html>
<head>
<meta charset="utf-8">
<title> 文本换行 </title>
</head>
<body>
第一行 <br>
```

```
第二行<br>
第三行
</body>
</html>
```

页面显示效果见图 16-49。

图 16-49

16.6.1 标题

HTML 中，共有 h1、h2、h3、h4、h5 和 h6 六级标题元素，它们都是双标记块元素。下面的代码展示了这 6 个标题元素的使用。

```
<!doctype html>
<html>
<head>
<meta charset="utf-8" />
<title>标题元素</title>
</head>
<body>
<h1>标题一</h1>
<h2>标题二</h2>
<h3>标题三</h3>
<h4>标题四</h4>
<h5>标题五</h5>
<h6>标题六</h6>
</body>
</html>
```

页面显示效果见图 16-50。

图 16-50

16.6.2 段落

HTML 页面中，使用 p 元素定义段落（paragraph），它同样是一个双标记块元素。下面的代码演示了 p 元素的应用。

```
<!doctype html>
<html>
<head>
<meta charset='utf-8" />
<title> 段落元素 </title>
</head>
<body>
<p> 段落一 </p>
<p> 段落二 </p>
</body>
</html>
```

页面显示效果见图 16-51。可以看到，默认样式中，段落间会有一些间隔。

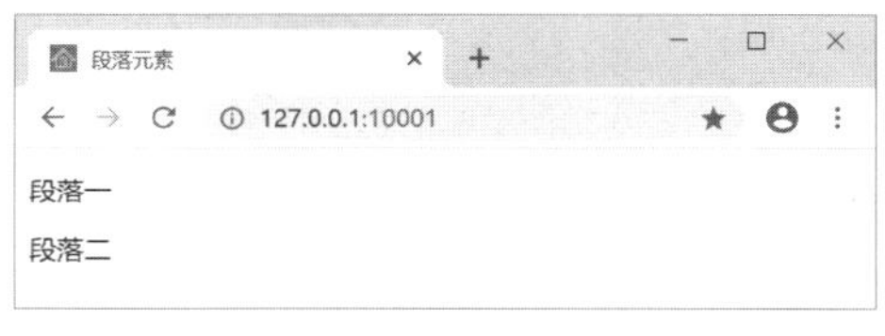

图 16-51

16.6.3 转义字符

创建 HTML 元素时，会使用 < 和 > 符号定义元素的标记，如果页面内容中包含这两个字符，就可能产生解析错误，此时，可以使用特殊的方式来显示。

下面的代码使用名称转义显示 < 和 > 符号。

```
<!doctype html>
<html>
<head>
<meta charset="utf-8" />
<title></title>
</head>
<body>
    HTML 中，&lt;br&gt; 标记用于换行
</body>
</html>
```

代码中，使用“<”表示小于号，“>”表示大于号，页面显示效果见图 16-52。

图 16-52

此外，在页面中还有一些比较常用的字符，如   显示一个空格，© 显示版权符号（©）等。

另一种字符转义方式是通过字符的 Unicode 编码，使用“&#<编码>”格式，如下面的代码，使用字符编码显示版权符号。

```
<!doctype html>
<html>
<head>
<meta charset="utf-8" />
<title></title>
</head>
<body>
版权所有 &#169;
</body>
</html>
```

页面显示效果见图 16-53。

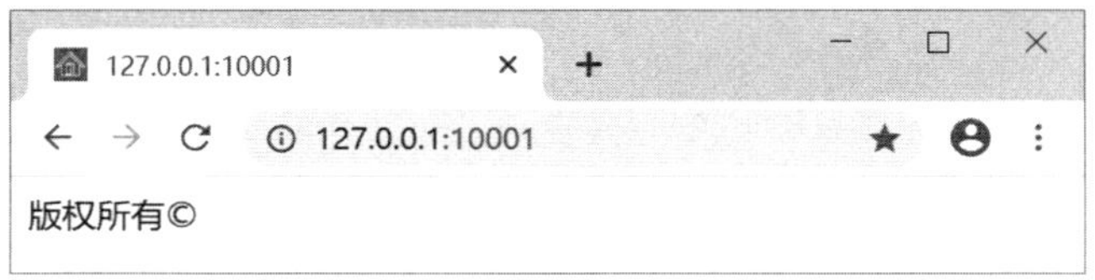

图　16-53

表 16-1 给出一些常用的字符转义方式，大家可以在学习和工作中参考使用。

表 16-1　常用 HTML 转义字符

字符	名称转义	编码转义	描述
"	"	"	双引号
&	&	&	与符号
<	<	<	小于号
>	>	>	大于号
			空格符
¡	¡	¡	倒惊叹号
¥	¥	¥	元符号
§	§	§	章节符号
©	©	©	版权符号
®	®	®	注册商标符号
°	°	°	单位度
±	±	±	正负号
²	²	²	上标 2
³	³	³	上标 3
¼	¼	¼	四分之一
½	½	½	二分之一
¾	¾	¾	四分之三

16.6.4 常用文本元素

接下来，先了解几个常用的元素，它们都使用双标记定义。

- b 元素，字体加粗（bold）显示。
- i 元素，字体显示为斜体（italic）。
- u 元素，显示下画线（underline）。
- sub 元素，显示为下标（subscript）。
- sup 元素，显示为上标（superscript）。

下面的代码演示了这几个元素的使用。

```
<!doctype html>
<html>
<head>
<meta charset="utf-8" />
<title></title>
</head>
<body>
普通文本
<b> 加粗 </b>
<i> 斜体 </i>
<u> 下画线 </u>
<sub> 下标 </sub>
<sup> 上标 </sup>
</body>
</html>
```

页面显示效果见图 16-54。

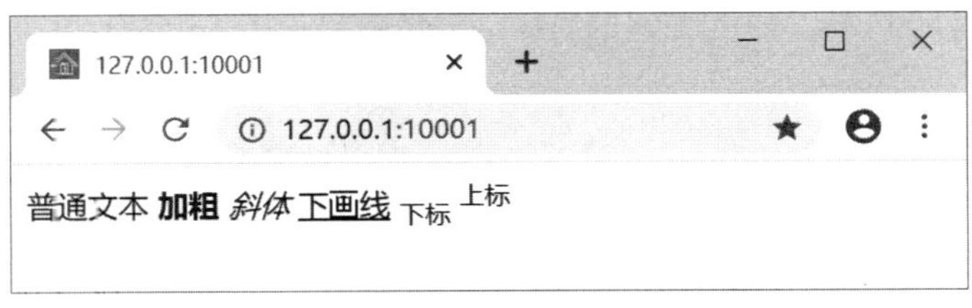

图 16-54

HTML 中的语义元素说明了元素的含义和功能，同时也可能包括一些特殊的格式。在阅读和分析工具中，可以区分这些元素，并进行相应的操作。下面了解一些与文本相关的语义元素。

del 和 s 元素，分别表示需要删除的文本和不再需要的文本（struck text），它们显示的效果就是在文本中间加一条删除线。显示效果见图 16-55。

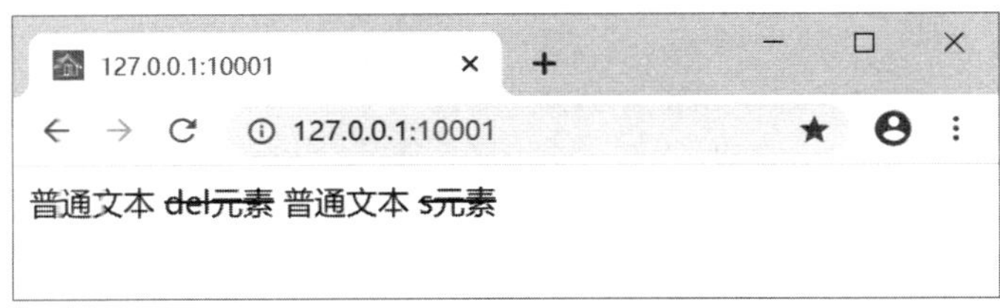

图 16-55

abbr 元素，定义缩写（abbreviation）内容，这是一个内联元素，从表面上和普通的文本并没有什么区别。address 元素是块元素，定义联系方式和相关信息。不要被名称迷惑，元素可以包括任何信息，而不仅限于地址。显示效果见图 16-56。

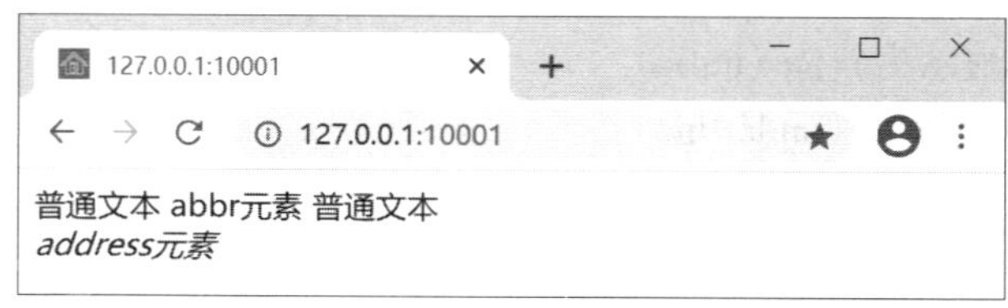

图　16-56

q 和 blockquote 元素，分别表示引用文本（quote text）和块引用。其中，q 元素为内联元素，元素中的内容会显示在一对双引号之间；blockquote 元素是块元素，元素的内容会有一定的缩进。显示效果见图 16-57。

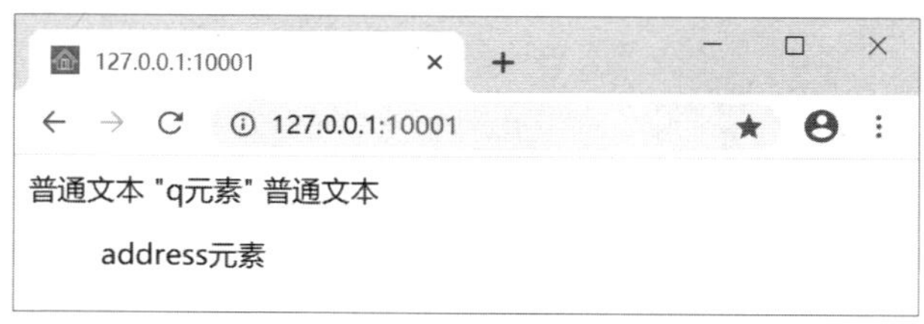

图　16-57

ins 元素，定义为内联元素，表示插入的内容，内容会显示下画线。ins 元素与 u 元素显示样式相似，但含义不同，在内容分析和处理工具中会区别对待。em 元素，定义强调的内容。下面的代码展示了 ins 和 em 元素的应用。显示效果见图 16-58。

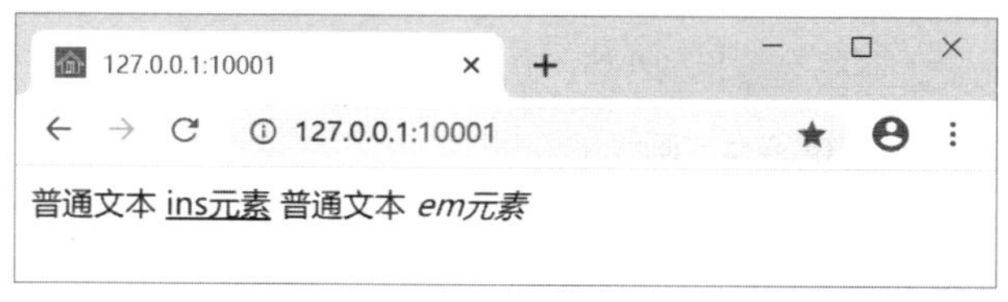

图　16-58

strong 元素，定义为内联元素，包含了需要强调的内容。虽然 strong 元素中的文本也会演示为加粗风格，但它与 b 元素的含义是不同的。cite 元素，表示引述内容。显示效果见图 16-59。

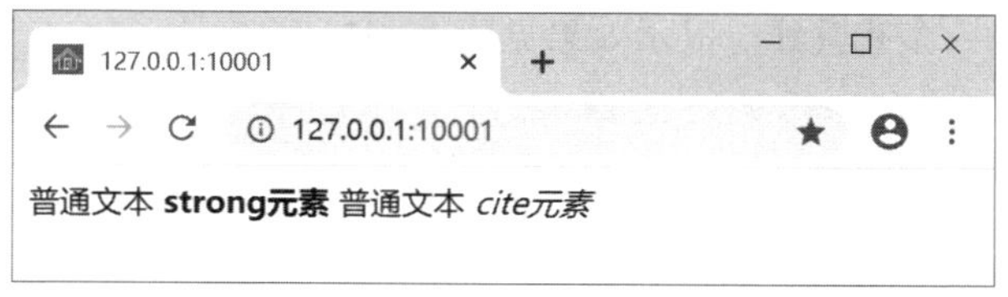

图　16-59

mark 元素，这是 HTML5 标准中新增的元素，默认样式是为文本加上黄色背景。small 元素，表示附加内容，定义为内联元素，显示字体会略小。显示效果见图 16-60。

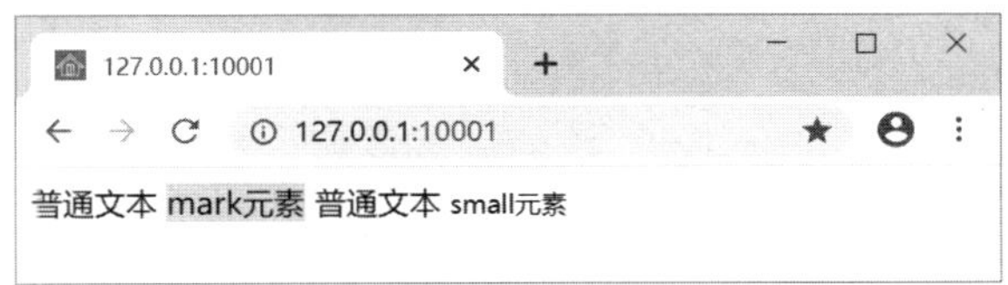

图 16-60

time 元素，定义日期和时间信息，这是 HTML5 标准中的新语义元素。元素中可以使用 datetime 属性定义具体的日期和时间数据，如下面的代码。

```
<time datetime="2020-10-31">2020 年 10 月 31 日 </time>
```

指定时间可以使用 mm:ss 格式，如下面的代码。

```
<time datetime="19:30"> 晚上 7 点 30 分 </time>
```

code 元素，定义为内联元素，用于包含代码内容。显示效果见图 16-61。

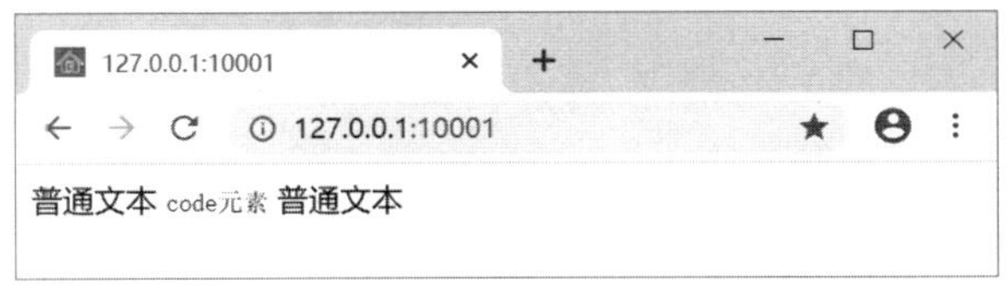

图 16-61

pre 元素，定义为块元素，元素内容中的换行、空格等字符会原样显示。执行如下代码会显示几行代码。

```
<pre>
    int sum = 0;
    for(int i=1; i<=100; i++)
    {
        sum += i;
    }
    Console.WriteLine(sum);
</pre>
```

页面显示效果见图 16-62。

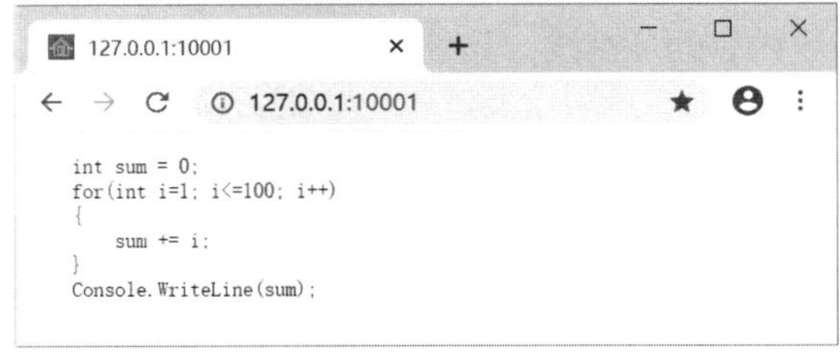

图 16-62

当 pre 元素有尺寸限制，内容超出 pre 元素宽度时，如果允许内容换行，可以使用如下样式属性。

```
white-space:pre-wrap;
```

下面的代码展示了 pre 元素内容溢出的情况。

```
<!doctype html>
<html>
<head>
<meta charset="utf-8" />
<title></title>
<style>
   pre {
          width:100px;
          white-space:pre-wrap;
          background-color:#eee;
   }
</style>
</head>
<body>
<pre>
    int sum = 0;
    for(int i=1; i<=100; i++)
    {
        sum += i;
    }
    Console.WriteLine(sum);
</pre>
</body>
</html>
```

页面显示效果见图 16-63。

图 16-63

最后了解一下 hr 元素。hr 元素会在容器中显示一条水平贯穿线。这是一个单标记元素，HTML 标准使用 <hr> 标记，XHTML 标准使用 <hr /> 标记。此外，在 HTML5 标准的解释中，它是页面中不同主题内容的分割线，其显示效果见图 16-64。

图 16-64

16.6.5 字体样式

文本的样式中，字体相关的属性包括：

- font-family，指定字体名称。可以逗号（,）分隔设置多个候选字体，如果字体名称包括空格，可以使用一对单引号（'）定义。
- font-size，指定字体的尺寸，可以使用绝对尺寸，也可以使用相对尺寸。
- font-weight，指定字体的加粗效果，属性值可以是关键字，也可以是数字。关键字包括 normal（正常，默认值）、bold（加粗）、bolder（更粗）、lighter（较细）等。数字则可以使用 100、200、300、…、900。请注意，不同的浏览器对于数字属性值的显示效果可能并不一样，建议使用关键字属性值。
- font-style，字体风格，默认为 normal(正常)，可以使用 italic 关键字指定为斜体效果。

下面的代码演示了这四种字体样式属性的应用。

```
<!doctype html>
<html>
<head>
<meta charset='utf-8" />
<title></title>
<style>
   div {
          font-weight:bold;
          font-style:italic;
          font-size:2em;
          font-family:'微软雅黑';
   }
</style>
</head>
<body>
<div>
字体样式演示
</div>
</body>
</html>
```

页面显示效果见图 16-65。

图　16-65

同时设置以上四种字体样式时，可以使用 font 属性，其格式如下。

```
font:<font-style> <font-weight> <font-size> <font-family>;
```

下面的代码中，字体设置与上例相同。

```
<style>
   div {
          font:italic bold 2em'微软雅黑';
   }
</style>
```

16.6.6 对齐与缩进

设置文本水平对齐方式时，可以使用 text-align 属性，其值包括：

- left，左对齐。
- center，水平居中对齐。
- right，右对齐。

文本的垂直方向，不同的字体会有不同的设计，如基线、行高等。设置垂直对齐方式时使用 vertical-align 属性，其属性值包括：

- baseline，基线对齐，这是默认值。
- super，显示为上标。
- sub，显示为下标。
- top，顶部对齐。
- middle，垂直居中对齐。
- bottom，底部对齐。
- text-top，文本顶部对齐。
- text-bottom，文本底部对齐。

下面的代码将演示如何制作按钮效果，其中，文本在水平和垂直方向都使用居中对齐。

```
<!doctype html>
<html>
<head>
<meta charset="utf-8" />
<title></title>
<style>
   .button_normal {
          width:8em;
          text-align:center;
          height:32px;
          line-height:32px;
          vertical-align:middle;
          background-color:steelblue;
          color:white;
   }
</style>
</head>
<body>
<div class="button_normal">按钮样式</div>
</body>
</html>
```

页面显示效果见图 16-66。

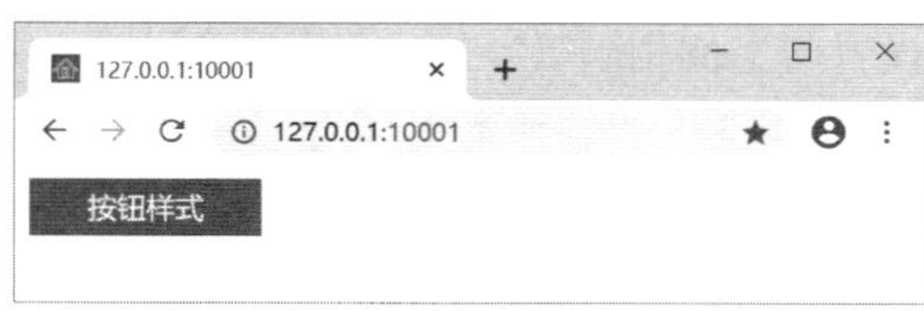

图 16-66

中文文档中，一般会使用首行缩进 2 个字符的样式，此时可以使用 text-indent 属性设置，如下面的代码。

```
<!doctype html>
<html>
<head>
<meta charset='utf-8" />
<title></title>
<style>
   p {
            text-indent:2em;
            line-height:1.6em;
   }
</style>
</head>
<body>
<p>
火星是太阳系八大行星之一，
……
</p>
<p>
火星有两颗天然卫星：火卫一和火卫二，
……
</p>
<p>
火星基本上是沙漠行星，地表沙丘、砾石、陨石遍布。
……
</p>
</body>
</html>
```

页面显示效果见图 16-67。

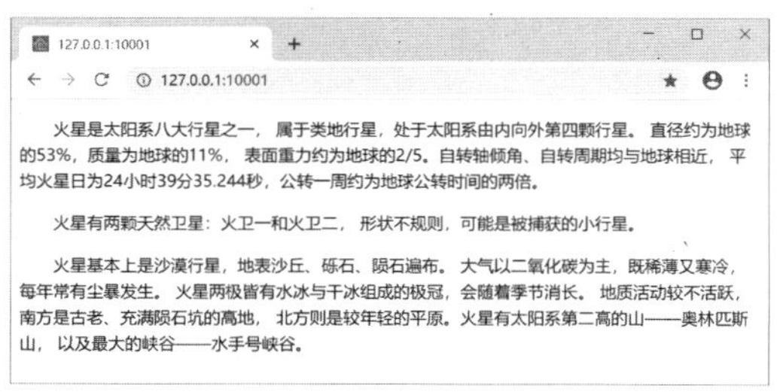

图 16-67

16.6.7 装饰效果与阴影

文本的装饰效果使用 text-decoration 属性，其属性值包括：

- none，默认值，无装饰效果。
- underline，下画线。
- overline，上画线。
- line-through，中间贯穿线。

下面的代码演示了 text-decoration 属性的应用。

```
<p style="text-decoration:none;">无装饰效果</p>
<p style="text-decoration:overline;">上画线</p>
<p style="text-decoration:line-through;">贯穿线</p>
<p style="text-decoration:underline;">下画线</p>
```

页面显示效果见图 16-68。

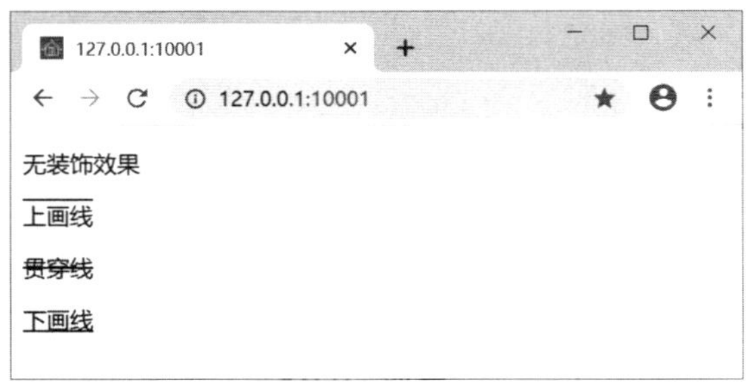

图　16-68

CSS3 标准中确定了文本阴影效果的 text-shadow 属性，其属性值包括 X 轴方向偏移、Y 轴方向偏移、模糊距离和颜色。下面的代码演示了文本阴影效果的应用。

```
<!doctype html>
<html>
<head>
<meta charset="utf-8" />
<title></title>
<style>
   h1 {
           text-shadow:5px 5px 5px #aaa;
   }
</style>
</head>
<body>
<h1>火星之旅</h1>
</body>
</html>
```

页面显示效果见图 16-69。

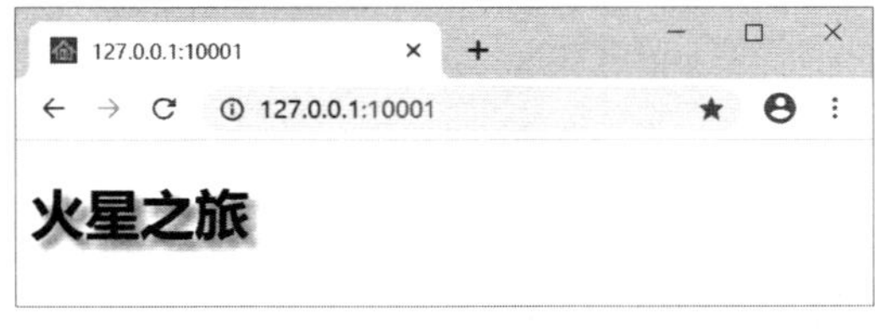

图　16-69

16.7　链接

HTML5 标准的解释中，a 元素（anchor）主要用于定义超链接（Hyperlink），常用的属性包括：

- href 属性，定义链接的目标。
- target 属性，指定打开资源的位置，默认值是 "_self"，即在浏览器当前窗口或标签中打开；另一个常用的值是 "_blank"，会在新的浏览器窗口或标签中打开。

执行如下代码会创建一个链接到作者个人网站的 a 元素。

```
<!doctype html>
<html>
<head>
<meta charset="utf-8" />
<title></title>
</head>
<body>
<a href="http://caohuayu.com" target="_blank" title="CHY 软件小屋 ">
作者的网站
</a>
</body>
</html>
```

打开页面后，可以观察链接颜色的变化，如默认情况下显示为蓝色，已经打开过的链接显示为紫色。

<a> 标记的 title 属性设置一些提示内容，当鼠标指针悬停在链接上时就会显示这些内容，不过，这一功能在触屏设备上同样是无法工作的。

此外，a 元素除了创建链接，还可以有一些特殊的功能。例如，在 href 属性中使用 “mailto:” 前缀，可以设置一个电子邮箱地址，单击后会打开默认的电子邮件处理程序撰写新邮件，如下面的代码。

```
<a href="mailto:chydev@163.com" target="_blank">给作者发邮件 </a>
```

在 href 属性中使用 “javascript:” 前缀，可以直接定义 JavaScript 代码，如下面的代码。

```
<a href="javascript:alert('Hello,A element.');">消息对话框 </a>
```

单击此链接会弹出如图 16-70 所示的消息对话框。

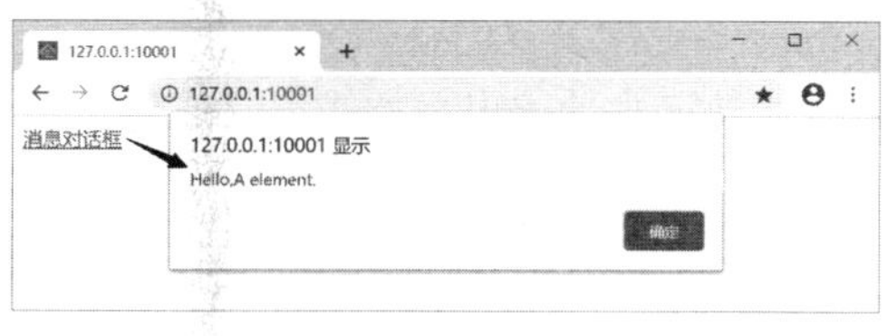

图　16-70

16.8　图片与背景

HTML 页面是基于文本文件创建的，那么如何在页面中显示图片呢？答案是使用 img 元素。

img 元素是一个替换元素，页面中会通过 img 元素创建图片的占位符，可以设置图片的相关参数，如图片的地址、显示尺寸等。浏览器在处理 img 元素时，会下载图片文件，并通过指定的参数和样式显示。

使用 img 元素时，有两个基本的属性需要注意，即 src 和 alt 属性，如下面的代码。

```
<img src="/img/logo.png" alt="logo image" />
```

其中，

- src 属性指定图片的位置，可以使用绝对地址或相对地址，也可以指定网络文件。
- alt 属性，用于指定图片的替换文本，浏览器中，如果图片没有正确载入，图片的位置会显示此内容。

在 HTML 早期版本中，img 元素还有很多属性可以用，常用的包括：

- border 属性，设置图片边界的宽度，如 border="1" 表示图片的边框宽度是 1 像素。
- align 属性，指定图片与相邻内容的对齐方式，属性值包括 top（顶部对齐）、center（垂直居中对齐）、bottom（底部对齐）。

在 HTML5 标准中，样式的设置工作将更多地交给 CSS 来完成，所以，img 元素中的样式属性就不再建议使用了。此外，id、class、style 等属性同样适用 img 元素，可以用于 JavaScript 编程或 CSS 样式的关联。

接下来介绍元素背景（background）的相关样式。首先是 background-color 属性，用于设置元素的背景颜色，默认值为 transparent，表示元素是透明的，此时，元素的背景会显示其容器元素（上级元素）的背景。此外，还可以使用各种颜色值设置 background-color 属性，如 #eee、yellow、rgb(128,0,128) 等。除了颜色，还可以使用图片来设置背景，下面介绍相关样式属性。

background-image 属性用于设置背景图片，可以使用 url() 函数指定图片文件的路径，或者使用渐变生成的图像等。

background-repeat 属性指定背景图像的重复方式，常用的值包括：

- repeat，默认值，如果背景图像比元素小，会在水平和垂直方向重复排列图像。
- repeat-x，水平方向重复排列图像。
- repeat-y，垂直方向重复排列图像。
- no-repeat，图像不重复。

background-position 属性用于指定图像的定位方式，属性值可使用数值、百分数，以及 left、center、right、top、bottom 关键字及其组合。

background-attachment 属性指定背景的附着方式，其值包括：

- srcoll，默认值。背景会随页面滚动而移动。
- fixed 值，背景固定不动。当背景图像不重复，又需要保持背景不变时使用。

下面的代码定义 body 的背景图片为一张地球照片，并会居中显示。

```
<!doctype html>
<html>
<head>
<meta charset="utf-8" />
<title></title>
<style>
    body {
        background-color:#eee;
        background-image:url(/img/earth.png);
        background-repeat:no-repeat;
```

```
        background-attachment:fixed;
        background-position:50% 50%;
    }
</style>
</head>
<body>
</body>
</html>
```

页面显示效果见图 16-71。

图　16-71

background 属性是设置背景的组合属性，设置与上例相同的样式可以使用如下代码。

```
<style>
    body {
        background:url(/img/earth.png) no-repeat #eee center fixed;
    }
</style>
```

实际应用中，还可以同时设置多个背景，多个背景的数据使用逗号分隔。如下面的代码，同时在右上角和左下角显示地球和火星。

```
<!doctype html>
<html>
<head>
<meta charset="utf-8" />
<title></title>
<style>
body {
    background:url(/img/earth.png) right top,
        url(/img/mars.png) left bottom;
    background-repeat:no-repeat;
    background-attachment:fixed;
}
</style>
</head>
<body>
</body>
</html>
```

页面显示效果见图 16-72。

图 16-72

16.9 列表

本节将介绍 HTML 元素中的三种列表，分别是有序列表、无序列表和描述列表。此外，还会介绍列表样式的定义。

16.9.1 有序列表

有序列表（ordered list）使用 ol 元素定义，其中，在 <ol> 元素中可以使用 type 属性定义列表项序号的格式，如：

- 数字序号，默认序号格式，或使用数字 1。
- 大写字母序号，使用大写字母 A。
- 小写字母序号，使用小写字母 a。
- 大写罗马数字，使用大写字母 I。
- 小写罗马数字，使用小写字母 i。

在 ol 元素中，使用 li 元素定义列表项。如下面的代码展示了一个数字序号的列表。

```
<!doctype html>
<html>
<head>
<meta charset="utf-8" />
<title></title>
</head>
<body>
<h1>直辖市</h1>
<ol>
<li>北京市</li>
<li>天津市</li>
<li>上海市</li>
<li>重庆市</li>
</ol>
</body>
</html>
```

页面显示效果见图 16-73。

图　16-73

图 16-74 中分别显示了大写字母序号、小写字母序号、大写罗马数字序号和小写罗马数字序号的效果。

(a) 大写字母序号

127.0.0.1:10001

127.0.0.1:10001

直辖市

a. 北京市
b. 天津市
c. 上海市
d. 重庆市

(b) 小写字母序号

(c) 大写罗马数字序号

(d) 小写罗马数字序号

图　16-74

16.9.2　无序列表

无序列表（unordered list）使用 ul 元素定义，列表项同样使用 li 元素定义。其中，<ul>标记的 type 属性可以定义列表项的图形，如：

- disc，实心圆形，这是默认值，显示效果见图 16-75（a）。
- circle，空心圆形，显示效果见图 16-75（b）。
- square，实心方块，显示效果见图 16-75（c）。

(a)　　　　(b)

(c)

图　16-75

16.9.3　描述列表

描述列表（description list）中，每个列表项包含两部分，分别是标题部分和描述部分。描述列表相关的元素包括：

- dl 元素，定义描述列表区域。
- dt 元素，定义项目的标题部分。
- dd 元素，定义项目的描述部分。

下面的代码演示了描述列表的应用。

```
<!doctype html>
<html>
<head>
<meta charset="utf-8" />
<title></title>
</head>
<body>
<h1> 汽车类型 </h1>
<dl>
<dt> 轿车 </dt>
<dd> 适用于商务、家用 </dd>
<dt>SUV</dt>
<dd> 适用于商务、家用及轻度越野 </dd>
<dt>GT</dt>
<dd> 享受驾驶乐趣、家用 </dd>
</dl>
```

```
</body>
</html>
```

页面显示效果见图 16-76。

图　16-76

实际应用中，可以通过 CSS 样式为描述列表添加丰富的视觉效果，并可以通过 JavaScript 编程进行更多操作，如显示或隐藏描述部分。不过，在 HTML5 页面中，可以直接使用 details 和 summary 元素实现这样的功能。

16.9.4　details 和 summary 元素

HTML5 标准中，新增了 details 和 summary 元素，可以实现显示和隐藏描述部分的功能。

details 元素定义包含了摘要和描述部分的区域，其中，summary 元素定义摘要部分，默认是显示的；details 元素中除 summary 元素以外的内容默认是隐藏的，单击摘要部分，其他内容可以在显示和隐藏状态之间切换。

下面的代码演示了 details 和 summary 元素的应用。

```
<!doctype html>
<html>
<head>
<meta charset="utf-8" />
<title></title>
</head>
<body>
<h1> 汽车类型 </h1>
<details>
<summary> 轿车 </summary>
<p> 适用于商务、家用 </p>
</details>
<details>
<summary>SUV</summary>
<p> 适用于商务、家用及轻度越野 </p>
</details>
<details>
<summary>GT</summary>
<p> 享受驾驶乐趣、家用 </p>
</details>
```

```
</body>
</html>
```

页面显示默认效果见图 16-77（a），单击其中一项时效果见图 16-77（b）。

(a) (b)

图 16-77

目前，除了 IE 浏览器，Google Chrome、Firefox 和 Edge 浏览器的最新版本都已支持 details 和 summary 元素。

16.9.5 列表样式

列表中，列表项（li 元素）的显示类型为 list-item（display 属性）。下面介绍一些关于列表样式的 CSS 属性，这些样式可以应用在 display 属性值是 list-item 的元素中。

list-style-type 属性定义列表项前的标志，如数字、字母、图形等，主要类型包括：

- none，不显示标志。
- disc，实心圆点，这也是无序列表的默认显示效果。
- circle，圆环。
- square，方块。
- decimal，从 1 开始的数字，这是有序列表的默认显示效果。
- decimal-leading-zero，从 1 开始的数字，但位数少的数字包含前导 0。
- upper-alpha，大写英文字母。
- lower-alpha，小写英文字母。
- upper-roman，大写罗马数字。
- lower-roman，小写罗马数字。
- lower-greek，小写希腊符号。
- armenian，亚美尼亚序号。
- georgian，乔治序号。

list-style-image 属性定义列表面前的图片，可以使用 url() 函数指定图片文件的路径。

list-style-position 属性指定列表项标志的位置，默认为 outside，项目标志会显示在列表项内容之外；设置为 inside 值时，标志会嵌入到列表项内容中。

list-style 属性是一个组合属性，可以设置 list-style-type、list-style-image 和 list-style-position 属性的组合数据。

下面的代码使用一张图片作为列表项标志。

```
<!doctype html>
<html>
<head>
<meta charset="utf-8" />
<title></title>
<style>
ul {
   list-style-image:url(/img/pin.png);
}
</style>
</head>
<body>
<ul>
<li> 项目一 </li>
<li> 项目二 </li>
<li> 项目三 </li>
</ul>
</body>
</html>
```

列表项前面使用了源代码中的 pin.png 文件，页面显示效果见图 16-78。

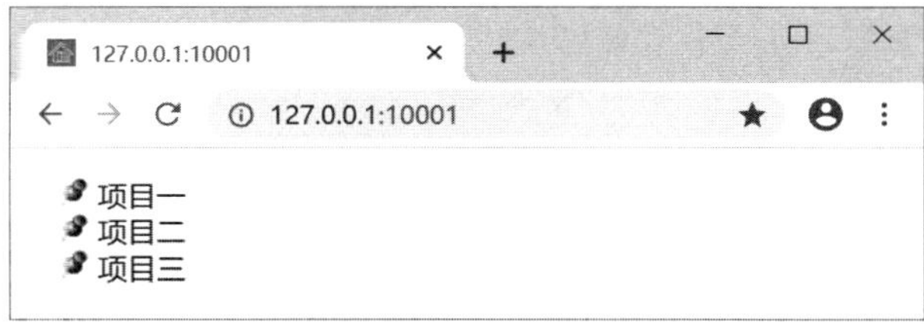

图　16-78

为了更有效地设置列表的样式，可以通过图 16-79 观察列表的默认区域。

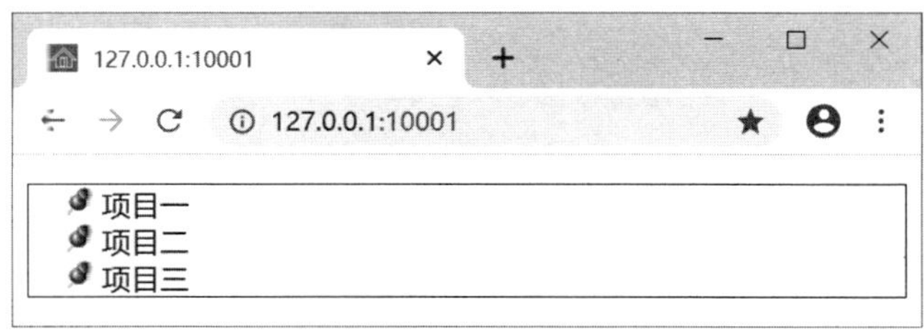

图　16-79

需要精确控制列表或列表项位置和区域时，可以对一些 CSS 属性进行调整，如下面的代码。

```
<!doctype html>
<html>
<head>
<meta charset="utf-8" />
```

```
<title></title>
<style>
ul {
   border:1px solid black;
    list-style-image:url(/img/pin.png);
   padding-left:18px;
}
</style>
</head>
<body>
<ul>
<li>项目一</li>
<li>项目二</li>
<li>项目三</li>
</ul>
</body>
</html>
```

页面显示效果见图 16-80。

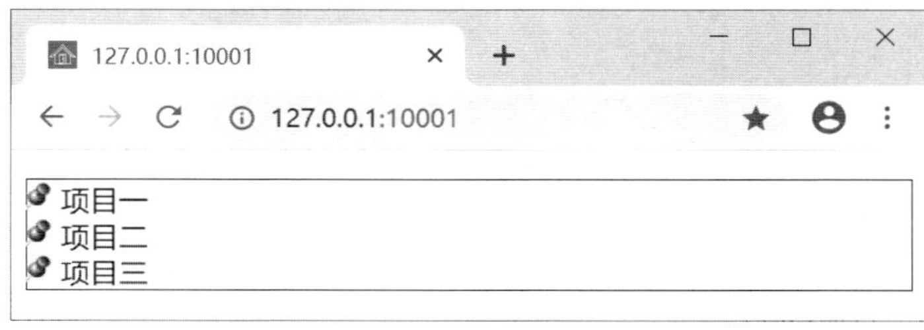

图　16-80

16.9.6　列表导航

结合列表、链接等元素可以创建各种形式的导航，如下面的代码演示了垂直方向的导航列表。

```
<!doctype html>
<html>
<head>
<meta charset="utf-8" />
<title></title>
<style>
.navi_v {
    list-style:none;
   padding-left:0px;
}
.navi_v li a {
   display:block;
   text-decoration:none;
   width:10em;
   text-align:center;
   height:2em;
   line-height:2em;
```

```
    vertical-align:middle;
    color:white;
    background-color:steelblue;
    border-radius:2em 0em 2em 0em;
    margin-bottom:0.5em;
}
</style>
</head>
<body>
<ul class="navi_v">
<li><a href="http://caohuayu.com"> 导航一 </a></li>
<li><a href="http://caohuayu.com"> 导航二 </a></li>
<li><a href="http://caohuayu.com"> 导航三 </a></li>
<li><a href="http://caohuayu.com"> 导航四 </a></li>
<li><a href="http://caohuayu.com"> 导航五 </a></li>
</ul>
</body>
</html>
```

页面显示效果见图 16-81。

图　16-81

合理利用 CSS 样式，也可将列表导航变为水平方向的导航，如下面的代码。

```
<!doctype html>
<html>
<head>
<meta charset="utf-8" />
<title></title>
<style>
body {
    padding:0px;
    margin:0px;
}
.navi_h {
     list-style:none;
    padding-left:0px;
    margin:0px;
}
.navi_h li a {
```

```
    display:block;
    float:left;
    text-decoration:none;
    box-sizing:border-box;
    width:20%;
    text-align:center;
    height:2em;
    line-height:2em;
    vertical-align:middle;
    color:white;
    background-color:steelblue;
    border-right:1px solid white;
}
</style>
</head>
<body>
<ul class="navi_h">
<li><a href="http://caohuayu.com"> 导航一 </a></li>
<li><a href="http://caohuayu.com"> 导航二 </a></li>
<li><a href="http://caohuayu.com"> 导航三 </a></li>
<li><a href="http://caohuayu.com"> 导航四 </a></li>
<li><a href="http://caohuayu.com"> 导航五 </a></li>
</ul>
</body>
</html>
```

页面显示效果见图 16-82。

图 16-82

本例中，为严格控制每个导航的尺寸，将 box-sizing 属性定义为 border-box 值，这样，导航项的右边框（border-right）尺寸位于 width 属性设置的范围内，整个导航区域就不会超出页面的宽度。

16.10 表格

表格是信息的基本呈现方式之一。本节将介绍页面中关于表格的相关元素，以及表格样式的设置。

16.10.1 表格元素

HTML 页面中，表格相关的元素包括：

- table，表格元素，定义表格的区域，以下元素都会定义在此元素中。

- caption，表格的标题。
- tr，定义一行，可以是标题行或数据行。
- th，在 tr 元素中定义列标题单元格，如字段名等。
- td，在 tr 元素中定义数据单元格。
- colgroup 和 col，定义列组和其中的列，可以对多列和单列进行设置，如设置列的样式等。
- tbody，定义表格的主体。
- thead 和 tfoot，定义表格的标题组和脚注行组，可以包含一系列的行，如表格数据的合计行。

在下面的代码中，首先从一个简单的表格开始。

```
<!doctype html>
<html>
<head>
<meta charset="utf-8" />
<title></title>
</head>
<body>
<table>
<caption>SUV 配置单 </caption>
<tbody>
<tr>
<th> 项目 </th>
<th> 基本型 </th>
<th> 精英型 </th>
<th> 尊贵型 </th>
</tr>
<tr>
<td>GPS</td>
<td>*</td>
<td> 有 </td>
<td> 有 </td>
</tr>
<tr>
<td> 雷达 </td>
<td> 有 </td>
<td> 有 </td>
<td> 有 </td>
</tr>
<tr>
<td> 倒车影像 </td>
<td>*</td>
<td>*</td>
<td> 有 </td>
</tr>
</tbody>
</table>
</body>
</html>
```

页面显示效果见图 16-83。

127.0.0.1:10001
127.0.0.1:10001
SUV配置单
项目 基本型 精英型 尊贵型
GPS * 有 有
雷达 有 有 有
倒车影像 * * 有

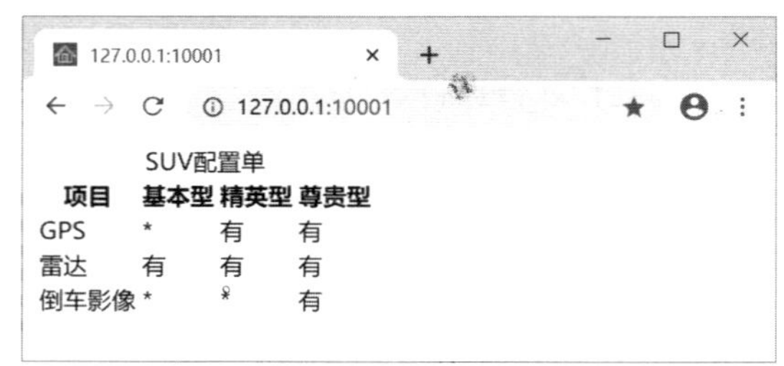

图 16-83

虽然说定义样式主要是 CSS 的工作，但在表格中还是有一些基本的样式属性可以使用。例如，需要为表格加上线条时可以使用 <table> 标记的 border 属性指定宽度，单位是像素；如 <table border="1"> 指定线条宽度为 1 像素。页面显示效果见图 16-84。

127.0.0.1:10001
127.0.0.1:10001
SUV配置单
项目 基本型 精英型 尊贵型
GPS * 有 有
雷达 有 有 有
倒车影像 * * 有

图 16-84

默认情况下，单元格之间会有一些间距，虽然看起来有一些立体感，但很多时候并不需要这样的效果。下面的代码在 <table> 标记中再添加两个属性。

```
<table border="1" cellspacing="0" cellpadding="3">
```

上述代码中，cellspacing 属性设置单元格之间的距离，cellpadding 属性设置单元格内容与边框的距离（内缩进）。页面显示效果见图 16-85。

127.0.0.1:10001
127.0.0.1:10001
SUV配置单
项目 基本型 精英型 尊贵型
GPS * 有 有
雷达 有 有 有
倒车影像 * * 有

图 16-85

下面的代码通过设置 colgroup 和 col 元素的样式为表格的列添加背景色。

```
<!doctype html>
<html>
<head>
<meta charset="utf-8" />
<title></title>
</head>
<body>
```

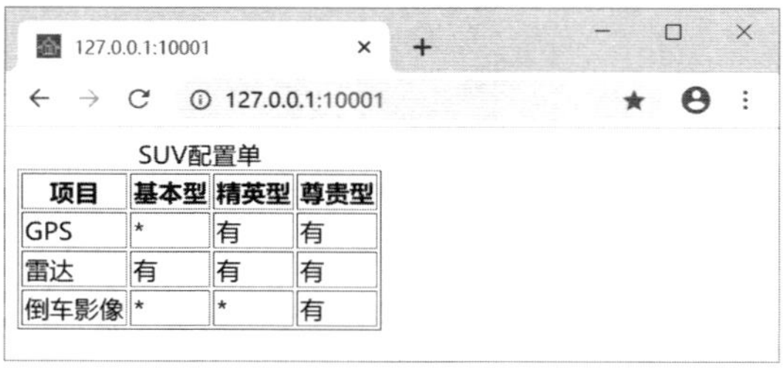

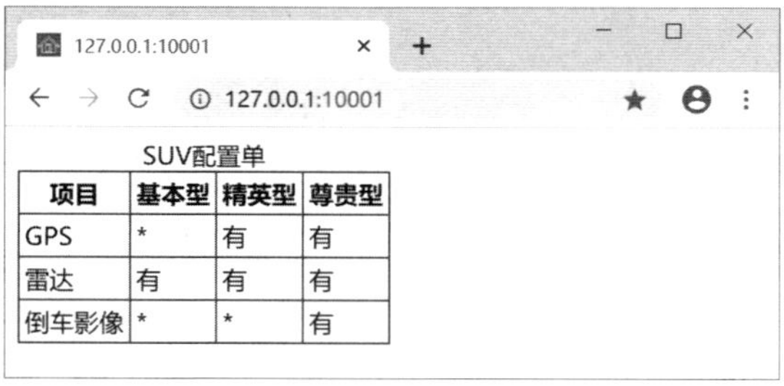

```
<table border="1" cellspacing="0" cellpadding="3">
<caption>SUV 配置单 </caption>
<colgroup>
<col style=” background-color:#bbb;” />
</colgroup>
<colgroup style=” background-color:#ddd;” >
<col />
<col />
<col />
</colgroup>
<tbody>
<tr>
<th> 项目 </th>
<th> 基本型 </th>
<th> 精英型 </th>
<th> 尊贵型 </th>
</tr>
<tr>
<td>GPS</td>
<td>*</td>
<td> 有 </td>
<td> 有 </td>
</tr>
<tr>
<td> 雷达 </td>
<td> 有 </td>
<td> 有 </td>
<td> 有 </td>
</tr>
<tr>
<td> 后视影像 </tc>
<td>*</td>
<td>*</td>
<td> 有 </td>
</tr>
</tbody>
</table>
</body>
</html>
```

页面显示效果见图 16-86。

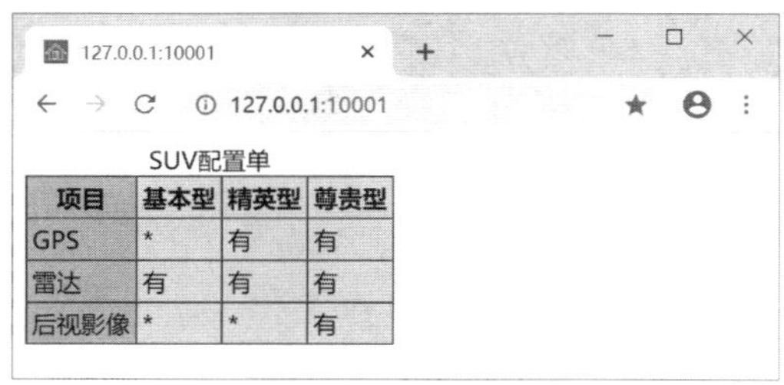

图 16-86

代码中，colgroup 元素中可以定义一个或多个 col 元素，这些 col 元素会按顺序与表格中的列相匹配。通过 col 元素，可以定义列的属性，通过 colgroup 元素，则可以同时定义多个列的属性。

在下面的代码中，第一个 <tr> 标签中添加了 style 属性，指定了行的背景色。

```
<tr style="background-color:#bbb;">
<th> 项目 </th>
<th> 基本型 </th>
<th> 精英型 </th>
<th> 尊贵型 </th>
</tr>
```

页面显示效果见图 16-87。

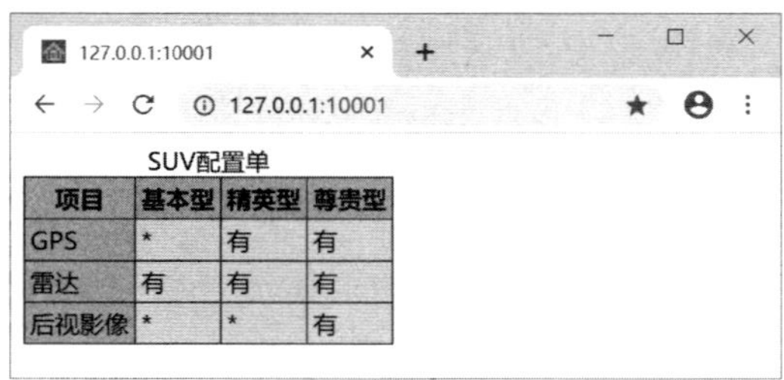

图 16-87

使用 Excel 时，有合并单元格的概念，即将多个单元格（多列或多行）进行合并。在 HTML 中的表格，同样可以实现这个功能，此时需要关注 td 元素的以下两个属性：

- colspan 属性，指定单元格所占的列数。
- rowspan 属性，指定单元格所占的行数。

下面的代码在第二行定义了一个占用两列的合并单元格。

```
<!doctype html>
<html>
<head>
<meta charset="utf-8" />
<title></title>
</head>
<body>
<table border="1" cellpadding="10" cellspacing="0">
<tr><td> 行 1 列 1</td><td> 行 1 列 2</td><td> 行 1 列 3</td></tr>
<tr><td> 行 2 列 1</td><td colspan="2"> 行 2 列 2( 占用两列 )</td></tr>
<tr><td> 行 3 列 1</td><td> 行 3 列 2</td><td> 行 3 列 3</td></tr>
</table>
</body>
</html>
```

页面显示效果见图 16-88。

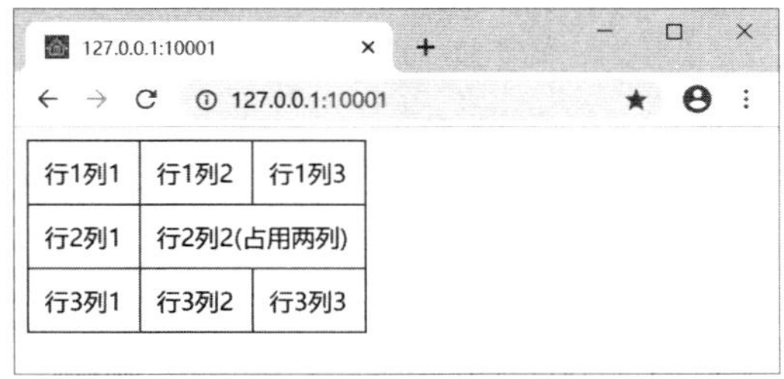

图 16-88

16.10.2 表格样式

页面中，表格相关的元素都会有特殊的显示类型，样式中的 display 属性也都有对应的值，如：

- table，相当于 table 元素，显示效果类似块元素。
- inline-table，行内表，可以定义嵌入行的表格。
- table-caption，对应 caption 元素，一个表只有一个。对于 caption 元素，还可以使用 caption-side 属性设置表标题的位置，其值包括 top（默认值）和 bottom。
- table-header-group，相当于 thead 元素，一个表只有一个。
- table-footer-group，相当于 tfoot 元素，一个表只有一个。
- table-row-group，相当于 tbody 元素。
- table-row，相当于 tr 元素。
- table-column-group，相当于 colgroup 元素。
- table-column，相当于 col 元素。
- table-cell，相当于一个 td 或 th 元素。

大多数情况下，并不需要对表格中的元素设置 display 属性，但在使用 JavaScript 操作表格时，使用正确的 display 属性值非常重要。

对于表元素，也就是 display 属性值为 table 或 inline-table 的元素，还有一些样式属性可以使用，下面分别讨论。

border-collapse 属性，用于设置单元格之间的折叠样式，其常用值包括：

- separate，默认值。各单元格边框之间会有一定的距离。
- collapse，各单元格边框合并。

图 16-89 分别显示了这两个值的效果。

列一	列二	列三
11	12	13
21	22	23

separate

列一	列二	列三
11	12	13
21	22	23

collapse

图 16-89

border-spacing 属性，设置单元格边框之间的距离，此时，border-collapse 属性值应该为 separate。

empty-cells 属性，用于处理空单元格是否显示，默认值为 show，还可以设置为 hide。使用此属性时，border-collapse 属性值同样应该为 separate。

此外，在单元格中，经常还会使用 text-align 和 vertical-align 属性设置内容的水平对齐方式和垂直对齐方式。

下面的代码综合演示了表格的一些样式设计。

```
<!doctype html>
<html>
<head>
<meta charset="utf-8" />
<title></title>
```

```
<style>
table {
    border-collapse: collapse;
}
th, td {
    padding: 0.3em 1em;
    border: 1px solid gray;
    text-align: center;
}
th {
    background-color: #ccc;
}
</style>
</head>
<body>
<table>
<tr>
<th>列一</th>
<th>列二</th>
<th>列三</th>
</tr>
<tr>
<td>11</td>
<td>12</td>
<td>13</td>
</tr>
<tr>
<td>21</td>
<td>22</td>
<td>23</td>
</tr>
</table>
</body>
</html>
```

页面显示效果见图 16-90。

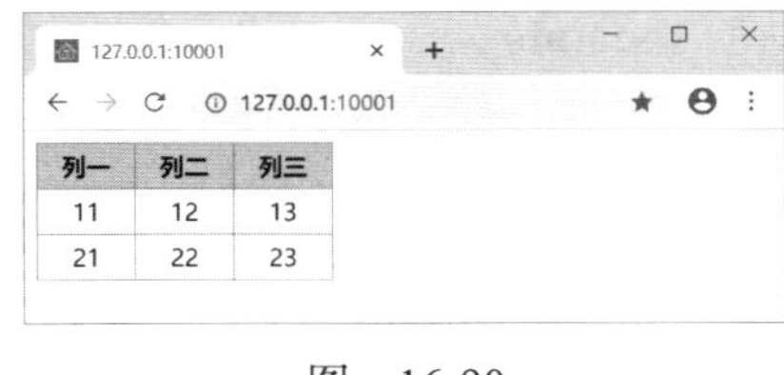

图 16-90

16.11 iframe 元素

HTML5 标准之前，通过框架（frame）可以在一个页面中嵌入其他页面的内容，例如在页面中单击目录可以载入相应的文章页面。

随着技术的发展和创新，使用框架的情况也越来越少，其功能也可以使用 JavaScript 和 Ajax 技术更加灵活地实现。HTML5 标准中，更是删除了大量与框架相关的元素，只留下了 iframe 元素。

iframe 元素的功能也很简单，就是在页面中嵌入另一个页面。实际应用中，最大的作用可能就是广告的嵌入。如下面的代码（/demo/ad.html）创建了一个模拟广告页面。

```
<!doctype html>
<html>
<head>
<meta charset="utf-8" />
<title></title>
</head>
<body>
<h1> 一个小广告 </h1>
</body>
</html>
```

下面的代码在页面中使用 iframe 元素来显示 ad.html 页面内容。

```
<!doctype html>
<html>
<head>
<meta charset="utf-8" />
<title></title>
<style>
body {
   margin:0px;
   padding:0px;
}
#ad1 {
   box-sizing:border-box;
   width:100%;
   height:100px;
}
</style>
</head>
<body>
<iframe id="ad1" src="/demo/ad.html"></iframe>
</body>
</html>
```

页面显示效果见图 16-91。

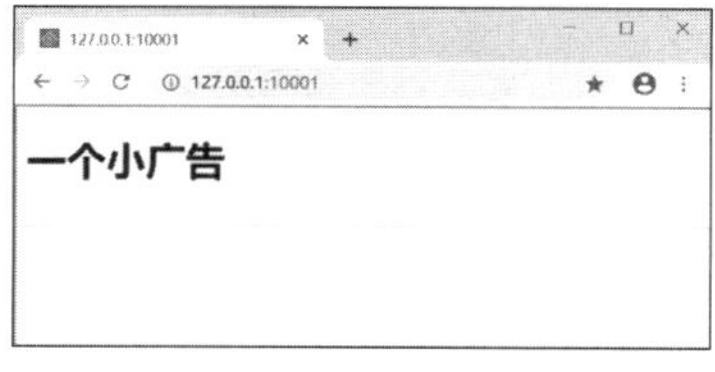

图　16-91

16.12　HTML5 的新语义元素

前面已经介绍了一些 HTML5 标准中新增的元素，如 mark、time、details 和 summary 元素等。接下来再了解一些关于页面结构的语义元素，包括：

● article 元素，很容易理解，它就是用来定义文章的。

- header 和 footer 元素，可以定义网页的页眉和页脚，也可以定义文章的标题和注脚部分。
- figure 元素定义文章中的插图区域，元素中使用 img 元素定义真正的图片；figcaption 元素定义在 figure 元素中，用于指定插图的标题。
- aside 元素，定义一个附注块元素。
- section 元素，在页面中定义一个子区域，如页面中不同主题的内容。
- nav 元素，定义导航（navigation），其中可以使用列表和链接定义真正的导航内容。

这些语义元素在页面中定义了有特殊含义的元素，但实际的显示效果同样需要 CSS 样式定义。

和其他 HTML5 标准的新特性一样，如果可以确认用户的浏览器能够支持 HTML5 标准，就可以放心地使用这些语义元素，如果不能确认，使用 div 等元素配合 CSS 也可以完成相同的工作，开发过程中可以根据实际情况选择应用。

16.13 object 和 edbmed 元素

在 HTML5 出现之前，在网页中添加音频和视频，可以使用 object 或 embed 元素。这种情况下，音频和视频能否播放或者播放质量如何，只能依靠客户端的软件环境来决定。再后来，Flash 占领了浏览器多媒体播放市场的绝大部分，不过，Flash 依然是优点和缺点同样突出的技术，并且已经被放弃。

本节简单介绍 object 和 edbmed 元素的基本应用，大家需要准备代码中使用的音频和视频文件。

下面的代码演示了使用 object 元素嵌入视频文件的应用。

```
<!doctype html>
<html>
<head>
<meta charset="utf-8" />
<title></title>
</head>
<body>
<object id="vnd01" width="600" height="400"
            data="/vnd/vnd01.mp4"
            type="video/mp4">
</object>
</body>
</html>
```

本例中，使用 object 元素添加 mp4 文件，其中使用了一些基本的属性，如：

- width 和 height 属性指定视频区域的尺寸。
- data 属性指定文件的路径。
- type 属性指定文件的 MIME 类型。

embed 元素同样用于在页面中嵌入各种对象，其主要的属性就是 src，用于指定资源的地址。下面的代码在页面中使用 embed 元素添加 mp4 文件。

```
<!doctype html>
<html>
<head>
```

```
<meta charset="utf-8" />
<title></title>
</head>
<body>
<embed src="/vnd/vnd01.mp4" />
</body>
</html>
```

除了 src 属性，在 embed 元素中常用的属性还包括：

- width 和 height 属性，指定对象显示尺寸。
- autostart 属性，设置多媒体是否自动开始播放，取值为 true 或 false。

稍后的内容还会讨论 HTML5 标准中新增的 audio 和 video 元素，分别用于播放音频和视频。

16.14　动态样式

CSS3 标准中新增了一系列的样式，其中包括一些动态效果，如变换、过渡和帧动画等，本节将介绍相关内容。

16.14.1　变换

变换（transform）效果主要包括平移（转换，translate）、缩放（scale）、旋转（rotate）、扭曲（skew）等。默认情况下，它以中心为原点（基准位置）进行操作，改变原点可以使用 transform-origin 属性，其默认值为 center。改变原点位置时可以使用 right、left、top、bottom、center 关键字设置，也可以使用数值和百分数设置原点坐标。

设置元素的变换效果时，可以使用 transform 属性，属性值中可执行的函数包括：

- translate(x, y)，水平方向和垂直方向移动，参数指定移动距离。
- translateX(x)，水平方向移动，参数指定移动距离。
- translateY(y)，垂直方向移动，参数指定移动距离。
- scale(x, y)，水平和垂直缩放，参数指定缩放比例，1 为 100%。
- scaleX(x)，水平缩放，参数指定缩放比例，1 为 100%。
- scaleY(y)，垂直缩放，参数指定缩放比例，1 为 100%。
- rotate(angle)，旋转，参数指定旋转角度，如 rotate(45deg)。
- skew(x-angle, y-angle)，水平和垂直扭曲，参数指定扭曲角度。
- skewX(angle)，水平扭曲，参数指定扭曲角度。
- skewY(angle)，垂直扭曲，参数指定扭曲角度。

在下面的代码中，div2 元素会向右移动 100 像素。

```
<!doctype html>
<html>
<head>
<meta charset="utf-8" />
<title></title>
<style>
        div {
```

```
            width:100px;
            height:100px;
            background-color:gray;
            margin:30px;
        }
        #div2 {
            transform:translateX(100px);
        }
</style>
</head>
<body>
<div id="div1">div1</div>
<div id="div2">div2</div>
</body>
</html>
```

页面显示效果见图 16-92。

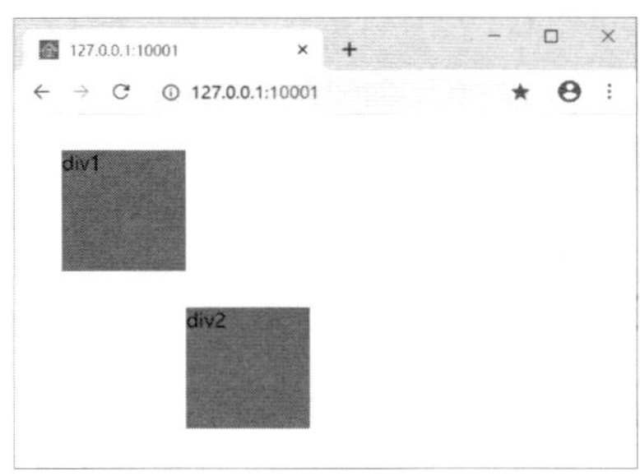

图 16-92

在下面的代码中，div2 元素会旋转 45°。

```
<!doctype html>
<html>
<head>
<meta charset="utf-8" />
<title></title>
<style>
        div {
            width:100px;
            height:100px;
            background-color:gray;
            margin:30px;
        }
        #div2 {
            transform:rotate(45deg);
        }
</style>
</head>
<body>
<div id="div1">div1</div>
<div id="div2">div2</div>
</body>
</html>
```

页面显示效果见图 16-93。

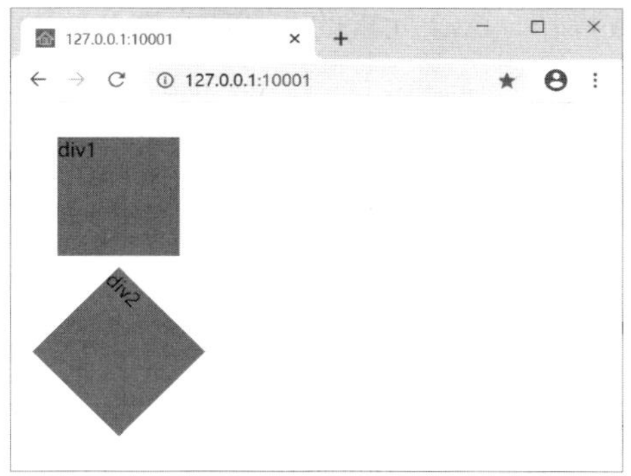

图 16-93

在下面的代码中，div2 元素以右下角为原点进行旋转。

```
<!doctype html>
<html>
<head>
<meta charset="utf-8" />
<title></title>
<style>
        div {
            width: 100px;
            height: 100px;
            background-color: gray;
            margin: 30px;
        }

        #div2 {
            transform-origin:right bottom;
            transform: rotate(90deg);
        }
</style>
</head>
<body>
<div id="div1">div1</div>
<div id="div2">div2</div>
</body>
</html>
```

页面显示效果见图 16-94。

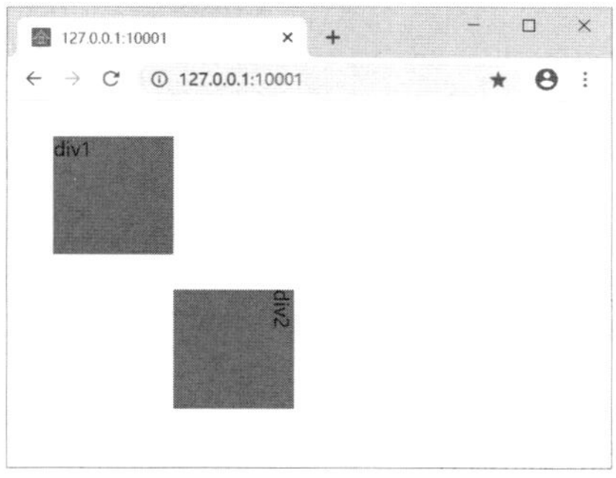

图 16-94

下面的代码演示了缩放操作，div2 元素的宽度和高度会放大到原来的 1.5 倍。

```
<!doctype html>
<html>
<head>
<meta charset="utf-8" />
<title></title>
<style>
        div {
            width:100px;
            height:100px;
            background-color:gray;
            margin:30px;
        }
        #div2 {
            transform:scale(1.5);
        }
</style>
</head>
<body>
<div id="div1">div1</div>
<div id="div2">div2</div>
</body>
</html>
```

页面显示效果见图 16-95。请注意，元素是在原位置进行缩放，并不会重新设置外边距。

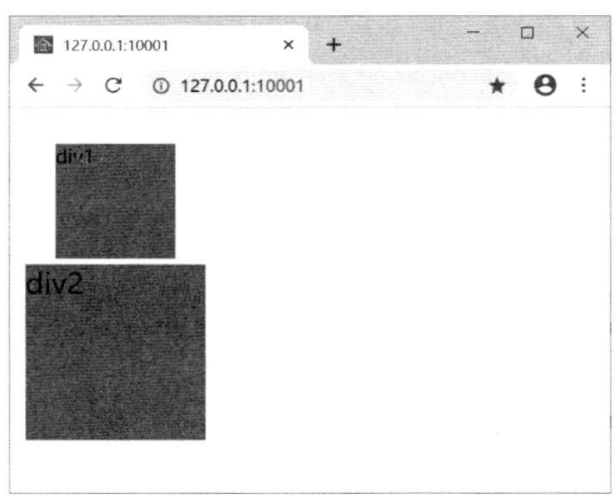

图 16-95

在下面的代码中，两个 div 元素会以相反的方向水平扭曲。

```
<!doctype html>
<html>
<head>
<meta charset="utf-8" />
<title></title>
<style>
        div {
            width:100px;
            height:100px;
            background-color:gray;
            margin:30px;
        }
```

```
        #div1 {
            transform:skewX(-30deg);
        }
        #div2 {
            transform:skewX(30deg);
        }
</style>
</head>
<body>
<div id="div1">div1</div>
<div id="div2">div2</div>
</body>
</html>
```

页面显示效果见图 16-96。

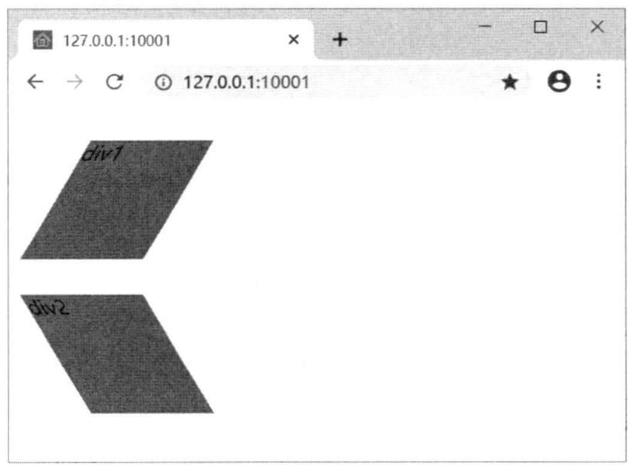

图　16-96

16.14.2　过渡

过渡（transition）可以在元素的两个状态之间自动生成动画效果。接下来先了解几个关于过渡的属性。

transition-property 属性，指定参与生成过渡动画的 CSS 属性名称，多个属性名使用逗号分隔，如果元素的所有 CSS 属性都包含在过渡效果中，可以使用 all 值；如果样式都不使用过渡效果，则使用 none 值。

transition-duration 属性，指定过渡动画完成的时间，如 0.5s 表示半秒。

transition-timing-function 属性，设置过渡的节奏，常用的值包括：

- ease，默认值。
- linear，匀速。
- ease-in-out，开始较慢，接着加速，再慢下来。
- ease-in，开始较慢，然后匀速。
- ease-out，开始匀速，然后慢下来。

下面的代码演示了这三个属性的应用。

```
<!doctype html>
<html>
```

```
<head>
<meta charset="utf-8" />
<title></title>
<style>
        div {
            width: 100px;
            height: 100px;
            background-color: gray;
            margin: 30px;
        }
        #div2 {
            transition-property:all;
            transition-timing-function:linear;
            transition-duration:0.5s;
        }

        #div2:hover {
            background-color:steelblue;
            transform:scale(1.2);
            transition-property:all;
            transition-timing-function:linear;
            transition-duration:0.5s;
        }
</style>
</head>
<body>
<div id="div1">div1</div>
<div id="div2">div2</div>
</body>
</html>
```

div2 元素中使用了 :hover 伪类，当鼠标指针移动到 div2 元素时，会经过 0.5s 的时间由灰色变成 steelblue 色，并放大 1.2 倍；当鼠标指针离开 div2 元素时，则经过 0.5s 的时间恢复原状。

如果在 #div2 样式声明中不设置过渡，在鼠标离开 div2 元素时，会瞬间恢复原状。

此外，transition-delay 属性指定过渡延迟时间。在 transition-timing-function 属性中，还可以使用如下函数来定义过渡的效果：

- cubic-bezier()，根据贝塞尔曲线数据变换，需要指定两个点的坐标。
- step() 函数，参数一指定切分为几个步骤；参数二指定是开始（start）时还是结束（end）时改变属性。

对于过渡效果，还可以使用 transition 属性进行组合数据设置，如：

```
transition:all linear 0.5s;
```

过渡会产生动画，这里没办法提供具体的执行效果，大家需要多尝试不同的属性值，并在浏览器中观察实际的运行效果。

16.14.3 帧动画

帧动画需要在块元素或行内块元素中应用，具体分两个步骤来实现：第一步，使用 @keyframes 指令定义动画关键帧（keyframe）；第二步，在元素中使用 animation-name 属性指定应用的关键帧名称。

下面的代码展示了帧动画的基本实现。

```
<!doctype html>
<html>
<head>
<meta charset="utf-8" />
<title></title>
<style>
        div {
            width: 100px;
            height: 100px;
            background-color: gray;
            margin: 30px;
        }

        /* 定义关键帧 */
        @keyframes block_rotate {
            0% {
                transform:rotate(60deg);
            }
            20% {
                transform:rotate(120deg);
            }
            40% {
                transform:rotate(180deg);
            }
            60%
            {
                transform:rotate(240deg);
            }
            80% {
                transform:rotate(300deg);
            }
            100% {
                transform:rotate(360deg);
            }
        }

        /* 动画应用 */
        #div2 {
            animation-name:block_rotate;
            animation-duration:2s;
        }
</style>
</head>
<body>
<div id="div1">div1</div>
<div id="div2">div2</div>
</body>
</html>
```

上述代码中使用 @keyframes 指令定义了一个名为 block_rotate 的关键帧组，其中的 0% 到 100% 指定在动画各个阶段应用的样式，这里设置的动画就是每个阶段旋转 60°，最终恢复到初始状态。

接下来，在 div2 元素的样式中，使用 animation-name 属性设置关键帧组的名称，并使用 animation-duration 属性指定动画执行的时间，这里指定 2s 完成整个动画过程。

下面再了解一些帧动画相关的属性。

animation-delay 属性，设置动画延时时间，如 1s 表示 1 秒。

animation-iteration-count 属性，设置动画执行次数，infinite 值表示无限循环。

animation-timing-function 属性，设置计时函数，也就是动画执行的节奏，常用的属性值有：

- ease，默认值。
- linear，匀速。
- ease-in-out，开始慢，接着加速，再慢下来。
- ease-in，开始慢，然后匀速。
- ease-out，开始匀速，然后慢下来。

animation-fill-mode 属性，指定动画执行前或执行后元素样式的应用模式，其值包括：

- backwards 值，第一个关键帧中的属性会立即应用，当有延迟或停止状态时也是这样的。
- forward 值，应用最后一个关键帧的计算样式。
- both 值，同时应用正向和反向填充。

animation-play-state 属性，指定动画执行的状态，属性值包括：

- paused，暂停。
- running，执行。

animation-direction 属性，设置动画播放的方向，包括：

- normal，正向播放。
- reverse，反向播放。
- alternate，正向和反向交替播放，先正向播放。
- alternate-reverse，正向和反向交替播放，先反向播放。

此外，动画也有一个组合属性 animation，但由于动画的设置比较复杂，建议大家使用具体的属性进行动画效果的设置工作。下面的代码简单地演示了 animation 属性的应用。

```
/* 动画应用 */
#div2 {
animation:block_rotate 2s linear infinite alternate;
}
```

本例中，div2 元素会先顺时针旋转，然后逆时针旋转，并无限循环。

第 17 章　JavaScript

JavaScript 的应用场景越来越广泛，如服务器端的 Node.js 就是使用 JavaScript 进行开发，但在本书中，JavaScript 主要用于客户端逻辑代码的编写，也就是客户浏览器中执行的代码。本章将介绍 JavaScript 的语法、数据处理、常用资源，以及 Ajax 应用和 DOM 等内容。

17.1　页面中添加 JavaScript 代码

在页面中添加 JavaScript 代码，和 CSS 的应用很相似，可以通过元素的相关属性，或者使用 script 元素定义代码或引用外部代码文件，下面分别介绍。

17.1.1　元素中的代码

在页面元素中使用 JavaScript 代码，主要有两种方法，一种方法是通过 a 元素的 href 属性；另一种方法是通过元素的各种事件（event）。

a 元素中的 href 属性一般用于定义链接地址，但同样可以定义 JavaScript，如下面的代码。

```
<!doctype html>
<html>
<head>
<meta charset="utf-8">
<title>HTML5 页面结构 </title>
</head>
<body>
<a href="javascript:window.alert( 'Hello' );">Hello</a>
</body>
</html>
```

在 a 元素的 href 属性中，通过 javascript: 前缀定义 JavaScript 代码。本例中，单击 Hello 链接后的效果见图 17-1。

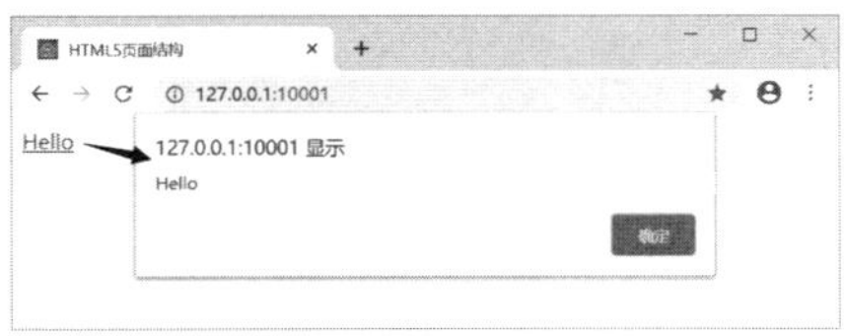

图　17-1

事件（event），可以理解为在什么情况下执行什么任务，其中，执行的时机就是事件，如 onclick 事件就是单击某个元素时触发的事件。事件触发时执行的代码由开发者决定。下面的代码通过按钮的单击事件（onclick）显示相同的消息框。

```
<!doctype html>
<html>
```

```
<head>
<meta charset="utf-8">
<title>HTML5 页面结构 </title>
</head>
<body>
<button onclick=" window.alert( 'Hello' );" >Hello</button>
</body>
</html>
```

单击 Hello 按钮后的效果见图 17-2。

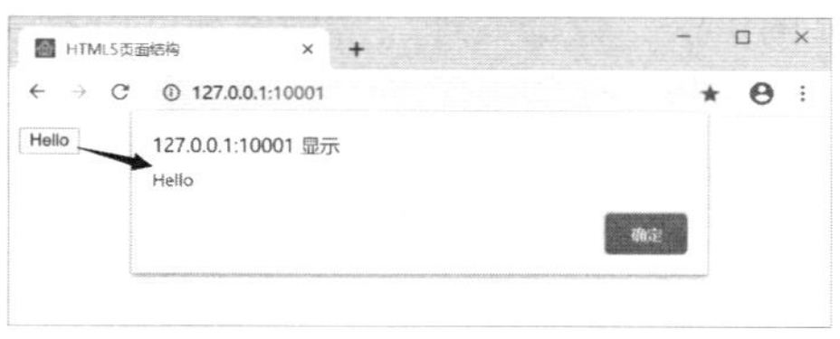

图 17-2

17.1.2 文件中的代码

页面中使用的 JavaScript 代码可以定义在 script 元素中，如下面的代码。

```
<!doctype html>
<html>
<head>
<meta charset="utf-8">
<title>HTML5 页面结构 </title>
</head>
<body>
<a href="javascript:sayHello();">Hello</a>
<br>
<button onclick=" sayHello();" >Hello</button>
</body>
</html>
<script>
function sayHello()
{
   window.alert("Hello");
}
</script>
```

为了有效区分页面内容的区域，这里将 script 元素定义在 </html> 标记之后，其中使用 function 关键字定义了 sayHello() 函数，其功能是显示一个消息对话框。在 a 元素的 href 属性和 button 元素的 onclick 属性中分别调用了 sayHello() 函数，代码执行结果见图 17-3。

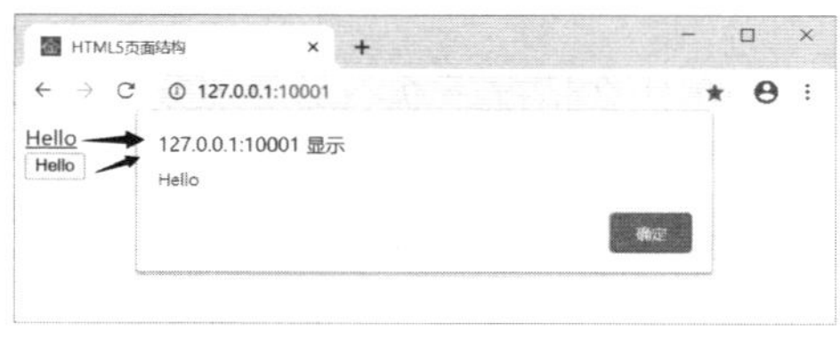

图 17-3

17.1.3 引用外部代码文件

首先创建 /demo/js/test.js 文件，并修改内容如下。

```
function sayHello()
{
   window.alert("Hello");
}
```

请注意，独立的 JavaScript 代码文件一般使用 js 扩展名，而且不需要使用 script 元素定义。下面的代码在 /index.php 页面中引用这个文件。

```
<!doctype html>
<html>
<head>
<meta charset="utf-8">
<title>HTML5 页面结构 </title>
</head>
<body>
<a href="javascript:sayHello();">Hello</a>
<br>
<button onclick="sayHello();">Hello</button>
</body>
</html>
<script defer src="/demo/js/test.js"></script>
```

页面执行效果与图 17-3 相同。

本例中，使用 script 元素的 src 属性引用了 JavaScript 文件，另一个属性是 defer，它表示延时执行代码，只有页面元素完全解析后再执行 JavaScript 代码，这样可以避免引用未加载元素所产生的错误。另一个相关的属性是 async，其含义为代码文件加载完成后立即执行。

defer 和 async 属性是 HTML5 标准中新增的属性，可以根据代码的实际用途选择使用。

17.2 数据处理

JavaScript 中的数据处理与 PHP 很相似，它们同样为弱数据类型，可以随时改变变量的数据类型和值。这样使用虽然很灵活，但会造成变量用途的歧义和代码的混乱，所以，实际应用中，建议变量在明确含义后不再改变其用途。

与 PHP 不同的是，JavaScript 中的变量定义时可以使用 var 关键字，如下面的代码。

```
<script>
   var x = 10;
   var y = 99;
   window.alert(x+y);
</script>
```

打开页面就会通过一个消息对话框显示 109。

此外，JavaScript 变量名应使用字母、$ 符号或下画线（_）开始，然后由字母、下画线和数字组成。需要注意的是，变量名不应使用 JavaScript 的关键字和保留字，因为它们都有特殊的含义和用途。JavaScript 中的关键字如下。

break	case	catch	continue	default
delete	do	else	finally	for
function	If	in	instanceof	new
return	switch	this	throw	try
typeof	var	void	while	with

JavaScript 的保留字如下，虽然它们在编程语言中并没有使用，但未来有可能使用，而且，这些保留字在很多编程语言中都是关键字，所以，不使用它们作为自定义元素的名称是一个很好的习惯。

abstract	boolean	byte	char	class
const	debugger	double	enum	export
extends	final	float	goto	implements
import	int	interface	long	native
package	private	protected	public	short
static	super	synchronized	throws	transient
volatile				

JavaScript 中可以处理的基本类型包括：

- 整数，只处理不含小数部分的数值。除常见的十进制数字，还可以使用 0b 为前缀的二进制（如 0b0011 表示 3）、0 为前缀的八进制（如 011 表示 9）、0x 为前缀的十六进制（如 0xFF 表示 255）。
- 浮点数，可以处理包含小数部分的数值类型。
- 字符串，使用一对双引号或一对单引号定义的文本内容。
- 布尔类型，即逻辑类型，包括 true 和 false。
- 空值，使用 null 表示。
- NaN，表示不是一个数值（Not A Number），可以使用 isNaN() 函数判断。
- Infinity，表示无穷值，可以使用 isFinite() 函数判断。
- undefined，表示对象没有定义。

简单了解 JavaScript 的变量和基本数据类型之后，下面介绍数据的具体操作。

17.2.1 算术运算

算术运算包括基本的加、减、乘、除和取余数运算，在 JavaScript 中，分别使用如下运算符：

- 加法运算，使用 + 运算符。
- 减法运算，使用 - 运算符。
- 乘法运算，使用 * 运算符。
- 除法运算，使用 / 运算符。
- 取余数运算，使用 % 运算符。

加法、减法和乘法运算比较简单，如果运算数中包含浮点数，则运算结果就是浮点类型，如果运算数只有整数，运算结果就是整数。下面的代码演示了除法和取余数运算。

```
<script>
  document.write("10/3="+10/3);
  document.write("<br>");
```

```
    document.write("10%3.2="+10%3.2);
</script>
```

代码执行结果见图 17-4。

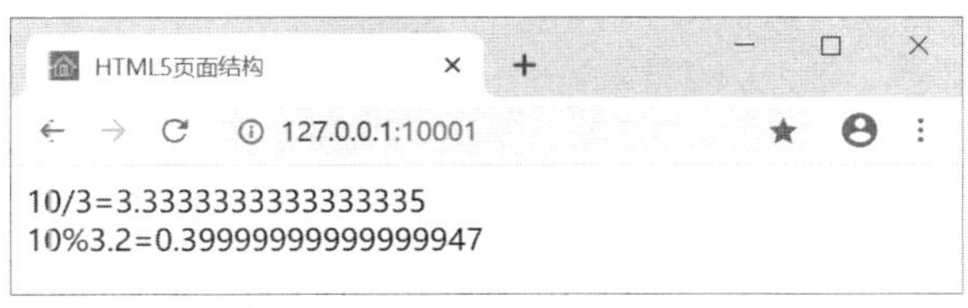

图 17-4

从本例可以看到，JavaScript 的除法中，整数相除同样会返回浮点数结果，而取余数运算符可以计算浮点数相除后的余数。

17.2.2 字符串连接

在前面的示例中，可以看到字符串和数值类型使用加号（+）运算符进行运算，此时执行的是字符串连接操作，此时，非字符串类型的数据会转换为字符串后连接，如下面的代码。

```
<script>
    var s = "abc";
    var x = 10;
    var y = 99;
    document.write(s+x+y);
</script>
```

执行代码会显示 abc1099。这是因为 + 运算符是从左向右执行运算，首先计算的是 s+x，由于 s 是字符串，所以 x 会转换为字符串后进行连接，连接的结果是字符串 abc10；然后使用字符串 abc10 和数字 99 进行加运算，此时同样是一个字符串和一个数值，所以 y 的值会转换为字符串后进行连接，最终得到结果就是字符串 abc1099。

如果在字符串连接过程中需要得到其他类型的计算结果，可以通过圆括号修改运算顺序，如下面的代码。

```
<script>
    var s = "abc";
    var x = 10;
    var y = 99;
    document.write(s+(x+y));
</script>
```

执行代码会显示 abc109。本例会首先计算 x+y，结果为 109；然后进行字符串 abc 和数字 109 的加运算，最终结果就是字符串 abc109。

17.2.3 布尔运算

布尔运算，也称为逻辑运算。JavaScript 中，基本的布尔运算包括：

- 与运算，使用 && 运算符。两个运算数都是 true 时，运算结果为 true；两个运算符只有一个是 false 时，运算结果为 false。

- 或运算，使用 || 运算符。两个运算数中有一个是 true 时，运算结果为 true；只有两个运算数都是 false 时，运算结果为 false。
- 取反运算，使用 ! 运算符。true 取反得 false，false 取反得 true。

下面的代码演示了这三个运算符的使用。

```
<script>
   var x = true;
   var y = false;
   document.write("x && y = "+(x&&y));
   document.write("<br>");
   document.write("x || y = "+(x||y));
   document.write("<br>");
   document.write("!x = "+(!x));
</script>
```

代码执行结果见图 17-5，可以修改 x 和 y 的值来观察运算结果。

图 17-5

17.2.4 类型判断与转换

获取数据的类型时，可以使用 typeof 运算符，运算结果是描述数据类型的字符串，包括：

- number，数值类型。整数、浮点数、NaN 值、Infinity 值都是 number 类型。
- string，字符串类型，使用双引号或单引号定义的文本内容。
- boolean，布尔类型。
- object，对象类型，也就是类类型，稍后会介绍 JavaScript 中的面向对象编程。此外，“typeof null”也会返回 object。
- undefined，表示对象没有定义。

下面的代码演示了 typeof 运算符的应用。

```
<script>
   document.write(typeof 10);
   document.write("<br>");
   document.write(typeof 1.23);
   document.write("<br>");
   document.write(typeof true);
   document.write("<br>");
   document.write(typeof "abc");
   document.write("<br>");
   document.write(typeof NaN);
   document.write("<br>");
   document.write(typeof Infinity);
   document.write("<br>");
```

```
    var dt = new Date();
    document.write(typeof dt);
</script>
```

代码执行结果见图 17-6。

图 17-6

示例中最后一个类型判断显示为 object，其中的对象 dt 定义为 Date 类的实例。Date 类用于日期和时间的处理，稍后会详细介绍。

不同数据类型之间转换时，会有一些默认的规则，如使用 + 运算符连接字符串和其他类型的数据时，就会将这些数据转换为字符串类型，然后进行连接操作。

整数和浮点数之间进行运算时，会将整数转换为浮点数，然后进行计算，运算结果为浮点数。需要将其他类型转换为整数或浮点数时可以使用如下两个函数：

- parseInt(n) 函数，将参数 n 转换为整数。
- parseFloat(n) 函数，将参数 n 转换为浮点数。

parseInt() 和 parseFloat() 函数会尽可能地将参数内容转换为数值类型，在遇到第一个不能转换为数字的字符时停止转换，并返回转换结果；如果没有可用的转换结果，函数将返回 NaN 值。下面的代码演示了 parseInt() 函数的使用。

```
<script>
    document.write(parseInt("123"));
    document.write("<br>");
    document.write(parseInt("abc"));
    document.write("<br>");
    document.write(parseInt("123abc"));
    document.write("<br>");
    document.write(parseInt("123.45"));
</script>
```

代码执行结果见图 17-7。

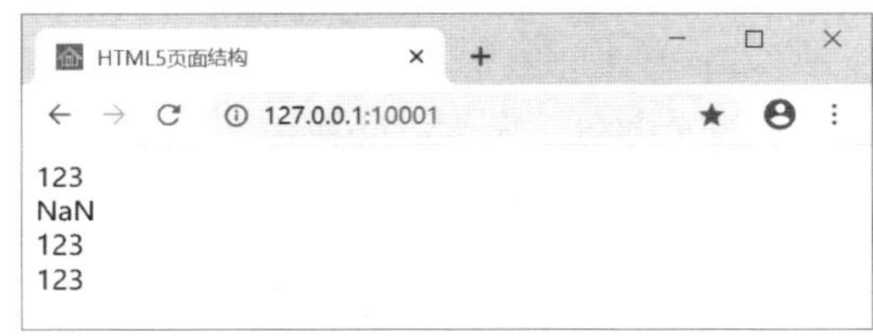

图 17-7

此外，还可以使用如下函数进行数据类型的转换。

- Number(n) 函数，将参数 n 转换为数值类型。函数会对参数进行整体转换，转换失败返回 NaN 值，可以使用 isNaN() 函数进行判断。
- String(n) 函数，将参数 n 转换为字符串类型。null、undefined、Infinity 和 NaN 值将转换为其自身的文本形式。
- Boolean(n) 函数，将参数 n 转换为布尔类型。null、undefined、NaN、0 和空字符串（"" 或 ''）转换为布尔类型时结果为 false；0 以外的数值和非空字符串、Infinity 值转换为布尔类型时结果为 true。

使用这三个函数时应注意，直接使用时会返回相应的 number、string 和 boolean 类型数据；使用 new 关键字时，将会创建相应类型的包装类对象。如下面的代码。

```
<script>
   document.write(typeof Number("123"));
   document.write("<br>");
   document.write(typeof new Number("123"));
</script>
```

代码执行会显示 number 和 object。本例第二个输出中，new Number("123") 语句会创建一个 Number 类的实例，也就是一个数值对象，使用 typeof 运算符时返回的类型就是 object。实际应用中，可以通过 Number 类的成员进行操作。如下面的代码使用 toFixed() 方法保留指定位数的小数，多余的部分会四舍五入。

```
<script>
   var x = new Number(12.3456);
   document.write(x.toFixed(2));
</script>
```

执行代码后会显示 12.35。

17.2.5 增量与减量运算

增量运算使用 ++ 运算符，又分为前增量运算和后增量运算。首先来看前增量运算，如下面的代码。

```
<script>
   var x = 1;
   document.write(++x);
   document.write("<br>");
   document.write(x);
</script>
```

代码执行后会显示两个 2。前增量时，x 会先进行 x=x+1 运算，这样 ++x 表达式和 x 的值都是 2。后增量运算时，x++ 表达式会先返回 x 的值，然后再进行 x=x+1 运算，这样，x++ 表达式会返回 1，计算后 x 的值是 2，如下面的代码。

```
<script>
   var x = 1;
   document.write(x++);
   document.write("<br>");
   document.write(x);
</script>
```

代码执行后会显示 1 和 2。

减量运算使用 -- 运算符，操作与增量运算相似，只是执行减 1 的操作，下面的代码演示了减量运算。

```
<script>
   var x = 2;
   document.write(--x);
   document.write("<br>");
   document.write(x);
   document.write("<br>");
   document.write(x--);
   document.write("<br>");
   document.write(x);
</script>
```

代码执行结果见图 17-8。

图 17-8

17.2.6 赋值运算

给变量（对象）赋值时使用赋值运算符（=），应注意与 == 或 === 运算符的区别。x=10 是将数字 10 赋值到变量 x 中，== 运算符用于判断左、右两个值的文本内容是否一致，如 "10"==10 返回 true。=== 运算符用于判断左、右两个值的数据类型和值是否相同，如 "10"===10 返回 false。

此外，赋值运算符还可以与基本的运算符复合使用，如 x+=10 就表示 x=x+10。相关的运算符包括：+=、-=、*=、/=、%=、<<=、>>=、>>>=，其中，后三个是位移操作运算符。

17.2.7 位运算

JavaScript 中的位运算包括：

- 按位取反运算，使用 ~ 运算符。0 取反得 1，1 取反得 0。
- 按位与运算，使用 & 运算符。两个运算数都是 1 时，运算结果是 1；有一个运算数为 0 时，运算结果为 0。
- 按位或运算，使用 | 运算符。两个运算数中，有一个运算数是 1，运算结果是 1；两个运算数都是 0 时，运算结果为 0。
- 按位异或运算，使用 ^ 运算符。两个运算数相同时返回 0，两个运算数不相同时返回 1。
- 位左移运算，使用 << 运算符。如 a<<n 执行的就是 a × 2n 的运算。
- 位右移运算，包括 >> 和 >>> 运算符，区别在于，在处理有符号整数时，使用 >>> 运算符，整数的最高位（符号位）也参加运算；而 >> 运算符则保留最高位的符号位。

实际应用中，可以使用位运算方便地判断标识类数据，如下面的代码。

```
<script>
    var flag1 = 0b01;
    var flag2 = 0b10;
    var flag3 = 0b11;
    document.write(1 & flag1); // 1
    document.write("<br>");
    document.write(1 & flag2); // 0
    document.write("<br>");
    document.write(2 & flag3); // 2
</script>
```

代码执行结果见图 17-9。

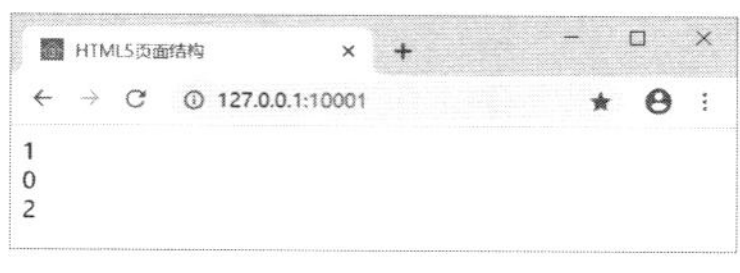

图 17-9

下面的代码演示了位左移运算。

```
<script>
    document.write(2<<2);
    document.write("<br>");
    document.write(2<<3);
</script>
```

第一个输出结果是 8，即 2 × 22 的运算；第二个输出结果是 16，即 2 × 23 的运算。下面的代码展示了运算数为负数的情况。

```
<script>
    document.write(-2<<2);
    document.write("<br>");
    document.write(-3<<2);
</script>
```

执行代码会显示 -8 和 -12。

下面的代码演示了位右移运算。

```
<script>
    document.write(64>>2);
    document.write("<br>");
    document.write(-64>>2);
</script>
```

第一个输出结果是 16，即 $64 \div 2^2$ 的运算。第二个输出结果是 -16，即 $-64 \div 2^2$ 的运算。

17.2.8 比较运算

JavaScript 中的比较运算符与 PHP 相似，主要包括：

- 等于，使用 == 运算符。数据的文本内容相等即可，如 "123"==123 返回 true。
- 不等于，使用 != 运算符。

- 全等于，使用 === 运算符。数据的类型和值都相同时返回 true，否则返回 false。
- 不全等，使用 !== 运算符。
- 大于，使用 > 运算符。
- 大于等于，使用 >= 运算符。
- 小于，使用 < 运算符。
- 小于等于，使用 <= 运算符。

在条件语句和循环等语句结构中会看到比较运算的实际应用。

17.3 代码流程控制

和 PHP 相似，JavaScript 在客户端也可以处理较复杂的逻辑代码，而代码流程控制语法也是 C 语言风格的，本节将介绍 JavaScript 中的 ?: 运算符和流程控制语句。

17.3.1 ?: 运算符

?: 运算符是一个三元运算符，格式如下：

```
<表达式 1> ? <表达式 2> : <表达式 3>
```

当 <表达式 1> 的结果为 true 时，返回 <表达式 2> 的值，否则返回 <表达式 3> 的值。下面的代码演示了 ?: 运算符的使用。

```
<script>
   var x=10;
   document.write(x);
   document.write(x%2===0?"是偶数":"不是偶数");
</script>
```

执行代码会显示“10 是偶数”，可以修改 x 的值来观察执行结果。

17.3.2 if语句

if 语句结构是标准的 C 风格，基本应用结构如下。

```
If (<条件 1>)
{
    <语句块 1>
}
else if (<条件 2>)
{
    <语句块 2>
}
else
{
    <语句块 n>
}
```

下面的代码演示了 if 语句结构的应用。

```
<script>
```

```
    var x="abc";
    if(x%2===0)
            document.write(x+" 是偶数 ");
    else
            document.write(x+" 不是偶数 ");
</script>
```

执行代码会显示 abc 不是偶数。

17.3.3 switch 语句

switch 语句结构用于处理一个表达式多个值的情况，其应用结构如下。

```
switch(< 表达式 >)
{
case < 值 1>:
    < 语句块 1>
    break;
case < 值 2>:
    < 语句块 2>
    break;
default:
    < 值 n>
    break;
}
```

下面的代码演示了 switch 语句结构的应用。

```
<script>
    var x=1;
    switch(x){
            case 1:
                    document.write(" 上 ");
                    break;
            case 2:
                    document.write(" 右 ");
                    break;
            case 3:
                    document.write(" 下 ");
                    break;
            case 4:
                    document.write(" 左 ");
                    break;
            default:
                    document.write(" 未知方向 ");
                    break;
    }
</script>
```

执行代码会显示“上”，可以修改 x 的值来观察执行结果。

JavaScript 中的 switch 语句结构，case 块同样具有向下贯穿的特性。执行如下代码会获取指定年份中某个月的天数。

```
<script>
    var year=2020;
```

```
    var month=2;
    var daysInMonth=0;
    switch(month){
            case 1:
            case 3:
            case 5:
            case 7:
            case 8:
            case 10:
            case 12:
                    daysInMonth=31;
                    break;
            case 4:
            case 6:
            case 9:
            case 11:
                    daysInMonth=30;
                    break;
            case 2:
                    if(year%400===0||(year%100!==0&&year%4===0))
                            daysInMonth=29;
                    else
                            daysInMonth=28;
    }
    document.write(year+"年"+month+"月有"+daysInMonth+"天");
</script>
```

可以修改 year 和 month 变量的值观察运行结果。

17.3.4 for 语句

for 语句结构应用格式如下。

```
for(<循环变量初始化>;<循环结束条件>;<循环变量值改变>)
{
<语句块>
}
```

下面是计算 1 到 100 累加的代码。

```
<script>
    var sum=0;
    for(i=1;i<=100;i++){
            sum +=i;
    }
    document.write(sum);
</script>
```

代码执行结果会显示 5050。

17.3.5 while 语句

while 语句结构会先判断条件，当条件成立时执行循环操作，格式如下。

```
while(<条件>)
```

```
{
   <语句块>
}
```

下面的代码演示了使用 while 语句计算 1 到 100 累加的操作。

```
<script>
   var sum=0;
   var i=1;
   while(i<=100){
          sum +=i;
          i++;
   }
   document.write(sum);
</script>
```

代码执行结果会显示 5050。

17.3.6 do…while 语句

do…while 语句结构会在每次循环语句执行后判断条件，使用时应注意第一次执行循环可能出现的问题。其应用格式如下。

```
do
{
}while(<条件>);
```

下面的代码演示了使用 do…while 语句计算 1 到 100 累加的操作。

```
<script>
   var sum=0;
   var i=1;
   do{
          sum +=i;
          i++;
   }while(i<=100);
   document.write(sum);
</script>
```

17.3.7 break 语句和标签

JavaScript 中的 break 语句除了在 switch 语句结构中中断 case 语句块，同样可以用于终止循环结构的运行。此外，break 语句还可以配合标签使用，快速跳出多层循环结构。如下面的代码。

```
<script>
   var sum=0;
   tagTest:
          for(i=1;i<=100;i++){
                 for(j=1;j<=100;j++){
                        for(k=1;k<=100;k++){
                               sum=sum+i+j+k;
                               if(sum>=1000)
```

```
                                        break tagTest;
                            }
                    }
            }
    document.write(sum);
</script>
```

本例定义了一个名为 tagTest 的标签，其格式为"<标签名>:"；在 i、j、k 三层循环结构中，当累加结果大于或等于 1000 时直接终止三层循环并显示结果。

17.3.8　continue 语句

continue 语句用于中断当前循环，并执行下一次循环（如果条件满足）。下面的代码演示了如何通过 continue 语句计算 1 ~ 100 中偶数累加的操作。

```
<script>
    var sum=0;
    for(i=1;i<=100;i++){
            if(i%2!==0)continue;
            sum+=i;
    }
    document.write(sum);
</script>
```

代码执行结果会显示 2550。同样的功能也可以通过调整循环变量实现，如下面的代码。

```
<script>
    var sum=0;
    for(i=2;i<=100;i+=2){
            sum+=i;
    }
    document.write(sum);
</script>
```

代码同样会显示 2550。

17.4　函数和函数类型

同 PHP 一样，函数也是 JavaScript 中代码封装的基本形式，应用中可以看到大量的函数，如 parseInt()、parseFloat()、isNaN()、isFinite() 等。本节将讨论如何创建自己的函数，以及函数类型的应用。

17.4.1　函数的定义和调用

创建函数时，需要使用 function 关键字，应用格式如下。

```
function <函数名>(<参数列表>) {
    // <实现代码>
}
```

其中，

- <函数名>，函数的名称，注意不要使用 JavaScript 中的关键字和保留字。
- <参数列表>，指定需要传入函数的数据，可以使用一个或多个参数变量，也可以为空。
- <实现代码>，完成函数功能的代码，可以使用 return 语句返回执行结果。如果函数中没有返回数据，读取返回值时会得到 undefined 值。

下面的代码定义了 isLeapYear() 函数，通过此函数计算年份是否为闰年。

```
<script>
    function isLeapYear(iYear) {
        return (iYear % 400 == 0) || (iYear % 100 != 0 && iYear % 4 == 0);
    }
    //
    var iYear = 2016;
    var result = isLeapYear(iYear) ? "是闰年" : "不是闰年";
    document.write(iYear+ result);
</script>
```

代码执行结果见图 17-10，可以修改 iYear 变量的值来观察执行结果。

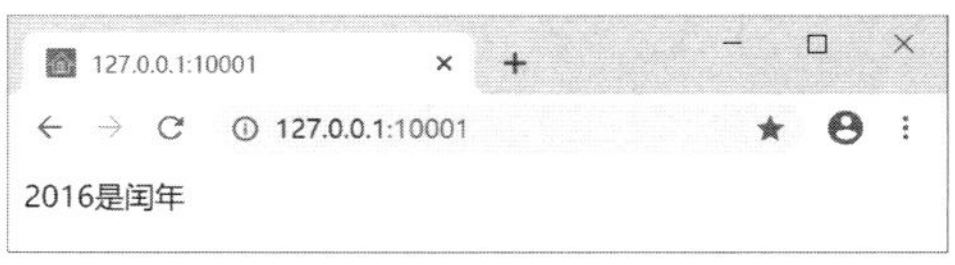

图　17-10

当函数有多个参数时，需要使用逗号（,）分隔，如下面的代码。

```
<script>
    function add(x,y) {
        return x+y;
    }
    //
    var x = 10;
    var y = 99;
    document.write(x + " + " + y + " = " + add(x,y));
</script>
```

代码执行结果见图 17-11。

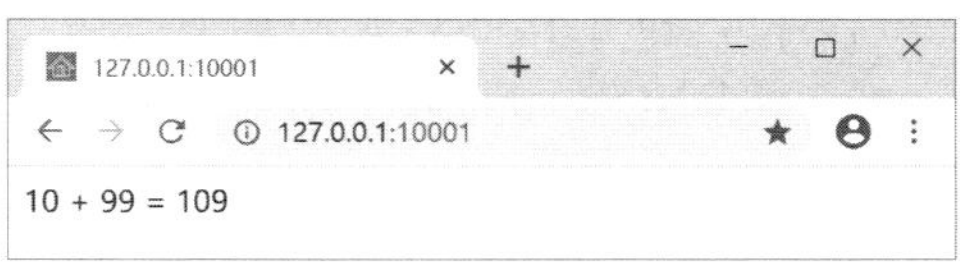

图　17-11

17.4.2　参数数组

在 JavaScript 的函数中，参数的应用同样是非常灵活的。下面的代码定义并多次调用 showArgs() 的函数。请注意，函数在定义时并没有指定参数。

```
<script>
```

```
    function showArgs() {
        document.write(arguments.length + "个参数");
        for (var i = 0; i < arguments.length;i++) {
            document.write("," + arguments[i]);
        }
        document.write("<br>");
    }
    //
    showArgs();
    showArgs(1);
    showArgs("a", "b", "c");
</script>
```

代码执行结果见图 17-12。

图　17-12

示例中的关键是使用了 arguments 对象，它是一个包含了全部参数的数组，其中 length 属性表示了参数的数量，如果其值大于 0，就可以使用从 0 开始的索引值来访问参数，如 arguments[0] 表示第一个参数，arguments[1] 表示第二个参数，以此类推。

使用 arguments 对象可以灵活地处理不同数量的参数，在参数数量不确定时是非常实用的。

17.4.3　函数类型

关于 JavaScript 中的函数，还有非常强大的一面，就是函数类型的应用。代码中，可以将函数作为 Function 类型进行传递。

下面的代码定义了三个函数，其中 numberFactory() 函数的参数就使用了一个函数类型。

```
<script>
    // 加法
    function numberAdd(x, y) {
        return x + y;
    }
    // 减法
    function numberMinus(x, y) {
        return x - y;
    }
    // 数据工厂
    function numberFactory(fn, x, y) {
        return fn(x, y);
    }
    // 测试
    var x = 99;
    var y = 10;
```

```
    // 测试加法
    document.write(numberFactory(numberAdd, x, y));
    document.write("<br>");
    // 测试减法
    document.write(numberFactory(numberMinus, x, y));
</script>
```

代码执行后会显示 109 和 89。本例中，numberAdd() 和 numberMinus() 函数都比较简单，分别返回两个参数相加和相减的运算结果。

需要注意的是 numberFactory() 函数，它的第一个参数 fn 定义为函数类型，第二个和第三个参数是两个数值，在函数的实现中，返回 fn(x,y) 的执行结果。

接下来调用了两次 numberFactory() 函数，第一个参数分别指定为 numberAdd() 和 numberMinus() 函数。numberFactory() 函数执行时，实际就是在调用这两个函数分别执行两个数值的加法和减法运算。

实际应用中，也可以直接在需要 Function 类型的地方定义函数，如下面的代码。

```
<script>
    // 数据工厂
    function numberFactory(fn, x, y) {
        return fn(x, y);
    }
    // 测试
    var x = 99;
    var y = 10;
    //
    document.write(numberFactory(function(a,b){return a*b;}, x, y));
</script>
```

本例在调用 numberFactory() 函数的第一个参数中直接定义了一个函数，其功能是返回两个参数的乘积。代码执行后会显示 990。

17.5 面向对象编程

面向对象编程是一种将数据及其操作进行封装，使代码耦合度更高的编程方法，其主要特点是使用类（class）定义一个复杂的类型，其中包括了数据（属性）和操作（方法），然后，使用对象实例化为相应的类类型，并通过对象调用数据和操作方法。

由于 JavaScript 在代码组织方式上的灵活性，可以使用不同的方式来创建类，这里介绍一种比较直观的方式。

下面的代码定义了 tAuto 类（/demo/js/tAuto.js），并创建了 model 属性和 drive() 方法。

```
function tAuto() {
    this.model = "";
    //
    this.drive = function () {
        document.write(this.model + "驾驶中...");
    };
}
```

下面的代码测试了 tAuto 类的使用。

```
<script src="/demo/js/tAuto.js"></script>
<script>
    var auto = new tAuto();
    auto.model = "X9";
    auto.drive();
    auto = null;
</script>
```

代码中，首先使用 script 元素引用了 tAuto.js 文件；其次定义了 auto 对象，并使用 new 关键字实例化为 tAuto 类型；然后设置了 auto 对象的 model 属性值为“X9”，并调用了 drive() 方法。最后，不再使用对象时，将其赋值为 null 值。代码执行结果见图 17-13。

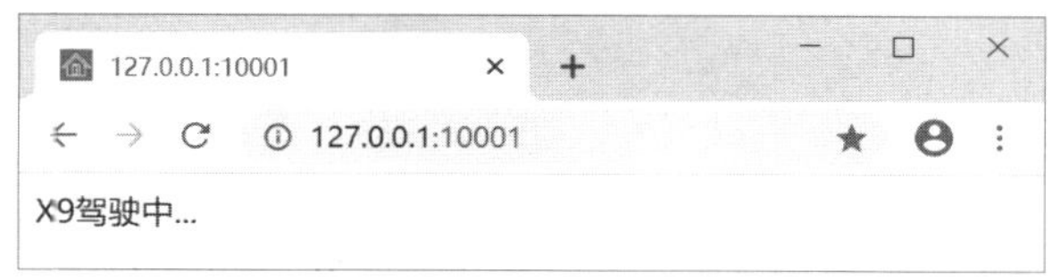

图 17-13

通过这个示例，可以看到 JavaScript 中使用类和对象的一些特点，例如：

- 使用 function 关键字创建类，实现类的成员（属性和方法）时使用了 this 关键字。
- 类的属性可以直接使用变量定义。
- 方法是由函数来实现的，需要使用 this 关键字指定方法的名称，其类型为函数类型，由 function 关键字定义的函数实现具体的操作。

实际应用中，还可以在类的定义中指定默认数据，即实现类的构造函数，如下面代码（/demo/js/tCar.js）定义的 tCar 类。

```
function tCar(sModel) {
    this.model = sModel;
    //
    this.drive = function () {
        document.write(this.model + "驾驶中...");
    };
}
```

下面的代码演示了 tCar 类及构造函数的使用。

```
<script src="/demo/js/tCar.js"></script>
<script>
    var car = new tCar("X9");
    car.drive();
    car = null;
</script>
```

代码执行结果与图 17-13 所示相同。

17.5.1 原型

使用原型（prototype），可以灵活地修改已存在的类，如重写已有成员、添加新成员等。

下面的代码通过原型在 tCar 类中添加 doors 属性和 autoReturn() 方法，并在 car 对象中使用这两个新成员。

```
<script src="/demo/js/tCar.js"></script>
<script>
    //
    tCar.prototype.doors = 4;
    //
    tCar.prototype.autoReturn = function () {
        document.write(this.model + " 倒车中 ...");
    };
    //
    var car = new tCar("X-Coupe");
    car.doors = 2;
    car.autoReturn();
    car = null;
</script>
```

代码执行结果见图 17-14。

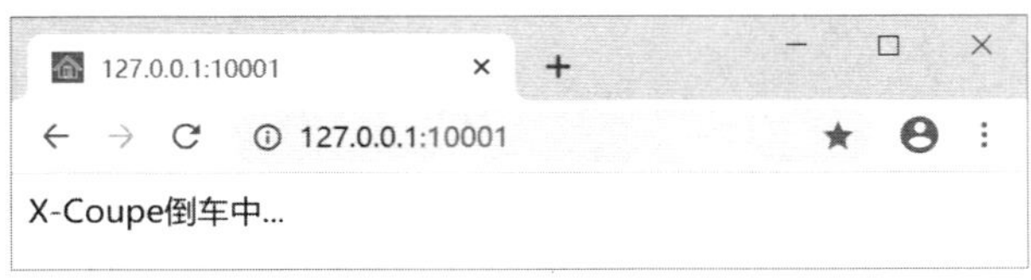

图 17-14

实际应用中，如果不需要或无法修改原类型的代码，可以通过原型扩展类的成员。如下面代码的（/demo/js/PrototypeEx.js）在 Date 类中添加 isLeapYear() 方法，其功能是判断日期对象中的年份是否为闰年。

```
// 年份是否为闰年
Date.prototype.isLeapYear = function () {
    var iYear = this.getFullYear();
    return (iYear % 400 == 0) || (iYear % 100 != 0 && iYear % 4 == 0);
};
```

在下面的代码中判断日期对象中的年份是否为闰年。

```
<script src="/demo/js/PrototypeEx.js"></script>
<script>
    var today = new Date();
    if (today.isLeapYear())
        document.write(" 今年是闰年 ");
    else
        document.write(" 今年不是闰年 ");
    today = null;
</script>
```

下面的代码重写了 Boolean 类中的 toString() 方法，值为 true 时显示“真”，值为 false 时显示“假”。

```
<script>
    Boolean.prototype.toString = function () {
        if (this) return " 真 ";
        else return " 假 ";
    }
```

```
    //
    var blValue = true;
    document.write(blValue.toString());
</script>
```

17.5.2　Object 类与 instanceof 运算符

和很多面向对象的编程语言一样，在 JavaScript 中也包含一个类似终极父类的 Object 类，其他的类都会默认继承此类。

单独定义一个 Object 对象意义并不大，但在 Object 类中定义了一些成员，可以处理类型和对象信息，如 hasOwnProperty() 方法判断对象是否包括指定的属性，如下面的代码。

```
<script>
    document.write("".hasOwnProperty("length"));
</script>
```

代码中，使用字符串对象的 hasOwnProperty() 方法判断是否包括 length 属性，执行代码会显示 true。

如果需要判断一个对象中是否包含某个方法，可以使用类似如下的方法。

```
<script src="/demo/js/tCar.js"></script>
<script>
    var car = new tCar();
    var methodType = typeof car.drive;
    document.write(methodType == "function");
    car = null;
</script>
```

如果执行代码后显示 true，则说明 car 对象中包含了 drive() 方法。

此外，需要判断某个对象是否为某个类的实例时，可以使用 instanceof 运算符，如下面的代码。

```
<script src="/demo/js/tCar.js"></script>
<script>
    var car = new tCar();
    document.write(car instanceof tCar);
    car = null;
</script>
```

执行代码会显示 true，即 car 对象是 tCar 类的实例。

17.6　数组

数组用于组织一系列相关的数据，JavaScript 中的数组定义为 Array 类的对象，创建数组对象时，可以使用 Array 类的构造函数，主要有以下几种形式：

- 指定数组成员的数量，如“var arr = new Array(3);”定义了三个成员的数组。
- 直接指定数组的成员，如“var arr = Array(1, 2, 3);”定义了包含数值 1、2、3 的数组。
- 创建一个空数组对象，如“var arr = new Array();”，此时，arr 对象的 length 属性值为 0。

访问数组成员时，需要在数组对象后使用一对方括号，其中包含成员的索引值。索引值从 0 开始，最大的索引值是成员数量减 1。下面的代码演示了数组成员的访问。

```
<script>
    var arr = Array(1, 2, 3);
    document.write(arr[0]);  // 1
    document.write(arr[1]);  // 2
    document.write(arr[2]);  // 3
    arr = null;
</script>
```

创建数组后，还可以动态地修改数组成员，如下面的代码。

```
<script>
    var arr = Array(1, 2, 3);
    arr[5] = 6;
    document.write(arr[3]);
    document.write("<br>");
    document.write(arr[5]);
    arr = null;
</script>
```

代码中，首先创建了包含三个成员的数组对象 arr。然后指定第 6 个元素（索引 5）的值为 6。那么，中间空出的第四个和第五个元素怎么办呢？代码并不会出错，而是将空出成员的值定义为 undefined（很贴切，未定义）。代码执行结果见图 17-15。

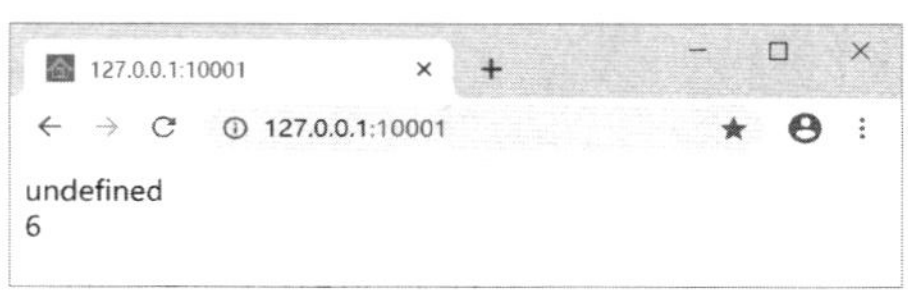

图 17-15

在 C 语言的数组中，成员的类型都是相同的，而在面向对象的编程语言中，由于可以使用终极类（如 Object 类）存放任何类型的数据，所以，在数组中可以保存不同类型的成员，在 JavaScript 中也是这样的。如下面的代码就可以正常工作。

```
<script>
    var arr = Array(1, "abc", true);
    for (var i = 0; i < arr.length; i++) {
        document.write(arr[i]);
        document.write("<br>");
    }
    arr = null;
</script>
```

代码中，arr 数组中定义了三个成员，分别是数值、字符串和布尔值。代码执行结果见图 17-16。

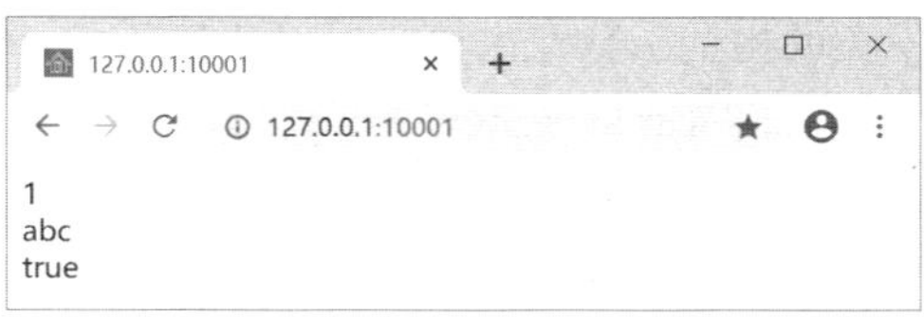

图 17-16

实际应用中，不建议大家这样使用数组，而是将数组成员定义为相同的类型。不过，在一些特殊的场景下，如处理函数参数的 arguments 对象，或者代码的灵活性要求更高时，使用数组传递不同类型的数据也是没有问题的。

在观察数组成员时，可以使用 Array 对象的 toString() 方法，它会返回由数组成员连接而成的字符串，每个成员由英文逗号分隔。实际上，也可以直接使用数组对象，默认情况下，也会显示以逗号分隔的所有成员，如下面的代码。

```
<script>
    var arr = Array("abc","def", "ghi");
    document.write(arr);
    arr = null;
</script>
```

执行代码会显示 abc,def,ghi。

下面介绍一些 Array 对象中的常用成员。首先，可以使用 length 属性获取数组的成员数量。循环访问数组成员时，经常会使用 length 属性作为循环变量的上限（不包含），如下面的代码。

```
int cards = new Array(54);
for(int i = 0; i < cards.length ; i++) {
    cards[i] = i+1;
}
cards = null;
```

如果需要在数组的末尾加一个成员，可以使用一个小技巧，如下面的代码。

```
<script>
    var arr = Array(1,2,3);
    arr[arr.length] = 4;
    document.write(arr.);  // 1,2,3,4
    arr = null;
</script>
```

代码中，使用 arr.length 值作为新成员的索引，这样可以正确地将成员添加到数组的最后。此外，还可以使用 push() 方法在数组的末尾添加一个成员，如下面的代码。

```
<script>
    var arr = Array(1, 2, 3);
    arr.push(4);
    document.write(arr);  // 1,2,3,4
    arr = null;
</script>
```

如果需要将数组成员的数据连接为字符串，可以使用 join() 方法，方法的参数指定成员的分隔字符，如下面的代码。

```
<script>
    var arr = Array("abc","def", "ghi");
    document.write(arr.join("-"));
    arr = null;
</script>
```

代码执行结果为 abc-def-ghi。

sort() 方法用于将数组中的成员排序，如下面的代码。

```
<script>
    var arr = Array(12, 1, 2, 10, 3, 99);
    arr.sort();
    document.write(arr);
    arr = null;
</script>
```

代码执行结果会显示 1,10,12,2,3,99，可以看到，默认情况下是按字符的编码进行排序，而不是按数值的大小。不过，我们可以改变比较规则。

首先，需要定义一个比较数值的函数，如下面代码中定义的 numberCompare() 函数。当参数一小于参数二时返回 -1，参数一大于参数二时返回 1，相等时返回 0。调用数组对象的 sort() 方法进行排序时，可以将函数名作为参数传递。完整的示例如下面的代码。

```
<script>
    //
    function numberCompare(x, y) {
        var num1 = Number(x);
        var num2 = Number(y);
        if (num1 < num2) return -1;
        else if (num1 == num2) return 0;
        else return 1;
    }
    //
    var arr = Array(12, 1, 2, 10, 3, 99);
    arr.sort(numberCompare);
    document.write(arr);
    arr = null;
</script>
```

执行代码后会返回 1,2,3,10,12,99，这一次是按数值排序的，而操作的关键就是 numberCompare() 函数。

调用数组的 sort() 方法时，将其参数指定为 numberCompare 函数，这样，排序的规则就由 numberCompare() 函数的返回值来决定，如果返回值大于 0 会交换两个成员的位置。

如果需要降序排列数值，可以定义一个 numberCompareDesc() 函数，如下面的代码。

```
<script>
    //
    function numberCompareDesc(x, y) {
        var num1 = Number(x);
        var num2 = Number(y);
        if (num1 < num2) return 1;
        else if (num1 == num2) return 0;
        else return -1;
    }
    //
    var arr = Array(12, 1, 2, 10, 3, 99);
    arr.sort(numberCompareDesc);
    document.write(arr);
    arr = null;
</script>
```

代码输出结果为 99,12,10,3,2,1。实际上，numberCompareDesc() 函数与 numberCompare() 函数的区别很小，只是交换了两个参数比较时大于或小于情况下的返回值。

reverse() 方法用于将数组的成员反向排列，如下面的代码。

```
<script>
var arr = Array('aaa", "bbb", "ccc", "ddd", "eee");
    arr.reverse();
    document.write(arr);
    arr = null;
</script>
```

执行代码后会显示 eee,ddd,ccc,bbb,aaa。

slice() 方法可以截取数组的一部分，其中，参数一指定开始截取的索引值；参数二指定截取结束的索引值，但结果不包含此元素，如果不指定参数二，则返回从参数一指定位置开始的所有成员。此外，这两个参数还可以使用负数，例如，参数一指定的为负数时，表示从数组末尾截取 n 个字符（n 是参数一的绝对值）。如果参数二为负数，表示截取参数开始到 n 之前的成员（n 是参数二的绝对值，表示倒数第几个元素，截取结果不包含此元素）。下面的代码展示了 slice() 方法的应用。

```
<script>
var arr = Array("aaa", "bbb", "ccc", "ddd", "eee");
document.write(arr.slice(1,3));
document.write("<br>");
document.write(arr.slice(1));
document.write("<br>");
document.write(arr.slice(-2));
document.write("<br>");
document.write(arr.slice(1,-2));
arr = null;
</script>
```

代码执行结果见图 17-17。

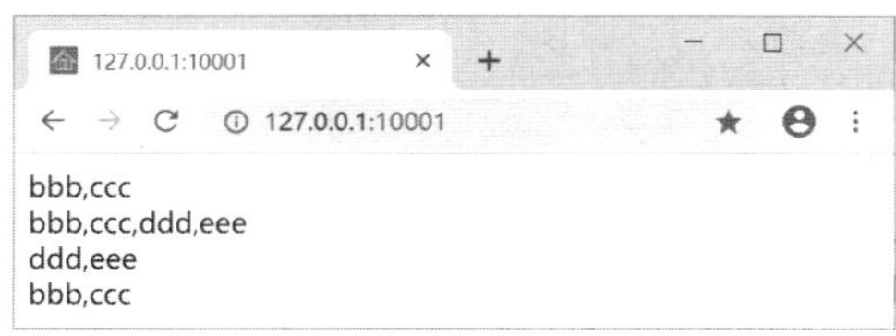

图 17-17

splice() 方法可以灵活地删除或替换数组成员，其参数包括：

- 参数一指定操作的开始位置（成员的索引值）。
- 参数二指定删除的成员数量。
- 参数三开始指定删除内容的替换内容。如果插入更多的成员，可以依次写出。

下面介绍一些 splice() 方法的常用形式。首先，需要删除成员时，只需要使用前两个参数。执行下面的代码会删除数组的第二个和第三个成员。

```
<script>
    var arr = Array(1, 2, 3, 4, 5);
    arr.splice(1, 2);
```

```
    document.write(arr);  // 1,4,5
    arr = null;
</script>
```

执行下面的代码会将第二个和第三个成员删除，并用 0 填补替换。

```
<script>
    var arr = Array(1, 2, 3, 4, 5);
    arr.splice(1, 2, 0);
    document.write(arr);  // 1,0,4,5
    arr = null;
</script>
```

执行下面的代码将第二个和第三个成员删除，并用两个 0 填补。

```
<script>
    var arr = Array(1, 2, 3, 4, 5);
    arr.splice(1, 2, 0, 0);
    document.write(arr);  // 1,0,0,4,5
    arr = null;
</script>
```

如果需要在数组的第一个位置插入成员，可以使用 unshift() 方法，如下面的代码。

```
<script>
    var arr = Array(1, 2, 3);
    arr.unshift(0);
    document.write(arr);  // 0,1,2,3
    arr = null;
</script>
```

删除数组第一个成员时，可以使用 shift() 方法，如下面的代码。

```
<script>
    var arr = Array(1, 2, 3);
    arr.shift();
    document.write(arr);  // 2,3
    arr = null;
</script>
```

删除数组最后一个成员时，可以使用 pop() 方法，如下面的代码。

```
<script>
    var arr = Array(1, 2, 3);
    arr.pop();
    document.write(arr);  // 1,2
    arr = null;
</script>
```

判断数组中是否存在某个成员时，可以使用 indexOf() 方法，它会返回成员第一次出现的索引值，如下面的代码。

```
<script>
    var arr = Array("a","b","c");
    document.write(arr.indexOf("b"));  // 1
    document.write("<br>");
    document.write(arr.indexOf("c"));  // 2
```

```
    arr = null;
</script>
```

页面会显示 1 和 2，其中，“b”位于第二位，索引值为 1，“c”元素位于第三位，索引值为 2。

需要查询元素在数组中最后一次出现的索引位置，可以使用 lastIndexOf() 方法。如下面的代码执行后会显示 4。

```
<script>
    var arr = Array("a","b","c","a","b","c");
    document.write(arr.lastIndexOf("b"));  // 4
    arr = null;
</script>
```

JavaScript 中的数组和 PHP 中的数组很相似，也可以使用“键 / 值”对应的数组，通常称为 map 或 dictionary。这种集合结构的特点是，每个成员都由名称（键）和数据（值）组成，访问成员的数据时，可以使用数据名称作为索引，如下面的代码。

```
<script>
    var map = {"earth":"地球", "mars":"火星", "jupiter":"木星"};
    document.write(map["earth"] + "<br>");
    document.write(map["mars"] + "<br>");
    document.write(map["jupiter"] + "<br>");
</script>
```

代码执行结果见图 17-18。

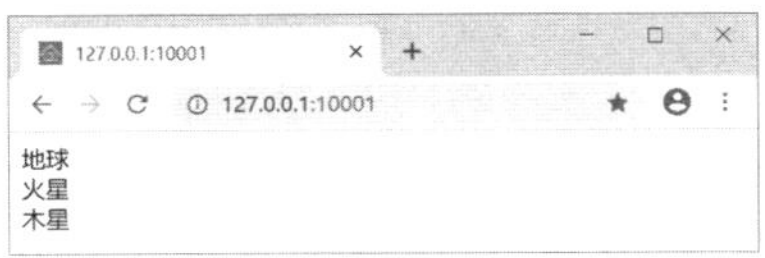

图 17-18

对于数组或 map 结构，还可以通过 for-in 循环结构快速地访问所有成员。在下面的代码中，先来看 map 成员的访问。

```
<script>
    var map = { "earth": "地球", "mars": "火星", "jupiter": "木星" };
    for(var key in map)
        document.write(map[key] + "<br>");
</script>
```

代码执行结果与图 17-18 相同。

下面的代码演示了如何使用 for-in 语句访问数组成员。

```
<script>
    var arr = Array(1, 2, 3);
    for(var e in arr)
        document.write(arr[e] + "<br>");
</script>
```

执行代码后页面会显示 1、2、3。

需要获取 map 对象的所有键名时，可以使用 Object.keys() 方法，此方法返回由键名组成的数组，此数组的成员数量也就是 map 对象的成员数量。下面的对象演示了相关的操作。

```
<script>
   var map = {"earth":"地球", "mars":"火星", "jupiter":"木星"};
   var arr=Object.keys(map);
   document.write(arr);
   document.write("<br>");
   document.write("成员数量:"+arr.length);
</script>
```

代码执行结果见图 17-19。

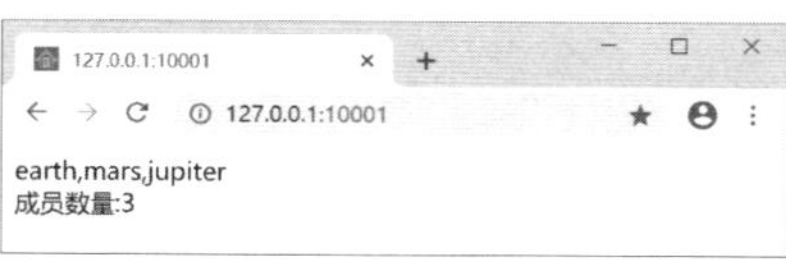

图 17-19

17.7 字符串

JavaScript 中的字符串使用一对双引号或一对单引号定义，它们是 String 类的实例，本节将介绍 String 类的常用成员。

首先，可以使用 length 属性获取字符串中的字符数量，如：

```
<script>
    var s = "英文字母abc";
    document.write(s.length);  // 7
</script>
```

需要获取某个位置的字符，可以使用 charAt() 方法。请注意，这里的索引值同样是从 0 开始，即 0 表示第一个字符的位置，1 表示第二个字符的位置，以此类推。下面的代码演示了 charAt() 方法的应用。

```
<script>
    var s = "英文字母abc";
    document.write(s.charAt(0));  // 英
</script>
```

需要将字符串转换为字符数组时，可以使用如下代码（/lib/js/common.js）。

```
/* 字符串转换为字符数组 */
function str2array(s)
{
   var arr=[];
   for(var i=0;i<s.length;i++){
           arr[i]=s.charAt(i);
   }
   return arr;
}
```

下面的代码用于测试 str2array() 函数的使用。

```
<script src="/lib/js/common.js"></script>
<script>
    var s = "英文字母abc";
    document.write(str2array(s));
</script>
```

代码执行结果见图 17-20。

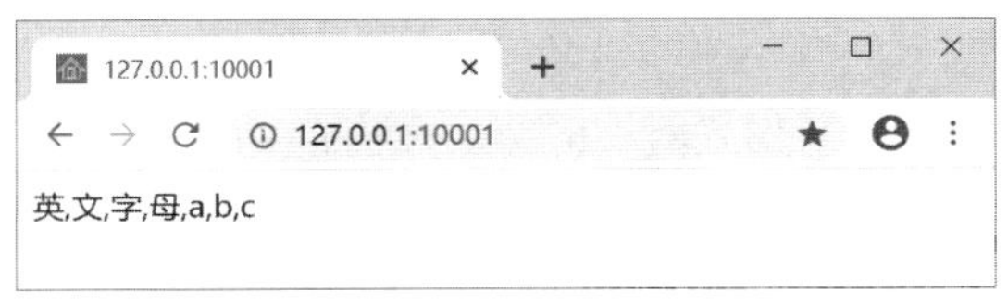

图 17-20

需要获取指定位置字符的 Unicode 编码时，可以使用 charCodeAt() 方法，其参数同样为从 0 开始的索引值。下面的代码演示了 charCodeAt() 方法的应用。

```
<script>
    var s = "英文字母abc";
    document.write(s.charCodeAt(0));  // 33521
</script>
```

需要在字符串中查找内容时，可以使用 indexOf() 方法，此方法会返回查询内容第一次出现的位置（0 开始的索引值），如果没有找到，则返回 -1。下面的代码演示了 indexOf() 函数的使用。

```
<script>
    var s = "英文字母abc";
    document.write(s.indexOf("字"));   // 2
    document.write("<br>");
    document.write(s.indexOf("中"));   // -1
</script>
```

相应的方法还有 lastIndexOf() 方法，其功能是返回查询内容最后一次出现的索引值，如果没有找到，同样返回 -1。下面的代码演示了 lastIndexOf() 方法的使用。

```
<script>
    var s = "abcabcabc";
    document.write(s.lastIndexOf("abc"));  // 6
</script>
```

需要截取字符串的一部分内容时，可以使用 substring() 方法。其中，参数一指定开始截取的索引位置；参数二指定截取结束位置，但截取结果不包含此位置的字符。如果不指定参数二，则返回从参数一指定位置开始的所有内容。方法会返回一个包含截取内容的新字符串对象，如下面的代码。

```
<script>
    var s = "abcdefg";
    document.write(s.substring(2, 5));  // cde
</script>
```

此外，slice() 方法与 substring() 方法比较相似，只是 slice() 方法的第二个参数可以设置为负数，如下面的代码。

```
<script>
    var s="abcdefg";
   document.write(s.slice(1,-2)); // bcde
</script>
```

本例的 slice() 方法中，当参数二为负数时，会截取后 n 个字符之前的内容（n 为参数二的绝对值）。

修改字符串中字母的大小写形式时，toLowerCase() 方法可以将字符串中的字母转换为小写，并返回转换后的全部内容；toUpperCase() 方法则将字符串中的字母转换为大写，并返回转换后的全部内容。下面的代码演示了这两个方法的应用。

```
<script>
    document.write("abcdefg".toUpperCase());
    document.write("<br>");
    document.write("AbcDEFg".toLowerCase());
</script>
```

代码执行结果见图 17-21。

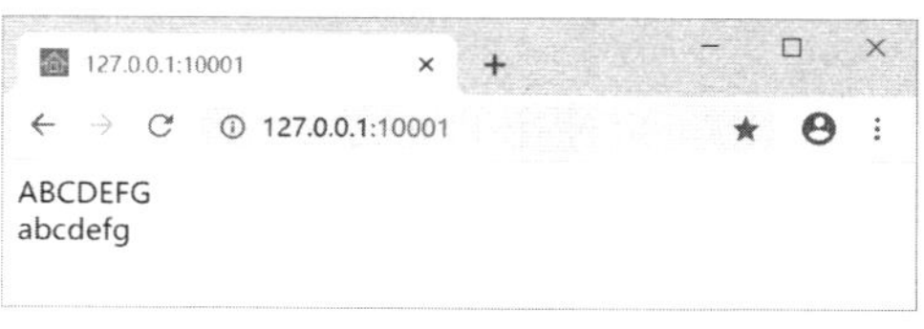

图 17-21

split() 方法可以使用指定的内容将字符串分割为字符串数组。如下面的代码使用逗号分隔字符串。

```
<script>
    var s = "abc,def,ghi";
    var arr = s.split(",");
    for (var i = 0; i < arr.length; i++) {
        document.write(arr[i]);
        document.write("<br>");
    }
</script>
```

代码执行结果见图 17-22。

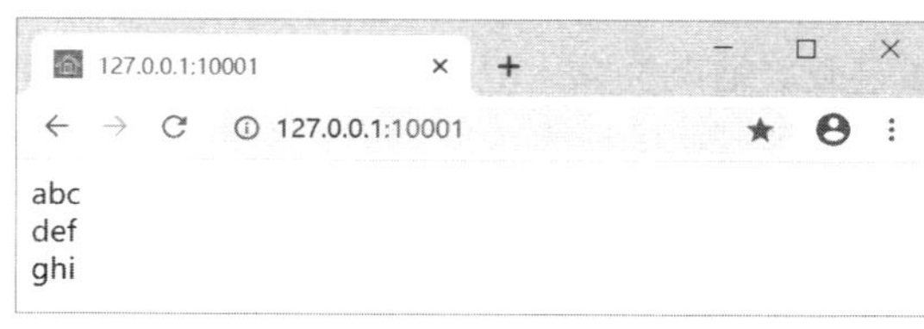

图 17-22

split() 方法还可以指定第二个参数，指定分割后数组的最大成员数，如下面的代码。

```
<script>
```

```
    var s = "abc,def,ghi";
    var arr = s.split(",", 2);
    for (var i = 0; i < arr.length; i++) {
        document.write(arr[i]);
        document.write("<br>");
    }
</script>
```

本例的 split() 方法中指定最多返回 2 个成员的数组，代码执行结果见图 17-23。

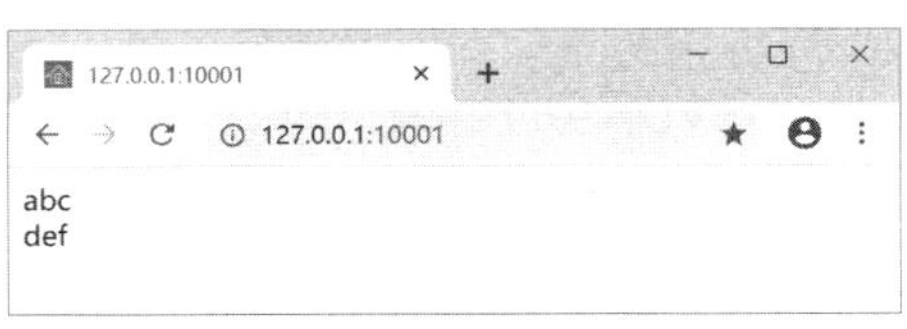

图　17-23

请注意，如果 split() 方法中第二个参数指定的数值大于可分割的数量，则按实际情况分割。

需要替换字符串中的内容时，可以使用 replace() 方法。如下面的代码使用正则表达式替换字符串中的内容。

```
<script>
    var s1 = "abc,def,ghi";
    var s2 = s1.replace(/,/g, "|");
    document.write(s2);
</script>
```

replace() 方法需要两个参数，第一个参数指定需要替换的原始内容，这里使用了正则表达式，/,/ 匹配逗号字符，字母 g 表示全局替换，如果没有指定 g 字符，只会替换第一个逗号。

replace() 方法会返回内容替换后的新字符串对象，执行代码后显示“ abc|def|ghi”。本书稍后还会详细介绍正则表达式的应用。

17.8　URI 编码

浏览网页时，经常会在地址栏中看到一些含有百分号（%）的内容，这些内容就是经过编码的信息。

因为一些符号在网址中有着特殊的含义，如果在数据中包含了这些符号，就应该对它们进行编码。JavaScript 代码中，可以使用以下一些函数对 URI 内容进行编码和解码操作。

encodeURI() 和 decodeURI() 函数，只对文本中的特殊字符进行编码和解码。下面的代码演示了这两个方法的应用。

```
<script>
    var s = "http://www.test.com/?keyword= 测试 ";
    var encode = encodeURI(s);
    document.write(encode);
    document.write("<br>");
    document.write(decodeURI(encode));
</script>
```

代码执行结果见图 17-24。

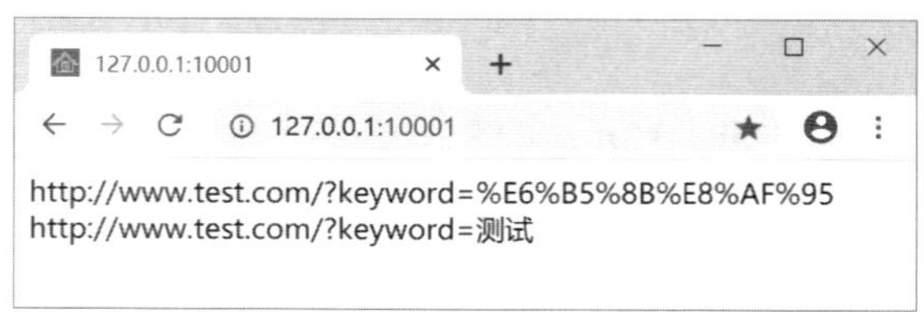

图 17-24

encodeURI() 和 decodeURI() 函数不会进行编码的字符包括：字母、数字、#、-、_、.、!、~、*、'、(、)、;、,、/、?、:、@、&、=、+、$。

encodeURIComponent() 和 decodeURIComponent() 函数，对文本中除字母、数字、(、)、.、!、~、*、'、- 和 _ 字符之外的其他内容进行编码和解码，如下面的代码。

```
<script>
    var s = "http://www.test.com/?keyword= 测试 ";
    var encode = encodeURIComponent(s);
    document.write(encode);
    document.write("<br>");
    document.write(decodeURIComponent(encode));
</script>
```

代码执行结果见图 17-25。

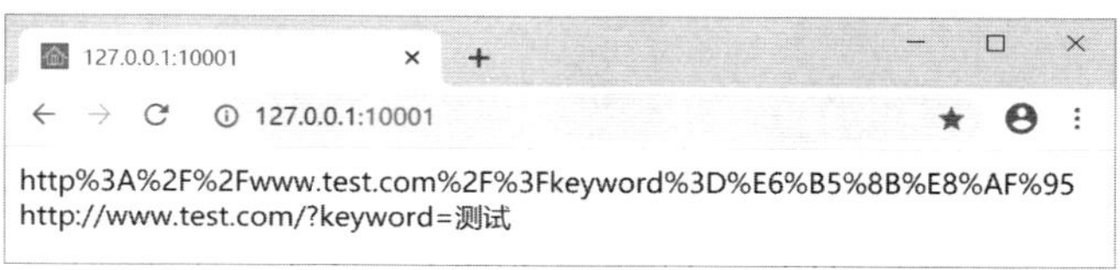

图 17-25

17.9 日期与时间

在 JavaScript 中处理日期和时间数据时，同样将 1970 年 1 月 1 日 0 点作为基准时点。下面介绍一些常用的资源。

17.9.1 Date 类

代码中，可使用 Date 类处理日期和时间数据，包括年、月、日、时、分、秒和毫秒数据。下面的代码使用了 Date 类的无参数构造函数，用于返回系统当前的日期、时间和时区信息。

```
<script>
    var now = new Date();
    document.write(now.toString());
    document.write("<br>");
    document.write(now.toLocaleString());
    now = null;
```

```
</script>
```

执行代码会显示当时的系统时间，代码中使用了 Date 对象的 toString() 方法和 toLocaleString() 方法，分别显示了通用格式和本地格式，可以根据图 17-26 的内容观察不同的显示内容。

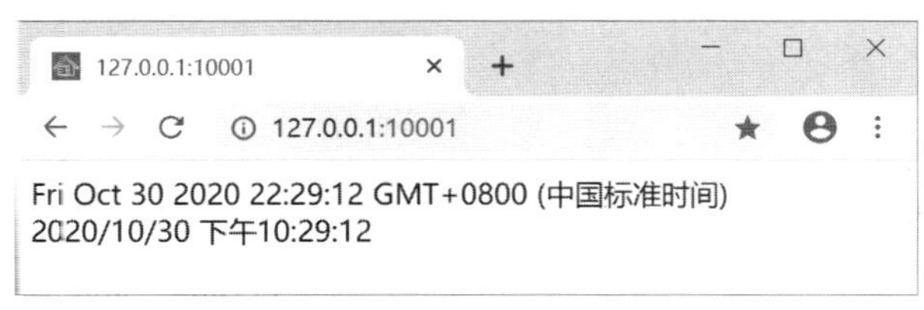

图 17-26

第一个 document.write() 方法中使用 toString() 方法返回完整的日期和时间信息。其中，GMT 含义为格林尼治标准时间，+0800 为时区中的正八区，也就是北京时间所在的时区。第二个 document.write() 方法中使用的 toLocaleString() 方法，返回系统当前区域设置中的日期和时间格式。

使用 Date 对象时，除了使用无参数构造函数获取系统当前时间，还可以指定对象中的日期和时间数据，如：

```
Date(年，月，日，时，分，秒，毫秒)
```

参数中，除了年、月是必选，其他参数都是可选的，其中，小时使用 24 小时制，取值从 0 到 23。Date() 构造函数还可以使用一个参数，指定的是距离标准时点的毫秒数。

需要注意的是，设置月份的值是从 0 开始的，即 0 表示 1 月，1 表示 2 月，如下面的代码。

```
<script>
    var d = new Date(2017, 0, 27);
    document.write(d.toLocaleDateString());
</script>
```

代码执行结果见图 17-27。

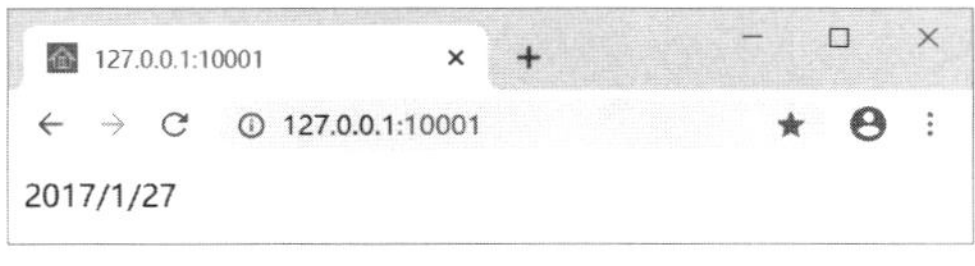

图 17-27

此外，还可以使用日期字符串创建 Date 对象，常用的格式包括 " 月 / 日 / 年 "、" 年 / 月 / 日 " 等。在这里，可以使用正常的月份值，如下面的代码。

```
<script>
    var d1 = new Date("2017/1/28");
    document.write(d1.toLocaleDateString());
    document.write("<br>");
    var d2 = new Date("1/29/2017");
    document.write(d2.toLocaleDateString());
</script>
```

代码执行结果见图 17-28。

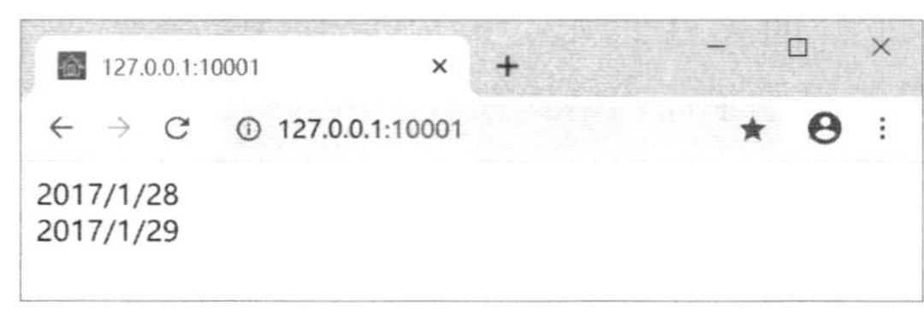

图 17-28

下面是 Date 对象中获取和设置日期、时间数据的常用方法：

- getFullYear() 和 setFullYear() 方法，获取和设置四位年份。
- getMonth() 和 setMonth() 方法，获取和设置月份。请注意，月份数据是从 0 开始的。
- getDate() 和 setDate() 方法，获取和设置当前日期是月份中的第几天。
- getHours() 和 setHours() 方法，获取和设置小时数据。
- getMinutes() 和 setMinutes() 方法，获取和设置分钟数据。
- getSeconds() 和 setSeconds() 方法，获取和设置秒。
- getMilliseconds() 和 setMilliseconds() 方法，获取和设置毫秒数。1s 有 1000ms，取值为 0 ~ 999。
- getDay() 和 setDay() 方法，获取和设置当前日期是一周中的第几天，其中，周日为 0，周一为 1，周二为 2，以此类推。
- getTime() 和 setTime() 方法，获取或设置距离基准时点（1970 年 1 月 1 日 0 时）的毫秒数。如果是大于 0 的值，则是晚于基准时点的时间，如果是小于 0 的值，则是早于基准时点的时间。

处理不同时区的统一时间时，可以使用一系列含有 UTC（通用时间代码，与 GMT 是一个概念）字样的方法。如 getUTCFullYear() 方法会根据对象中的日期和系统中的区域设置给出 UTC 时间中的年份。前面给出的方法中，除了 getTime() 和 setTime() 方法，其他的方法都有 UTC 版本，可以参考使用。

此外，需要日期和时间的字符串形式时，可以使用如下一些方法：

- toString() 方法。
- toDateString() 方法。
- toTimeString() 方法。
- toLocaleString() 方法。
- toLocaleDateString() 方法。
- toLocaleTimeString() 方法。
- toUTCString() 方法。

下面的代码演示了这些方法的应用，请注意，区域设置基于正八区，而 UTC 时间比北京时间晚了 8 个小时。

```
<script>
    // 元宵节
    var d = new Date(2017, 1, 11, 16, 30, 55, 99);
    document.write(d.toString());
    document.write("<br>");
    document.write(d.toDateString());
```

```
    document.write("<br>");
    document.write(d.toTimeString());
    document.write("<br>");
    document.write(d.toLocaleString());
    document.write("<br>");
    document.write(d.toLocaleDateString());
    document.write("<br>");
    document.write(d.toLocaleTimeString());
    document.write("<br>");
    document.write(d.toUTCString());
</script>
```

代码执行结果见图 17-29。

图　17-29

17.9.2　日期与时间的计算

JavaScript 代码中的日期和时间计算，可以结合 Date 对象和毫秒数据进行。例如，两个 Date 对象相减可以得出两个时间点相距的毫秒数，如下面的代码。

```
<script>
    var dt1= new Date(2020,11,26,23,45,56,100);
    var dt2= new Date(2020,11,26,23,45,56,950);
    document.write(dt2-dt1);
</script>
```

执行代码会显示 850，即两个时点之间相距 850ms。如果两个时点相距过大，可以换算成天数，如下面的代码。

```
<script>
    var msps=1000;
    var mspmin=60000;
    var msphour=3600000;
    var mspday=86400000;
    var dt1= new Date(2019,11,26,23,45,56,100);
    var dt2= new Date(2020,11,26,23,45,56,950);
    var interval=dt2-dt1;
    document.write("相距天数："+parseInt(interval/mspday));
</script>
```

执行代码会显示 366，即两个时点相距的完整天数为 366 天，如果需要包含小数部分的天数，可以不使用 parseInt() 函数转换计算结果。此外，本例还定义了几个常用数值，即每秒、每分钟、每小时和每天的毫秒数，日期和时间计算时可以直接使用。

下面代码会在指定的时点加上 15 天。

```
<script>
   var msps=1000;
   var mspmin=60000;
   var msphour=3600000;
   var mspday=86400000;
   var dt1= new Date(2020,11,26,23,45,56,100);
   var result=new Date(dt1.getTime()+mspday*15);
   document.write(result.toLocaleString());
</script>
```

代码执行结果见图 17-30。

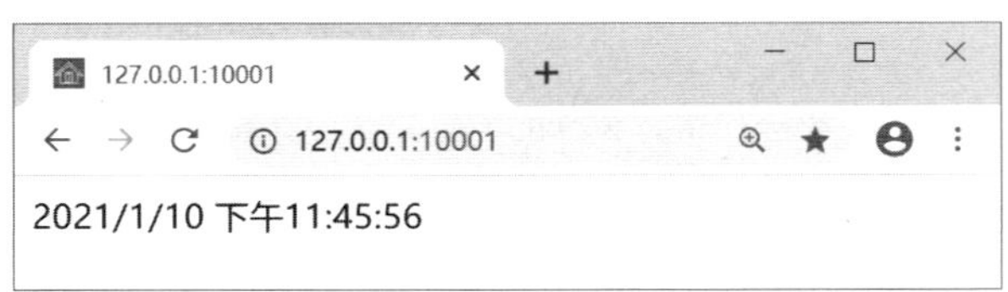

图 17-30

本例中，首先使用 getTime() 获取 Date 对象距离基准时点的毫秒数，然后加上相应的毫秒数，并通过 Date() 构造函数将计算结果重新生成为 Date 对象，最后，通过 toLocaleString() 方法显示计算结果的日期和时间信息。

17.10 数学计算

Math 类中定义了一系列数学计算相关的常量和方法，这些成员直接使用 Math 类引用。下面了解一些常用的成员。

首先是几个将浮点数转换为整数的方法，如：

- floor() 方法，返回小于或等于参数的最大整数。
- ceil() 方法，返回大于或等于参数的最小整数。
- round() 方法，返回参数的整数部分，小数部分四舍五入。

下面的代码演示这了这几个方法的使用。

```
<script>
    document.write(Math.floor(10.9));  // 10
    document.write("<br>");
    document.write(Math.ceil(10.1)); // 11
    document.write("<br>");
    document.write(Math.round(10.5));  // 11
    document.write("<br>");
    document.write(Math.round(10.4));  // 10
</script>
```

random() 方法会返回一个 0 ~ 1 的随机浮点数。实际应用中，可以通过以下公式计算出指定范围的随机整数。

```
<script>
    var min = 10;
    var max = 99;
    var rndInt = Math.floor(Math.random() * (max - min + 1) + min);
    document.write(rndInt);
</script>
```

执行代码会返回 10 ~ 99 的随机整数。

下面是 Math 类中几个常用的常量与计算方法：

- E，常数 e 的值。
- PI，圆周率。
- abs() 方法，计算参数的绝对值，如 Math.abs(-9) 和 Math.abs(9) 都返回 9。
- sqrt() 方法，计算参数的算术平方根，如 Math.sqrt(9) 等于 3。
- pow() 方法，如 Math.pow(x, y) 计算 x 的 y 次方。

此外，在 Math 类中还包括一些三角函数计算方法，如：

- sin() 方法，如 Math.sin(a) 返回 a 的正弦值。
- cos() 方法，如 Math.cos(a) 返回 a 的余弦值。
- tan() 方法，如 Math.tan(a) 返回 a 的正切值。
- asin() 方法，如 Math.asin(a) 返回 a 的反正弦值。
- acos() 方法，如 Math.acos(a) 返回 a 的反余弦值。
- atan() 方法，如 Math.atan(a) 返回 a 的反正切值。
- atan2() 方法，如 Math.atan2(a,b) 返回 a/b 的反正切值。

min() 和 max() 方法可以判断数值序列中的最小值和最大值，如下面的代码。

```
<script>
    document.write(Math.min(1, 10, 99, 0, -10)); // -10
    document.write("<br>");
    document.write(Math.max(1, 10, 99, 0, -10)); // 99
</script>
```

17.11　计时器

JavaScript 代码中，如果需要定时执行重复的代码，可以使用计时器函数，其中：

- setTimeout() 函数，参数一指定调用的函数；参数二指定多长时间后执行，单位为毫秒。函数只会执行一次任务，如果需要一定时间后再次执行，需要再次调用 setTimeout() 函数。
- setInterval() 函数，严格按一定的时间重复执行函数内容。参数一指定调用的函数；参数二指定执行的间隔时间，单位同样为毫秒。

这两个函数都会返回一个任务标识代码，代码可以作为 clearTimeout() 或 clearInterval() 函数的参数来终止任务。

首先来看 setTimeout() 函数的应用，如下面的代码。

```
<!doctype html>
<html>
<head>
```

```
<meta charset="utf-8" />
<title></title>
</head>
<body>
<div id="msg"></div>
</body>
</html>
<script>
    // 显示当前时间
    function showTime() {
        var eMsg = document.getElementById("msg");
        var d = new Date();
        eMsg.innerText = d.toLocaleTimeString();
        // 循环调用
        setTimeout(showTime, 1000);
    }
    // 开始执行
    showTime();
</script>
```

本例中页面会自动更新时间，代码执行结果见图 17-31。

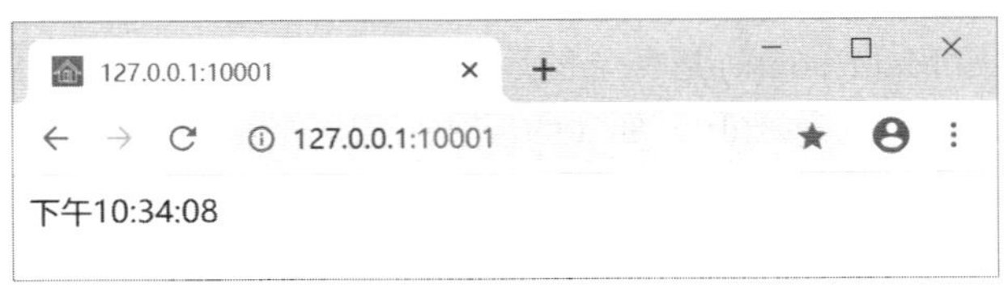

图　17-31

代码中定义了 showTime() 函数，其功能是在 id 为 msg 的元素中显示系统的当前时间。其中，document.getElementById() 方法会根据元素 ID 属性值返回元素对象。然后，通过元素的 innerText 属性设置元素中显示的文本内容。最后一行代码调用了 setTimeout() 函数，参数一指定执行的函数名，这里是 showTime() 函数；参数二指定多少毫秒之后执行。这样一来，每隔 1000ms（1s）就会执行一次 showTime() 函数，以显示最新的时间。

下面的代码使用 setInterval() 函数实现相同的功能。

```
<!doctype html>
<html>
<head>
<meta charset="utf-8" />
<title></title>
</head>
<body>
<div id="msg"></div>
</body>
</html>
<script>
    // 显示当前时间
    function showTime() {
        var eMsg = document.getElementById("msg");
        var d = new Date();
        eMsg.innerText = d.toLocaleTimeString();
    }
```

```
    // 开始执行
    setInterval(showTime, 1000);
</script>
```

从这两个示例中可以看到，setTimeout() 和 setInterval() 函数的区别在于，setTimeout() 函数会等待一定的时间后执行一次指定的函数，如果需要重复执行，就需要循环调用 setTimeout() 函数。setInterval() 函数则每隔一定的时间就执行一次指定的函数，所以，它只调用一次就可以实现循环工作。

停止 setTimeout() 函数工作时，需要使用 clearTimeout() 函数，其参数是对应的 setTimout() 函数的返回值。停止 setInterval() 函数工作时，需要使用 clearInterval() 函数，其参数是对应的 setInterval() 函数的返回值。

下面的代码通过 setInterval() 和 clearInterval() 函数演示一个 10s 倒计时的功能。

```
<!doctype html>
<html>
<head>
<meta charset='utf-8" />
<title></title>
</head>
<body>
<div id="msg">10</div>
</body>
</html>
<script>
    var seconds = 10;
    var handle;
    var eMsg = document.getElementById("msg");
    // 计时函数
    function timer() {
        seconds--;
        if (seconds < 1) {
            clearInterval(handle);
            eMsg.innerText = "时间到";
        } else {
            eMsg.innerText = seconds.toString();
        }
    }
    // 开始计时
    handle = setInterval(timer, 1000);
</script>
```

代码中，首先定义了三个变量，其中，seconds 变量为倒计时的秒数；handle 变量保存 setInterval() 函数返回的句柄，它是一个数值型数据；eMsg 表示显示信息的元素对象。

每次调用 timer() 函数时，seconds 变量的值都会减 1，当其值小于 1 时，使用 clearInterval() 函数停止任务，并显示“时间到”。

代码的最后，调用 setInterval() 函数启动计时器，并将函数的返回值赋给 handle 变量。计时完成时，clearInterval() 函数会通过 handle 终止任务。

打开此页面，会从 10 倒计时到 1，然后停止执行，并显示“时间到”。

实际应用中，如果循环任务的工作量比较大，可以考虑使用 setTimeout() 函数，因为它可以在每次任务完成后再启动下一次任务，而 setInterval() 函数会在一定的时间后准时启动下一次任务，但是，如果上一次的任务还没有完成，就可以造成一些冲突，例如某些数据的计算还没有完成，却又要开始新一轮的计算任务。当然，如果任务需要每隔一定的时间就准时执行的情况下，setInterval() 函数又是比较合适的选择，开发中可以根据实际需要选择使用。

17.12 Ajax

Ajax（Asynchronous JavaScript And XML，异步 JavaScript 和 XML）是在客户端（如浏览器）与服务器进行后台数据交换的一种编程方法。

那么，Ajax 有什么实际用途呢？从用户的角度看，如果每次从服务器获取新的数据都刷新整个页面，页面总是会“闪一下”，而且会传输大量的重复数据。那么，使用 Ajax 的作用就是，客户端不需要刷新整个页面，而是通过 Ajax 与服务器进行交流，只获取页面中需要更新的一小部分内容。这么做，一方面可以减少服务器负载和网络传输数据量，另一方面也可以实现更加友好、更加丰富的交互体验。

请注意，这里并没有什么新技术，只是 JavaScript 代码和 XMLHttpRequest 对象的综合应用，而且，读者也不需要被 XML 所迷惑，使用 Ajax 可以从服务器接收多种格式的数据，而 XML 只是其中一种。

下面先了解一下 Ajax 的主角——XMLHttpRequest 对象的应用。

17.12.1 XMLHttpRequest 对象

现代浏览器对 XMLHttpRequest 对象的支持已经非常全面了，所以，在代码中可以很方便地创建 XMLHttpRequest 对象，如下面的代码。

```
var xhr = new XMLHttpRequest();
```

下面是 XMLHttpRequest 对象的一些常用属性。

- onreadystatechange 属性，指定服务器返回状态改变时的响应函数。
- readyState 属性，表示服务器返回的状态值，4 表示成功完成。请注意，服务器返回状态 4 并不表示正确获取资源，还需要 status 属性确认。
- status 属性，返回获取资源的状态码。200 表示从服务器成功获取，304 表示资源没有变化，可以缓存中获取资源，这两种状态时都有可用的资源。
- statusText 属性，返回获取资源状态的文本描述，如 200 状态码对应的描述文本就是“OK”。
- responseText 属性，从服务器返回的文本内容。
- responseXML 属性，从服务器返回的 XML 数据。

XMLHttpRequest 对象中常用的方法如下。

- abort() 方法，取消向服务器请求的操作。
- getAllResponseHeaders() 方法，获取服务器返回的所有首部信息。
- getResponseHeader() 方法，获取服务器返回的指定首部信息。
- open() 方法，设置请求信息。
- send() 方法，向服务器独立发送请求。

● setRequestHeader() 方法，设置请求时的首部信息。

下面以一个请求文本内容的操作为例。首先，在服务器创建一个文本文件（/demo/msg.txt），修改文件内容如下：

```
您好！这是来自 Web 服务器的消息。
```

下面的代码使用 Ajax 读取 /demo/msg.txt 文件。

```
<!doctype html>
<html>
<head>
<meta charset="utf-8" />
<title></title>
</head>
<body>
<h1 id="msg"></h1>
</body>
</html>
<script>
    window.onload = function () {
        var xhr = new XMLHttpRequest();
        if (xhr === null) return;
        xhr.onreadystatechange = function () {
            if (xhr.readyState === 4) {
                if (xhr.status === 200 || xhr.status === 304) {
                    var e = document.getElementById("msg");
                    e.innerText = xhr.responseText;
                    xhr = null;
                }
            }
        };
        //
        var url = "/demo/msg.txt";
        xhr.open("GET", url, true);
        xhr.send(null);
    };
</script>
```

首先看一下执行效果，见图 17-32。

图　17-32

创建 XMLHttpRequest 对象后，首先，设置 onreadystatechange 属性值，定义为一个函数，结构如下。

```
xhr.onreadystatechange = function () {
    // 对服务器状态的响应
};
```

其次，通过 open() 方法设置请求（request）信息，参数包括：

- 参数一，指定数据的发送方式，包括 GET 和 POST。
- 参数二，指定资源的 URL，当有 GET 方式发送的数据时，需要拼接到地址中，如“article.php?id=123”。
- 参数三，指定是否异步操作，一般都会设置为 true，即异步操作，避免页面停止响应。
- 参数四和参数五，当获取的资源需要凭证时，分别使用这两个参数设置用户和密码。一般的资源可以不使用这两个参数。

send() 方法会向服务器发起请求，如果数据发送方式设置为 POST，需要在 send() 方法的参数中设置发送的数据；数据发送方式为 GET 或没有需要发送的数据时，send() 方法的参数就设置为 null。

向服务器发送请求后，就可以通过 onreadystatechange 属性设置的函数响应服务器返回的状态和数据，如下面的代码。

```
if (xhr.readyState === 4) {
    if (xhr.status === 200 || xhr.status === 304) {
        var e = document.getElementById("msg");
        e.innerText = xhr.responseText;
        xhr = null;
    }
}
```

从服务器获取资源时，首先需要 readyState 属性返回 4，即服务器正确地进行了响应；其次，status 属性值为 200 或 304 时都有可用的资源。

如果只需要从服务器获取最新的资源，只响应 status 属性值为 200 时的状态。这里有一个小技巧，向服务器发起请求时，可以添加一个动态的参数避免使用缓存的资源。如下面的代码动态添加了一个时间戳参数。

```
var url = "article.php?id=123&ts=" + new Date().getTime();
```

以上就是通过 Ajax 从服务器获取文本的完整操作过程。接下来再看一下从服务器获取 XML 数据的示例。首先，还是在服务器中创建一个 XML 文件，内容如下（/demo/records.xml）。

```
<?xml version="1.0" encoding="utf-8" ?>
<records>
<record>
<userid>1</userid>
<username>Tom</username>
</record>
<record>
<userid>2</userid>
<username>Jerry</username>
</record>
<record>
<userid>3</userid>
<username>John</username>
</record>
</records>
```

代码的第一行声明了文件类型是 XML，字符集为 utf-8，接下来的内容才是 XML 数据内容。其中，根节点为 records，然后，每一个 record 节点都包含了两个子节点，即 userid 和 username 节点，这两个节点的子节点就是具体的数据，在 XML 中称为文本节点。

下面的代码在页面中通过 Ajax 获取 XML 数据。

```
<script>
    window.onload = function () {
        var xhr = new XMLHttpRequest();
        if (xhr === null) return;
        xhr.onreadystatechange = function () {
            if (xhr.readyState === 4) {
                if (xhr.status === 200 || xhr.status === 304) {
                    var records =
                        xhr.responseXML.getElementsByTagName("record");
                    for (var i = 0; i < records.length; i++) {
                        document.write("userid : " +
       records[i].getElementsByTagName("userid")[0].firstChild.nodeValue);
                        document.write("<br>");
                        document.write("username : " +
       records[i].getElementsByTagName("username")[0].firstChild.nodeValue);
                        document.write("<br>");
                    }
                    xhr = null;
                }
            }
        };
        //
        var url = "/demo/records.xml";
        xhr.open("GET", url, true);
        xhr.send(null);
    };
</script>
```

代码执行结果见图 17-33。

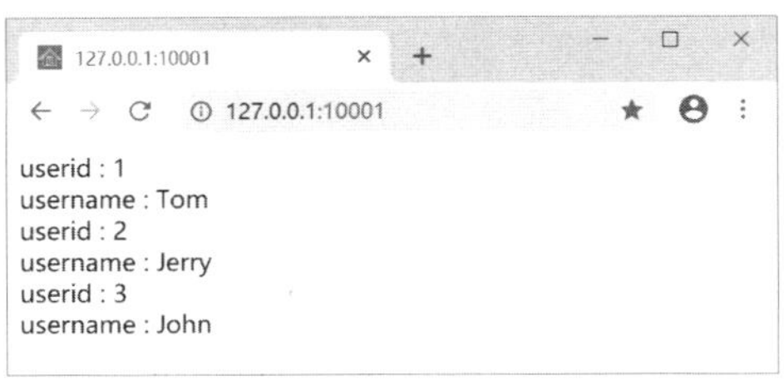

图 17-33

实际应用中，使用 Ajax 获取数据主要包括四种情况，即使用 POST 或 GET 方式传递参数，分别获取文本内容或 XML 数据。下面针对这四种情况进行代码封装。

17.12.2 操作封装

下面的代码在 /lib/js/ajax.js 文件中创建 ajaxGetText() 函数，其功能是通过 GET 方式传递参数，并获取文本内容。

```
// 使用 GET 方式传递参数，获取文本内容
```

```
function ajaxGetText(url, param, fn) {
    var xhr = new XMLHttpRequest();
    if (xhr === null) return;
    xhr.onreadystatechange = function () {
        if (xhr.readyState === 4) {
            if (xhr.status === 200 || xhr.status === 304) {
                fn(xhr.responseText);
                xhr = null;
            }
        }
    };
    xhr.open("GET", url + "?" + param, true);
    xhr.send(null);
}
```

其中，ajaxGetText() 函数有三个参数，分别是：

- url，获取资源的主 URL。
- param，获取资源所需要的参数，它们会通过问号（?）连接在 url 后面。
- fn 为一个函数类型，它应包含一个参数，用于带入服务器返回的文本内容。

使用 ajaxGetText() 函数的基本格式如下。

```
ajaxGetText(url,param,function(txt) {
   // 处理服务器返回的 txt 格式的内容
});
```

下面的代码测试了 ajaxGetText() 函数的应用。

```
<script src="/lib/js/ajax.js"></script>
<script>
    var url = "/demo/msg.txt";
    ajaxGetText(url, null, function (txt) {
        alert(txt);
    });
</script>
```

代码执行结果见图 17-34。

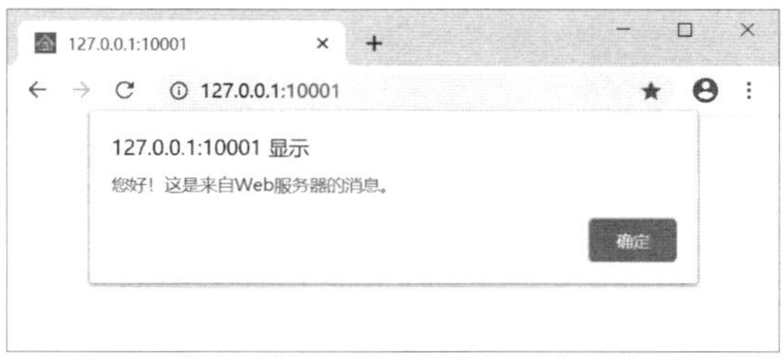

图 17-34

下面的代码（/lib/js/ajax.js）继续创建 ajaxPostText() 函数，它的功能是通过 POST 方式向服务器传递数据，并返回文本内容。

```
// 使用 POST 方式传递参数，获取文本内容
function ajaxPostText(url, param, fn) {
    var xhr = new XMLHttpRequest();
    if (xhr === null) return;
```

```
    xhr.onreadystatechange = function () {
        if (xhr.readyState === 4) {
            if (xhr.status === 200 || xhr.status === 304) {
                fn(xhr.responseText);
                xhr = null;
            }
        }
    };
    xhr.open('POST", url, true);
    xhr.setRequestHeader("Content-Type", "application/x-www-form-urlencoded;");
    xhr.send(param);
}
```

接下来分别通过 GET 和 POST 方式向服务器传递参数，并返回 XML 数据的函数，如下面的代码（/lib/js/ajax.js）。

```
// 使用 GET 方法传递参数，获取 XML 数据
function ajaxGetXml(url, param, fn) {
    var xhr = new XMLHttpRequest();
    if (xhr === null) return;
    xhr.onreadystatechange = function () {
        if (xhr.readyState === 4) {
            if (xhr.status === 200 || xhr.status === 304) {
                fn(xhr.responseXML);
                xhr = null;
            }
        }
    };
    xhr.open("GET", url + "?" + param, true);
    xhr.send(null);
}

// 使用 POST 方法传递参数，获取 XML 数据
function ajaxPostXml(url, param, fn) {
    var xhr = XMLHttpRequest();
    if (xhr === null) return;
    xhr.onreadystatechange = function () {
        if (xhr.readyState === 4) {
            if (xhr.status === 200 || xhr.status === 304) {
                fn(xhr.responseXML);
                xhr = null;
            }
        }
    };
    xhr.open("POST", url, true);
    xhr.setRequestHeader("Content-Type", "application/x-www-form-urlencoded;');
    xhr.send(param);
}
```

17.13　对话框

在 JavaScript 中，可使用三种基本的对话框，包括：

- alert() 方法，显示消息对话框，参数指定显示的文本内容。

- prompt() 方法，显示输入对话框，用于获取用户输入的数据。参数一指定提示信息，参数二指定默认值，这两个参数都是可选的。单击“确定”按钮时会返回用户输入的内容，单击“取消”按钮返回 null 值。
- confirm() 方法，显示确认对话框，选择“确定”按钮时返回 true，否则返回 false。

下面的代码演示了 alert() 方法的使用。

```
<script>
window.alert("Hello BOM");
</script>
```

页面在 Google Chrome 浏览器中显示的效果见图 17-35。代码中，直接使用 alert() 方法也可以产生相同的效果，如 alert("Hello BOM")。

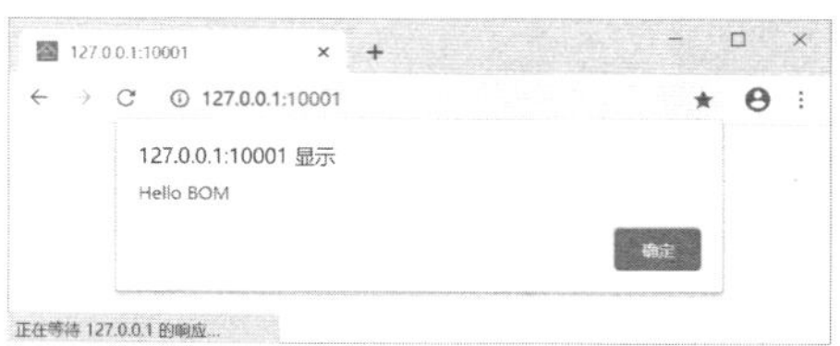

图 17-35

prompt() 方法可以获取用户输入的文本内容，如下面的代码。

```
<script>
var input = prompt(" 请输入一个数值 ", "0");
//
if(input===null){
   document.write(" 取消操作 ");
}else{
   var val=parseFloat(input);
   if(isNaN(val) || val % 2 !== 0)
        document.write(" 输入的不是偶数 ");
    else
        document.write(" 输入的是偶数 ");
}
</script>
```

打开页面，在 Google Chrome 浏览器中会显示如图 17-36 所示的对话框，输入内容后单击“确定”按钮会判断输入的内容是否为偶数。

图 17-36

confirm() 方法会让用户做出选择，如下面的代码。

```
<script>
    var result = confirm(" 确定要继续吗？ ");
```

```
    //
    if (result)
        document.write("确认操作");
    else
        document.write("取消操作")
</script>
```

打开页面，在 Google Chrome 浏览器中的显示效果如图 17-37 所示，然后，可以根据用户的选择进一步操作。

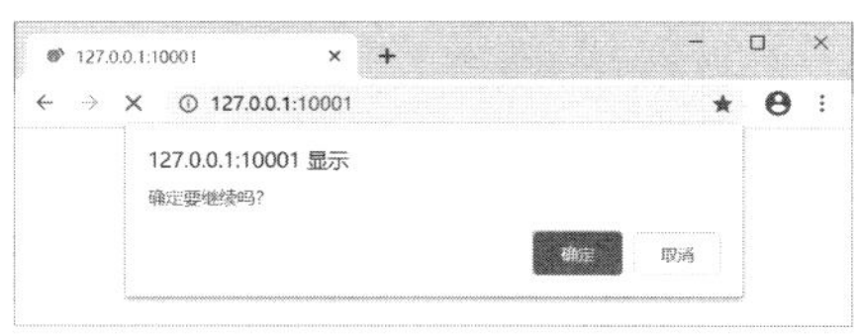

图 17-37

17.14 DOM

DOM（Document Object Model，文档对象模型）可以处理 XML、HTML、XHTML 等格式的文档模型，页面中主要使用 document 对象等资源进行操作。

17.14.1 获取元素

操作页面内容，首先需要获取相应的元素或节点对象，通过 document 对象中的一些方法和属性可以完成这些工作，如：

- getElementById() 方法，通过元素的 id 属性值获取唯一的元素对象。
- getElementsByClassName() 方法，通过元素的 class 属性值获取元素对象，返回相应的元素集合。
- getElementsByName() 方法，通过元素的 name 属性值获取元素对象，返回相应的元素集合。
- getElementsByTagName() 方法，通过元素类型获取元素对象，返回相应的元素集合，如 document.getElementsByTagName("p") 获取所有段落元素。
- 通过 doucment 中的元素集合属性，如 images 属性获取页面中所有 img 元素的集合、links 属性获取所有含有 href 属性的 a 元素集合等。

下面的代码演示了 document.getElementById() 方法的应用。

```
<!doctype html>
<html>
<head>
<meta charset="utf-8">
<title></title>
</head>
<body>
<div id="e1">元素一</div>
<div id="e2">元素二</div>
</body>
```

```
</html>
<script>
    var e = document.getElementById("e1");
    window.alert(e.innerText);
</script>
```

代码中，首先使用 document.getElementById() 方法获取 id 为 e1 的元素，其次通过元素对象的 innerText 属性获取其中的文本内容，并由消息对话框显示，代码执行结果见图 17-38。

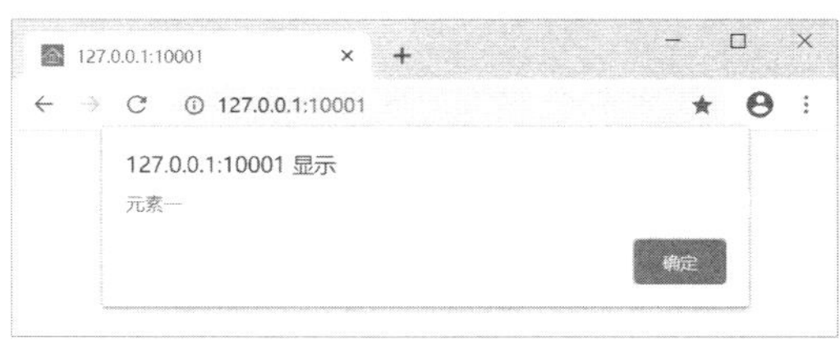

图　17-38

页面中的多个元素可能使用相同的 class 属性值，获取这些元素时可以使用 document.getElementsByClassName() 方法，它会返回一个由这些元素组成的集合，下面的代码演示了相关的操作。

```
<!doctype html>
<html>
<head>
<meta charset="utf-8">
<title></title>
</head>
<body>
<div class="ea">元素一</div>
<div class="ea">元素二</div>
<div class="ea">元素三</div>
</body>
</html>
<script>
var arr = document.getElementsByClassName("ea");
    for (var i = 0; i < arr.length; i++)
window.alert(arr[i].innerText);
</script>
```

执行代码后会显示三个消息对话框，分别显示了三个 div 元素中的文本内容。

页面中，多个元素也可能有着相同名称，如 input 元素中的 checkbox、radio 等类型。下面的代码演示了如何使用 document.getElementsByName() 方法获取同名元素集合。

```
<!doctype html>
<html>
<head>
<meta charset="utf-8">
<title></title>
</head>
<body>
<form action="" method="get">
<label>性别</label>
<input type="radio" name="sex" value="0" checked="checked" />保密
```

```
<input type="radio" name="sex" value="1" />先生
<input type="radio" name="sex" value="2" />女士
</form>
</body>
</html>
<script>
    var arr = document.getElementsByName("sex");
        for (var i = 0; i < arr.length; i++)
            window.alert(arr[i].value);
</script>
```

页面会显示三个消息对话框，分别显示三个 radio 元素的 value 属性，即 0、1、2。需要获取已选择项的值，可以参考如下代码。

```
<!doctype html>
<html>
<head>
<meta charset='utf-8">
<title></title>
</head>
<body>
<form action="" method="get">
<p>
<label>性别</label>
<input type="radio" name="sex" value="0" checked="checked" />保密
<input type="radio" name="sex" value="1" />先生
<input type="radio" name="sex" value="2" />女士
</p>
<p>
<button type="button" onclick="btnTest();">测试</button>
</p>
</form>
</body>
</html>
<script>
    function btnTest() {
        var arr = document.getElementsByName("sex");
        for (var i = 0; i < arr.length; i++) {
            if (arr[i].checked == true){
                window.alert("选中的值：" + arr[i].value);
                        return;
                }
        }
    }
</script>
```

图 17-39 显示了代码的执行结果。

图　17-39

通过 document.getElementsByTagName() 方法，可以获取指定类型的元素集合，即通过元素标签名获取一组元素，下面的代码演示了相关的操作。

```
<!doctype html>
<html>
<head>
<meta charset="utf-8">
<title></title>
</head>
<body>
<p> 段落一 </p>
<p> 段落二 </p>
<p> 段落三 </p>
</body>
</html>
<script>
    var arr = document.getElementsByTagName("p");
    for (var i = 0; i < arr.length; i++)
        window.alert(arr[i].innerText);
</script>
```

执行代码后会通过三个消息对话框分别显示三个 p 元素中的文本内容。

document 对象中定义了一些属性，用于获取特殊元素的集合（如图片、链接等），常用的属性包括：

- images，包含了页面中所有 img 元素的集合。
- links，包含了页面中含有 href 属性的 a 元素的集合。
- forms，包含了页面中所有表单（form 元素）的集合。
- applets，包含了页面中所有 applet 应用集合。
- embeds，包含了所有 embed 元素集合。

下面的代码演示了 images 属性的应用。

```
<!doctype html>
<html>
<head>
<meta charset="utf-8">
<title></title>
<style>
#slide img {
            display:none;
        }
</style>
</head>
<body>
<div id="slide">
<img id="img_earth" src="/img/earth.png" alt=" 地球 "/>
<img id="img_mars" src="/img/mars.png" alt=" 火星 " />
<img id="img_jupiter" src="/img/jupiter.png" alt=" 木星 " />
</div>
</body>
</html>
<script>
    var arrImage = document.images;
```

```
    var curSlide = -1;
    var maxIndex = arrImage.length - 1;
    // 切换下一张
    function nextSlide() {
        curSlide = curSlide + 1;
        if (curSlide > maxIndex) curSlide = 0;
        for (var i = 0; i <= maxIndex; i++) {
            if (i == curSlide)
                arrImage[i].style.display = "block";
            else
                arrImage[i].style.display = "none";
        }
        // 下一张
        setTimeout(nextSlide, 1000);
    }
    // 开始播放
    nextSlide();
</script>
```

本例实现了一个简单的幻灯播放效果，页面会循环显示地球、火星和木星图片。代码中，可以通过 setTimeout() 函数的第二个参数修改图片切换的间隔时间。

此外，如果 img 元素中定义了 name 属性，还可以在索引中使用这个名称来访问图片元素，如 document.images["img_earth"]。

17.14.2 节点对象

节点（node）和元素的概念比较容易混淆。在页面中，或者说 DOM 模型中，节点类型有多种，而元素（element）只是其中的一种，常用的节点类型如下：

- 1（ELEMENT_NODE）
- 3（TEXT_NODE）

本书常用的节点类型是 1 和 3，也就是使用标记定义的元素节点，以及单纯的文本节点。

获取一个节点对象后，可以使用下面的属性获取节点信息：

- nodeName 属性，返回元素标记名称的大写形式，如 P、INPUT 等。
- nodeValue 属性，返回元素的值，没有时返回 null 值。
- nodeType 属性，返回节点类型，如元素节点（1）和文本节点（3）。

下面的代码演示了这几个属性的应用。

```
<!doctype html>
<html>
<head>
<meta charset="utf-8" />
<title></title>
</head>
<body>
<form>
<p>
<label>用户名</label>
<input id="username" name="username" maxlength="15" size="15" />
</p>
<p>
```

```
<button onclick="btnTest();">测试</button>
</p>
</form>
</body>
</html>
<script>
    function btnTest() {
        var e = document.getElementById("username");
        document.write("节点名称: " + e.nodeName + "<br>");
        document.write("节点类型: " + e.nodeType + "<br>");
        document.write("节点的值: " + e.nodeValue + "<br>");
    }
</script>
```

页面初始效果见图 17-40。

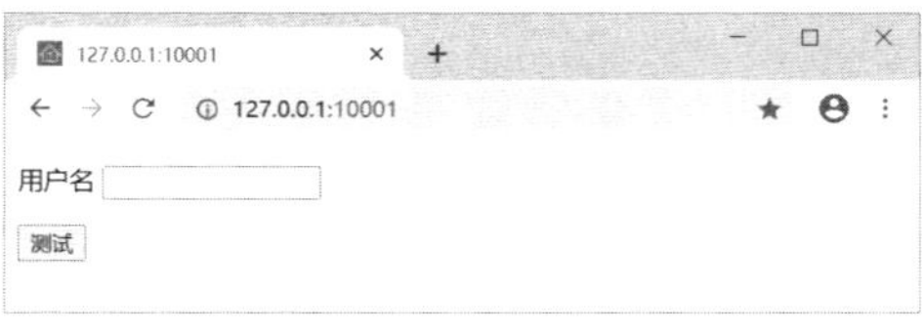

图 17-40

单击“测试”按钮后，页面显示效果见图 17-41。

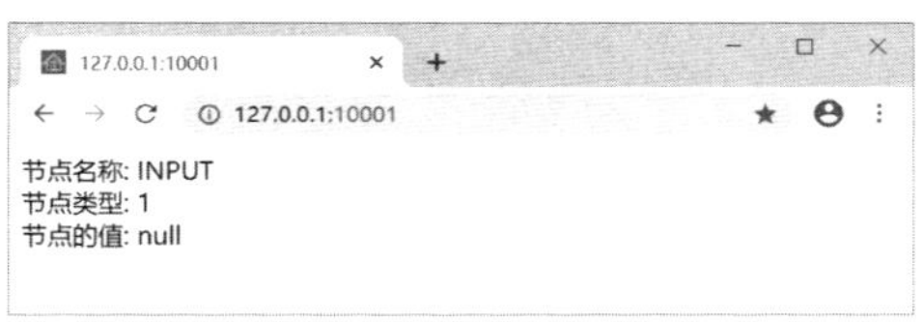

图 17-41

与元素操作不同，通过节点对象可以直接操作页面中的文本内容，如下面的代码。

```
<!doctype html>
<html>
<head>
<meta charset="utf-8" />
<title></title>
</head>
<body>
<p id="p1">段落一</p>
</body>
</html>
<script>
    var e = document.getElementById("p1");
    var t = e.childNodes[0];
    document.write("节点名称: " + t.nodeName + "<br>");
    document.write("节点类型: " + t.nodeType + "<br>");
    document.write("节点的值: " + t.nodeValue + "<br>");
</script>
```

代码执行结果见图 17-42。

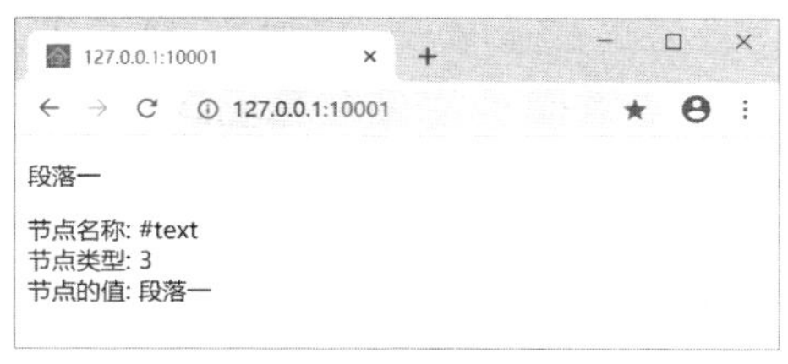

图 17-42

本例中，文本节点的 nodeName 属性会返回 #text，数字 3 表示节点类型为文本节点，而文本节点的值就是文本内容。

关于文本节点，需要特别注意的是，在处理 DOM 模型时，很多浏览器会将元素之间的空白字符（如换行符、空格等）当作文本节点来处理，这样，在页面中就可能多出很多并不期望的节点对象。下面的代码演示了这一特性。

```
<!doctype html>
<html>
<head>
<meta charset="utf-8" />
<title></title>
</head>
<body>
<div id="article1">
<h1 id="h1">标题一</h1>
<p id="p1">段落一</p>
<p id="p2">段落二</p>
<p id="p3">段落三</p>
</div>
</body>
</html>
<script>
    var eDiv = document.getElementById("article1");
    var e = eDiv.firstChild;
    alert(e.nodeName);
</script>
```

消息对话框中会显示 #text。表面上看，article1 中的第一个节点应该是 h1，而本例中却显示为文本节点，它是从哪来的呢？实际上，它是 <div id="article1"> 标记后的换行符。

处理一系列的节点对象时，应注意文本节点的问题，如果已明确处理的内容中没有多余的空白字符就没有问题，如果无法确认，需要根据实际情况选择正确的方式来处理页面中的节点。

获取一个节点对象后，还可以获取与当前节点相关的节点对象或集合，常用的成员包括：

- node.parentNode 属性，获取 node 节点的上级节点（Node 类型）。
- node.hasChildNodes() 方法，判断 node 节点中是否有子节点（Boolean 类型）。
- node.firstChild 属性，返回 node 节点中的第一个子节点（Node 类型），没有则返回 undefined 值。
- node.lastChild 属性，返回 node 节点中的最后一个子节点（Node 类型），没有则返回 undefined 值。
- node.childNodes 属性，返回 node 节点所有子节点的集合。

- node.appendChild() 方法，在 node 节点中添加子节点。
- node.insertBefore(x,y) 方法，node 节点中，在 y 节点前添加 x 节点。

操作节点时，还可以根据需要动态创建，如：

- document.createElement() 方法，根据元素名称创建元素节点。
- document.createTextNode() 方法，根据文本内容创建文本节点。

下面的代码演示了添加节点的方法，会在 div1 元素中的 p2 元素前添加一个 p 元素，并显示“段落三”。

```
<div id="div1">
<p id="p1"> 段落一 </p>
<p id="p2"> 段落二 </p>
</div>
<script>
var div1=document.getElementById("div1");
var p2=document.getElementById("p2");
var p3=document.createElement( “p” );
p3.appendChild(document.createTextNode( “段落三 "));
div1.insertBefore(p3,p2);
</script>
```

代码执行结果见图 17-43。

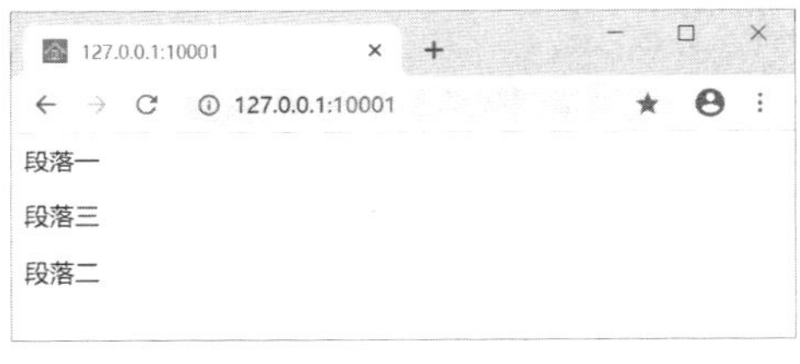

图 17-43

17.14.3 innerHTML 和 innerText 属性

虽然可以使用节点对象操作页面内容，但对于熟悉 HTML 元素的开发者来讲，有更加灵活的方法处理页面内容，如元素的 innerText 属性和 innerHTML 属性，这两个属性都定义为字符串类型，但它们对字符串内容的处理方式不同。

其中，innerText 属性将内容当作文本处理，而 innerHTML 属性则将内容解析为 HTML 代码，可以使用标签生成页面元素。下面的代码演示了这两个属性的应用。

```
<!doctype html>
<html>
<head>
<meta charset="utf-8" />
<title></title>
</head>
<body>
<p id="p1"> 段落一 </p>
<p id="p2"> 段落二 </p>
</body>
</html>
```

```
<script>
    var p1 = document.getElementById("p1");
    var p2 = document.getElementById("p2");
    var s = "<b>加粗文本</b>";
    p1.innerText += s;
    p2.innerHTML += s;
</script>
```

代码中，使用 += 运算符将字符串内容分别追加到两个 p 元素中，代码执行结果见图 17-44。

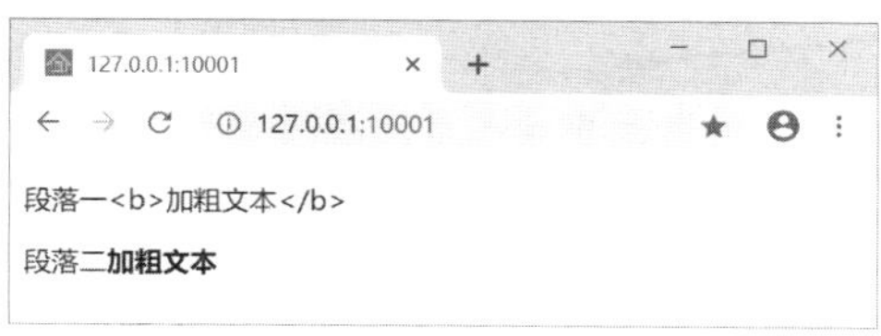

图 17-44

17.14.4 元素属性与样式

本节介绍如何通过元素对象操作元素的属性和样式。首先，HTML 元素的属性会映射为元素对象的一系列属性，执行下面的代码会通过表单元素中的 value 属性读取或设置元素中显示的数据。

```
<!doctype html>
<html>
<head>
<meta charset="utf-8" />
<title></title>
</head>
<body>
<p>
<label for="username">用户名</label>
<input id="username" name="username" maxlength="15" size="15" />
</p>
<p>
<label for="sex">性别</label>
<select id="sex" name="sex">
<option value="0" selected>保密</option>
<option value="1">男</option>
<option value="2">女</option>
</select>
</p>
<p>
<button onclick="btnTest();">测试</button>
</p>
</body>
</html>
<script>
    function btnTest() {
        var username = document.getElementById("username");
        username.value = "Tom";
```

```
    }
</script>
```

页面显示时，用户名显示为空，单击“测试”按钮，用户名文本框中会显示 Tom，代码执行结果见图 17-45。

图 17-45

需要获取用户名文本框中的数据，可以参考下面的代码。

```
<script>
    function btnTest() {
        var username = document.getElementById("username");
        alert(username.value);
    }
</script>
```

页面中的 select 和 option 元素定义了一个显示性别的下拉列表，此时，可以通过 select 对象的 value 属性来操作选项，如下面的代码可以设置选中的项目为“男”(值 1)。

```
<script>
    function btnTest() {
        var sex = document.getElementById("sex");
        sex.value = 1;
    }
</script>
```

除了使用元素对象的属性，还可以使用 setAttribute() 和 getAttribute() 方法设置和读取元素的属性值。其中，setAttribute() 方法包括两个参数，参数一为属性名，参数二为属性值，如下面的代码。

```
<script>
    function btnTest() {
        var username = document.getElementById("username");
        username.setAttribute("value", "Jerry");
    }
</script>
```

下面的代码演示了 getAttribute() 方法的使用。

```
<script>
    function btnTest() {
        var username = document.getElementById("username");
        alert(username.getAttribute("maxlength"));
    }
</script>
```

请注意，使用 getAttribute() 方法时，如果参数指定了元素中没有定义的属性，方法将返回 null 值。

如果需要通过编程改变元素的样式，可在元素的 style 属性中进一步调用样式属性名称。如下面的代码。

```
<script>
    function btnTest() {
        var username = document.getElementById("username");
        username.style.backgroundColor = "#eee";
    }
</script>
```

本例中，单击“测试”按钮后，用户名文本框的背景色会变成浅灰色。

大多数情况下，可能会直接使用属性，而不是使用 setAttribute() 和 getAttribute() 方法。不过，在一些情况下，setAttribute() 方法编写代码可能更加灵活，例如，同时设置多个 CSS 样式时，就可以直接设置元素的 style 属性，如下面的代码。

```
<script>
    function btnTest() {
        var username = document.getElementById("username");
        username.setAttribute("style",
            "font-weight:bold;background-color:#eee;color:steelblue;");
    }
</script>
```

单击“测试”按钮后，用户名文本框中的字体会加粗，颜色变为 steelblue 色，背景会变为浅灰色。

17.15 window.onload 事件

window.onload 事件会在页面元素完全载入后执行，在这里添加页面元素的操作代码会比较安全，可以避免因页面没有完全载入而产生的错误。一般情况下，会在此事件中添加页面的初始化代码。

实际开发过程中，onload 事件中可能需要添加多个初始化函数，可以参考下面封装的 addWinLoadFunc() 函数（/lib/js/common.js）。

```
function addWinLoadFunc(fn) {
    if (typeof window.onload === "function") {
        var oldFn = window.onload;
        window.onload = function () {
            oldFn();
            fn();
        };
    } else {
        window.onload = fn;
    }
}
```

代码中，addWinLoadFunc(fn) 函数用于向 window.onload 事件添加函数。其中，首先判断 window.onload 是否是函数类型，即是否已经添加了函数。如果已添加过函数，使用

oldFn 对象备份 window.onload 中的函数，然后将 window.onload 设置为新的函数，新函数中需要调用 oldFn 和参数带入的 fn 函数。如果 window.onload 不是函数类型，则直接将参数 fn 赋值给 onload 事件。

在页面中添加多个初始化函数时，可以参考下面的代码。

```
<!doctype html>
<html>
<head>
<meta charset="utf-8" />
<title></title>
</head>
<body>
</body>
</html>
<script src="/lib/js/common.js"></script>
<script>
    // 三个初始化函数
    function init1() {
        alert("init1");
    }
    function init2() {
        alert("init2");
    }
    function init3() {
        alert("init3");
    }

    // 添加到 onload 事件
    addWinLoadFunc(init1);
    addWinLoadFunc(init2);
    addWinLoadFunc(init3);
</script>
```

这里共向 window.onload 事件添加了三个函数，页面加载后会显示三个消息对话框。

17.16 audio 和 video 元素

audio 和 video 是 HTML5 标准中新增加的元素，分别用于播放音频和视频，本节介绍这两个元素的基本应用，以及如何使用 JavaScript 编程操作。

17.16.1 基础应用

audio 和 video 元素有很多相似的属性，如：

- src，指定音频或视频文件路径。
- controls，指定是否显示媒体播放的控制界面。
- autoplay，指定是否自动开始播放。
- loop，指定音频或视频是否循环播放。
- preload，指定媒体文件的加载方式，属性值包括 none、auto 和 metadata。设置为 auto 值时，会自动在后台下载全部内容；而 none 和 metadata 值会在开始播放时下载需要的内容。

- mediagroup，将多个元素设置为相同的媒体组，可以同时播放它们。如果多个音频同时播放，那可真够乱的，但也有比较实用的情况，例如，同时观看多角度拍摄的视频（如体育比赛的多角度同步回放、会议的多个分会场等）。

下面的代码演示了如何在页面中使用 audio 元素添加音频。

```
<!doctype html>
<html>
<head>
<meta charset="utf-8" />
<title></title>
</head>
<body>
<audio src="/demo/a1.mp3" controls></audio>
</body>
</html>
```

图 17-46 中分别是 audio 元素在 IE11、Firefox 和 Google Chrome 浏览器中显示的效果。

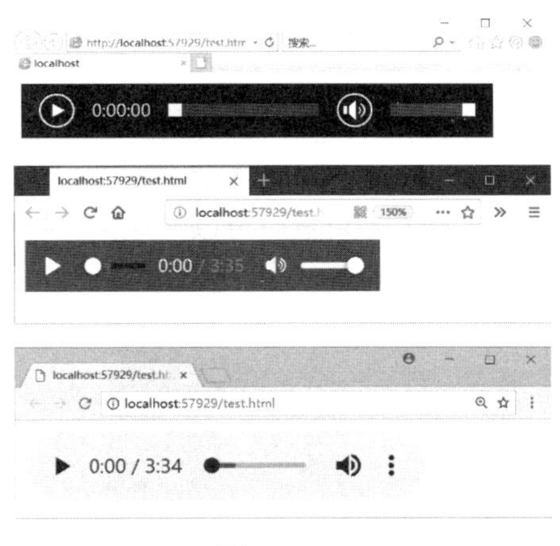

图 17-46

需要在页面中循环播放背景音乐时，可以不使用 controls 属性，并指定 autoplay 和 loop 属性，如下面的代码。

```
<audio src="/aud/a1.mp3" autoplay loop></audio>
```

应注意，很多用户可能并不喜欢网页中播放背景音乐，尤其是不能进行控制的音乐，所以，使用网页背景音乐时一定要慎重。

实际上，很多浏览器并不允许自动播放，建议使用元素的控制栏或 JavaScript 编程控制播放功能。

使用 video 元素播放视频时，还可以使用 width 和 height 属性设置元素的尺寸。poster 属性可以设置一张在视频没有开始播放时显示的图片。

用于上网的设备和浏览器类型有很多，它们对音频和视频格式的兼容性也各有不同，开发者不得不准备多种格式的文件。不过，在 audio 和 video 元素中，可以使用一个简单的机制让设备和浏览器自动选择所支持的格式进行播放。实现的方法是，在 audio 或 video 元素中不使用 src 属性，而是添加 source 元素，如下面的代码。

```
<audio controls>
<source src="/aud/a1.mp3" type="audio/mp3" />
<source src="/aud/a1.ogg" type="audio/ogg" />
<source src="/aud/a1.wma" type="audio/x-ms-wma" />
</audio>
```

多个 source 元素中，分别使用 src 属性指定不同格式的媒体文件，并使用 type 属性指定文件的 MIME 类型；不同的设备和浏览器中，可以根据 MIME 类型选择所支持的格式进行播放。

17.16.2 JavaScript 编程

HTML5 标准中的很多元素，在与 JavaScript 代码配合使用时，才可以发挥出最大的能量，如本章介绍的 audio、video 和 canvas 元素。

控制播放时，首先，需要获取 audio 或 video 元素，可以为元素定义 id 属性，并使用 document.getElementById() 方法获取这个元素。然后，可以使用一些方法和属性进行操作，常用的成员包括：

- play() 方法，开始播放。
- pause() 方法，暂停播放。
- currentTime 属性，指定媒体流的位置，开始位置为 0。
- playbackRate 属性，控制播放的方向和速度，大于 0 时为向前播放的速度，1 为正常播放，2 就是两倍播放，属性值为负数时可以实现倒放功能。

下面的代码在页面中定义了一个 audio 元素，其中的“播放”和“停止”按钮可以用来控制音乐的播放。

```
<!doctype html>
<html>
<head>
<meta charset="utf-8" />
<title></title>
</head>
<body>
<audio id="background_music" loop="loop">
<source src="/demo/a1.mp3" type="audio/mp3">
</audio>
<button type="button" onclick="audio_play();">播放</button>
<button type="button" onclick="audio_pause();">停止</button>
</body>
</html>
<script>
    //
    function audio_play() {
        var bm = document.getElementById("background_music");
        bm.play();
    }
    //
    function audio_pause() {
        var bm = document.getElementById("background_music");
        bm.pause();
    }
```

```
</script>
```

大家可以准备一首自己喜欢的音乐，并复制到 /demo/a1.mp3 进行测试。

17.17 localStorage 和 sessionStorage 对象

localStorage 和 sessionStorage 对象是 HTML5 标准的一部分，分别用于处理客户端持久数据和会话数据。

localStorage 对象用于处理持久数据，在用户清除本地数据之前，localStorage 对象中的数据会在客户端长期保存，并在创建这些数据的网站页面中使用。

sessionStorage 对象用于处理会话数据，当用户访问某个网站时，可以使用 sessionStorage 对象处理客户端的临时数据，结束网站的访问时，这些数据就会被清除。

localStorage 对象的常用方法包括：

- setItem() 方法，设置数据，参数包括数据名称和值。
- getItem() 方法，读取数据，参数为数据名称。
- removeItem() 方法，按数据名称删除数据。
- clear() 方法，清除所有数据。

下面的代码演示了如何使用 localStorage 对象写入和读取数据。

```
<!doctype html>
<html>
<head>
<meta charset="utf-8" />
<title></title>
</head>
<body>
<button onclick="readData();">读取数据</button>
</body>
</html>
<script>
    window.onload = function () {
        localStorage.setItem("username", "tom");
    }
    //
    function readData() {
        alert(localStorage.getItem("username"));
    }
</script>
```

代码执行结果见图 17-47。

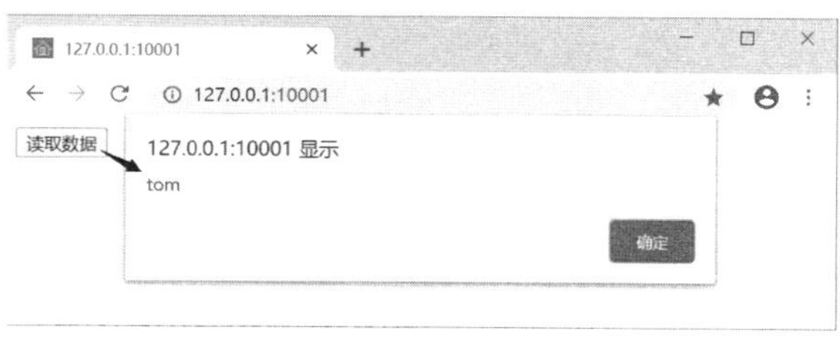

图 17-47

除了使用 setItem() 和 getItem() 方法操作数据项，还可以使用数据名索引的方式操作数据，如下面的代码。

```
<script>
    window.onload = function () {
        localStorage["username"] = "tom";
    }
    //
    function readData() {
        alert(localStorage["username"]);
    }
</script>
```

大家可以根据自己的习惯选择使用方法或索引来管理数据。

sessionStorage 对象与 localStorage 对象的处理方法相同，只是数据的生命周期不同，sessionStorage 对象只用于在会话中处理临时数据。

第 18 章　处理 HTML 表单

访问各类网站时，经常会填写一些表单，如注册、登录、调查问卷等。这些表单是由 form 元素和多种字段元素共同构建的。本章会介绍 HTML 表单及各种字段元素的定义，并讨论如何在服务器端使用 PHP 处理表单提交的数据，以及如何在客户端使用 JavaScript 代码操作表单及字段元素。

18.1　form 元素

form 元素定义了表单的主区域，有一些属性需要注意，如：

- action 属性指定表单提交数据的接收地址，可以设置一个服务器端的处理资源，如 PHP 或 ASP.NET 页面等。
- method 属性，指定数据的传递方式，包括 get 方式或 post 方式。其中，get 方式会将表单数据添加到网址的问号（?）后面，通过查询字符串（query string）形式传递，在 PHP 中使用 $_GET 数组读取。采用 post 方式传递数据时，通过独立的连接向服务器发送数据，在 PHP 中使用 $_POST 数组读取。
- enctype 属性，设置表单数据的编码类型，传递普通的表单数据时使用默认值“application/x-www-form-urlencoded”，上传文件时应使用“multipart/form-data”值。

下面的代码就是表单测试的模板。

```
<!doctype html>
<html>
<head>
<meta charset="utf-8" />
<title></title>
</style>
</head>
<body>
<form id="form1" action="/demo/form.php" method="get">

</form>
</body>
</html>
```

这里，指定表单数据传递方式为 get，接收数据的页面为 /demo/form.php，创建此文件并修改内容如下，代码功能是显示提交的数据名称和值。

```
<?php
    foreach($_GET as $k=>$v)
    {
            echo $k,"=",$v,"<br>";
    }
?>
```

18.2 input 元素

input 元素是表单中最基本，也是功能最丰富的元素，可以通过不同的 type 属性值创建多种类型的字段元素。

18.2.1 文本框和密码输入框

input 元素中，type 属性的默认值是 text，即文本框；如果不指定 type 属性值或指定了无法识别的类型，input 元素默认就呈现为文本框。当 type 属性设置为 password 时，输入的内容默认会显示为掩码。

此外，在使用文本框和密码输入框时，常用的属性还有：

- maxlength，允许输入的最大字符数。
- size，文本框显示的宽度，以字符数为单位。
- value，显示的内容。

下面的代码创建了一个文本框和一个密码输入框。

```
<form id="form1" action="/demo/form.php" method="get">
<p>
用户<input id="username" name="username" maxlength="15" size="25">
</p>
<p>
密  码<input id="userpwd" name="userpwd" type="password" maxlength="15"
size="25">
</p>
</form>
```

图 18-1 中显示的是输入了一些内容的效果。

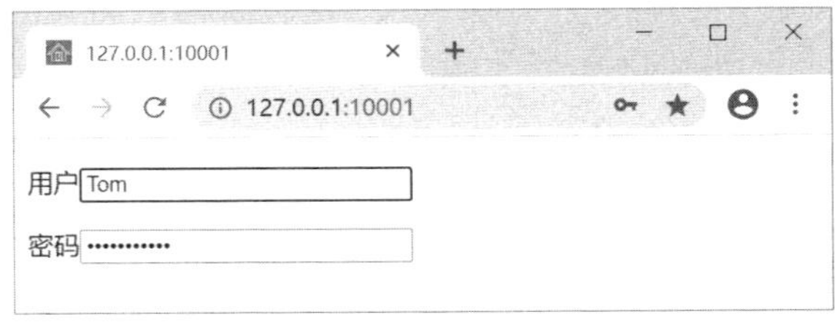

图 18-1

18.2.2 按钮

input 元素可以创建四种类型的按钮，相应的 type 属性值分别是：

- submit，提交按钮。单击后会向服务器提交当前表单中的所有数据。
- reset，重置按钮。单击后，当前表单中的所有字段元素恢复到初始状态。
- button，普通按钮。需要通过 JavaScript 编码等方式定义按钮的操作，如 onclick 事件响应按钮的单击操作。
- image，定义一个显示图片的按钮，可以使用 src 属性设置图片文件的路径。

下面的代码创建了一个简单的登录表单，其中使用了提交和重置按钮。

```
<form id="form1" action="/demo/form.php" method="get">
<p>
用户
<input type="text" id="username" name="username" size="25" maxlength="15" />
</p>
<p>
密码
<input type="password" id="userpwd" name="userpwd" size="25" maxlength="15" />
</p>
<p>
<input type="reset" value=" 清空 " />
<input type="submit" value=" 登录 " />
</p>
</form>
```

页面的初始效果见图 18-2。

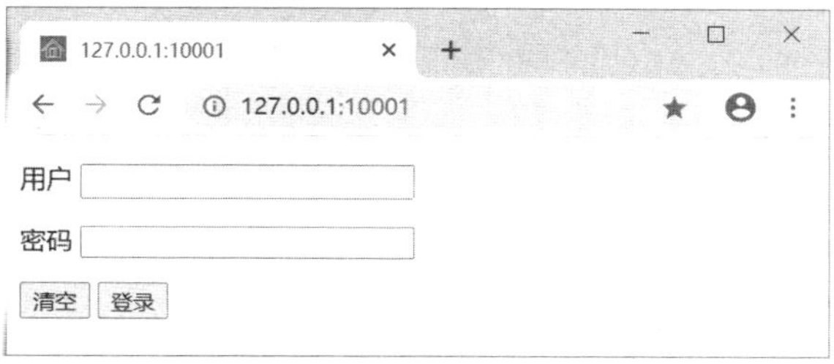

图　18-2

可以输入一些内容，然后单击“清空”按钮来观察执行结果，本例中会清空用户名和密码内容。单击“登录”按钮后，用户名和密码的数据就会提交到 /demo/form.php 页面。

请注意，表单提交的数据名称是元素的 name 属性决定的。图 18-3 显示了提交的用户登录信息。

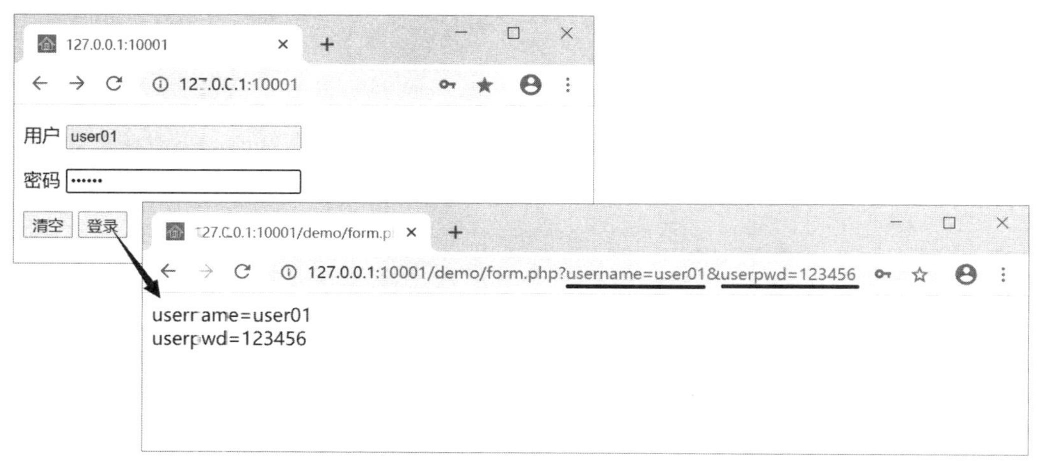

图　18-3

本例中，提交方式是 get，表单数据会以参数的形式添加到接收页面 URL 末尾的问号（?）之后，见图 18-3 中的画线位置显示的“?username=user01&userpwd=123456”，其中，多个参数使用 & 符号分隔；每个参数中，等号左侧是参数名称，等号右侧是参数的数据。

在下面的代码中，使用普通按钮和 JavaScript 代码进行数据检查和提交操作，如果用户和密码输入内容少于 6 个字符，则不提交数据。

```
<!doctype html>
<html>
<head>
<meta charset="utf-8" />
<title></title>
</head>
<body>
<form id="form1" action="/demo/form.php" method="get">
<p>
用户
<input type="text" id="username" name="username" size="25" maxlength="15" />
</p>
<p>
密码
<input type="password" id="userpwd" name="userpwd" size="25" maxlength="15" />
</p>
<p>
<input type="reset" value=" 清空 " />
<input type="button" value=" 登录 " onclick="login();" />
</p>
</form>
</body>
</html>
<script>
function login(){
    var user = document.getElementById("username");
    var pwd = document.getElementById("userpwd");
    if(user.value.length<6 || pwd.value.length<6){
            window.alert(" 用户和密码至少需要 6 个字符 ");
    }else{
            form1.submit();
    }
}
</script>
```

没有输入用户或密码，或者输入的内容少于 6 个字符时，会显示一个消息对话框，见图 18-4。

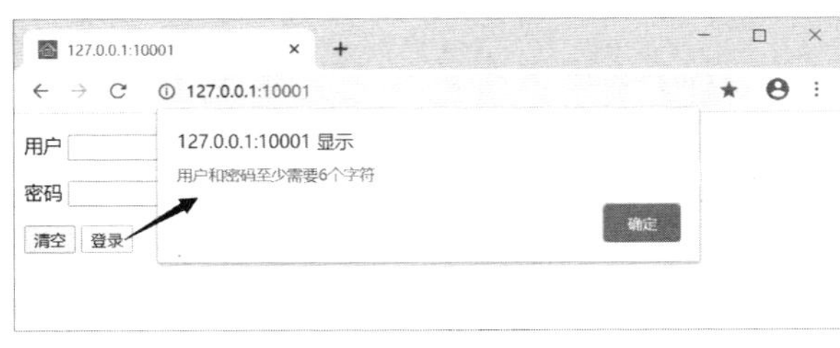

图 18-4

此外，在 JavaScript 代码中，表单元素可以使用的方法包括：

- submit() 方法，提交表单数据。
- reset() 方法，重置表单。

18.2.3 复选框

复选框（checkbox）可用于类似“是 / 否”“开 / 关”的数据类型，在 input 元素中，将 type 属性设置为 checkbox 就可以显示为复选框。设置复选框是选中状态时，可以添加 checked 属性。

下面的代码定义了三个复选框，其中，第三个复选框设置为选中状态。

```
<form id="form1" action="/demo/form.php" method="get">
<p>
<input id="music" name="music" type="checkbox">音乐
<input id="movie" name="movie" type="checkbox">电影
<input id="auto" name="auto" type="checkbox" checked>汽车
</p>
<p>
<input type="reset" value=" 重置 " />
<input type="submit" value=" 提交 " />
</p>
</form>
```

复选框数据的提交比较特殊，默认情况下，如果复选框被选中，提交的数据为 on，如果没有被选中，则不提交元素数据，见图 18-5 中所示的效果。

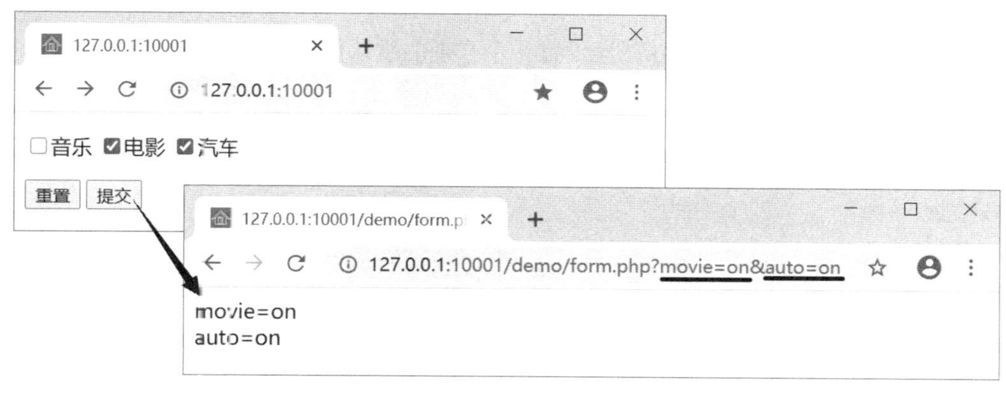

图 18-5

此外，如果 input 元素中设置了 value 属性，选中的复选框提交的数据就是 value 属性的值。开发工作中，应在项目中做好约定，以便正确处理复选框提交的数据。

18.2.4 单选按钮

input 元素中，将 type 属性设置为 radio 值会生成一个单选按钮，而单选按钮一般会是两个或更多一起使用，从而形成一个具有排他性的单选组合，如性别只能选择一个。

当多个单选按钮在一组时，需要将它们的 name 属性设置为相同的值，如下面的代码定义了一个选择性别的单选按钮组，默认选择“保密”。

```
<form id="form1" action="/demo/form.php" method="get">
<p>
<input id="sex_unknow" name="sex" type="radio" value="0" checked>保密
<input id="sex_male" name="sex" type="radio" value="1">男
```

```
<input id="sex_female" name="sex" type="radio" value="2">女
</p>
<p>
<input type="reset" value=" 重置 " />
<input type="submit" value=" 提交 " />
</p>
</form>
```

代码中，三个 input 元素的类型都设置为 radio，name 属性都设置为 sex，value 属性值分别设置为 0（保密）、1（男）、2（女）。单选按钮组提交数据时，数据名称为 name 值，提交的值是选中元素的 value 属性值。数据提交的操作效果见图 18-6。

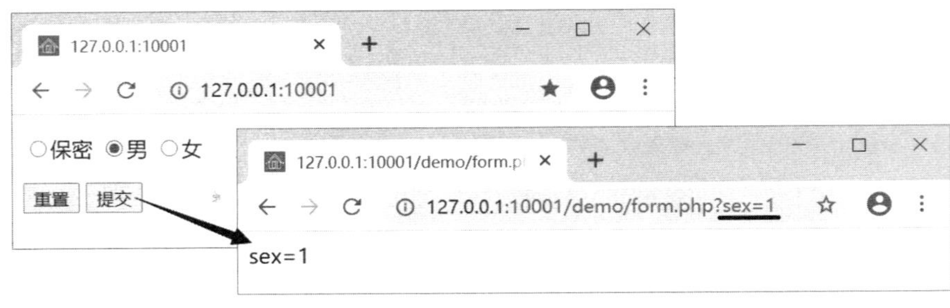

图 18-6

单选按钮组中，使用 checked 属性设置一个合理的默认值是比较常见的操作，这样可以避免提交空白数据；如果没有合适的默认值，也可以通过 JavaScript 代码进行判断，如下面的代码。

```
<!doctype html>
<html>
<head>
<meta charset="utf-8" />
<title></title>
</head>
<body>
<form id="form1" action="/demo/form.php" method="get">
<p>
<input id="sex_unknow" name="sex" type="radio" value="0">保密
<input id="sex_male" name="sex" type="radio" value="1">男
<input id="sex_female" name="sex" type="radio" value="2">女
</p>
<p>
<input type="reset" value=" 重置 " />
<input type="button" value=" 提交 " onclick="btnSubmit();" />
</p>
</form>
</body>
</html>
<script>
function btnSubmit(){
   var sex = document.getElementsByName("sex");
   for(i=0;i<sex.length;i++){
          if(sex[i].checked===true) {
                 form1.submit();
```

```
            }
        }
        window.alert("请选择性别");
    }
</script>
```

如果没有选择一个选项，表单不会提交数据，见图 18-7。

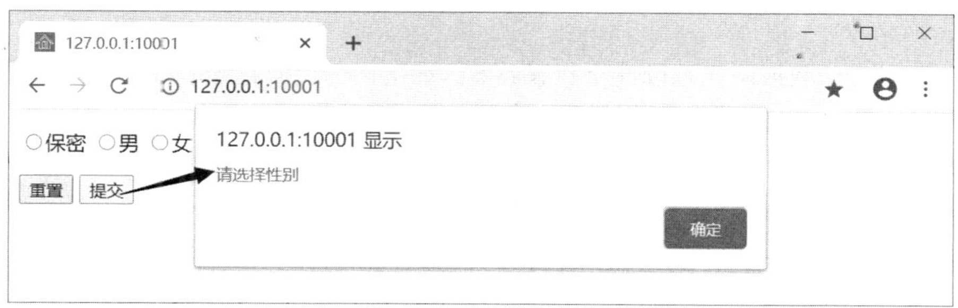

图　18-7

18.2.5　隐藏元素

有时候，页面中的一些信息并不需要在浏览器中呈现，此时，可以将它们保存到 input 元素的 value 属性中，同时将 type 属性设置为 hidden。

下面的代码使用 JavaScript 代码读取隐藏元素中的 value 属性。

```
<!doctype html>
<html>
<head>
<meta charset="utf-8" />
<title></title>
</head>
<body>
<form id="form1" action="/demo/form.php" method="get">
<p>
<input id="data1" name="data1" type="hidden" value="隐藏数据">
</p>
<p>
<input type="button" value="提交" onclick="btnSubmit();" />
</p>
</form>
</body>
</html>
<script>
function btnSubmit(){
    var data1 = document.getElementById("data1");
    window.alert(data1.value);
}
</script>
```

单击“提交”按钮后的效果见图 18-8。

图 18-8

隐藏元素中的数据同样可以提交到服务器。如下面的代码在 btnSubmit() 函数中添加一行提交表单数据的代码。

```
<script>
function btnSubmit(){
    var data1 = document.getElementById("data1");
    window.alert(data1.value);
    //
    form1.submit();
}
</script>
```

提交数据后的效果见图 18-9。

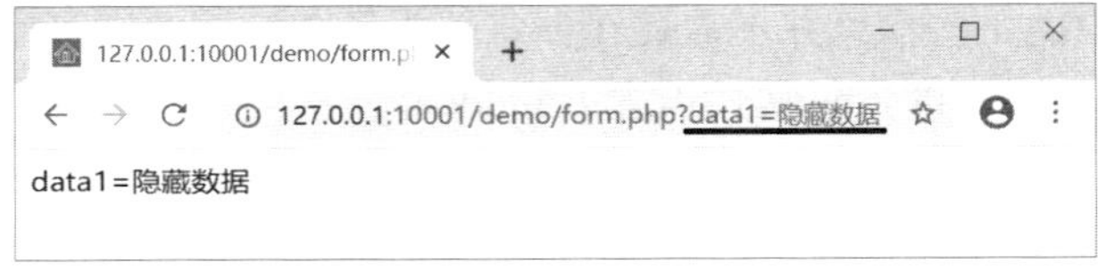

图 18-9

18.2.6 HTML5 标准新特性

HTML5 标准中，input 元素又添加了一些新的特性。

首先了解 placeholder 属性，它可以指定字段的提示信息，例如字段应该填什么、以什么样的格式填写。下面的代码展示了 placeholder 属性的使用。

```
<form id="form1" action="/demo/form.php" method="get">
<input type="text" placeholder="请输入登录名" />
</form>
```

页面打开时，文本框背景会显示 placeholder 属性指定的内容。输入内容后，placeholder 属性指定的内容就会消失，操作效果见图 18-10。

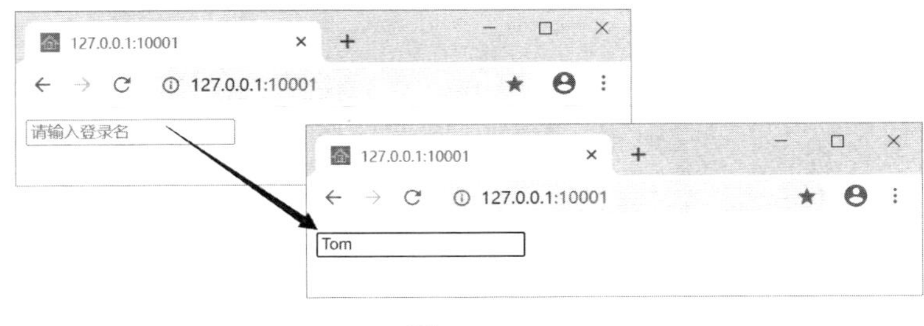

图 18-10

除了 placeholder 属性，在 HTML5 标准中，还增加了一些新的 type 属性值，用于定义更多的元素类型，如：

- email，定义输入电子邮箱地址的元素。
- url，定义输入 URL 地址的元素。
- search，定义输入搜索内容的元素。
- tel，定义输入电话号码的元素。
- number，定义一个只能输入数字的元素。其中，可以使用 min 属性设置最小值，使用 max 属性设置最大值，使用 step 属性设置单击上下箭头一次增加或减少的数值。
- range，定义滑块元素，使用 min 和 max 属性设置最小值和最大值，使用 value 属性获取当前值。
- date、time、datetime、datetime-local，定义日期和时间的选择或输入元素。

此外，required 属性要求元素必须填写数据。

下面的代码演示了 email 元素、placeholder 和 required 属性的配合使用。

```
<!doctype html>
<html>
<head>
<meta charset="utf-8" />
<title></title>
</head>
<body>
<form id="form1" action="/demo/form.php" method="get">
<p>
E-mail<input type="email" placeholder="xxx@xxx.xxx" required />
</p>
<p>
<input type="submit" value=" 提交 ">
</p>
</form>
</body>
</html>
```

在 Google Chrome 浏览器中提交表单数据时，如果没有输入内容，会显示图 18-11(a) 中的提示，如果输入的内容不是 E-mail 地址，会显示图 18-11(b) 中的提示。

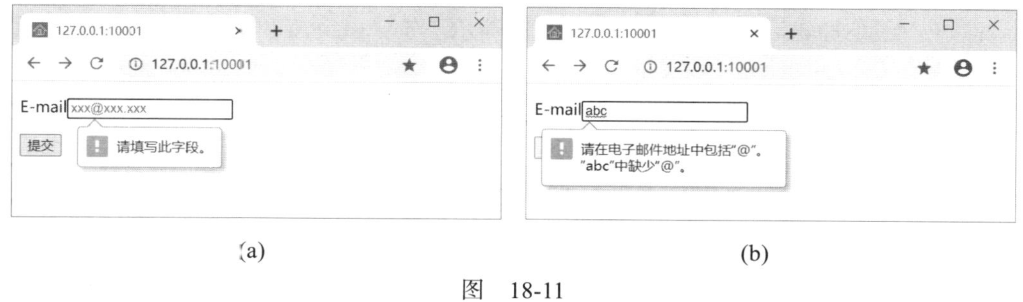

(a)　　　　(b)

图　18-11

如果需要临时关闭表单验证，可以在 <form> 标记中添加 novalidate 属性，此时，表单中的所有数据不会进行客户端验证。

下面的代码演示了 range 元素的应用，改变滑块位置后，会在 cur_value 文本框中显示滑块的当前值。

```
<!doctype html>
<html>
<head>
<meta charset="utf-8" />
<title></title>
</head>
<body>
<form action="/demo/form.php" method="get">
<input id="cur_value" type="text" />
<input type="range" min="0" max="100" value="15"
           onchange="document.getElementById('cur_value').value = this.value;"
/>
</form>
</body>
</html>
```

图 18-12 中分别是 IE11、Firefox 和 Google Chrome 浏览器中显示的初始界面，可以通过移动滑块来观察执行效果。

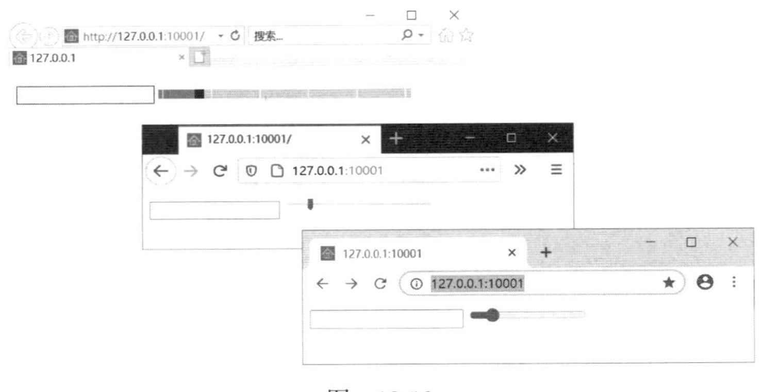

图 18-12

datalist 元素是 HTML5 标准中的新元素，主要配合 input 元素使用，其功能是给出元素内容的输入建议。

datalist 元素会创建一个内容列表，其中的项目使用 option 元素定义；在 input 元素中使用 list 属性指定关联 datalist 元素的 id。下面的代码演示了 datalist 元素和 input 元素的配合使用。

```
<!doctype html>
<html>
<head>
<meta charset="utf-8" />
<title></title>
</head>
<body>
<form id="form1" action="/demo/form.php" method="get">
<input type="text" list="car_type" />
<datalist id="car_type">
<option> 轿车 </option>
<option>SUV</option>
<option> 轿跑 </option>
```

```
<option>越野</option>
<option>旅行车</option>
</datalist>
</form>
</body>
</html>
```

图 18-13 中显示了文本框输入“轿”字后的效果，可以看到，文本框可以根据输入的内容自动匹配 datalist 中的项目，方便用户选择。

图　18-13

实际应用中，可以配合 JavaScript 和 Ajax 技术，自动从服务器读取匹配的数据，这样就可以为用户提供最新、最适合的内容建议。

此外，input 元素中还可以使用日期和时间类型，可用的 type 属性值包括 date、time、datetime 或 datetime-local，分别用于日期、时间、日期时间的选择，如下面的代码。

```
<!doctype html>
<html>
<head>
<meta charset="utf-8" />
<title></title>
</head>
<body>
<input type="cate" />
</body>
</html>
```

图 18-14 分别显示了 Google Chrome 浏览器和 Firefox 浏览器中选择日期的操作效果。

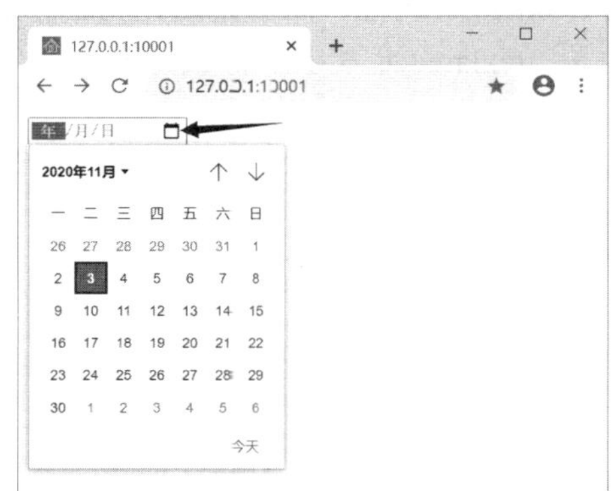

(a) Google Chrome 浏览器　　(b) Firefox 浏览器

图　18-14

目前，Google Chrome、Firefox、Edge 等浏览器都已支持 date 和 time 元素。IE 浏览器不支持日期和时间类型，Firefox 浏览器不支持 datetime 和 datetime-local 类型，而 Google Chrome 浏览器不支持 datetime 类型。

18.3 textarea 元素

textarea 元素用于显示和输入多行文本，常用属性包括：

- cols 属性，定义元素的宽度，单位为字符数。
- rows 属性，定义元素的高度，单位为字符数。

下面的代码演示了 textarea 元素的基本定义，其中使用了 HTML5 标准中的 required 属性。

```
<form id="form1" action="/demo/form.php" method="get">
<p>
<textarea id="txt1" name="txt1" cols="30" rows="6" required></textarea>
</p>
<p>
<input type="submit" value=" 提交 ">
<p>
</form>
```

代码执行结果见图 18-15。

图 18-15

早期 HTML 标准中，textarea 元素并不支持 maxlength 属性，而 HTML5 标准中可以使用 maxlength 属性指定最大字符数。需要注意的是，textarea 元素中字符数量的计算会包含回车符等不可见字符。

18.4 select 和 option 元素

HTML 表单中，可以使用 select 和 option 元素创建列表和下拉列表。首先关注 select 元素的几个常用属性，如：

- multiple 属性，添加此属性，列表将允许多选。
- size 属性，指定列表显示的行数，如果列表项大于此数值，会显示垂直滚动条。如果 size 属性设置为 1，则显示为下拉列表。

option 元素中的常用属性包括：

- value 属性，指定列表项的数据值。
- selected 属性，添加此属性时，列表项设置为选中状态。

下面的代码演示了列表的定义。

```
<form id="form1" action="/demo/form.php" method="get">
<p>
<select id="car_type" name="car_type" size="5">
<option value="1"> 轿车 </option>
<option value="2"> 跑车 </option>
<option value="3">SUV</option>
</select>
</p>
<p>
<input type="submit" value=" 提交 " />
</p>
</form>
```

代码执行结果见图 18-16。

图　18-16

下面的代码演示了下拉列表的定义。

```
<!doctype html>
<html>
<head>
<meta charset="utf-8" />
<title></title>
</head>
<body>
<form id="form1" action="/demo/form.php" method="get">
<p>
<select id="car_type" name="car_type" size="1">
<option value="1"> 轿车 </option>
<option value="2"> 跑车 </option>
<option value="3">SUV</option>
</select>
</p>
<p>
<input type="submit" value=" 提交 " />
</p>
</form>
</body>
</html>
```

代码执行结果见图 18-17。

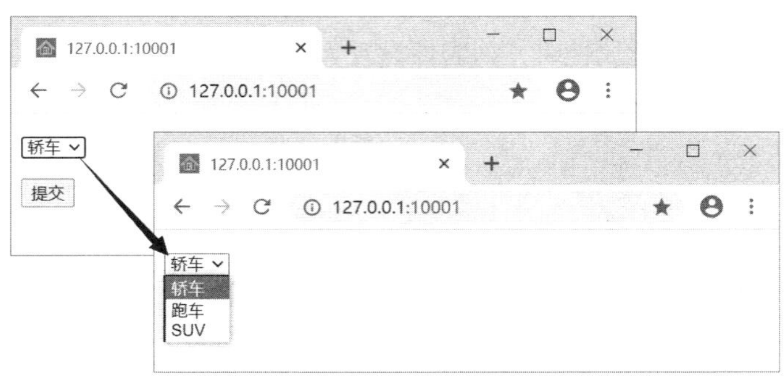

图 18-17

无论是普通的列表还是下拉列表，会使用相同的方式向服务器提交数据，选择一个列表项并提交后，上传的数据就是所选列表项（option 元素）的 value 属性值，见图 18-18。

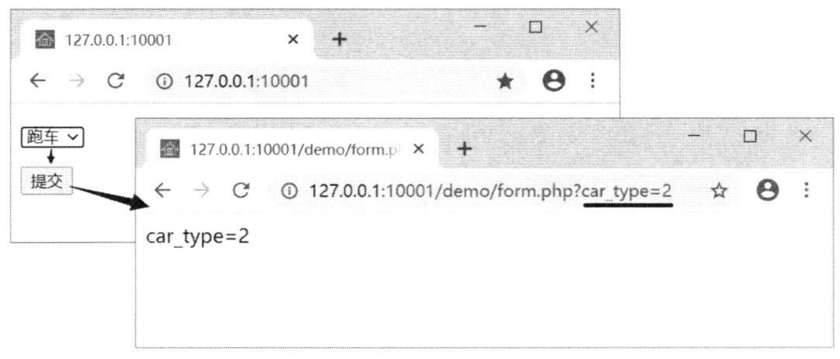

图 18-18

实际应用中，如果 <select> 标记使用了 multiple 属性，可以配合使用 Ctrl 或 Shift 功能键选择多个列表项。需要注意的是，多选列表提交的是选中列表项的 value 属性值，但列表的名称是同一个，这样就会提交多个重名的参数，而 PHP 中的 $_GET 数组只能读取其中的一个。

处理列表的多选项时，一种解决方案是，可以将 select 元素的 name 属性设置为一个数组形式，如下面的代码。

```
<!doctype html>
<html>
<head>
<meta charset="utf-8" />
<title></title>
</head>
<body>
<form id="form1" action="/demo/form1.php" method="get">
<p>
<select id="car_type" name="car_type[]" size="5" multiple>
<option value="1">轿车</option>
<option value="2">跑车</option>
<option value="3">SUV</option>
</select>
</p>
```

```
<p>
<input type="submit" value=" 提交 " />
</p>
</form>
</body>
</html>
```

本例数据使用 /demo/form1.php 页面接收，代码如下。

```
<?php
print_r($_GET);
?>
```

这里会显示 $_GET 数组中保存的上传数据，操作效果见图 18-19。可以看到，上传的列表多选数据中，数据名（键）是 select 元素 name 属性中的基础名称，选中的值会以数组形式组织。

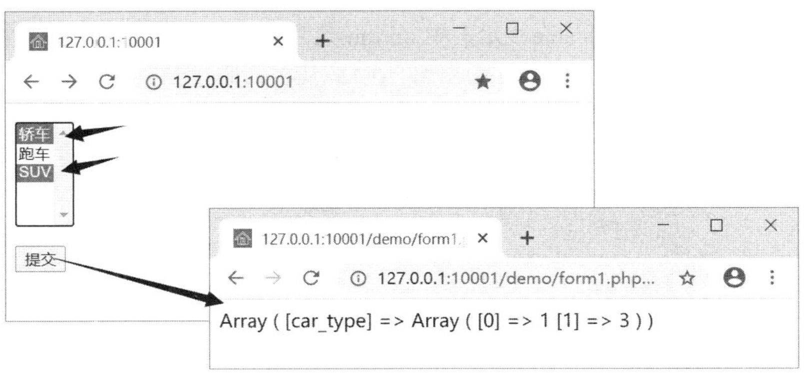

图　18-19

另一种解决方案是通过 Ajax 对选中的内容进行组合后提交，如下面的代码。

```
<!doctype html>
<html>
<head>
<meta charset="utf-8" />
<title></title>
</head>
<body>
<form id="form1" action="/demo/form.php" method="get">
<p>
<select id="car_type" name="car_type" size="5" multiple>
<option value="1"> 轿车 </option>
<option value="2"> 跑车 </option>
<option value="3">SUV</option>
</select>
</p>
<p>
<input type="button" value=" 提交 " onclick="btnSubmit();" />
</p>
</form>
</body>
</html>
```

```
<script src="/lib/js/ajax.js"></script>
<script>
function btnSubmit(){
   var lst = document.getElementById("car_type");
   var opt = lst.getElementsByTagName("option");
   var selected = Array();
   for(i=0;i<opt.length;i++){
          if(opt[i].selected===true)
                 selected[selected.length]=opt[i].value;
   }
   var url="/demo/form1.php";
   var param="cartype="+selected.toString();
   ajaxGetText(url,param,function(txt){
          window.alert(txt);
   });
}
</script>
```

本例中，首先，通过判断 select 元素中 option 元素是否选中（selected 属性）获取选中的列表项，并将选中项的值保存到 selected 数组中；其次，通过参数 “ cartype=< 选中项 >” 提交到 /demo/form1.php 页面中，操作效果见图 18-20。

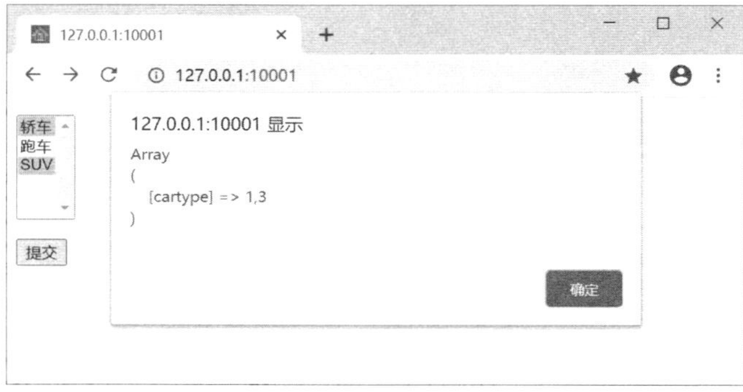

图　18-20

下面介绍如何使用 optgroup 元素定义选项组，如下面的代码。

```
<form id="form1" action="/demo/form1.php" method="get">
<p>
<select name="car_type" size="10" multiple>
<optgroup label=" 汽车 ">
<option value="1001"> 轿车 </option>
<option value="1002"> 跑车 </option>
<option value="1003">SUV</option>
</optgroup>
<optgroup label=" 食物 ">
<option value="2001"> 面包 </option>
<option value="2002"> 饼干 </option>
</optgroup>
</select>
</p>
<p>
<input type="submit" value=" 提交 " />
</p>
```

```
</form>
```

代码执行结果见图 18-21。

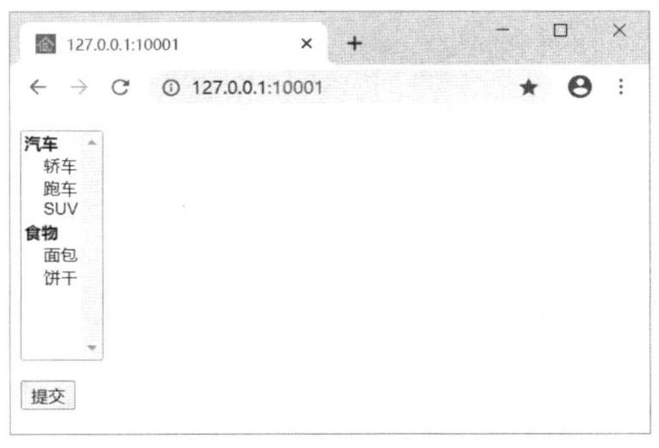

图　18-21

本例在 <optgroup> 标记中使用 label 属性设置组名，然后，每个 optgroup 元素中包含了相应的 option 元素。

18.5　button 元素

与 input 元素创建的按钮相比，button 元素可以创建视觉效果更加丰富的按钮。例如，创建一个图片和文本混合的按钮，如图 18-22 所示。

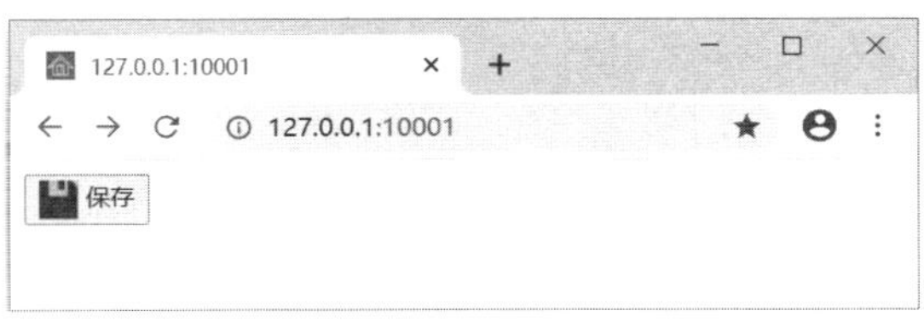

图　18-22

使用 button 元素时，同样可以使用 type 属性定义按钮类型，如：

- button，普通按钮，需要自定义单击操作，如使用 onclick 事件和 JavaScript 代码。
- submit，提交按钮，提交当前表单中的所有数据。
- reset，重置按钮，恢复表单中字段元素的初始状态。

下面的代码创建了一个使用图片和文本的“保存”按钮效果。

```
<button type="button">
<img src="/img/save-b.png" alt="save" align="top" />
保存
</button>
```

代码执行结果见图 18-22。

使用 button 元素时，默认类型是 submit，即提交表单数据。如果需要自定义按钮执行的操作，可以将 type 属性设置为 button 值，并通过 onclick 事件编写执行代码，如下面的代码。

```
<!doctype html>
<html>
```

```
<head>
<meta charset="utf-8" />
<title></title>
</head>
<body>
<form id="form1" action="/demo/form.php" method="get">
<p>用户
<input id="username" name="username" type="text" maxlength="15" size="25">
</p>
<p>
<button type="button"onclick="save_click();">
<img src="/img/save-b.png" alt="save" align="top" />
保存
</button>
</p>
</form>
</body>
</html>
<script>
    function save_click() {
        // 提交表单
        form1.submit();
    }
</script>
```

代码执行结果见图 18-23。

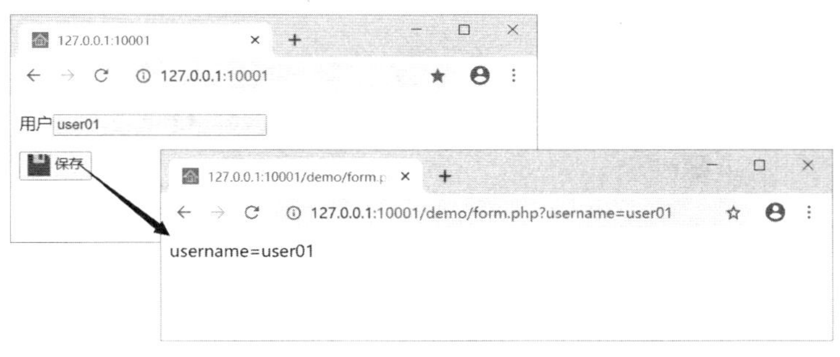

图 18-23

18.6 label 元素

使用 label 元素，可以将文本内容和对应的字段元素关联，其方式是在 <label> 标记中使用 for 属性，属性值设置为关联元素的 id 值。

下面的代码在登录表单中使用了 label 元素。

```
<!doctype html>
<html>
<head>
<meta charset="utf-8" />
<title></title>
<style>
    #form1 label {
```

```
        display: block;
        width:3em;
        float: left;
    }
</style>
</head>
<body>
<form id="form1" action="/demo/form1.php" method="get">
<p>
<label for="username">用户</label>
<input type="text" id="username" name="username" maxlength="15" />
</p>
<p>
<label for="userpwd">密码</label>
<input type="password" id="userpwd" name="userpwd" maxlength="15" />
</p>
<p>
<input type="reset" value="清空" />
<input type="submit" value="登录" />
</p>
</form>
</body>
</html>
```

代码执行结果见图 18-24。

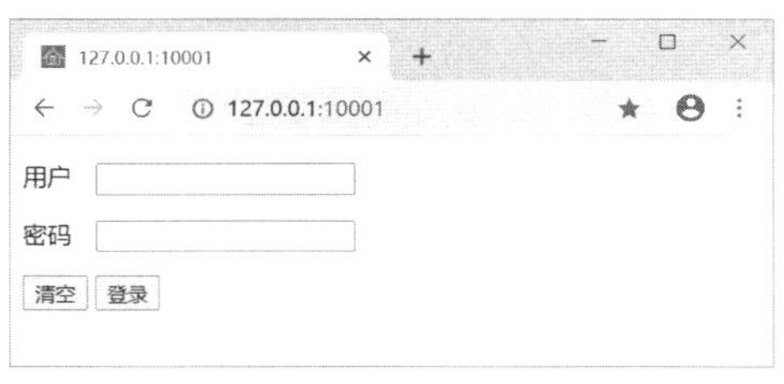

图 18-24

看不出有什么不同？单击“用户”或“密码”标签，相应的 input 元素就会获取编辑焦点。

18.7 fieldset 和 legend 元素

数据项比较多的表单中，可以将相关的元素进行分组，突出视觉效果，方便用户填写数据。

HTML 表单中，可以使用 fieldset 元素定义一个字段组，周围会显示一个矩形边框。legend 元素包含在 fieldset 元素中，用于定义 fieldset 元素边框左上角显示的内容。

下面的代码分别定义了一个有标题和没有标题的字段分组，读者可以看到其中的区别。

```
<form id="form1" action="form1.aspx" method="get">
<p>
<fieldset>
<legend>性别</legend>
<input type="radio" name="sex" value="0" />保密
<input type="radio" name="sex" value="1" />男
<input type="radio" name="sex" value="2" />女
```

```
</fieldset>
</p>
<p>
<fieldset>
<input type="radio" name="sex" value="0" />保密
<input type="radio" name="sex" value="1" />男
<input type="radio" name="sex" value="2" />女
</fieldset>
</p>
</form>
```

代码执行结果见图 18-25。

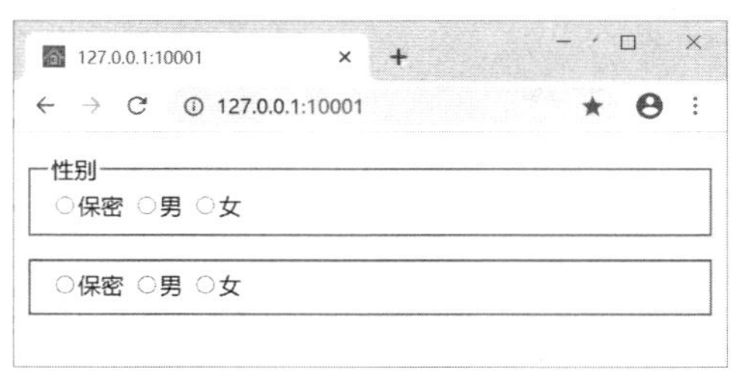

图　18-25

18.8　单页面处理表单

前面关于表单的示例，在 HTML 页面中创建表单，然后将数据提交到 PHP 页面进行处理。实际开发中，一个表单需要两个文件处理，可能会不太方便。此时，可以通过一定的机制，只使用一个 PHP 文件来处理表单。

基本原理是，在 PHP 页面中，首先判断是否有提交的数据，如果 $_GET 数组（或 $_POST 数组，由表单提交方式决定）中包含了表单数据，表示已提交了数据，可以对数据进行检查和进一步操作；如果没有提交表单数据，则显示空白的表单。操作流程见图 18-26。

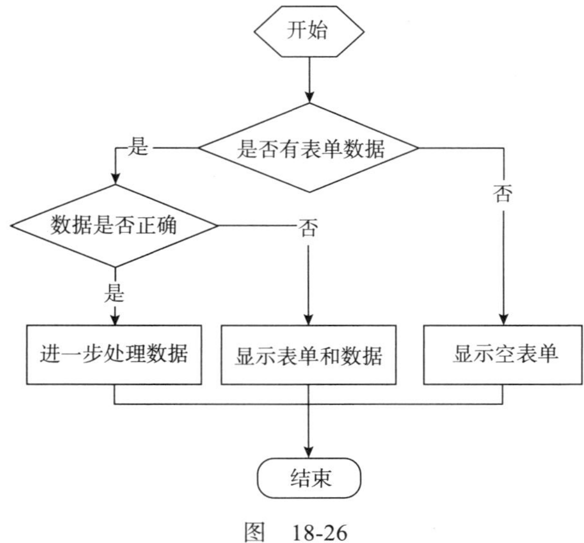

图　18-26

下面的代码演示了一个登录表单的操作。

```
<!doctype html>
<html>
<head>
<title> 登录 </title>
<meta charset="utf-8">
</head>
<body>
<?php
if(isset($_POST["username"]) &&
   isset($_POST["userpwd"])){
   // 存在用户和密码数据，显示它们
   foreach($_POST as $k=>$v){
          echo $k,"=",$v,"<br>";
   }
}else{
   // 不存在用户和密码数据，显示登录表单
?>
<form id="form1" action="" method="post">
<p><label for="username"> 用户 </label>
<input id="username" name="username" type="text"
   maxlength="15" size="25" required>
</p>
<p><label for="userpwd"> 密码 </label>
<input id="userpwd" name="userpwd" type="password"
   maxlength="15" size="25" required>
</p>
<p><input type="submit" value=" 登录 "></p>
</form>
<?php
}
?>
</body>
</html>
```

代码执行结果见图 18-27。

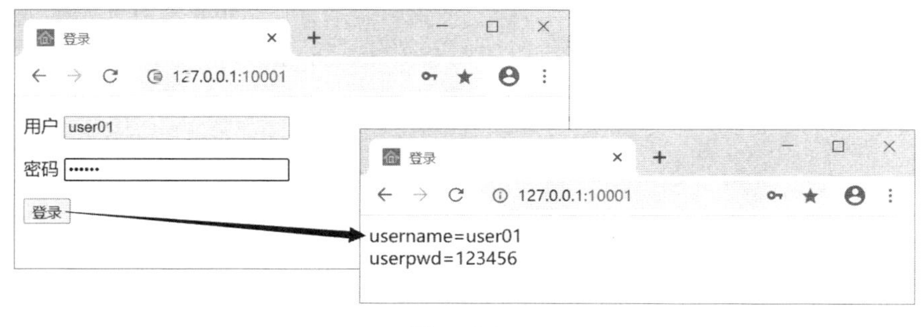

图 18-27

本例需要注意几点。第一，PHP 代码和 HTML 代码混合在一起，其中定义了多个 <?php ?> 代码段，在阅读和维护时需要区分代码类型。第二，form 元素的 action 元素设置为空字符串，此时，表单数据会提交到当前页面。第三，form 元素的 method 属性定义为 post（即表单数据使用 post 方式提交），PHP 中需要使用 $_POST 数组读取提交的表单数据。

第 19 章　正则表达式

简单来说，正则表达式（regular expression）是通过一定的模式（pattern）来匹配（match）文本内容，并进行操作，如查询、替换、截取等。正则表达式在很多编程环境下都有应用，如本书中的 PHP 和 JavaScript 就可以分别在服务器端和客户端处理正则表达式，本章将分别讨论两个环境下的正则表达式应用。

首先从 PHP 环境开始，为方便测试，先来了解一下 preg_match() 函数。

19.1　preg_match() 函数

本节介绍正则表达式的基本工作方式，并使用 PCRE（详见 19.3 节）模块中的 preg_match() 函数进行演示。preg_match() 函数定义如下：

```
preg_match(string $pattern, string $subject[, array &$matches[, int $flags =
0[, int $offset = 0]]]) : int
```

其中，

- $pattern，模式字符串，稍后详细介绍模式的定义。
- $subject，需要匹配操作的字符串。
- $matches，带入一个引用参数（数组类型），并带出匹配结果。默认情况下，数组成员 $matches[0] 返回匹配的内容。
- $flags，如果设置为 PREG_OFFSET_CAPTURE 值，会改变填充到 $matches 数组的数据，此时，$matches[0][0] 是匹配的字符串，$matches[0][1] 是匹配字符串在 $subject 中的偏移量。
- $offset，指定搜索的索引偏移位置，请注意，这里使用的单位是字节。

preg_match() 函数会在第一次匹配后停止搜索，并返回 1，如果没有匹配的内容会返回 0。需要获取文本中所有匹配部分时，可以使用 preg_match_all() 函数，稍后讨论。

下面的代码演示了 preg_match() 函数的简单应用。

```
<?php
$p="/a/";
echo preg_match($p,"abc"),"<br>";
echo preg_match($p,"Abc"),"<br>";
echo preg_match($p,"bcd");
?>
```

执行代码会判断 preg_match() 函数的第二参数的内容中是否包含小写字母 a，代码执行结果见图 19-1。

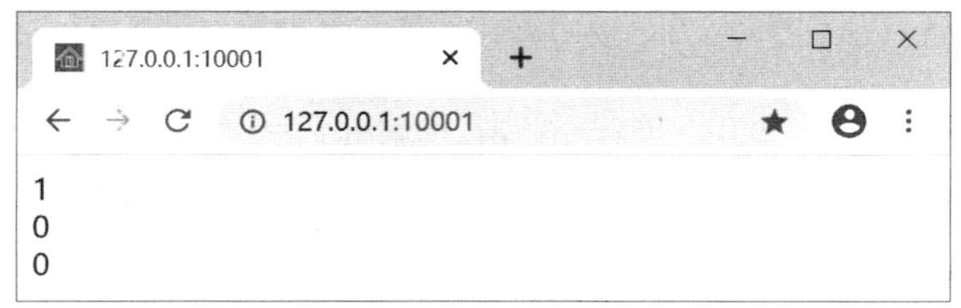

图　19-1

本例中，首先，使用 $p 变量定义一个字符串，其中包含了一个“模式”，定义了小写字母 a。然后，通过 preg_match() 函数，在指定的文本中根据模式搜索。这里，只有第一个调用中包含小写字母 a，匹配结果显示 1；第二个调用包含了大写字母 A，而不是小写 a，匹配结果显示 0；第三个调用不包含字母 a，匹配结果显示 0。

下面的代码演示了 $flag 参数的应用。

```
<?php
$p="/b+/";
$s="abbbc";
echo preg_match($p,$s,$m1);
echo "<br>";
print_r($m1);
echo "<br>";
echo preg_match($p,$s,$m1,PREG_OFFSET_CAPTURE);
echo "<br>";
print_r($m1);
?>
```

代码执行结果见图 19-2。

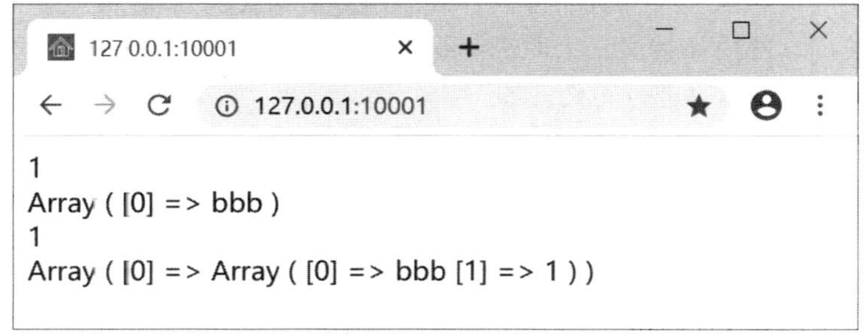

图　19-2

19.2　模式定义

定义模式时可以使用成对的 / 或 # 等符号，不区分字母大小写时，可以在模式后使用小写字母 i。如下面的代码用于匹配包含字母 A 或 a 的字符串。

```
<?php
$p="/a/i";
echo preg_match($p,"abc"),"<br>";
echo preg_match($p,"Abc"),"<br>";
```

```
echo preg_match($p,"bcd");
?>
```

页面会显示 1、1、0，其中，也会匹配第二个调用中的大写字母 A。

需要在模式中匹配 / 符号时，一种方法是使用“\/”进行转义，另一种方法是使用其他的模式定义符号，例如，使用一对 # 符号定义模式，下面的代码演示了相关应用。

```
<?php
$p="#/a#";
echo preg_match($p,"/abc"),"<br>";
echo preg_match($p,"abc"),"<br>";
echo preg_match($p,"b/ac");
?>
```

页面会显示 1、0、1。

19.2.1 匹配内容

创建匹配模式时，会使用一些特殊的字符，如果匹配的内容中包含这些字符，需要使用 \ 字符进行转义。这些字符包括：

. \ + * ? [ ] ^ $ ( ) { } = ! < > | : -

匹配任意字符时，使用圆点（.），如“/.+/”表示至少有一个字符，即文本不为空。

对于一些特殊的不可见字符同样需要转义，如：

- 响铃，使用 \a 转义，十六进制编码 07。
- 换页，使用 \f 转义，十六进制编码 0C。
- 换行，使用 \n 转义，十六进制编码 0A。
- 回车，使用 \r 转义，十六进制编码 0D。
- 水平制表符，使用 \t 转义，十六进制编码 09。

还可以使用相应的编码进行转义，如：

- \xHH 或 \xHHHH，以小写字母 x 开始的十六进制编码。
- \0DDD，以数字 0 开始的八进制编码。

指定某些类型的内容时，可以使用如下转义字符。

- \d，任意十进制数字。
- \D，任意非十进制数字。
- \s，任意空白字符。
- \S，任意非空白字符。
- \w，任意单词字符。
- \W，任意非单词字符。

PHP 5.2.4 以后又新增了四个类型的匹配：

- \h，任意水平空白字符。
- \H，任意非水平空白字符。
- \v，任意垂直空白字符。
- \V，任意非垂直空白字符。

对于需要匹配的普通文本内容，可以直接使用直接量，如前面示例中的字母 a，如果是匹配多个字符中的一个，可以使用一对方括号定义，如下面的代码。

```
<?php
$p="/[aeiou]/";
echo preg_match($p,"abc"),"<br>";
echo preg_match($p,"def"),"<br>";
echo preg_match($p,"xyz");
?>
```

本例的模式中会匹配 a、e、i、o、u5 个元音字母中的一个，页面会显示 1、1、0。

对于连续的数字或字母，还可以使用连接符（-）指定，如下面的代码。

```
<?php
$p="/[1-5]/";
echo preg_match($p,"12345"),"<br>";
echo preg_match($p,"67890");
?>
```

页面会显示 1、0。

在方括号中，还可以在指定字符的前面使用 ^ 符号，表示不包含指定的字符，如下面的代码。

```
<?php
$p="/[^1-5]/";
echo preg_match($p,"12345"),"<br>";
echo preg_match($p,"67890");
?>
```

页面会显示 0、1。

指定多组匹配规则时，可以使用竖线（|）分隔定义，如下面的代码。

```
<?php
$p="/\w|\d/";
echo preg_match($p,"b2"),"<br>";
echo preg_match($p,"123"),"<br>";
echo preg_match($p,"\*\$\!");
?>
```

本例会匹配单词字符或数字，代码执行会显示 1、1、0。

19.2.2　匹配位置和边界

需要判断指定内容位于文本起始位置时，可以使用 ^ 符号，如下面的代码。

```
<?php
$p="/^abc/";
echo preg_match($p,"abcdef"),"<br>";
echo preg_match($p,"xyzabc"),"<br>";
echo preg_match($p,"defabcxyz");
?>
```

页面会显示 1、0、0。

判断指定内容位于文本结束位置时，可以使用 $ 符号，如下面的代码。

```
<?php
$p="/abc$/";
echo preg_match($p,"abcdef"),"<br>";
echo preg_match($p,"xyzabc"),"<br>";
echo preg_match($p,"defabcxyz");
?>
```

页面会显示 0、1、0。

此外，如果查询完整的独立内容，可以使用 \b 定义单词边界，如下面的代码。

```
<?php
$p="/\babc\b/";
echo preg_match($p,"abcdef"),"<br>";
echo preg_match($p,"xyz abc"),"<br>";
echo preg_match($p,"def abc xyz");
?>
```

本例的第一个调用中，abcdef 是连续的内容，显示 0。第二个和第三个调用中，abc 都是独立的，会显示 1。

此外，\B 定义非单词边界，与 \b 的匹配规则相反。

19.2.3 匹配次数

指定规则匹配的次数，常用的符号有：

- *，等价于 {0,}，匹配 0 或多次。
- +，等价于 {1,}，匹配 1 或多次。
- ?，等价于 {0,1}，匹配 0 或 1 次。

如果要精确匹配次数，可以使用 {m,n} 相关的格式，如：

- {m,n} 匹配 m 到 n 次。
- {n} 匹配 n 次。
- {n,} 匹配 n 次或更多次。

下面的代码用于匹配 abc 出现一次或多次的情况。

```
<?php
$p="/(abc)+/";
echo preg_match($p,"abcdef"),"<br>";
echo preg_match($p,"abcxyzabc"),"<br>";
echo preg_match($p,"defxyz");
?>
```

页面会显示 1、1、0。

19.3 PCRE 函数

PCRE（Perl Compatible Regular Expressions）是一个 Perl 库，用于正则表达式的操作，下面介绍相关函数的应用。

前面使用了 preg_match() 函数来搜索一些简单的模式，它会在找到第一个匹配的内容后停止搜索，如果需要查找匹配的全部内容，可以使用 preg_match_all() 函数，定义如下。

```
preg_match_all(string $pattern, string $subject[, array &$matches[, int $flags
= PREG_PATTERN_ORDER[, int $offset = 0]]]) : int
```

其中，$matches 参数会返回由全部匹配内容组成的数组，函数会返回匹配的次数。

下面的代码演示了 preg_match_all() 函数的应用。

```
<?php
$p="/abc/";
echo preg_match_all($p,"abcdef"),"<br>";
echo preg_match_all($p,"abcxyzabc"),"<br>";
echo preg_match_all($p,"defxyz");
?>
```

执行代码会分别显示 abc 出现的次数，即 1、2、0。

下面的代码用于查看返回的匹配内容。

```
<?php
$p="/abc/";
preg_match_all($p,"abcxyzabc",$m);
print_r($m);
?>
```

preg_grep() 函数，匹配数组成员的值，并返回匹配的成员组成的新数组，函数定义如下。

```
preg_grep(string $pattern, array $input[, int $flags = 0]) : array
```

下面的代码演示了 preg_grep() 函数的应用。

```
<?php
$p="/(^j)/i";
$arr=["Jerry","Tom","jeep"];
$result=preg_grep($p,$arr);
print_r($result);
?>
```

本例设置的模式是以 j 或 J 字母开始的内容，代码执行结果见图 19-3。

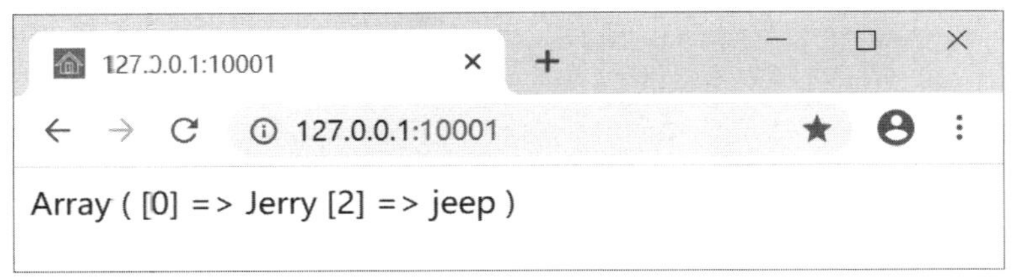

图 19-3

如需要返回与指定模式不匹配的数组成员，可以将 preg_grep() 函数中的 $flags 参数设置为 PREG_GREP_INVERT，如下面的代码。

```
<?php
$p="/(^j)/i";
$arr=["Jerry","Tom","jeep"];
$result=preg_grep($p,$arr,PREG_GREP_INVERT);
print_r($result);
?>
```

执行代码会返回不以字母 J 或 j 开始的数组成员，代码执行结果见图 19-4。

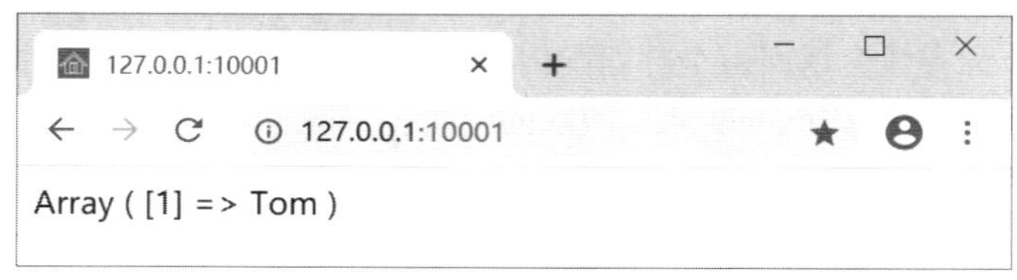

图 19-4

preg_replace() 和 preg_filter() 函数的功能比较相似，都用于通过正则表达式匹配文本，并替换指定的内容。它们的参数定义是相同的，如：

```
    preg_replace(mixed $pattern, mixed $replacement, mixed $subject[, int $limit =
-1[, int &$count]]) : mixed
    preg_filter(mixed $pattern, mixed $replacement, mixed $subject[, int $limit =
-1[, int &$count]]) : mixed
```

其中，

- $pattern，指定匹配模式。
- $replacement，指定替换成什么内容。
- $subject，原始文本或数组。如果设置为字符串，函数返回字符串；如果设置为数组，函数返回数组。
- $limit，指定替换的次数，默认 -1 表示匹配全部内容。
- $count，定义为引用参数，如果指定一个变量，会带出替换的次数。

首先来看 preg_replace() 函数替换文本的应用。

```
<?php
$p="/abc/";
$result=preg_replace($p,"***","abcdefabcxyzabc");
echo $result;
?>
```

执行代码会将字符串中的 abc 替换为 ***，代码执行结果见图 19-5。

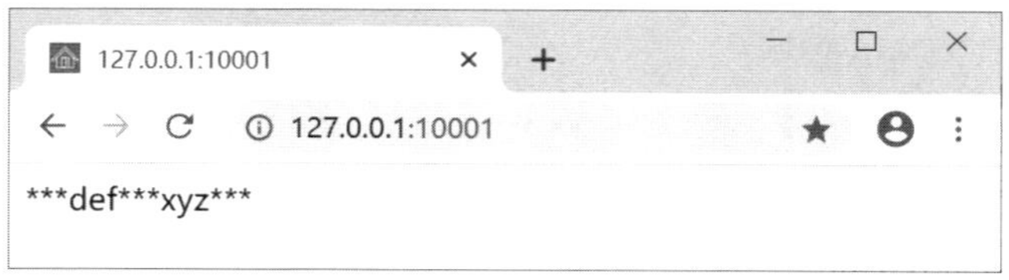

图 19-5

下面的代码演示了使用 preg_replace() 函数操作数组成员。

```
<?php
$p="/^j/i";
$arr=["Jerry","Tom","jeep"];
$result=preg_replace($p,"***",$arr);
print_r($result);
?>
```

执行代码会将数组成员中开始部分的 j 或 J 成员替换为 ***，代码执行结果见图 19-6。

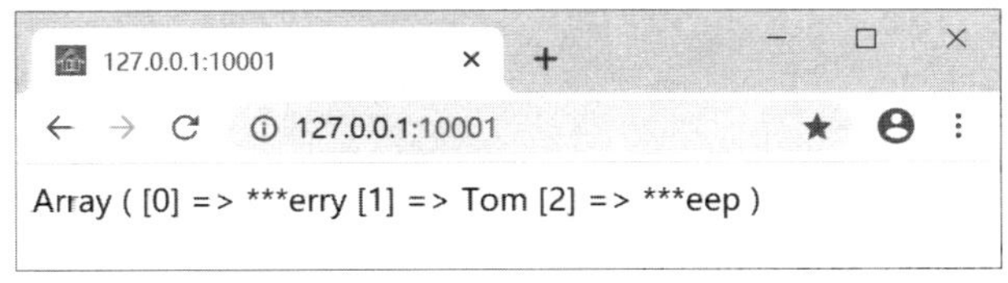

图　19-6

preg_filter() 函数与 preg_replace() 函数的不同点是，在操作数组时，preg_filter() 函数只会返回匹配的数组成员，如下面的代码。

```
<?php
$p="/(^j)/i";
$arr=["Jerry","Tom","jeep"];
$result=preg_filter($p,"***",$arr);
print_r($result);
?>
```

代码执行结果见图 19-7。

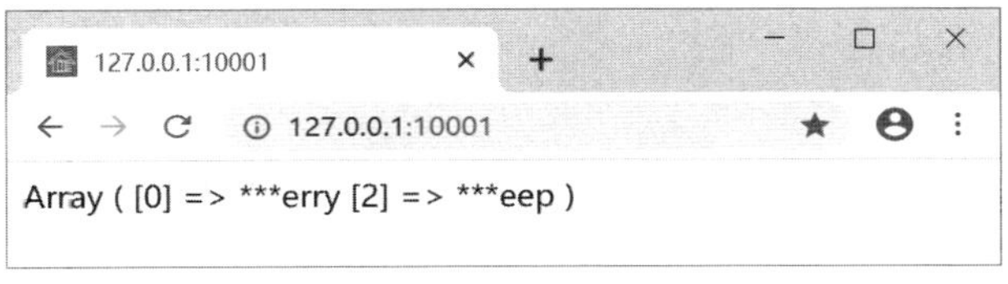

图　19-7

preg_split() 函数通过模式匹配分割字符串，并由返回分割内容组成的数组，其定义如下。

```
preg_split(string $pattern, string $subject[, int $limit = -1[, int $flags = 0]])
: array
```

下面的代码演示了 preg_split() 函数的应用。

```
<?php
$p="/abc/";
$result=preg_split($p,"abcdefabcxyzabclmn");
print_r($result);
?>
```

执行代码会使用 abc 分割文本内容，代码执行结果见图 19-8。

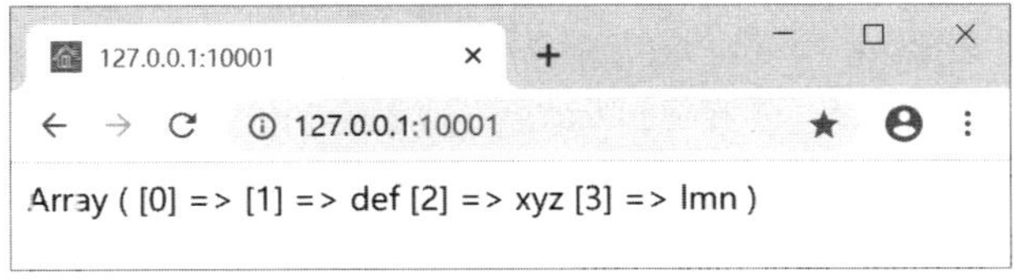

图　19-8

可以看到，返回数组的第一个成员是空白字符串，如果过滤空白结果，可以将 $flag 参数设置为 PREG_SPLIT_NO_EMPTY，如下面的代码。

```
<?php
```

```
$p="/abc/";
$result=preg_split($p,"abcdefabcxyzabclmn",-1,PREG_SPLIT_NO_EMPTY);
print_r($result);
?>
```

代码执行结果见图 19-9。

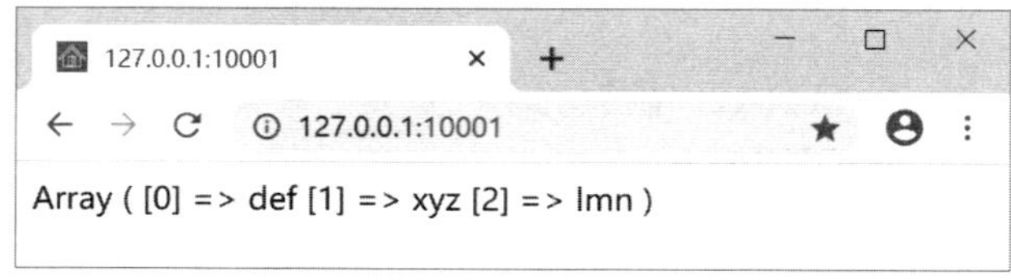

图 19-9

preg_replace_callback() 函数，执行正则表达式搜索，并使用回调函数对搜索结果进行操作，函数定义如下。

```
preg_replace_callback(mixed $pattern, callable $callback, mixed $subject[, int $limit = -1[, int &$count]]) : mixed
```

其中，

- $pattern，匹配模式。
- $callback，回调函数。定义为“handler(array $matches) : string”，参数为包含匹配结果的数组，返回值是每个匹配内容的操作结果。
- $subject，原始文本或数组。
- $limit，指定最大匹配次数，默认 -1，表示搜索全部内容。
- $count，按引用传递，如果指定一个变量，会带出匹配结果的数量。

下面的代码演示了 preg_replace_callback() 函数的应用。

```
<?php
$p="/abc/";
$result=preg_replace_callback($p,function(array $arr){
   foreach($arr as $item){
           return $item."***";
   }
},"abcdefabcxyzabclmn");
print_r($result);
?>
```

执行代码会在每个 abc 后添加三个星号，代码执行结果见图 19-10。

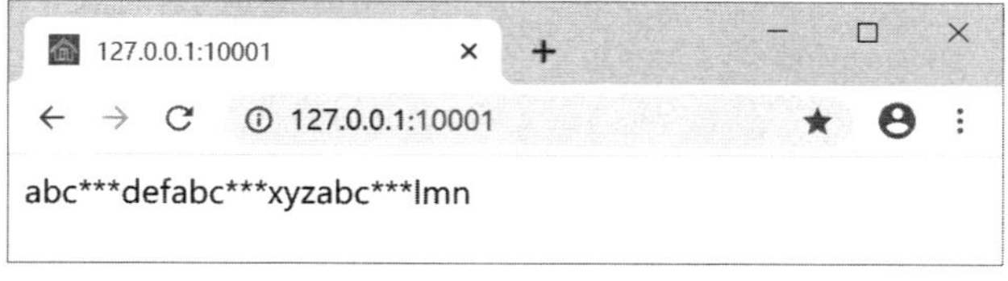

图 19-10

实际应用中，如果需要识别关键字，就可以使用 preg_replace_callback() 函数。如下面的代码会将 C 语言中的关键字转换为 b 元素定义的内容。

```
<?php
```

```
$code=<<<CODE1
<pre>
int sum=0;
for(int i=1;i<=100;i++)
{
   sum+=i;
}
</pre>
CODE1;
$p="/\bint\b|\bfor\b/";
$result=preg_replace_callback($p,function(array $arr){
   foreach($arr as $item){
         return "<b>".$item."</b>";
   }
},$code);
print_r($result);
?>
```

代码执行结果见图 19-11，其中，int 和 for 关键字会使用 b 元素显示为加粗效果。

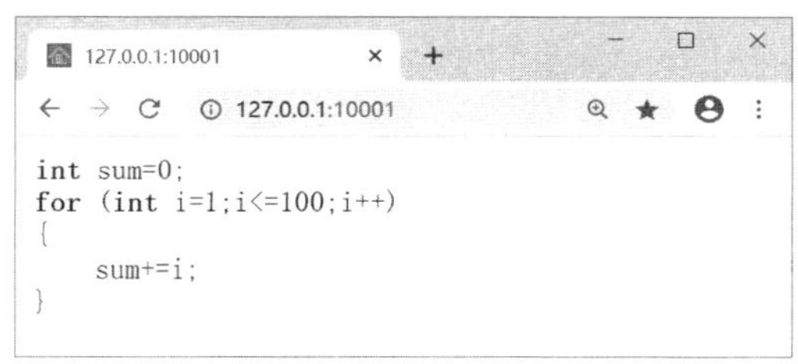

图 19-11

preg_replace_callback_array() 函数可以通过回调函数批量处理多个匹配结果，函数定义如下。

```
preg_replace_callback_array(array $patterns_and_callbacks, mixed $subject[,
int $limit = -1[, int &$count]]) : mixed
```

函数的关键在参数一，该参数定义为数组类型，其成员的键为模式文本，值定义为回调函数。如下面的代码使用 preg_replace_callback_array() 函数分别识别代码中的关键字和函数。

```
<?php
$code=<<<CODE1
<pre>
int sum=0;
for(int i=1;i<=100;i++)
{
    sum+=i;
}
printf("%d",sum);
</pre>
CODE1;
$pKey="/\bint\b|\bfor\b/";
$pFn="/\bprintf\b/";
$result=preg_replace_callback_array(
[
```

```
    $pKey=>function($arr){
            foreach($arr as $key)
                    return "<b>".$key."</b>";
    },
    $pFn=>function($arr){
            foreach($arr as $key)
                    return "<b><i>".$key."</i></b>";
    }
],$code);
print_r($result);
?>
```

本例中，int 和 for 关键字使用 b 元素显示为加粗样式，printf 函数名使用 b 和 i 元素显示为加粗和斜体样式。代码执行结果见图 19-12。

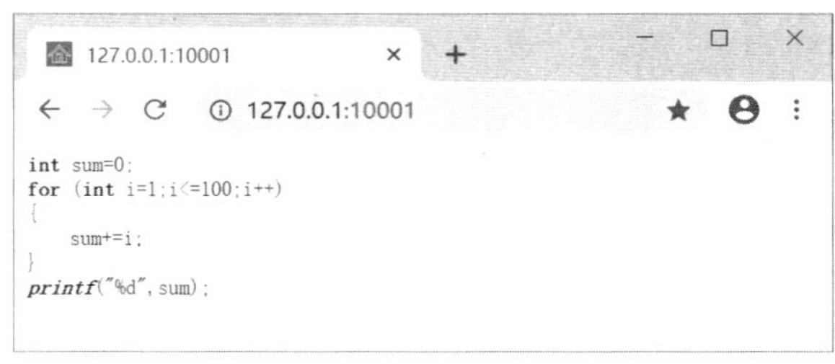

图 19-12

定义模式时，如果拿不准哪些字符需要转义，可以使用 preg_quote() 函数完成这项工作，如下面的代码。

```
<?php
$s="/$/";
$p=preg_quote($s);
echo $p,"<br>";
$result=preg_replace($p,"USD","$35.99");
echo $result;
?>
```

代码中，首先对模式文本中的特殊符号进行转义，如本例中的 \$ 号；其次将文本中的 \$ 符号替换为 USD。代码执行结果见图 19-13。

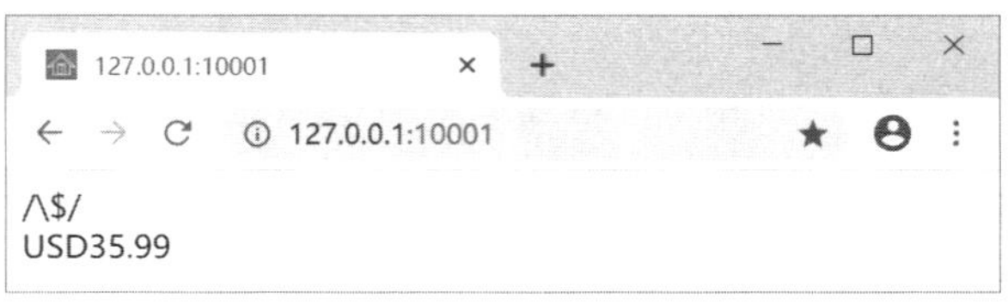

图 19-13

如果 PCRE 函数执行错误，可以使用 preg_last_error() 函数返回最后一个错误的代码，错误类型对应的常量包括：

- PREG_NO_ERROR
- PREG_INTERNAL_ERROR
- PREG_BACKTRACK_LIMIT_ERROR

- PREG_RECURSION_LIMIT_ERROR
- PREG_BAD_UTF8_ERROR
- PREG_BAD_UTF8_OFFSET_ERROR（PHP 5.3.0 新增）
- PREG_JIT_STACKLIMIT_ERROR（PHP 7.0.0 新增）

此外，PHP 8 中新增加了 preg_last_error_msg() 函数，用于返回 PCRE 函数执行的最后一个错误的描述信息。

19.4　JavaScript 中的正则表达式

客户端的 JavaScript 代码中，同样可以使用正则表达式处理文本，下面的代码演示了基本的应用。

```
<script>
var p=/abc/;
document.write p.test("abc"));
</script>
```

JavaScript 代码中，模式定义在两个 / 符号之间，test() 方法用于测试文本中是否包含与模式相匹配的内容，如果找到匹配内容，返回 true，否则返回 false。本例会显示 true。

代码中，p 对象的实际类型为 RegExp，除了 test() 方法，还可以使用 exec() 方法返回匹配的内容。

```
<script>
var p=/j\w*\b/ig;
while(result=p.exec("Jerry Tom john")){
   document.write(result+"<br>");
}
</script>
```

exec() 方法会一次读取一个匹配的内容，如果没有匹配内容则返回 null 值。本例会匹配字符串中由 J 或 j 开始的独立单词，并通过 while 循环语句读取所有的匹配内容，代码执行结果见图 19-14。

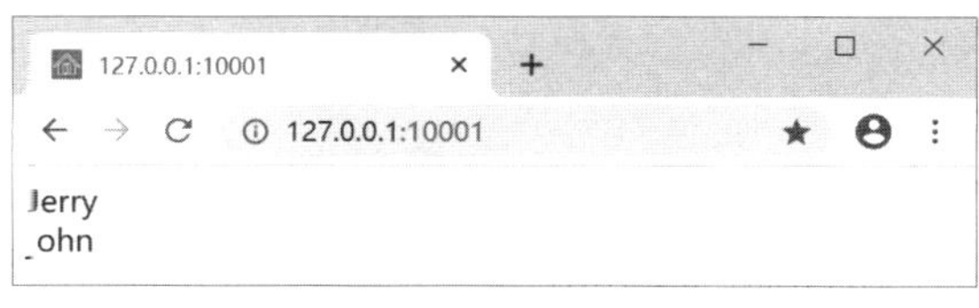

图　19-14

JavaScript 中使用正则表达式需要注意几点。第一，定义模式时，不需要使用引号定义字符串，而是直接使用一对 / 符号定义。

第二，模式后可以使用一些字母标识，如：

- g，搜索全部内容，不使用 g 时，找到一个匹配内容后即停止搜索。
- i，不区分字母大小写。
- m，多行模式，此时 ^ 和 $ 定义为行的开始和结束位置。

第三，还可以使用 String 对象的一些方法进行正则表达式操作。例如，需要返回匹配的内容，可以使用 match() 方法，如下面的代码。

```
<script>
var p=/j\w*\b/ig;
document.write("Jerry Tom john".match(p));
</script>
```

match() 方法会返回由匹配结果组成的数组，没有匹配结果时返回 null 值。本例会返回由以字母 j 或 J 开始的单词组成的数组。代码执行结果见图 19-15。

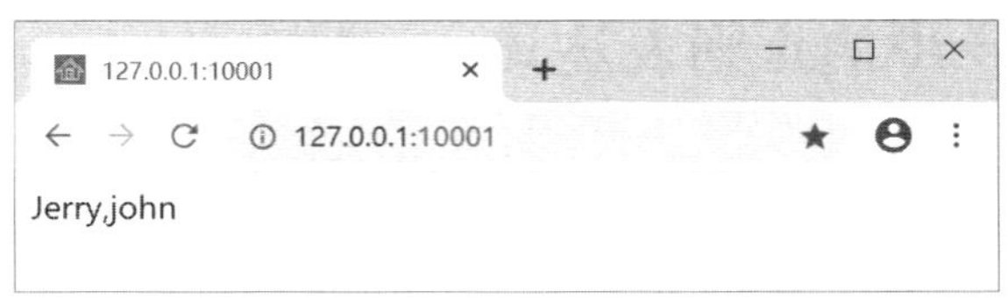

图 19-15

String 对象中的 search() 方法返回第一个匹配内容的索引位置，如果没有找到匹配的内容，会返回 -1，如下面的代码。

```
<script>
var p=/j\w*\b/i;
document.write("Jerry Tom john".search(p));
</script>
```

执行代码会演示 0。如果删除匹配模式后的 i，则只匹配小写字母 j，执行代码会显示 10，即 j 出现在第 11 个字符。

String 对象中的 split() 方法可以使用模式分割字符串，并返回分割后的数组，还可以使用第二个参数指定分割的最大成员数量，默认为分割全部内容。下面的代码演示了 split() 方法的应用。

```
<script>
var p=/\s+/;
document.write("Jerry Tom john".split(p));
</script>
```

本例会使用空白字符分割字符串。代码执行结果见图 19-16。

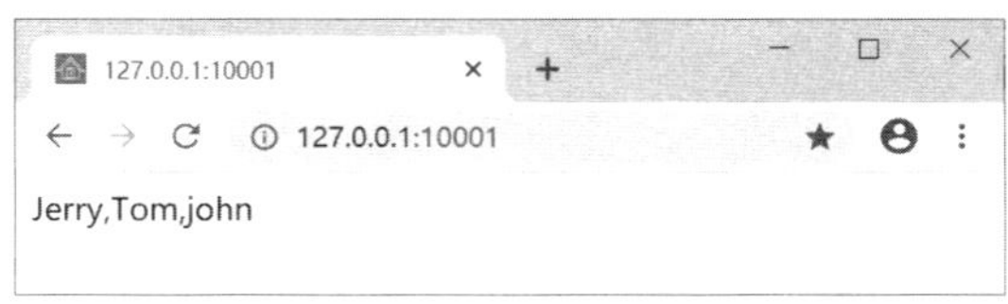

图 19-16

String 对象中的 replace() 方法可以使用指定的内容替换模式匹配的部分，如下面的代码。

```
<script>
var p=/\s+/g;
document.write("Jerry Tom john".replace(p,"***"));
</script>
```

本例使用 *** 替换文本中的空白部分，代码执行结果见图 19-17。

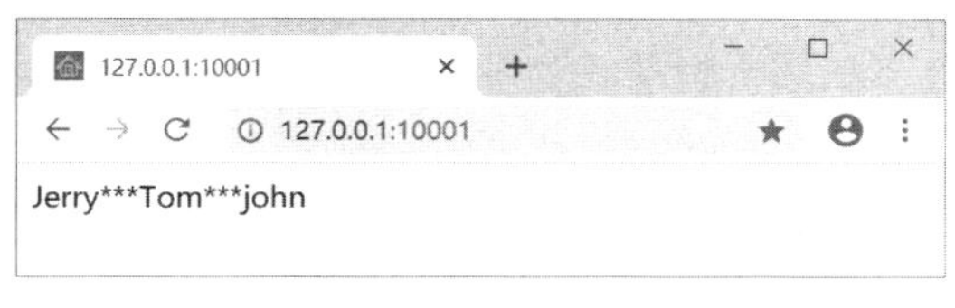

图　19-17

19.5　常用模式

前面介绍了在 PHP 和 JavaScript 中如何使用正则表达式处理文本，本节介绍一些常用的文本匹配模式，并将相关的 PHP 代码封装在 /lib/cf/tStr.php 文件中的 tStr 类，JavaScript 代码封装在 /lib/js/common.js 文件中。

19.5.1　手机号码

目前，我国使用的手机号码是 11 位数字，并且第一位是 1。下面的代码（/lib/cf/tStr.php）在 tStr 类中封装了 isMobilePhoneNum() 方法，用于判断指定的字符串是否为 11 位手机号码格式。

```
// 是否为手机号码
public static function isMobilePhoneNum(string $s):bool
{
    $p="/^1[0-9]{10}$/";
    return (preg_match_all($p,$s)==1);
}
```

下面的代码演示了 tStr::isMobilePhoneNum() 方法的应用，可以修改 $s 的值来观察运行结果。

```
<?php
require_once $_SERVER["DOCUMENT_ROOT"]."/lib/loader.php";
use cf\tStr;

$s="13612345678 9";
var_dump(tStr::isMobilePhoneNum($s));
?>
```

在客户端需要判断字符串是否是 11 位手机号码格式时，可以使用如下函数（/lib/js/common.js）。

```
// 是否为手机号码
function isMobilePhoneNum(s)
{
    p=/^1[0-9]{10}$/;
    return p.test(s);
}
```

19.5.2 E-mail 地址

tStr 类中的 isEmail() 方法用于判断一个字符串是否为 E-mail 地址，定义如下。

```
// 验证是否为 E-mail 地址
public static function isEmail(string $addr):bool
{
    $p="/^[a-zA-Z0-9](\w+\.)*\w+@(\w+\.)+\w+$/";
    return (preg_match_all($p,$addr)==1);
}
```

下面的代码用于测试 tStr::isEmail() 方法的使用。

```
<?php
require_once $_SERVER["DOCUMENT_ROOT"]."/lib/loader.php";
use cf\tStr;

$s="xxx@yyy.zzz";
var_dump(tStr::isEmail($s));
?>
```

页面显示 bool(true)，可以修改 $s 的内容来观察执行结果。

HTML5 标准中的 input 元素新增了 email 类型，可以对输入的内容进行验证。如果需要使用 JavaScript 代码验证文本内容是否为 E-mail 地址，可以使用如下函数（/lib/js/common.js）。

```
/* 验证是否为 E-mail 地址 */
function isEmail(s)
{
    p=/^[a-zA-Z0-9](\w+\.)*\w+@(\w+\.)+\w+$/;
    return p.test(s);
}
```

19.5.3 验证 18 位身份证号码

在下面的代码（/lib/cf/tStr.php）中，tStr::isIdCardNum() 方法用于判断参数是否为正确的 18 位身份证号码。

```
// 是否为 18 位身份证号码
public static function isIdCardNum(string $num):bool
{
    // 基本模式验证
    $p="/^[1-9][0-9]{5}[1-2][0-9]{10}[0-9X]$/";
    if (preg_match_all($p,$num)!=1) return false;
    // 检查验证码
    $chArr = str_split($num);
    // 前 17 位对应系数
    $factor = [7,9,10,5,8,4,2,1,6,3,7,9,10,5,8,4,2];
    // 前 17 位分别乘系数并相加，获取和除以 11 的余数（0 ~ 10）
    $sum = 0;
    for ($i=0;$i<count($factor);$i++)
    {
            $sum += $chArr[$i]*$factor[$i];
    }
```

```
    $remainder=$sum%11;
    // 余数对应的验证码
    $checkCode =[ '1' ,' 0' ,' X' ,' 9' ,' 8' ,' 7' ,' 6' ,' 5' ,' 4' ,' 3' ,' 2' ];
    // 返回验证码判断结果
    return ($chArr[17]==$checkCode[$remainder]);
}
```

下面的代码演示了 tStr::isIdCardNum() 方法的应用，可以修改 $s 变量的值来观察执行结果。

```
<?php
require_once $_SERVER["DOCUMENT_ROOT"]."/lib/loader.php";
use cf\tStr;

$s="";
var_dump(tStr::isIdCardNum($s));
?>
```

浏览器客户端中，可以使用如下函数进行判断（/lib/js/common.js）。

```
/* 是否为 18 位身份证号码 */
function isIdCardNum(num)
{
    /* 基本模式验证 */
    p=/^[1-9][0-9]{5}[1-2][0-9]{10}[0-9X]$/;
    if (p.test(num)==false) return false;
    /* 检查验证码 */
    chArr = str2array(num);
    /* 前 17 位对应系数 */
    factor = [7,9,10,5,8,4,2,1,6,3,7,9,10,5,8,4,2];
    /* 前 17 位分别乘系数并相加，获取和除以 11 的余数（0 ~ 10）*/
    sum = 0;
    for (var i=0;i<factor.length;i++)
    {
            sum += chArr[i]*factor[i];
    }
    remainder=sum%11;
    /* 余数对应的验证码 */
    checkCode =[ '1' ,' 0' ,' X' ,' 9' ,' 8' ,' 7' ,' 6' ,' 5' ,' 4' ,' 3' ,' 2' ];
    /* 返回验证码判断结果 */
    return (chArr[17]==checkCode[remainder]);
}
```

第 20 章　数据交换

Web 应用中，客户端和服务器的数据交换是一项常见的工作，本章将介绍几种常用数据格式的创建和读取，包括 Excel、CSV、XML 和 JSON 格式等。

20.1　Excel

本节会讨论 Excel 文件的读取和写入，使用的资源是 PhpSpreadsheet ，可以从 https://github.com/PHPOffice/PhpSpreadsheet 获取代码文件。本章示例中，需要将下载内容中的 src/PhpSpreadsheet 目录复制到 /cf/lib/PhpOffice 目录中。

此外，PhpSpreadsheet 还需要的资源包括：

- ZipStream，可以从 https://github.com/maennchen/ZipStream-PHP 获取相关资源，下载并解压 zip 文件后，将 src 目录中的内容复制到网站 /lib/ZipStream 目录中。
- Enum，可以从 https://github.com/myclabs/php-enum/releases 获取相关资源，下载并解压 zip 文件后，将 src 目录中的内容复制到网站 /lib/MyCLabs/Enum 目录中。

相关的资源在 /lib 目录中的组织结构见图 20-1。

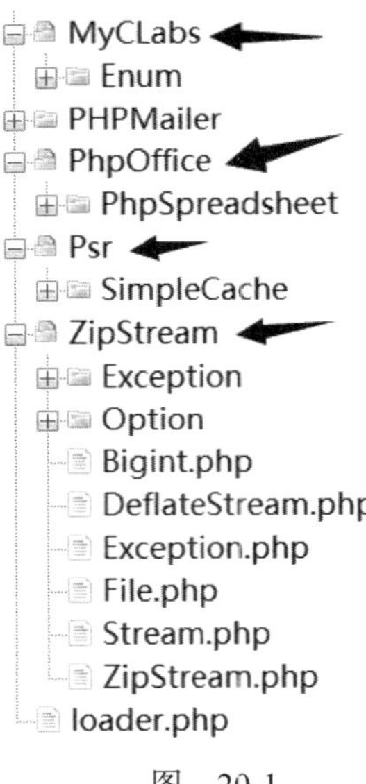

图　20-1

20.1.1　读取数据

首先准备一个 Excel 文件，如 d:\Book1.xls，然后在表单（sheet）里添加一些数据，见图 20-2。

A	B	C	D	E
f0	**f1**	**f2**	**f3**	**f4**
1	Tom	1	165.5	tom@x.y
2	张三	2	170.4	
3	Jerry	1	169.1	jerry@x.y
4	John	1	157.2	
5	李四	1	175.6	

图 20-2

下面的代码用于读取此文件，并在页面中生成表格。

```
<?php
require_once $_SERVER["DOCUMENT_ROOT"]."/lib/loader.php";
use PhpOffice\PhpSpreadsheet\IOFactory;
use PhpOffice\PhpSpreadsheet\Cell\Coordinate;

// Excel 文件路径
$path = 'd:\\Book1.xlsx';
// 创建读取器对象
$xReader = IOFactory::createReader("Xlsx");
// 打开文件
$wb = $xReader->load($path);
//
$ws = $wb->getActiveSheet();
// 确定数据的行数和列数
$rowCount = $ws->getHighestRow();
$colCount = Coordinate::columnIndexFromString($ws->getHighestColumn());
// 显示为表格
echo '<table border="1" cellpadding="3px" cellspacing="0">';
// 第一行作为 th 元素
echo '<tr>';
for($col=1;$col<=$colCount;$col++)
   echo '<th>',$ws->getCellByColumnAndRow($col,1)->getValue(),'</th>';
echo '</tr>';
// 其他行为数据行
for($row=2;$row<=$rowCount;$row++)
{
   echo '<tr>';
   for($col=1;$col<=$colCount;$col++){
          echo '<td>',$ws->getCellByColumnAndRow($col,$row)->getValue(),'</
td>';
   }
   echo '</tr>';
}
//
echo '</table>';
//
$ws=null;
$wb=null;
$xReader=null;
?>
```

代码执行结果见图 20-3。

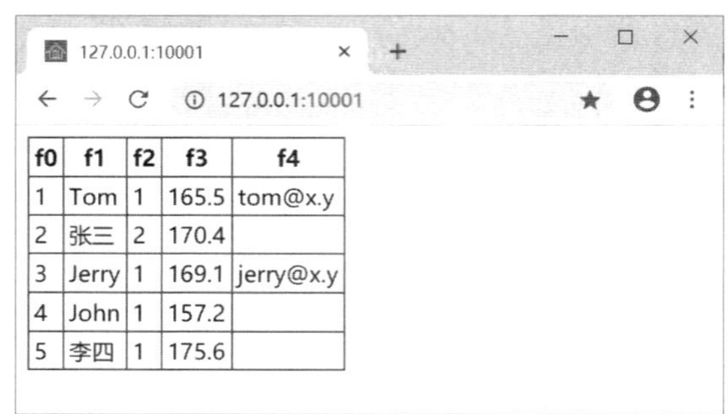

图 20-3

代码中，首先通过引用 /lib/loader.php 文件执行 spl_autoload_register() 函数，以便自动查找类的代码文件。

读取 Excel 文件时，需要使用 IOFactory::createReader() 静态方法创建的对象，其参数设置读取对象的类型，如：

- Xlsx，读取 .xlsx 格式文件。
- Xls，读取 .xls 格式文件。

代码中的 $xReader = IOFactory::createReader("Xlsx") 用于创建读取 .xlsx 格式文件的对象。

获取第一个读取器对象后，使用基本的 load() 方法载入文件，方法的参数就是文件的路径，如 $wb = $xReader->load($path)。返回打开的文件后，使用 getActiveSheet() 方法返回当前的活动表单，如 $ws = $wb->getActiveSheet()。接下来是读取表单数据的工作。

表单中，行的索引从 1 开始，表单对象的 getHighestRow() 方法返回最大的行索引，也就是数据行的数量。

需要注意列的索引，默认情况下 getHighestColumn() 方法返回的是字母形式的最大列索引，可以通过 Coordinate::columnIndexFromString() 静态方法将字母索引转换为数值。

确定单元格的坐标后，可以通过表单对象的 getCellByColumnAndRow() 方法获取单元格对象，其中参数一指定列索引，参数二指定行索引，都使用了从 1 开始的数值索引。

获取单元格中的数据时使用了单元格对象的 getValue() 方法。

20.1.2 写入数据

下面的代码会将 d:\Book1.xlsx 的数据写入 d:\Book2.xlsx 文件中，如果使用了不同的文件路径，注意修改 $sourcePath 和 $targetPath 变量。

```
<?php
require_once $_SERVER["DOCUMENT_ROOT"]."/lib/libloader.php";
use PhpOffice\PhpSpreadsheet\IOFactory;
use PhpOffice\PhpSpreadsheet\Cell\Coordinate;
use PhpOffice\PhpSpreadsheet\Spreadsheet;

// Excel 文件路径
$sourcePath="d:\\Book1.xlsx";
$targetPath="d:\\Book2.xlsx";
// 读取源文件
```

```
    $xReader = IOFactory::createReader("Xlsx");
    $wb = $xReader->load($sourcePath);
    $sourceSheet = $wb->getActiveSheet();
    // 确定数据的行数和列数
    $rowCount = $sourceSheet->getHighestRow();
    $colCount = Coordinate::columnIndexFromString($sourceSheet-
>getHighestColumn());
    // 目标表单
    $spreadsheet=new Spreadsheet();
    $targetSheet=$spreadsheet->getActiveSheet();
    // 复制数据
    for($row=1;$row<=$rowCount;$row++)
    {
       for($col=1;$col<=$colCount;$col++){
              $targetSheet->setCellValueByColumnAndRow(
                     $col,
                     $row,
                     $sourceSheet->getCellByColumnAndRow($col,$row)->getValue());
       }
    }
    // 保存到文件
    $xWriter=IOFactory::createWriter($spreadsheet,"Xlsx");
    $xWriter->save($targetPath);
    //
    $spreadsheet==null;
    $targetSheet=null;
    $xWriter=null;
    $sourceSheet=null;
    $wb=null;
    $xReader=null;
    //
    echo "OK";
    ?>
```

如果页面显示 OK，表示正确生成了 d:\Book2.xlsx 文件，其数据和 Book1.xlsx 文件相同。读取 .xlsx 文件的代码就不再讨论，下面主要了解 .xlsx 文件写入的相关操作。

首先，在内存中处理 Excel，需要使用 PhpOffice\PhpSpreadsheet\Spreadsheet 类，如下面的代码。

```
    $spreadsheet=new Spreadsheet();
    $targetSheet=$spreadsheet->getActiveSheet();
```

获取 Spreadsheet 对象后，使用 getActiveSheet() 方法获取当前的活动表单对象，如代码中的 $targetSheet 对象就是准备写入数据的表单对象。在表单对象中写入单元格数据时，可以使用如下方法：

- setCellValueByColumnAndRow() 方法，参数一和参数二分别使用数值形式的列和行索引，参数三为写入单元格的数据。
- setCellValue() 方法，参数一指定单元格地址，如“A1”“C6”；参数二指定写入单元格的数据。

将 Spreadsheet 对象保存到文件时使用了如下代码。

```
    $xWriter=IOFactory::createWriter($spreadsheet,"Xlsx");
    $xWriter->save($targetPath);
```

写入操作使用 PhpOffice\PhpSpreadsheet\Writer\Xlsx 类，使用 IOFactory::createWriter() 静态方法创建，参数一指定包含数据的 Spreadsheet 对象；参数二指定写入类型；“Xlsx”指定写入 .xlsx 文件。

最后，Xlsx 对象的 save() 方法将 Spreadsheet 对象保存到指定的 .xlsx 文件。

20.2 CSV

前面讨论了 Excel 文件在 PHP 服务器端的处理工作，大家也看到了其复杂性。实际应用中，很多情况下只需要数据的简单传递，此时，使用 CSV 格式传递数据也是不错的选择。

CSV 数据是基于文本格式的二维数据，创建和读取都比较方便，还可以使用 Excel 或 WPS 表格等应用很方便地转换为电子表格文件，并进一步操作。

本节内容包括服务器端使用 PHP 处理 CSV 数据和客户端使用 JavaScript 处理 CSV 数据。

20.2.1 PHP 处理 CSV

PHP 中的 str_getcsv() 函数用于将 CSV 文本内容转换为一维数组，数据成员是 CSV 中的所有数据项，函数定义如下。

```
str_getcsv(string $input[, string $delimiter = ","[, string $enclosure = '"'[,
string $escape = "\\"]]]) : array
```

其中，

- $input，CSV 格式数据字符串。
- $delimiter，数据分隔符，默认为逗号。
- $enclosure，数据定义字符，默认为双引号。
- $escape，转义字符，默认为反斜线（\）。

下面的代码演示了 str_getcsv() 函数的应用。

```
<?php
$s=file_get_contents("d:\\Book1.csv");
$lines = mb_split(PHP_EOL,$s);
$arr = array();
foreach($lines as $ln){
   if(trim($ln)=="")continue;
   array_push($arr,str_getcsv($ln));
}
print_r($arr);
?>
```

代码中，首先对读取的文件内容使用 PHP_EOL 符号进行分行，并保存在 $lines 数组中；其次，使用 str_getcsv() 函数将每行数据转换为数组。本例显示的数据结构如下。

```
Array (
[0] => Array ( [0] => f0 [1] => f1 [2] => f2 )
[1] => Array ( [0] => 1 [1] => aaa [2] => 1 )
[2] => Array ( [0] => 2 [1] => bbb [2] => 2 )
[3] => Array ( [0] => 3 [1] => ccc [2] => 3 )
[4] => Array ( [0] => 4 [1] => ddd [2] => 4 )
)
```

接下来使用自定义的 tCsv 类来处理 CSV 数据。下面的代码（/lib/cf/tCsv.php）封装了 tCsv::arrayToCsv() 方法，其功能是将二维数组中的数据转换为 CSV 文本格式。

```
    // 数组数据生成 CSV 字符串
    public static function arrayToCsv(
       array $data,bool $hasColName=false,
       string $delimiter=',',string $enclosure='"')
    {
       $content="";
       // 列名
       if($hasColName){
              foreach($data[0] as $k=>$v){
                     $content.=$enclosure.$k.$enclosure.$delimiter;
              }
              $content=substr($content,0,strlen($content)-strlen($delimiter)).PHP_
EOL;
       }
       // 数据
       foreach($data as $index=>$row){
              foreach($row as $k=>$v){
                     $content.=$enclosure.$v.$enclosure.$delimiter;
       }
              $content=substr($content,0,strlen($content)-strlen($delimiter)).PHP_
EOL;
       }
       //
       return substr($content,0,strlen($content)-strlen(PHP_EOL));
    }
```

tCsv::arrayToCsv() 方法中的参数包括：

- $data，包含数据的二维数组。
- $hasColName，是否在 CSV 第一行写入数据的键名，作为列名行。
- $delimiter，定义数据分隔符，默认为逗号。
- $enclosure，定义数据定义符，默认为双引号，由一对单引号字符串定义。

下面的代码（/lib/cf/tCsv.php）在 tCsv 类中封装了 toFile() 方法，用于将二维数组内容写入 CSV 文件，操作成功时返回 true，否则返回 false。

```
    // 写入 CSV 文件
    public static function toFile(
       array $data,string $path,bool $hasColName=false,
       string $delimiter=',',string $enclosure='"')
    {
       $csv=tCsv::arrayToCsv($data,$hasColName,$delimiter,$enclosure);
       if(file_put_contents($path,$csv)===false)
              return false;
       else
              return true;
    }
```

下面的代码会将 tt1 表中的数据写入 d:\Book2.csv 文件中。

```
<?php
require_once $_SERVER["DOCUMENT_ROOT"]."/lib/loader.php";
```

```
use app\tMariaDb;
use cf\tCsv;

$db=new tMariaDb();
$data=$db->getDataSet("select * from tt1;");
$db=null;
$path="d:\\Book2.csv";
var_dump(tCsv::toFile($data,$path,true));
?>
```

如果显示 bool(true) 则表示数据写入成功，写入的内容见图 20-4。

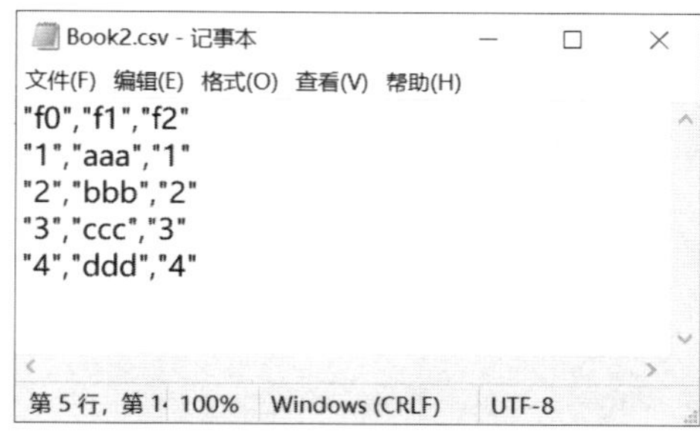

图 20-4

下面的代码（/lib/cf/tCsv.php）在 tCsv 类中定义了 fromFile() 方法，用于读取 CSV 文件，并返回数据的二维数组。

```
// 删除数据定义字符
private static function removeEnclosure($s,$enclosure)
{
    $s=trim($s);
    $enclosureLen=mb_strlen($enclosure);
    $s=mb_substr($s,
            $enclosureLen,
            mb_strlen($s)-$enclosureLen*2);
    return $s;
}
// 读取 CSV 文件，返回二维数组
public static function fromFile(string $path,bool $hasColName=false,
    string $delimiter=',',string $enclosure='"')
{
    $s=file_get_contents($path);
    $lines = mb_split(PHP_EOL,$s);
    $arr = array();
    //
    if($hasColName){
            // 第一行作为数据键名
            // 行数
            $rows=count($lines);
            // 列名
            $ln=$lines[0];
            $colNames=mb_split($delimiter,$ln);
            if($enclosure!=""){
                    for($col=0;$col<count($colNames);$col++)
                            $colNames[$col]=
```

```
                tCsv::removeEnclosure($colNames[$col],$enclosure);
            }
            //
            for($row=1;$row<$rows;$row++){
                $ln = $lines[$row];
                if(trim($ln)=="")continue;
                $csv=mb_split($delimiter,$ln);
                if($enclosure!=""){
                    for($col=0;$col<count($csv);$col++)
                        $csv[$col]=
                    tCsv::removeEnclosure($csv[$col],$enclosure);
                }
                    //
                print_r($colNames);
                print_r($csv);
                echo "<br>";
                    //
                //array_push($arr,array_combine($colNames,$csv));
            }
        }else{
            // 全部行作为数据
            foreach($lines as $ln){
                if(trim($ln)=="")continue;
                $csv=str_getcsv(iconv("GB2312","UTF-8",$ln),
                    $delimiter,$enclosure,$escape);
                array_push($arr,$csv);
            }
        }
        return $arr
    }
```

tCsv::fromFile() 方法中，定义的参数包括：

- $path，指定 CSV 文本路径。
- $hasColName，是否将第一行作为数据名。默认为 false，即将所有行作为数据读取，如果设置为 true，第一行数据作为其他数据对应的列名，不再单独返回。
- $delimiter，定义数据分隔符，默认为逗号。
- $enclosure，数据定义字符，默认为双引号，由一对单引号字符串定义。

此外，removeEnclosure() 方法用于移除数据的定义字符，如“"张三"”移除定义符后就是“张三”。

下面的代码演示了 tCsv::fromFile() 方法的应用。

```
<?php
require_once $_SERVER["DOCUMENT_ROOT"]."/lib/loader.php";
use cf\tCsv;

$path="d:\\Book1.csv";
print_r(tCsv::fromFile($path,true));
?>
```

本例将第一行作为数据列名，读取的数据格式如下。

```
Array (
[0] => Array ( [f0] => 1 [f1] => aaa [f2] => 1 )
```

```
    [1] => Array ( [f0] => 2 [f1] => bbb [f2] => 2 )
    [2] => Array ( [f0] => 3 [f1] => ccc [f2] => 3 )
    [3] => Array ( [f0] => 4 [f1] => ddd [f2] => 4 )
)
```

20.2.2 JavaScript 处理 CSV

在客户端使用 CSV 数据，常常用于接收服务器发来的 CSV 数据文本。下面的代码（/lib/js/dataconvert.js）创建了 csvToArray() 函数，用于将 CSV 数据文本转换为 JavaScript 中的二维数组。

```
/* csv 文本，断行符，数据分隔字符，数据定义字符 */
function csvToArray(csv,brchar,delimiter,enclosure)
{
    var rows=csv.split(brchar);
    var s;
    var row;
    var result=[];
    var splitStr=enclosure+delimiter+enclosure;
    for(rowIndex=0;rowIndex<rows.length;rowIndex++){
            s=rows[rowIndex].trim();
            s=s.substring(enclosure.length,s.length-enclosure.length);
            result[result.length]=s.split(splitStr);
    }
    return result;
}
```

csvToArray() 函数的参数没有设置默认值，这是为了兼容早期的 ES（ECMAScript）标准，这也是 JavaScript 的基础标准。不过，在 ES6 标准中，是可以为函数的参数设置默认值的，新版本的 Google Chrome、Firefox、Edge 等浏览器中都已支持，但 IE 浏览器不支持。如只支持较新的浏览器，简化 csvToArray() 函数的调用，可以修改函数的定义如下。

```
function csvToArray(csv,brchar="\n",delimiter=",",enclosure="\"")
{…}
```

这里，默认换行符使用 \n，数据分隔使用逗号（,），而数据定义则使用双引号（"）。

为测试 csvToArray() 函数，需要在 /demo 目录中准备 Book8.csv 和 Book9.csv 文件，内容见图 20-5。

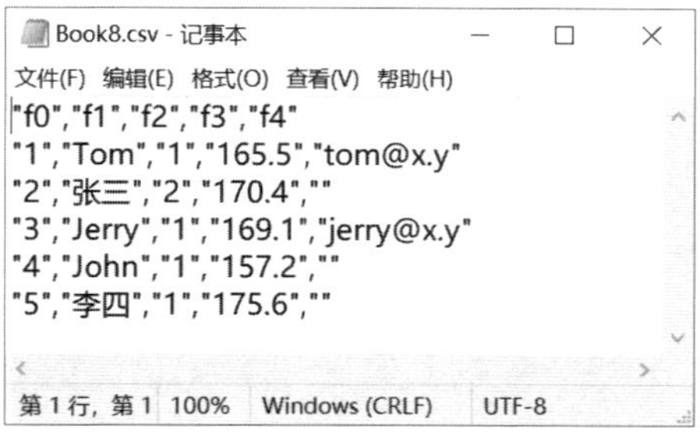
Book8.csv - 记事本
文件(F) 编辑(E) 格式(O) 查看(V) 帮助(H)
"f0","f1","f2","f3","f4"
"1","Tom","1","165.5","tom@x.y"
"2","张三","2","170.4",""
"3","Jerry","1","169.1","jerry@x.y"
"4","John","1","157.2",""
"5","李四","1","175.6",""
第 1 行，第 1 100% Windows (CRLF) UTF-8

Book8.csv

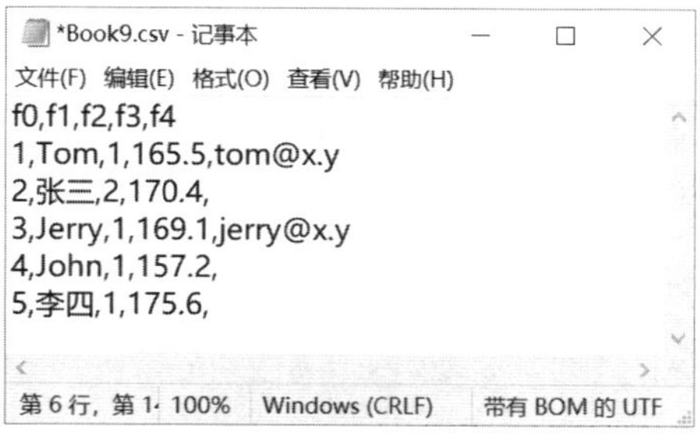
*Book9.csv - 记事本
文件(F) 编辑(E) 格式(O) 查看(V) 帮助(H)
f0,f1,f2,f3,f4
1,Tom,1,165.5,tom@x.y
2,张三,2,170.4,
3,Jerry,1,169.1,jerry@x.y
4,John,1,157.2,
5,李四,1,175.6,
第 6 行，第 1 100% Windows (CRLF) 带有 BOM 的 UTF

Book9.csv

图 20-5

在下面的代码中，首先使用 csvToArray() 函数读取 Book8.csv 文件。

```
<script src="/lib/js/ajax.js"></script>
<script src="/lib/js/dataconvert.js"></script>
<script>
var url="/demo/Book8.csv";
var param="";
ajaxGetText(url,param,function(txt){
   document.write(csvToArray(txt,"\n",",","\"")[0]);
});
</script>
```

页面会显示 CSV 数据的第一行，即列的名称。为更有效地显示 CSV 数据，还可以将它生成表格。如下面的代码（/lib/js/dataconvert.js）封装了 arrayToTable() 函数，其功能是将二维数组的数据通过 table 元素显示出来。

```
/* 二维数组生成 table 元素 */
function arrayToTable(arr2,hasColName,classname)
{
   var s="<table class=\""+classname+"\">";
   /* 读取第一行，使用 key 作为列名 */
   if(hasColName){
           s+="<tr>";
           for(var key in arr2[0]){
                   s=s+"<th>"+key+"</th>";
           }
           s+="</tr>";
   }
   /* 数据 */
   for(var row=0;row<arr2.length;row++){
           s+="<tr>";
           for(var key in arr2[row]){
                   s=s+"<td>"+arr2[row][key]+"</td>";
           }
           s+="</tr>";
   }
   s+="</table>";
   return s;
}
```

arrayToTable() 函数的参数包括：

- arr2，一个包含数据的二维数组。
- hasColName，指定是否显示列名行。
- classname，指定 table 元素的 class 属性名。

下面的代码测试了这两个函数的使用，其中还添加了一些表格样式。

```
<!doctype html>
<html>
<head>
<style>
.data_table {
   border-collapse:collapse;
}
```

```
.data_table th,.data_table td {
   border:1px solid gray;
   text-align:center;
   padding:0.1em 1em;
}
.data_table th {
   background-color:#ddd;
}
</style>
</head>
<body>
<div id="data"><div>
</body>
</html>
<script src="/lib/js/common.js"></script>
<script src="/lib/js/dataconvert.js"></script>
<script>
   addWinLoadFunc(function(){
            var url="/demo/Book8.csv";
            var param="";
            ajaxGetText(url,param,function(txt){
                     var arr=csvToArray(txt,"\n",",","\"");
                     var s=arrayToTable(arr,true,"data_table")
                     document.getElementById("data").innerHTML=s;
            });
   });
</script>
```

代码执行结果见图 20-6。

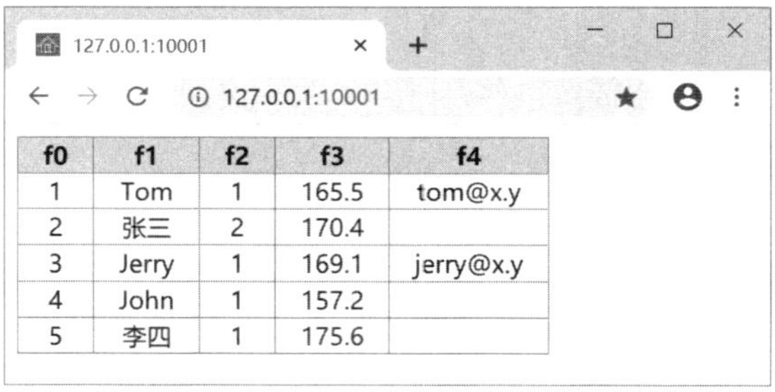
127.0.0.1:10001
127.0.0.1:10001
f0 f1 f2 f3 f4
1 Tom 1 165.5 tom@x.y
2 张三 2 170.4
3 Jerry 1 169.1 jerry@x.y
4 John 1 157.2
5 李四 1 175.6

图 20-6

此外，/demo/Book9.csv 文件中的数据没有使用双引号定义，读取时应注意 csvToArray() 函数的参数设置，第三个参数需要设置为空字符串，如下面的代码。

```
arr=csvToArray(txt,"\n",",","");
```

20.3 XML

在客户端，可以通过 JavaScript 代码和 DOM 模型处理 XML 数据；在 PHP 服务器，则可以使用 SimpleXML、libxml 等模块处理 XML 数据。实际上，XML 数据也是基于文本格式的，可以很方便生成。下面先讨论如何通过 PHP 代码生成 XML 数据及文件。

20.3.1　生成 XML 数据

下面的代码（/lib/cf/tXml.php）用于将二维数组的数据转换为 XML 数据格式文本。

```
<?php
namespace cf;

class tXml
{
    // 二维数组数据转换为 XML 格式
    public static function arrayToXml(array $data,
            string $rootNodeName="records",
            string $rowNodeName="record"):string
    {
            $s="<".$rootNodeName.">";
            foreach($data as $k=>$row){
                    $s.="<".$rowNodeName.">";
                    foreach($row as $k=>$v){
                            $s.="<".$k.">".$v."</".$k.">";
                    }
                    $s.="</".$rowNodeName.">";
            }
            $s.="</".$rootNodeName.">";
            return $s;
    }
    //
}
?>
```

下面的代码会读取 tt1 表中的数据并生成 XML 格式数据。

```
<?php
require_once $_SERVER["DOCUMENT_ROOT"]."/lib/loader.php";
use app\tMariaDb;
use cf\tXml;

$db=new tMariaDb();
$data=$db->getDataSet("select * from tt1;");
$db=null;
//
$xml=tXml::arrayToXml($data);
echo $xml;
?>
```

通过浏览器的源代码查看功能，可以看到生成的内容如下。

```
<records>
<record><f0>1</f0><f1>aaa</f1><f2>1</f2></record>
<record><f0>2</f0><f1>bbb</f1><f2>2</f2></record>
<record><f0>3</f0><f1>ccc</f1><f2>3</f2></record>
<record><f0>4</f0><f1>ddd</f1><f2>4</f2></record>
</records>
```

20.3.2 SimpleXML

PHP 中，可以使用多种资源处理 XML，这里使用 SimpleXML 模块。首先，可以通过不同的资源生成 XML 操作对象，相关函数包括：

- simplexml_import_dom() 函数，从 DOM 对象载入。
- simplexml_load_file() 函数，从 XML 文件载入。
- simplexml_load_string() 函数，从 XML 格式数据文本载入。

这三个函数都会返回一个 SimpleXMLElement 类型的对象，下面的代码演示了如何使用 SimpleXMLElement 对象访问 XML 数据。

```
<?php
$path="d:\\Book8.xml";
$xml=simplexml_load_file($path);
foreach($xml->record as $record){
    foreach($record as $name=>$value){
            echo $name,"=",$value,", ";
    }
    echo "<br>";
}
?>
```

代码中，首先使用 simplexml_load_file() 函数载入 d:\Book8.xml 文件，然后，通过遍历访问了其中所有 record 元素，每一行显示一条 record 记录数据，包括数据的名称和值。代码执行结果见图 20-7。

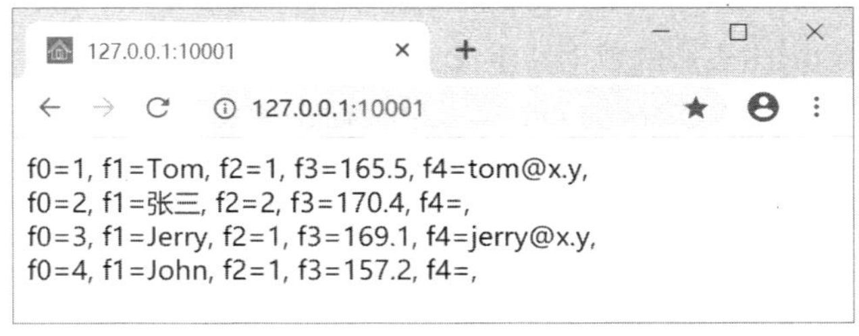

图 20-7

需要查找记录时，可以通过字符串匹配进行操作。如下面的代码查找 f1 等于 Jerry 的记录。

```
<?php
$path="d:\\Book8.xml";
$xml=simplexml_load_file($path);
foreach($xml->record as $record){
    if($record->f1=="Jerry"){
            foreach($record as $name=>$value){
                    echo $name,"=",$value,"<br>";
            }
            goto tag1;
    }
}
tag1:;
?>
```

代码执行结果见图 20-8。

图 20-8

请注意，本例使用了 goto 语句和标签，只在 PHP 5.3 以上版本支持，可以很方便地跳出多层代码结构。其中，标签使用“< 标签名 >:”格式定义，如代码中的 tag1 标签。定义标签后，可以使用“goto < 标签名 >”语句直接跳转到标签定义的位置。

本例中，查找记录的条件是 $record->f1=="Jerry"，即 record 节点中，f1 节点的值等于 Jerry 的数据记录。

20.3.3 客户端处理 XML

在下面的代码中，首先创建 /demo/getXml.php 文件，用于向客户端发送准备好的 XML 文件。

```
<?php
header('Content-type: text/xml');
readfile("d:\\Book8.xml");
?>
```

下面对一些常用操作代码进行封装，首先是将 XML 对象转换为二维数组，如下面的代码（/lib/js/dataconvert.js）。

```
/* XML 数据（DOM 模型）转换二维数组 */
function xmlToArray(xml,rowTag)
{
   var records=xml.getElementsByTagName(rowTag);
   var arr=Array();
   var rec;
   // 生成数据
   for(var row=0;row<records.length;row++){
          rec=Array();
          fields=records[row].childNodes;
          for(var col=0;col<fields.length;col++){
                 rec[fields[col].nodeName]=fields[col].innerHTML;
          }
          arr[arr.length]=rec;
   }
   return arr;
}
```

xmlToArray() 函数的参数包括：

- xml，XML 数据，应指定为可以使用 DOM 模型操作的对象。
- rowTag，指定数据记录的标签名。

下面的代码演示了 xmlToArray() 函数的应用，并调用 arrayToTable() 函数将数组内容创建为 table 元素。

```
<!doctype html>
<html>
<head>
<meta charset="utf-8">
<title></title>
<style>
.data_table {
   border-collapse:collapse;
}
.data_table th,.data_table td {
   border:1px solid gray;
   text-align:center;
   padding:0.1em 1em;
}
.data_table th {
   background-color:#ddd;
}
</style>
</head>
<body>
<div id="data"></div>
</body>
</html>
<script src="/lib/js/ajax.js"></script>
<script src="/lib/js/dataconvert.js"></script>
<script>
window.onload=function(){
   var url="/demo/getXml.php";
   ajaxGetXml(url,"",function(xml){
          var arr = xmlToArray(xml,"record");
          var s = arrayToTable(arr,true,"data_table");
          document.getElementById("data").innerHTML=s;
   });
};
</script>
```

代码执行结果见图 20-9。

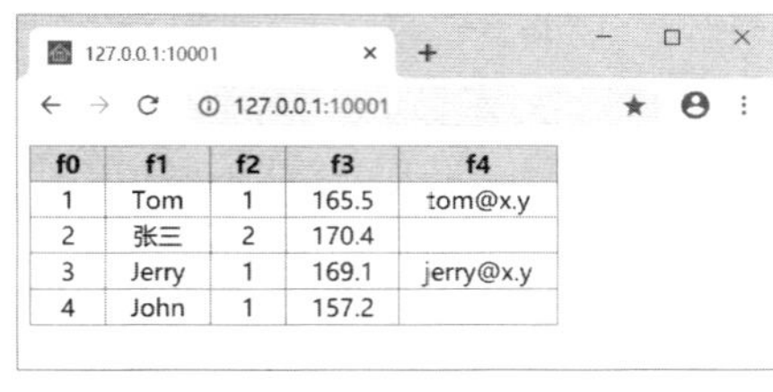

f0	f1	f2	f3	f4
1	Tom	1	165.5	tom@x.y
2	张三	2	170.4	
3	Jerry	1	169.1	jerry@x.y
4	John	1	157.2	

图 20-9

20.4 JSON

JSON（JavaScript Object Notation）是一种基于 JavaScript 语言的轻量级数据格式，其本质上依然是使用文本格式处理数据、数组和对象等，同时，JSON 与 JavaScript 对象也可以相互转换。所以说，在 Web 应用开发中，JSON 是一种非常方便的数据交换格式。

JSON 中的基本数据类型包括：

- 数字，如 0、1、1.23。
- 字符串，使用一对双引号定义，如“abc”。
- 布尔值，包括 true 和 false。
- 空值，使用 null 表示。

此外，JSON 中最重要的两种数据结构分别是对象和数组。其中，对象使用 { 和 } 定义，其成员是“键：值”结构数据，多个成员使用逗号分隔，如下面的内容。

```
{"earth":"地球","mars":"火星","jupiter":"火星"}
```

数组则使用 [和] 定义，如下面的内容。

```
[1,2,3,4,5]
```

下面分别介绍在 PHP 和 JavaScript 环境中如何处理 JSON 数据。

20.4.1　PHP 处理 JSON 数据

PHP 中内置了一些 JSON 操作函数，如：

- json_encode() 函数，生成 JSON 格式数据字符串。
- json_decode() 函数，由 JSON 字符串生成 JSON 数据对象。
- json_last_error_msg() 函数，返回处理 JSON 时最后的错误描述信息。
- json_last_error() 函数，返回处理 JSON 时最后的错误代码（整数类型）。

下面的代码会将 tt1 表中的内容转换为 JSON 格式的数据。

```
<?php
require_once $_SERVER["DOCUMENT_ROOT"]."/lib/loader.php";
use app\tMariaDb;
use cf\tJson;

$db=new tMariaDb();
$data=$db->getDataSet("select * from tt1;");
$db=null;
//
echo json_encode($data);
?>
```

页面显示的内容如下。

```
[
{"f0":"1","f1":"aaa","f2":"1"},
{"f0":"2","f1":"bbb","f2":"2"},
{"f0":"3","f1":"ccc","f2":"3"},
{"f0":"4","f1":"ddd","f2":"4"}
]
```

下面的代码演示了 json_encode() 函数转换一维数组的结果。

```
<?php
$json=json_encode([1,2,3,4,5]);
```

```
print_r($json);
?>
```

转换结果见图 20-10。

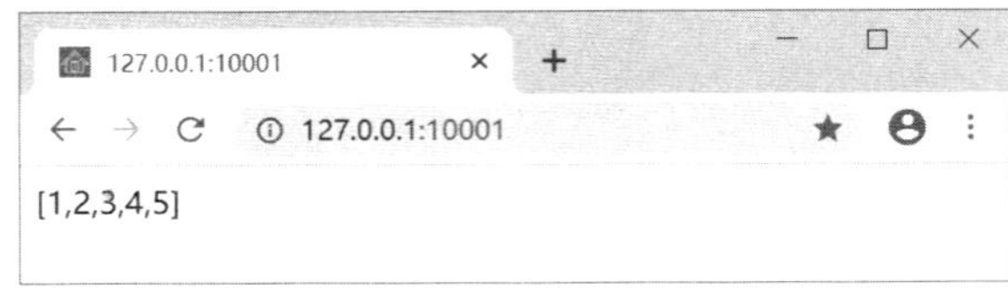

图 20-10

下面使用 json_encode() 函数转换使用自定义键的数组。

```
<?php
$json=json_encode(["earth"=>" 地球 ","mars"=>" 火星 ","jupiter"=>" 木星 "]);
print_r($json);
?>
```

转换结果见图 20-11。可以看到，其中对汉字进行了编码处理，对于编码后的汉字内容，使用 json_decode() 函数可以还原。

图 20-11

下面的代码使用 json_decode() 函数解析 JSON 数据，并生成对应的对象格式。

```
<?php
require_once $_SERVER["DOCUMENT_ROOT"]."/lib/loader.php";
use app\tMariaDb;
use cf\tJson;

$db=new tMariaDb();
$data=$db->getDataSet("select * from tt1;");
$db=null;
//
$json=json_encode($data);
$jdata=json_decode($json);
foreach($jdata as $v){
   foreach($v as $name=>$value){
          echo $name,"=",$value," , ";
   }
   echo "<br>";
}
?>
```

代码执行结果见图 20-12。

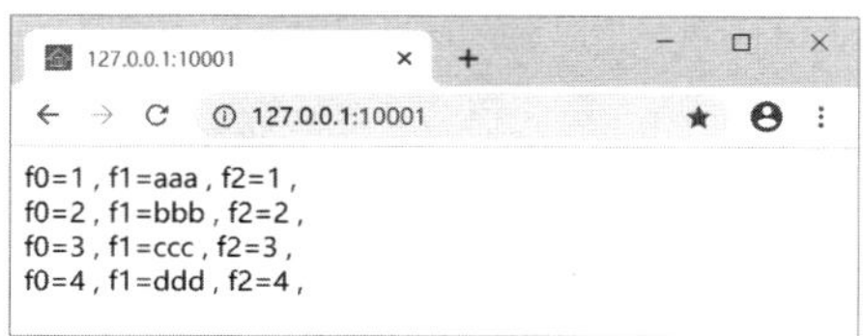

图　20-12

当 JSON 中包含简单的数组结构时，json_decode() 函数会返回一个一维数组，如下面的代码。

```
<?php
$arr=json_decode('[1,2,3,4,5]');
foreach($arr as $v){
   echo $v,",";
}
?>
```

代码执行结果见图 20-13。

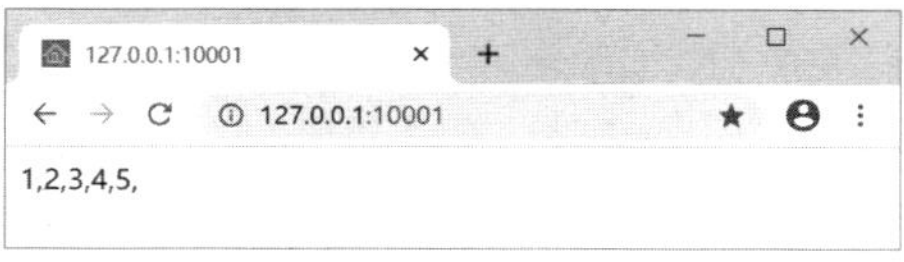

图　20-13

一般情况下，json_encode() 和 json_decode() 函数已经可以有效地处理 JSON 数据。但 JSON 的数据格式是非常灵活的，在特定情况下，可以约定数据传递的格式。

20.4.2　JavaScript 中处理 JSON

从 JSON 的名称中就可以看到它和 JavaScript 是多么亲密了。所以，在 JavaScript 中处理 JSON 数据也是非常方便的，先来看一些简单的应用。

下面的代码演示了简单的 JSON 数组操作。

```
<script>
var s="[1,2,3,4,5]";
var arr=JSON.parse(s);
for(var v in arr){
   document.write(arr[v]+"<br>");
}
</script>
```

代码执行结果见图 20-14。

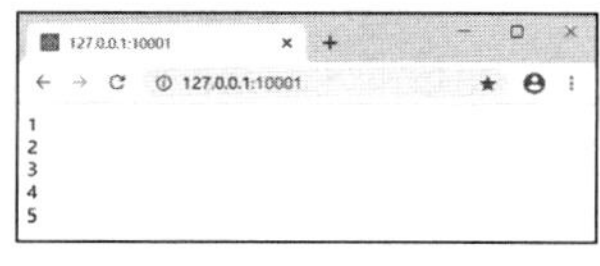

图　20-14

下面的代码演示了“键 / 值”格式 JSON 对象的操作。

```
<script>
```

```
var s='{"earth":"地球","mars":"火星","jupiter":"木星"}';
var arr=JSON.parse(s);
for(var k in arr){
   document.write(k+" : "+arr[k]+"<br>");
}
</script>
```

代码执行结果见图 20-15。

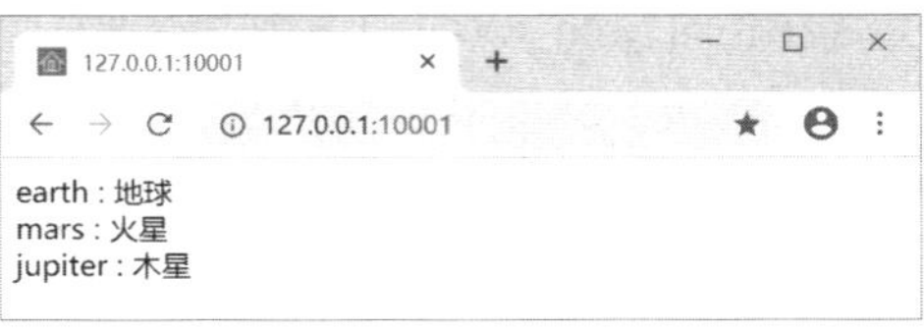

图 20-15

将数组结构转换为 JSON 字符串时，可以使用 JSON.stringify() 方法，如下面的代码。

```
<script>
var arr1=["aaa","bbb","ccc"]
document.write(JSON.stringify(arr1));
document.write("<br>");
var arr2={"earth":"地球","mars":"火星","jupiter":"木星"}
document.write(JSON.stringify(arr2));
</script>
```

代码执行结果见图 20-16。

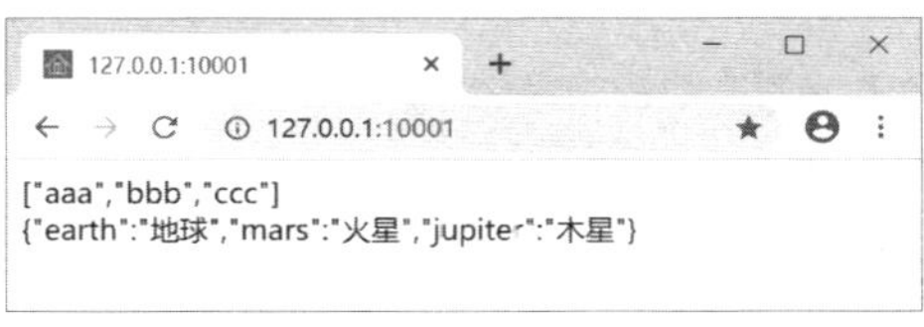

图 20-16

下面的代码（/demo/getJson.php）读取 d:\Book8.csv 文件并通过二维数组结构转换为 JSON 数据字符串。

```
<?php
require_once $_SERVER["DOCUMENT_ROOT"]."/lib/loader.php";
use cf\tCsv;

$data=tCsv::fromFile("d:\\Book8.csv",true);
echo json_encode($data);
?>
```

下面的代码在客户端中通过 Ajax 读取 /demo/getJson.php 返回的 JSON 数据，解析为 JavaScript 中的对象，并显示其数据。

```
<script src="/lib/js/common.js"></script>
<script>
   var url="/demo/getJson.php";
   var param="";
   ajaxGetText(url,param,function(txt){
```

```
            data=JSON.parse(txt);
            for(i=0;i<data.length;i++){
                  for(var key in data[i]){
                        document.write(key+"="+data[i][key]+" , ");
                  }
                  document.write("<br>");
            }
      });
</script>
```

下面的代码可以将 JSON 数据转换为 table 元素。

```
<!doctype html>
<html>
<head>
<style>
.data_table {
   border-collapse:collapse;
}
.data_table th,.data_table td {
   border:1px solid gray;
   text-align:center;
   padding:0.1em 1em;
}
.data_table th {
   background-color:#ddd;
}
</style>
</head>
<body>
<div id="data"><div>
</body>
</html>
<script src="/lib/js/common.js"></script>
<script src="/lib/js/dataconvert.js"></script>
<script>
   addWinLoadFunc(function(){
            var url="/demo/getJson.php";
            var param="";
            ajaxGetText(url,param,function(txt){
                  arr=JSON.parse(txt);
                  document.getElementById("data").innerHTML=
                        (arrayToTable(arr,true,"data_table"));
            });
   });
</script>
```

代码执行结果见图 20-17。

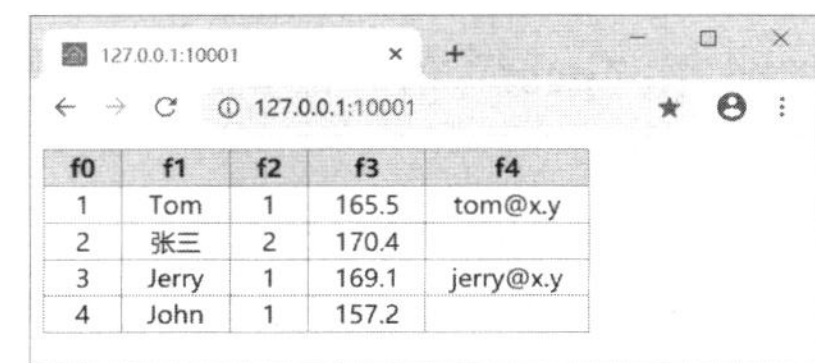

f0	f1	f2	f3	f4
1	Tom	1	165.5	tom@x.y
2	张三	2	170.4	
3	Jerry	1	169.1	jerry@x.y
4	John	1	157.2	

图　20-17

第 21 章　文件上传

Web 应用中，文件的上传是很常见的功能，如上传用户的图像、文章管理中的附件、图片等。本章将讨论上传表单的应用，以及如何在服务器端使用 PHP 处理上传文件。

21.1　上传表单

上传表单同样需要使用 form 元素和 input 元素。创建一个基本的文件上传页面时，可以使用下面的代码（/demo/upload.html）。

```
<!doctype html>
<html>
<head>
<meta charset="utf-8">
<title></title>
</head>
<body>
<form id="form1" method="post" action="upload.php"
          enctype="multipart/form-data">
<p>
<label for="">请选择上传文件</label>
<input type="file" id="file1" name="file1">
</p>
<p>
<input type="submit" value="上传文件">
</p>
</form>
</body>
</html>
```

代码执行结果见图 21-1。

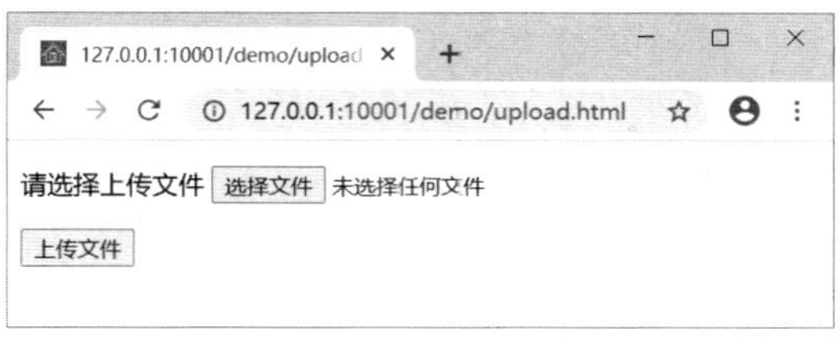

图　21-1

form 元素中，method 属性使用“post”值。需要注意的是 enctype 属性，上传文件的表单需要使用“multipart/form-data”值。

input 元素的 type 属性需要使用 file 值，此时会显示为一个选择文件的组件。提交表单时，选择的文件会上传到指定的页面处理，本例使用上传页面同目录的 upload.php 文件处理上传文件。

接下来介绍如何在服务器端使用 PHP 处理上传的文件。

21.2　接收上传文件

首先了解两个处理上传文件的函数：

- is_uploaded_file() 函数，判断是否为通过 HTTP 协议和 POST 方式上传的文件，如果是，上传的文件函数会返回 true，否则返回 false。
- move_uploaded_file() 函数，将上传的文件移动到指定的位置。此函数会首先确认源文件是否为上传的文件，如果不是则不会执行任何操作。移动成功时，函数返回 true，否则返回 false。

另一个需要了解的资源是 $_FILES 数组，它包含了上传文件的信息。下面的代码（/demo/upload.php）会显示 $_FILES 数组的数据。

```
<?php
foreach($_FILES as $k=>$v)
{
   echo $k;
   print_r($v);
   echo "<br>";
}
?>
```

在 /demo/upload.html 页面中选择 d:\Book1.csv 文件并上传，$_FILES 数组的信息如下。

```
file1
Array (
[name] => Book1.csv
[type] => application/vnd.ms-excel
[tmp_name] => C:\Windows\Temp\php8AF7.tmp
[error] => 0
[size] => 75
)
```

通过这里显示的内容可以获取上传文件的相关信息。可以看到，上传一个文件时，$_FILES 实际上是一个二维数组，一级数据的键是 input 元素的 name 属性值，如代码中的 file1。一个上传文件的信息可以通过以下索引获取：

- name，上传的文件在客户端的名称。
- type，文件的 MIME 类型。
- tmp_name，上传文件保存的临时路径。
- error，上传操作的错误代码，0 表示上传成功。
- size，上传文件的尺寸（字节）。

本例中，通过 $_FILES["file1"]["name"] 可以得到客户端文件名 Book1.csv。

修改 /demo/upload.php 文件内容如下。这里将 upload.html 页面中上传的文件保存到网站同级的 sitedata 目录的 uploadfile 目录中，保存的文件是在客户端中的原文件名。请注意，如果还没有此目录，请先创建它。

```
<?php
```

```
$file1=$_FILES["file1"];
$path=$_SERVER["DOCUMENT_ROOT"]."/../sitedata/uploadfile/".$file1["name"];
if(move_uploaded_file($file1["tmp_name"],$path)){
    echo "文件上传成功";
}else{
    echo "文件上传失败";
}
?>
```

此外，上传文件会有尺寸限制，在 php.ini 配置文件中的相关参数包括：

- upload_max_filesize，设置上传文件的最大尺寸，默认为 2MB。
- post_max_size，设置 post 方式传递数据的最大值，默认为 8MB。

如果需要上传较大的文件，可以修改这些配置参数，并重启 PHP 网站。

21.3 同时上传多个文件

需要同时上传多个文件时，可以在 <input> 标记中添加 multiple 属性，这是 HTML5 标准中新增的属性。如下面的代码（/demo/upload1.html）定义了一个可以选择多个上传文件的表单。

```
<!doctype html>
<html>
<head>
<meta charset="utf-8" />
<title></title>
</head>
<body>
<form id="form1" method="post" action="upload1.php"
          enctype="multipart/form-data">
<p>
<label for="">请选择上传文件</label>
<input type="file" id="file1" name="file1[]" multiple>
</p>
<p>
<input type="submit" value="上传文件" />
</p>
</form>
</body>
</html>
```

请注意，为方便处理上传的多个文件，需要将 input 元素的 name 属性值设置为数组格式，如“file1[]”。

在 input 元素中选择多个文件后会显示文件数量，见图 21-2。

图 21-2

下面的代码是选择 Book1.csv 和 Book1.xlsx 文件并提交后显示的上传信息。

```
Array (
[file1] => Array (
  [name] => Array ( [0] => Book1.csv [1] => Book1.xlsx )
  [type] => Array (
    [0] => application/vnd.ms-excel
    [1] => application/vnd.openxmlformats-officedocument.spreadsheetml.sheet
)
  [tmp_name] => Array (
    [0] => C:\Windows\Temp\php5B91.tmp
    [1] => C:\Windows\Temp\php5B92.tmp
)
  [error] => Array ( [0] => 0 [1] => 0 )
  [size] => Array ( [0] => 75 [1] => 10271 ) )
)
```

可以看到，通过一个 input 元素上传多个文件时，$_FILES 是一个三维数组。其中，一级键名是 input 元素的 name 属性值；二级键名分别是 name、type、tmp_name、error 和 size；第三级数组分别是多个上传文件对应的信息，使用数值索引，如 $_FILES["file1"]["name"][0] 是第一个文件在客户端的文件名，$_FILES["file1"]["name"][1] 是第二个文件在客户端的文件名。

下面的代码（/demo/upload1.php）会将上传的所有文件保存到网站根目录同级的 sitedata 目录的 uploadfile 子目录中。

```
<?php
$file1=$_FILES['file1"];
$count=count($file1["name"]);
$counter=0;
for($i=0;$i<$count;$i++){
   $path=$_SERVER["DOCUMENT_ROOT"]."/../sitedata/uploadfile/".$file1["name"]
[$i];
   if(move_uploaded_file($file1["tmp_name"][$i],$path))
          $counter++;
}
echo "已成功上传{$counter}个文件";
?>
```

此外，如果分别上传多个文件，还可以在 form 元素中使用多个 type 属性为 file 的 input 元素，然后通过 $_FILES 数组获取上传文件信息，并做进一步操作。

21.4 单页面处理

上传文件的操作也可以使用单页面来完成，只需要将 <form> 标记的 action 设置为空或页面自身即可。此外，为了减少服务器端负载，还可以在客户端检查是否已经选择了文件。下面的代码（/demo/uploadFile.php）就是一个完整功能的文件上传页面模板。

```
<!doctype html>
<html>
<head>
<meta charset="utf-8" />
```

```
<title></title>
</head>
<body>
<?php
if(isset($_FILES["file1"]) &&
   is_uploaded_file($_FILES["file1"]["tmp_name"][0]))
{
   // 处理上传文件
   echo "处理上传文件";
}else{
   // 显示文件上传表单
?>
<form id="form1" method="post" action=""
         enctype="multipart/form-data">
<p>
<label for="">请选择上传文件</label>
<input type="file" id="file1" name="file1[]" multiple>
</p>
<p>
<input type="submit" value="上传文件"
   onclick="return checkData();" />
</p>
</form>
<?php
}
?>
</body>
</html>
<script>
function checkData()
{
   var fle=document.getElementById("file1");
   if(fle.value==""){
         window.alert("请选择文件");
         return false;
   }else{
         return true;
   }
}
</script>
```

代码中的加粗部分是 PHP 代码。首先通过 input 元素的 name 属性值判断 $_FILES 数组是否包含上传的文件，并确认其中包含的临时文件确实是客户端上传的文件，如果是上传文件，则开始处理文件，如果不是，则显示上 v 传表单。图 21-3(a) 显示了没有选择文件时的提交结果，图 21-3(b) 显示了选择文件后的提交结果。

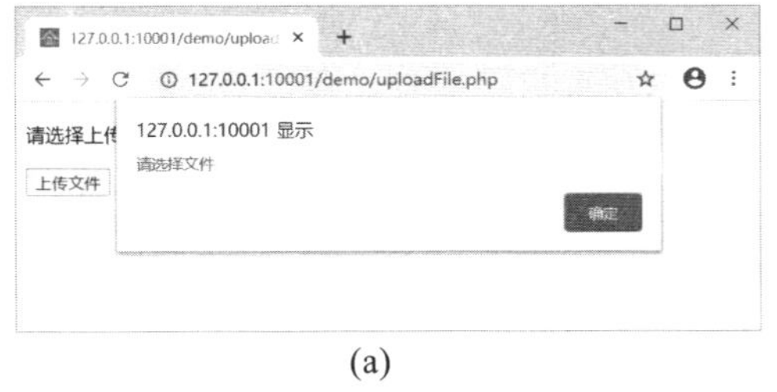

(a)

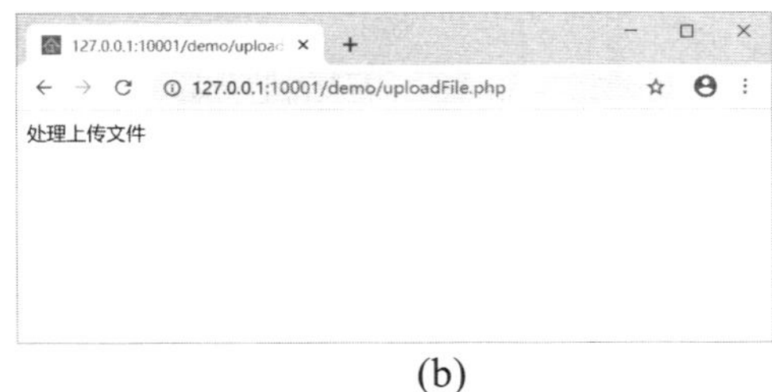

(b)

图 21-3

第 22 章　高德地图

Web 项目中，如果需要标识某个位置（如公司地址），或者需要 LBS（Location Based Service，基于位置的服务）功能，都可以使用地图。高德地图、百度地图等服务商都提供了相应的开发接口。

本章会介绍如何在 Web 项目中使用高德地图，主要包括地图的显示、添加标记，以及浏览工具和距离测量工具的应用。

22.1　地图初始化

在页面中使用高德地图，首先需要引用相关的样式表和 JavaScript 代码文件；其次进行一些初始化操作，如下面的代码（/amap/demo01.php）。

```
<!doctype html>
<html>
<head>
<meta charset="utf-8" />
<meta http-equiv="X-UA-Compatible" content="IE=edge" />
<meta name="viewport" content="initial-scale=1.0, user-scalable=no,
    width=device-width" />
<title></title>
<link rel="stylesheet" href="http://cache.amap.com/lbs/static/main1119.css" />
<script src="http://cache.amap.com/lbs/static/es5.min.js"></script>
<script src="http://webapi.amap.com/maps?v=1.3&key= 申请的 KEY 值 "></script>
</head>
<body>
    <div id="container"></div>
</body>
</html>
<script>
    //
    var objMap = null;
   function createMap(){
           objMap = new AMap.Map('container', {
             resizeEnable: true,
             zoom: 10,
             center: [114.0, 32.2],
             zIndex: 1
        });
   }
    //
    window.onload = function () {
           createMap();
    };
</script>
```

代码中加粗的是 JavaScript 代码，首先定义了 objMap 对象，它是页面中操作地图的主对象，使用 createMap() 函数进行初始化，最后在 window.onload 事件调用 createMap() 函数。接下来单独看一下这些代码。

```
<script>
    //
    var objMap = null;
   function createMap(){
        objMap = new AMap.Map('container', {
            resizeEnable: true,
            zoom: 10,
            center: [114.0, 32.2],
            zIndex: 1
        });
   }
    //
    window.onload = function () {
          createMap();
    };
</script>
```

首先，objMap 被实例化为 AMap.Map 对象，构造函数中的第一个参数指定了页面中显示地图的元素 id，这里指定为一个 div 元素，id 为 container。

AMap.Map() 构造函数的第二个参数指定了一组属性，包括：

- resizeEnable，是否可以缩放地图。
- zoom，设置地图的缩放比例。应用中可以使用 setZoom() 方法设置缩放比例，如“objMap.setZoom(5);”。
- center，地图显示的中心坐标，使用 [经度 , 纬度] 格式定义。应用过程中，可以使用 setCenter() 方法设置地图显示的中心位置，如“objMap.setCenter([114.0, 32.2]);”。
- zIndex，指定地图层的 z 轴值，这里设置为 1。在地图上添加元素时，应将这些元素的 zIndex 值设置为大于 1，这样，添加的元素就可以显示在地图的上面。

接下来介绍如何在地图上添加标记等元素。

22.2 标记

根据下面的代码（/amap/demo02.php），打开页面时会在地图上显示一个默认图标的标记。

```
<script>
   var objMap = null;
   function createMap(){
        objMap = new AMap.Map('container', {
            resizeEnable: true,
            zoom: 10,
            center: [114.0, 32.2],
            zIndex: 1
        });
   }
    //
```

```
    window.onload = function () {
        createMap();
        //
        objMap.setCenter([114.0, 32.2]);
        var marker = new AMap.Marker({
            position: [114.0, 32.2],
            title: '这是哪？'
        });
        objMap.add(marker);
    };
</script>
```

代码执行结果见图 22-1。

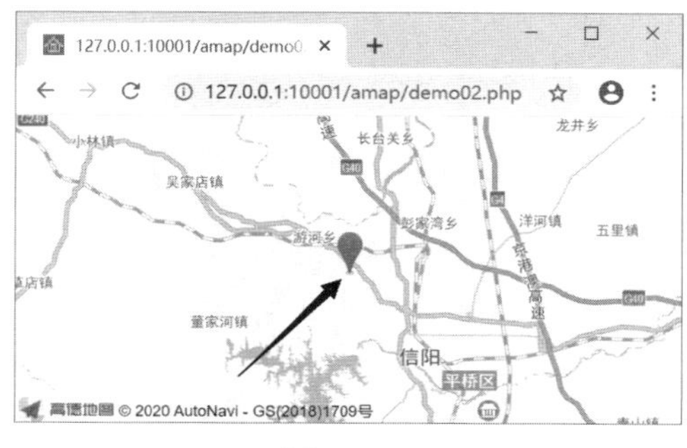

图　22-1

创建标记对象时使用 AMap.Marker() 构造函数，其中设置了两个属性，分别是：

- position 属性，设置图标指向的坐标，格式为 [经度 , 纬度]，如 [114.0, 32.2]。
- title 属性，设置鼠标移动到图标时显示的提示内容。

删除标记时，可以使用 AMap 对象的 remove() 方法，如下面的代码。

```
objMap.remove(marker);
```

需要在标记中显示一个文本标签时，可以使用 AMap.Label 对象，如下面的代码（/amap/demo03.php）。

```
<script>
   //
   var objMap = null;
   function createMap(){
         objMap = new AMap.Map('container', {
             resizeEnable: true,
             zoom: 10,
             center: [114.0, 32.2],
             zIndex: 1
         });
   }
    //
    window.onload = function () {
         createMap();
         //
         objMap.setCenter([114.0, 32.2]);
         var marker = new AMap.Marker({
             position: [114.0, 32.2],
```

```
            title: '这是哪？'
        });
        marker.setLabel({
            offset: new AMap.Pixel(22,0),
            content: "图标标签",
            direction: 'right'
        });
        objMap.add(marker);
    };
</script>
```

代码执行结果见图 22-2。

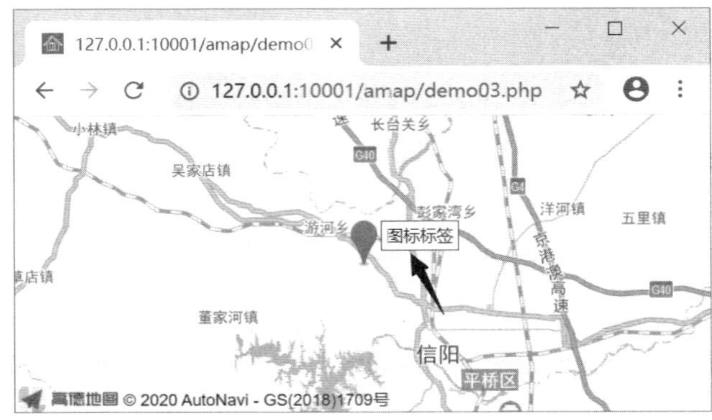

图 22-2

修改标签的样式时，可以重新定义样式表中的 amap-marker-label 类，如下面的代码。

```
<style>
.amap-marker-label{
    border-radius:6px;
    background-color:orange;
   color:navy;
}
</style>
```

代码执行结果见图 22-3。

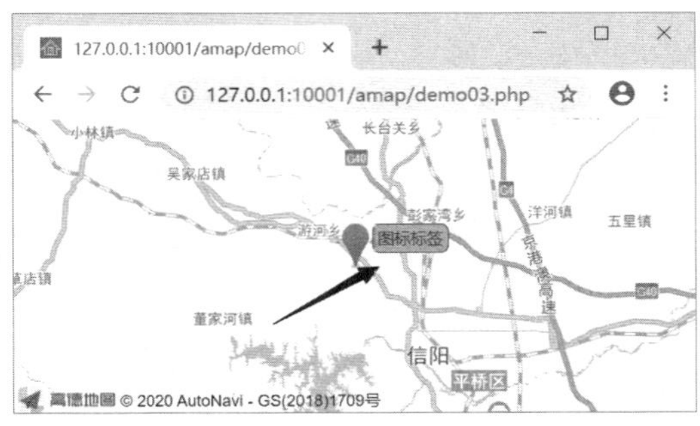

图 22-3

自定义图标和文本标签内容时，可以参考下面的代码（/amap/demo06.php）。

```
<!doctype html>
```

```
<html>
<head>
<meta charset="utf-8" />
<meta http-equiv="X-UA-Compatible" content="IE=edge" />
<meta name="viewport" content="initial-scale=1.0, user-scalable=no,
width=device-width" />
<title></title>
<link rel="stylesheet" href="http://cache.amap.com/lbs/static/main1119.css" />
<script src="http://cache.amap.com/lbs/static/es5.min.js"></script>
<script src="http://webapi.amap.com/maps?v=1.3&key= 申请的 KEY 值 "></script>
<style>
.marker1 {
   width:6em;

}
.marker1 img{
   vertical-align:top;
}
.marker1 span{
   border:1px solid darkred;
   border-radius:6px;
   background-color:orange;
   color:navy;
   font-size:10px;
   padding:2px 3px;
}
</style>
</head>
<body>
    <div id="container"></div>
</body>
</html>
<script>
    //
    var objMap = null;
   function createMap(){
           objMap = new AMap.Map('container', {
             resizeEnable: true,
             zoom: 10,
             center: [114.0, 32.2],
             zIndex: 1
         });
   }
   // 创建标记
    function createMarker() {
        // 创建 AMap.Icon 实例:
        var marker = new AMap.Marker({
            position: [114.0, 32.2],
            title: 'point_a',
            offset:new AMap.Pixel(8,-8)
        });
        marker.setContent(
"<div class='marker1'>"+
"<img id='point_a' src='/img/pin.png' onclick='markerClick(this);'>"+
"<span> 地点 </span></div>");
```

```
            objMap.add(marker);
               return marker;
        }
        //
        function markerClick(e) {
            alert(e.id);
        }
        //
        window.onload = function () {
               createMap();
               //
            createMarker();
        };
    </script>
```

代码中，使用 setContent() 方法设置了图标的图片和标签，并设置了图标的单击事件响应函数和元素的样式，代码执行结果见图 22-4。

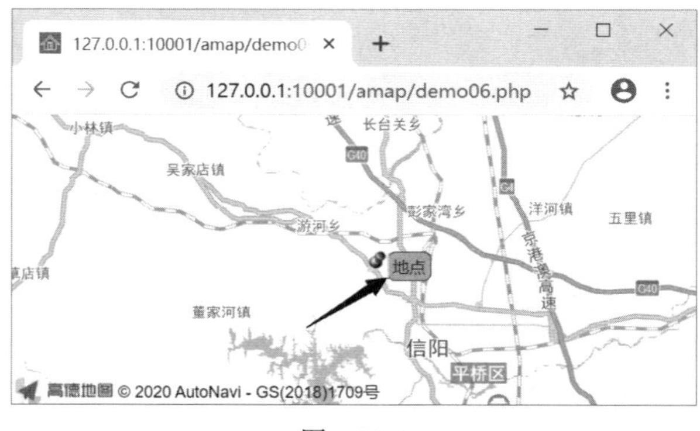

图　22-4

22.3　地图控件

浏览地图时，可以提供一些操作控件，如工具条、比例尺、定位、鹰眼和基本图层切换。下面的代码（/amap/demo07.php）会在地图中显示全部控件。

```
    <script>
        //
        var objMap = null;
       function createMap(){
               objMap = new AMap.Map('container', {
                 resizeEnable: true,
                 zoom: 10,
                 center: [114.0, 32.2],
                 zIndex: 1
            });
               // 添加控件
            AMap.plugin([
                'AMap.ToolBar',
                'AMap.Scale',
                'AMap.OverView',
```

```
            'AMap.MapType',
            'AMap.Geolocation',
        ], function () {
            objMap.addControl(new AMap.ToolBar());
            objMap.addControl(new AMap.Scale());
            objMap.addControl(new AMap.OverView({ isOpen: true }));
            objMap.addControl(new AMap.MapType());
            objMap.addControl(new AMap.Geolocation());
        });

    }
    //
    window.onload = function () {
        createMap();
    };
</script>
```

页面中会显示 5 种工具控件，见图 22-5。

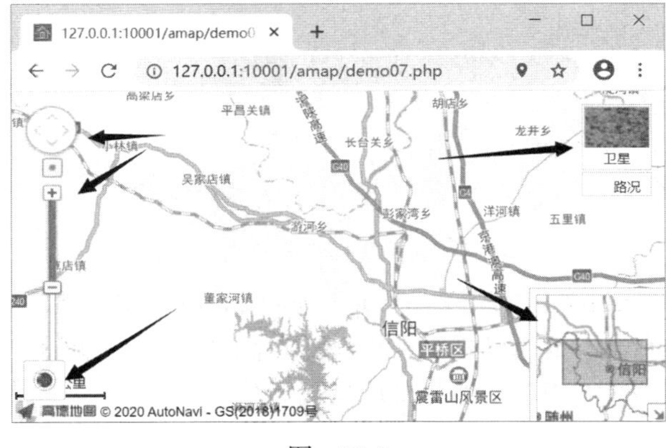

图　22-5

22.4　距离测量

在高德地图中使用距离测量工具，在引用的 JavaScript 文件中需要添加相应的插件参数，如下面的代码（/amap/demo08.php）。

```
<script src="http://webapi.amap.com/maps?v=1.3&key=申 请 的KEY值&plugin=AMap.RangingTool"></script>
```

代码中的加粗部分是与前面示例不同的地方。首先在引用 JavaScript 代码文件时添加了“&plugin=AMap.RangingTool”参数，这样才可以使用测量工具（RangingTool）。

下面的代码演示了距离测量工具的应用。

```
<script>
    //
    var objMap = null;
    var ruler1=null;
    function createMap(){
        objMap = new AMap.Map('container', {
```

```
            resizeEnable: true,
            zoom: 10,
            center: [114.0, 32.2],
            zIndex: 1
        });
        // 添加控件
        AMap.plugin([
            'AMap.ToolBar',
            'AMap.Scale',
            'AMap.OverView',
            'AMap.MapType',
            'AMap.Geolocation',
        ], function () {
            objMap.addControl(new AMap.ToolBar());
            objMap.addControl(new AMap.Scale());
            objMap.addControl(new AMap.OverView({ isOpen: true }));
            objMap.addControl(new AMap.MapType());
            objMap.addControl(new AMap.Geolocation());
        });
        //
        ruler1 = new AMap.RangingTool(objMap);
    }
    //
    window.onload = function () {
        createMap();
    };
</script>
```

地图初始化时，将 ruler1 实例化为 AMap.RangingTool 对象。最后，在 btn1 按钮中，只需要使用 ruler1 对象的 turnOn() 方法就可以启动测量工具。取消测量时，可以调用 ruler1 对象的 turnOff() 方法。图 22-6 中显示了测量距离的操作。

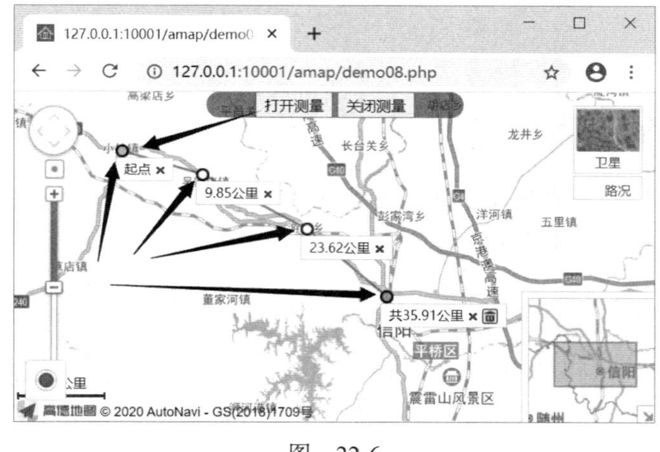

图 22-6

默认情况下，起点是绿色圆点，中间节点是白色圆点，双击鼠标结束测量时，终点是红色圆点。实际应用中，还可以自定义起点、中间节点、终点和线条的样式，如下面的代码（/amap/demo09.php）。

```
<script>
```

```
    //
    var objMap = null;
    var ruler1=null;
    function createMap(){
        objMap = new AMap.Map('container', {
            resizeEnable: true,
            zoom: 10,
            center: [114.0, 32.2],
            zIndex: 1
        });
        // 添加控件
        AMap.plugin([
            'AMap.ToolBar',
            'AMap.Scale',
            'AMap.OverView',
            'AMap.MapType',
            'AMap.Geolocation',
        ], function () {
            objMap.addControl(new AMap.ToolBar());
            objMap.addControl(new AMap.Scale());
            objMap.addControl(new AMap.OverView({ isOpen: true }));
            objMap.addControl(new AMap.MapType());
            objMap.addControl(new AMap.Geolocation());
        });
        //
        // 自定义样式
        var startMarkerOptions= {
            icon: new AMap.Icon({
                size: new AMap.Size(19, 31),
                imageSize:new AMap.Size(19, 31),
          image: "https://webapi.amap.com/theme/v1.3/markers/b/start.png"
            })
        };
        var endMarkerOptions = {
            icon: new AMap.Icon({
                size: new AMap.Size(19, 31),
                imageSize:new AMap.Size(19, 31),
          image: "https://webapi.amap.com/theme/v1.3/markers/b/end.png"
            }),
            offset: new AMap.Pixel(-9, -31)
        };
        var micMarkerOptions = {
            icon: new AMap.Icon({
                size: new AMap.Size(19, 31),
                imageSize:new AMap.Size(19, 31),
          image: "https://webapi.amap.com/theme/v1.3/markers/b/mid.png"
            }),
            offset: new AMap.Pixel(-9, -31)
        };
        var lineOptions = {
            strokeStyle: "solid",
            strokeColor: "#FF0000",
            strokeOpacity: 1,
            strokeWeight: 3
        };
```

```
        var rulerOptions = {
            startMarkerOptions: startMarkerOptions,
            midMarkerOptions:midMarkerOptions,
            endMarkerOptions: endMarkerOptions,
            lineOptions: lineOptions
        };
        ruler1 = new AMap.RangingTool(objMap, rulerOptions);
    }
    //
    window.onload = function () {
            createMap();
    };
</script>
```

测量操作效果见图 22-7。

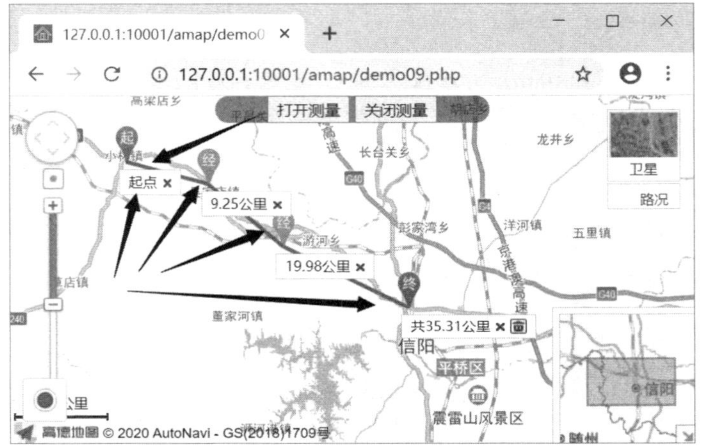

图 22-7

第 23 章　PHP 8

前面的内容主要基于 PHP 7.4.10，同时也介绍了 PHP 8 开发资源中的一些新变化。本章主要介绍 PHP 8 的安装，以及编程语言方面的新特性。

23.1　安装 PHP 8

在 PHP 官网（https://www.php.net/）下载对应平台的 zip 文件，如 64 位 Windows 操作系统下使用的文件是：

- php-8.0.0-nts-Win32-vs16-x64.zip，无线程安全版本，在 IIS 中使用 FastCGI 方式运行 PHP 8 网站。本书示例的解压位置为 d:\php8nts 目录。
- php-8.0.0-Win32-vs16-x64.zip，线程安全版本，使用 Apache HTTP Server 运行 PHP 8 网站。本书示例的解压位置为 d:\php8ts 目录。

使用 IIS 和 FastCGI 方式运行 PHP 8 网站时，可以参考第 1 章介绍的配置方法，需要注意的是，应将“处理程序映射”的 php 模块（FastCgiMoudle）中的执行文件指定为 d:\php8nts\php_cgi.exe。

本书环境中使用 Apache HTTP Server 运行 PHP 8 网站，需要在 Apache 配置文件（d:\apache24\conf\httpd.conf）中添加如下内容。请注意，可以将 PHP 7 的相关参数前添加 # 符号作为注释。

```
LoadModule php_module d:/php8ts/php8apache2_4.dll
AddType application/x-httpd-php .php .html .htm
PHPIniDir "d:/php8ts/"
```

配置完成后，可以通过 http://127.0.0.1:10001 和 http://127.0.0.1:10002 分别测试 PHP 8 网站在 IIS 和 Apache HTTP Server 环境的运行效果。

23.2　命名参数

在 PHP 8 之前，调用函数时，参数必须按其定义的顺序赋值。在 PHP 8 中，可以使用参数的名称指定给哪个参数赋值，如下面的代码。

```
<?php
function moveTo($x,$y)
{
   echo "(x={$x},y={$y})";
}
//
moveTo(x:10,y:99);
echo "<br>";
```

```
moveTo(y:10,x:99);
?>
```

代码执行结果见图 23-1。

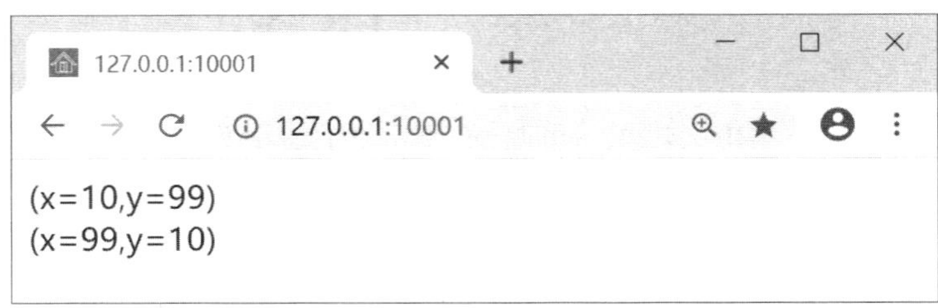

图 23-1

本例中，首先定义了 moveTo() 函数，它包括两个参数，分别是 $x 和 $y；接下来调用了两次 moveTo() 函数，其中，给参数赋值的格式如下。

```
<参数名>:<数据>
```

示例中还可以看到，使用参数名指定参数的数据时，可以不按照函数中参数定义的顺序。对于参数过多的函数，使用参数名指定参数数据，可以有效避免参数设置错误的情况，特别是参数的数据类型相同的时候。

23.3 在构造函数中声明属性

PHP 8 中，可以在构造函数中直接声明属性并赋值，构造函数中的其他代码会在设置属性值后执行，如下面的代码。

```
<?php
class tClass1
{
    public function __construct(public int $x=0,public int $y=0)
    {
            $this->showPoint();
    }
    //
    public function showPoint()
    {
            echo "x=",$this->x,",y=",$this->y;
    }
}
//
$c1=new tClass1();
echo "<br>";
$c1->x=10;
$c1->y=99;
$c1->showPoint();
echo "<br>";
$c2=new tClass1(55,66);
?>
```

代码执行结果见图 23-2。

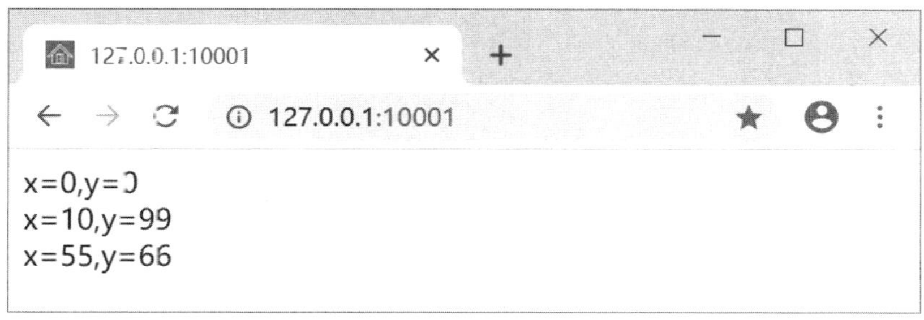

图 23-2

本例中，在 tClass1 类的构造函数中定义的参数前使用了 public 关键字，此时，参数 $x 和 $y 将提升为 tClass1 类的公共属性。相应地，如果定义为私有属性，可以使用 private 关键字，此时属性只能在本类中访问。protected 关键字用于定义受保护属性，此时，属性可以在本类和其子类中访问。

构造函数中将 x 和 y 属性的默认值都设置为 0，并调用 showPoint() 方法显示了它们的数据。

接下来，$c1 对象定义为 tClass1 类的实例，可以通过 x 和 y 属性设置和读取数据，并再次调用 showPoint() 方法显示 x 和 y 的数据；$c2 对象则直接在构造函数中对 x 和 y 属性进行赋值，并自动调用 showPoint() 方法显示数据。

23.4 空值安全运算符

PHP 8 中新增了空值安全运算符（Nullsafe Operator），即 ?-> 运算符，其应用格式如下。

```
<对象>?-><对象成员>
```

空值安全运算符的功能是，当 <对象> 不为空（null）时，调用 <对象成员>；当 <对象> 为空（null）时，表达式返回 null 值。

下面的代码演示了空值安全运算符的应用。

```
<?php
class tClass1
{
   public function __construct(public int $x=0,public int $y=0)
   {
   }
}
//
$c1=new tClass1();
$c2=null;
var_dump($c1?->x);
echo "<br>";
var_dump($c2?->x);
?>
```

代码执行结果见图 23-3。

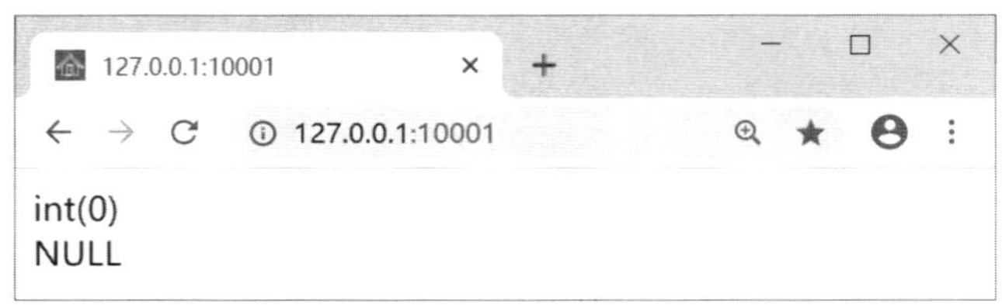

图 23-3

本例的第一个输出中，$c1 对象定义为 tClass1 类的实例，可以读取 x 属性的值，“$c1?->x”表达式的值就是 x 属性的默认值 0。第二个输出中，$c2 对象为空，无法调用 x 属性，“$c2?->x”表达式的值就是 null。

23.5 联合类型

顾名思义，联合类型（Union Type）就是两种或两种以上的类型联合使用。PHP 8 中，可以联合使用的类型包括 array、bool、callable、int、float、object、resource、string 和 null，它们之间可以使用 | 符号进行联合。

PHP 8 以前的 PHP 版本中，一方面，当一个函数的返回值可能是多种类型时，可以使用混合类型（mixed）；另一方面，如果返回值指定了一个类型，就只能返回此类型的数据。在 PHP 8 中，可以通过联合类型指定可能返回的多个数据类型，如下面的代码，getMax() 函数用于返回参数中的最大值，但当没有参数或参数中包含非数值参数时会返回 null。

```
<?php
function getMax(...$args):float|null
{
   $count=count($args);
   if($count==0)return null;
   if(is_numeric($args[0])===false)return null;
   $result=floatval($args[0]);
   for($i=1;$i<$count;$i++){
         if(is_numeric($args[$i])===false)return null;
         $val=floatval($args[$i]);
         if($val>$result)$result=$val;
   }
   return $result;
}
//
var_dump(getMax(1,2,3));
echo "<br>";
var_dump(getMax());
echo "<br>";
var_dump(getMax(1,null,3));
?>
```

代码执行结果见图 23-4。

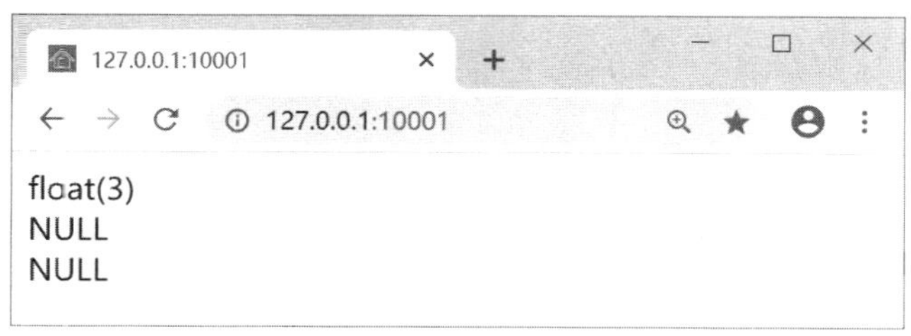

图　23-4

开发中，混合型过于开放，可能产生不可预知的结果。单一类型又缺乏灵活性。而联合类型则在两者之间找到平衡点，既可以有一定的灵活性，也能得到可以预知的数据类型。需要注意的是，在可能获取多个类型的数据时，使用全等运算符（===）同时验证数据的类型和值是比较安全的做法。

23.6　match 表达式

match 表达式的执行逻辑类似于 switch 语句结构，但 match 表达式的语法更加简洁。在下面的代码中，先回顾一下如何使用 switch 语句返回指定年、月的天数。

```
<?php
//
function isLeapYear(int $year)
{
   return $year%400==0 || ($year%100!=0&&$year%4==0);
}
//
$year=2020;
$month=2;
$daysInMonth=-1;
//
switch($month)
{
   case 1:
   case 3:
   case 5:
   case 7:
   case 8:
   case 10:
   case 12:
          $daysInMonth=31;
          break;
   case 4:
   case 6:
   case 9:
   case 11:
          $daysInMonth=30;
          break;
   case 2:
          $daysInMonth=(isLeapYear($year)?29:28);
          break;
   default:
```

```
            $daysInMonth=-1;
            break;
};
//
echo "{$year}年{$month}月有{$daysInMonth}天";
?>
```

下面的代码使用 match 表达式完成相同的工作。

```
<?php
//
function isLeapYear(int $year)
{
    return $year%400==0 || ($year%100!=0&&$year%4==0);
}
//
$year=2020;
$month=2;
//
$daysInMonth=match($month)
{
    1,3,5,7,8,10,12=>31,
    4,6,9,11=>30,
    2=>(isLeapYear($year)?29:28),
    default=>-1
};
//
echo "{$year}年{$month}月有{$daysInMonth}天";
?>
```

match 表达式中，对于多个统一处理的数据，直接使用逗号分隔，数据对应的返回值使用 => 运算符指定；多个数据处理分支同样使用逗号分隔；对于不在指定范围内的数据，使用 default 关键字返回数据。

除了语法上要简洁很多，match 表达式与 switch 语句结构还有一个不同点，即 match 表达式在判断对应的数据时使用的是全等运算（===），也就是要求数据类型和值必须完全一样；而 switch 语句结构使用等于运算符（==），只要数据的字符串形式相同即可。上述代码中，将 $month 变量的值设置为字符串“2”时，switch 语句结构同样可以匹配并返回 29，而 match 表达式中会返回 -1。